westermann

W0393121

Herausgegeben von
Matthias Lösche
Friedrich Suhr

10

ELEMENTE
der Mathematik

Lösungen

ELEMENTE der Mathematik

Lösungen zum Schulbuch Best.-Nr. 101260

Herausgegeben von
Matthias Lösche, Friedrich Suhr

Bearbeitet von
Julia Berlin-Bonn, Lutz Breidert, Dr. Beate Goetz, Bodo Paul Hoffmann, Daniel Kiok, Annika Kiwatt, Carmen Kück, Matthias Lösche, Kerstin Schäfer, Friedrich Suhr, Ulrike Willms, Holger Wuschke

Für Nordrhein-Westfalen bearbeitet von
Kerstin Schäfer, Ulrike Willms

Druck A^2 / Jahr 2023
Alle Drucke der Serie A sind im Unterricht parallel verwendbar.

Redaktion: Amrei Schillinger
Umschlagentwurf und Innenlayout: Lio Designagentur, Braunschweig
Druck und Bindung: Westermann Druck GmbH, Georg-Westermann-Allee 66, 38104 Braunschweig

ISBN 978-3-14-**101261**-3

Bildquellenverzeichnis

iStockphoto.com, Calgary: filmfoto Titel. | Schlierf, Birgit und Olaf, Lachendorf: 6.1, 6.2, 7.1, 8.1, 8.2, 8.3, 8.4, 9.1, 9.2, 9.3, 11.1, 12.1, 13.1, 13.2, 14.1, 14.2, 14.3, 14.4, 15.1, 15.2, 16.1, 17.1, 18.1, 18.2, 18.3, 18.4, 19.1, 19.2, 19.3, 19.4, 19.5, 20.1, 20.2, 21.1, 23.1, 26.1, 26.2, 28.1, 28.2, 29.1, 32.1, 32.2, 33.1, 33.2, 34.1, 35.1, 35.2, 36.1, 36.2, 37.1, 37.2, 37.3, 38.1, 38.2, 38.3, 39.1, 39.2, 39.3, 39.4, 40.1, 40.2, 40.3, 42.1, 43.1, 43.2, 43.3, 43.4, 43.5, 43.6, 44.1, 44.2, 44.3, 44.4, 44.5, 45.1, 49.1, 49.2, 49.3, 49.4, 50.1, 50.2, 50.3, 50.4, 51.1, 51.2, 51.3, 52.1, 52.2, 54.1, 54.2, 55.1, 55.2, 55.3, 56.1, 56.2, 56.3, 57.1, 61.1, 88.1, 89.1, 90.1, 91.1, 92.1, 92.2, 92.3, 93.1, 93.2, 94.1, 101.1, 102.1, 103.1, 103.2, 104.1, 104.2, 105.1, 106.1, 106.2, 108.1, 109.1, 109.2, 110.1, 111.1, 112.1, 113.1, 116.1, 122.1, 122.2, 122.3, 122.4, 123.1, 123.2, 124.1, 125.1, 126.1, 126.2, 127.1, 128.1, 131.1, 131.2, 132.1, 133.1, 135.1, 136.1, 136.2, 137.1, 137.2, 138.1, 138.2, 139.1, 140.1, 140.2, 141.1, 143.1, 143.2, 143.3, 144.1, 145.1, 146.1, 146.2, 146.3, 147.1, 147.2, 147.3, 148.1, 148.2, 148.3, 149.1, 149.2, 150.1, 150.2, 152.1, 152.2, 154.1, 154.2, 155.1, 155.2, 156.1, 156.2, 157.1, 157.2, 158.1, 159.1, 159.2, 160.1, 161.1, 161.2, 161.3, 163.1, 164.1, 165.1, 166.1, 167.1, 167.2, 168.1, 168.2, 168.3, 169.1, 169.2, 170.1, 170.2, 170.3, 174.1, 174.2, 175.1, 176.1, 179.1, 179.2, 180.1, 183.1, 186.1, 194.1, 196.1, 196.2, 196.3, 197.1, 197.2, 197.3, 197.4, 198.1, 198.2.

1. Trigonometrie

Seite 7
Einstiegsseite

Dreiecke lassen sich eindeutiger festlegen als Vierecke und Dreiecke lassen sich dann auch nicht mehr verändern (Kongruenzsätze).

1.1 Sinus, Kosinus und Tangens

Seite 8
Einstieg

Nach 10 m hat das Flugzeug
$10\,m : 34 \approx 0{,}294\,m$ an Höhe verloren.
Nach 20 m hat das Flugzeug
$20\,m : 34 \approx 0{,}588\,m$ an Höhe verloren.
Nach 50 m hat das Flugzeug
$50\,m : 34 \approx 1{,}471\,m$ an Höhe verloren.
Aus 50 m Höhe kann das Flugzeug noch
$50\,m \cdot 34 = 1\,700\,m$ gleiten.
Der Gleitwinkel ist jeweils 1,68°.
Der Gleitwinkel ist in beiden Fällen gleich, da auch die Gleitzahl gleich ist.

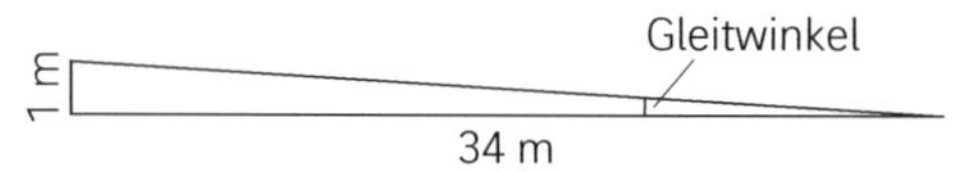

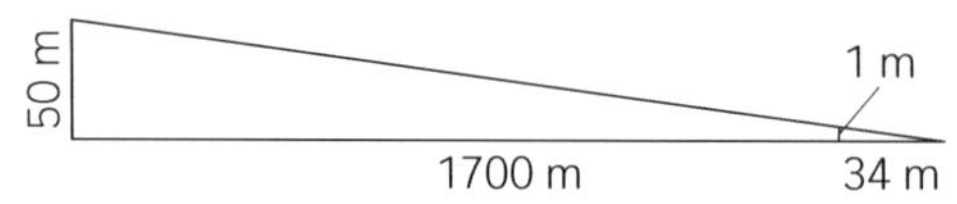

Seite 10
Üben

1 **a)** In den Gruppen sind die Längenverhältnisse $\frac{a}{c}$ in allen zu dem gegebenen Winkel α gezeichneten Dreiecke anscheinend gleich groß. Man kann hier als Hilfsmittel gut ein dynamisches Geometriesystem einsetzen.

b) In den Gruppen sind alle zu dem gegebenen Winkel α gezeichneten rechtwinkligen Dreiecke zueinander ähnlich, denn sie stimmen in allen Winkeln überein. Die Längenverhältnisse entsprechender Seiten stimmen also überein und damit ist das Längenverhältnis $\frac{a}{c}$ für alle Dreiecke mit der gleich Winkelgröße α gleich groß, also gilt auch $\sin(\alpha) = \frac{a}{c}$ für alle Dreiecke mit der gegebenen Winkelgröße α.

Hier die Werte für den Sinus der Winkelgrößen:

(1) $\sin(30°) = 0{,}5$ (2) $\sin(44°) \approx 0{,}695$
(3) $\sin(58°) \approx 0{,}848$ (4) $\sin(72°) \approx 0{,}951$

c) Wie in a) und b) sind auch die Längenverhältnisse $\frac{b}{c}$ sowie $\frac{a}{b}$ für alle Dreiecke mit gleicher Winkelgröße α gleich groß und es gilt jeweils $\cos(\alpha) = \frac{b}{c}$ und $\tan(\alpha) = \frac{a}{b}$.

Hier die Werte für Kosinus und Tangens der Winkelgrößen.

(1) $\cos(30°) \approx 0{,}866$ (2) $\cos(44°) \approx 0{,}719$
(3) $\cos(58°) \approx 0{,}530$ (4) $\cos(72°) \approx 0{,}309$
(1) $\tan(30°) \approx 0{,}577$ (2) $\tan(44°) \approx 0{,}966$
(3) $\tan(58°) \approx 1{,}600$ (4) $\tan(72°) \approx 3{,}078$

Seite 10
Üben

2 **a)** Die Seite a ist die Hypotenuse. Die Seite b die Gegenkathete zu β und die Ankathete zu γ. Die Seite c ist die Gegenkathete zu γ und die Ankathete zu β.

$\sin(\beta) = \frac{b}{a}$ $\cos(\beta) = \frac{c}{a}$ $\tan(\beta) = \frac{b}{c}$ $\sin(\gamma) = \frac{c}{a}$ $\cos(\gamma) = \frac{b}{a}$ $\tan(\gamma) = \frac{c}{b}$

b) Die Seite b ist die Hypotenuse. Die Seite a ist die Gegenkathete zu α und die Ankathete zu γ. Die Seite c ist die Gegenkathete zu γ und die Ankathete zu α.

$\sin(\alpha) = \frac{a}{b}$ $\cos(\alpha) = \frac{c}{b}$ $\tan(\alpha) = \frac{a}{c}$ $\sin(\gamma) = \frac{c}{b}$ $\cos(\gamma) = \frac{a}{b}$ $\tan(\gamma) = \frac{c}{a}$

c) Die Seite t ist die Hypotenuse. Die Seite r ist die Gegenkathete zu α und die Ankathete zu β. Die Seite s ist die Gegenkathete zu β und die Ankathete zu α.

$\sin(\alpha) = \frac{r}{t}$ $\cos(\alpha) = \frac{s}{t}$ $\tan(\alpha) = \frac{r}{s}$ $\sin(\beta) = \frac{s}{t}$ $\cos(\beta) = \frac{r}{t}$ $\tan(\beta) = \frac{s}{r}$

3 **a)** $\sin(36°) = \frac{7{,}4\,\text{cm}}{12{,}6\,\text{cm}} \approx 0{,}587$, $\cos(36°) = \frac{10{,}2\,\text{cm}}{12{,}6\,\text{cm}} \approx 0{,}810$; $\tan(36°) \approx \frac{7{,}4\,\text{cm}}{10{,}2\,\text{cm}} \approx 0{,}725$

b) $\sin(53{,}1°) = \frac{8\,\text{cm}}{10\,\text{cm}} = 0{,}8$, $\cos(53{,}1°) = \frac{6\,\text{cm}}{10\,\text{cm}} \approx 0{,}6$; $\tan(53{,}1°) \approx \frac{8\,\text{cm}}{6\,\text{cm}} \approx 1{,}333$

c) Mit dem Satz des Pythagoras erhält man für die Länge der Hypotenuse c:

$c = \sqrt{(6{,}6\,\text{cm})^2 + (11{,}2\,\text{cm})^2} = 13{,}0\,\text{cm}$

$\sin(30{,}5°) = \frac{6{,}6\,\text{cm}}{13\,\text{cm}} \approx 0{,}508$, $\cos(30{,}5°) = \frac{11{,}2\,\text{cm}}{13\,\text{cm}} \approx 0{,}862$; $\tan(30{,}5°) \approx \frac{6{,}6\,\text{cm}}{11{,}2\,\text{cm}} \approx 0{,}589$

4 **a)** Der rechte Winkel liegt bei A, also ist $\alpha = 90°$.
Die gegenüberliegende Seite a ist die Hypotenuse.
Vanessa kann dann sin (β) oder sin (γ) bestimmen.

$\sin(\beta) = \frac{b}{a}$ und $\sin(\gamma) = \frac{c}{a}$

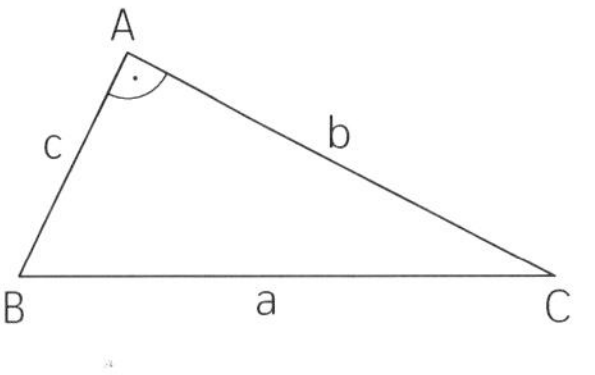

b) Vanessa hat die Längen der Strecken nicht richtig bezeichnet.

Richtig ist: $\cos(\varphi) = \frac{|PQ|}{|RQ|}$.

c) Vanessa hat die Katheten vertauscht. Richtig ist: $\tan(\delta) = \frac{d}{e}$

5 **a)** $\sin(26°) = \frac{3{,}9\,\text{cm}}{8{,}9\,\text{cm}} \approx 0{,}438$; $\cos(26°) = \frac{8\,\text{cm}}{8{,}9\,\text{cm}} \approx 0{,}899$; $\tan(26°) \approx \frac{3{,}9\,\text{cm}}{8\,\text{cm}} \approx 0{,}488$

$\sin(64°) = \frac{8\,\text{cm}}{8{,}9\,\text{cm}} \approx 0{,}899$; $\cos(64°) = \frac{3{,}9\,\text{cm}}{8{,}9\,\text{cm}} \approx 0{,}438$, $\tan(64°) \approx \frac{8\,\text{cm}}{3{,}9\,\text{cm}} \approx 2{,}051$

b) $\sin(32°) = \frac{3{,}5\,\text{cm}}{6{,}6\,\text{cm}} \approx 0{,}530$; $\cos(32°) = \frac{5{,}6\,\text{cm}}{6{,}6\,\text{cm}} \approx 0{,}848$; $\tan(32°) \approx \frac{3{,}5\,\text{cm}}{5{,}6\,\text{cm}} = 0{,}625$

$\sin(58°) = \frac{5{,}6\,\text{cm}}{6{,}6\,\text{cm}} \approx 0{,}848$; $\cos(58°) = \frac{3{,}5\,\text{cm}}{6{,}6\,\text{cm}} \approx 0{,}530$; $\tan(58°) \approx \frac{5{,}6\,\text{cm}}{3{,}5\,\text{cm}} = 1{,}6$

c) Mit dem Satz des Pythagoras erhält man für die Länge der Kathete b:

$b = \sqrt{(5{,}5\,\text{cm})^2 - (4{,}5\,\text{cm})^2} = \sqrt{10}\,\text{cm} \approx 3{,}16\,\text{cm}$

$\sin(54{,}9°) = \frac{4{,}5\,\text{cm}}{5{,}5\,\text{cm}} \approx 0{,}818$; $\cos(54{,}9°) = \frac{\sqrt{10}\,\text{cm}}{5{,}5\,\text{cm}} \approx 0{,}575$; $\tan(54{,}9°) \approx \frac{4{,}5\,\text{cm}}{\sqrt{10}\,\text{cm}} \approx 1{,}423$

$\sin(35{,}1°) = \frac{\sqrt{10}\,\text{cm}}{5{,}5\,\text{cm}} \approx 0{,}575$; $\cos(35{,}1°) = \frac{4{,}5\,\text{cm}}{5{,}5\,\text{cm}} \approx 0{,}818$; $\tan(35{,}1°) \approx \frac{\sqrt{10}\,\text{cm}}{4{,}5\,\text{cm}} \approx 0{,}703$

Seite 11

6 **a)** $\alpha = 52°$, $a \approx 7{,}1\,cm$, $b \approx 5{,}5\,cm$

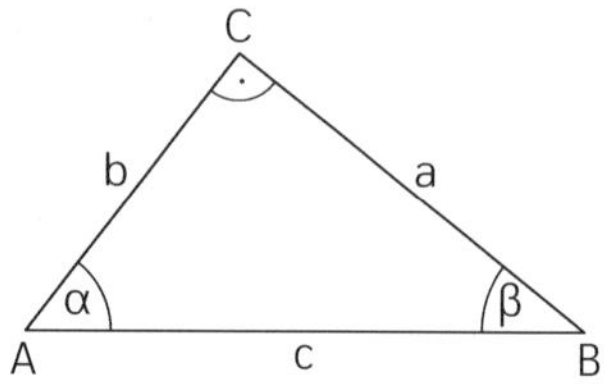

$\sin(52°) = \frac{a}{c} \approx \frac{7{,}1\,cm}{9\,cm} \approx 0{,}79$; $\cos(52°) = \frac{b}{c} \approx \frac{5{,}5\,cm}{9\,cm} \approx 0{,}61$;

$\tan(52°) = \frac{a}{b} \approx \frac{7{,}1\,cm}{5{,}5\,cm} \approx 1{,}29$;

$\sin(38°) = \frac{b}{c} \approx \frac{5{,}5\,cm}{9\,cm} \approx 0{,}61$; $\cos(38°) = \frac{a}{c} \approx \frac{7{,}1\,cm}{9\,cm} \approx 0{,}79$;

$\tan(38°) = \frac{b}{a} \approx \frac{5{,}5\,cm}{7{,}1\,cm} \approx 0{,}77$

b) $\beta = 42°$, $a \approx 12{,}0\,cm$, $c \approx 8{,}9\,cm$

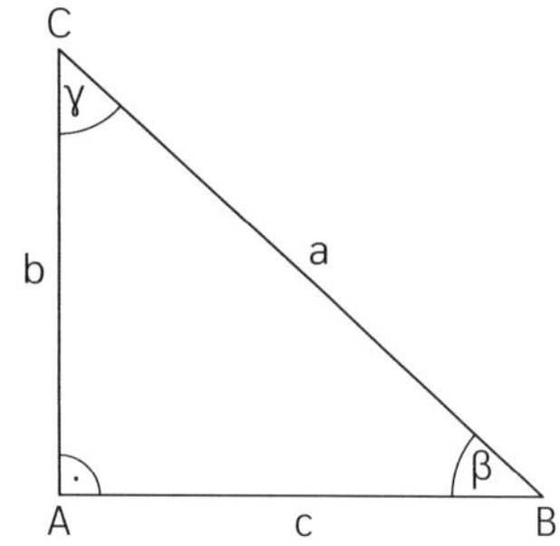

$\sin(42°) = \frac{b}{a} \approx \frac{8\,cm}{12\,cm} \approx 0{,}67$; $\cos(42°) = \frac{c}{a} \approx \frac{8{,}9\,cm}{12\,cm} \approx 0{,}74$;

$\tan(42°) = \frac{b}{c} \approx \frac{8\,cm}{8{,}9\,cm} \approx 0{,}90$;

$\sin(48°) = \frac{c}{a} \approx \frac{8{,}9\,cm}{12\,cm} \approx 0{,}74$; $\cos(48°) = \frac{b}{a} \approx \frac{8\,cm}{12\,cm} \approx 0{,}67$;

$\tan(48°) = \frac{b}{a} \approx \frac{8{,}9\,cm}{8\,cm} \approx 1{,}11$

c) $\alpha = 32°$, $b \approx 9{,}4\,cm$, $c \approx 8{,}0\,cm$

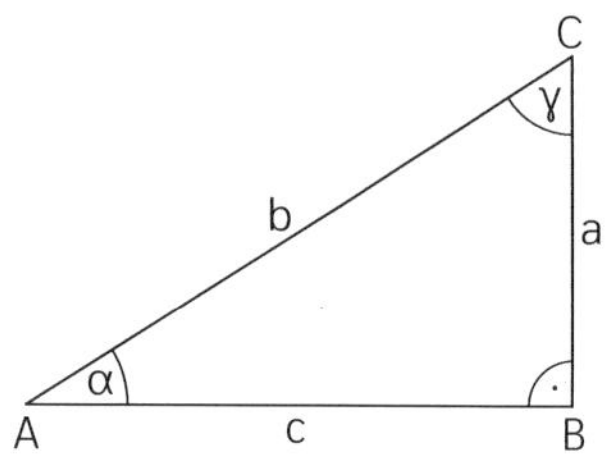

$\sin(32°) = \frac{a}{b} \approx \frac{5\,cm}{9{,}4\,cm} \approx 0{,}53$; $\cos(32°) = \frac{c}{b} \approx \frac{8{,}0\,cm}{9{,}4\,cm} \approx 0{,}85$;

$\tan(32°) = \frac{a}{c} \approx \frac{5\,cm}{8{,}0\,cm} = 0{,}625$;

$\sin(58°) = \frac{c}{b} \approx \frac{8{,}0\,cm}{9{,}4\,cm} \approx 0{,}85$; $\cos(58°) = \frac{a}{b} \approx \frac{5\,cm}{9{,}4\,cm} \approx 0{,}53$;

$\tan(58°) = \frac{c}{a} \approx \frac{8{,}0\,cm}{5\,cm} = 1{,}6$

d) Das Dreieck ist gleichschenklig-rechtwinklig.

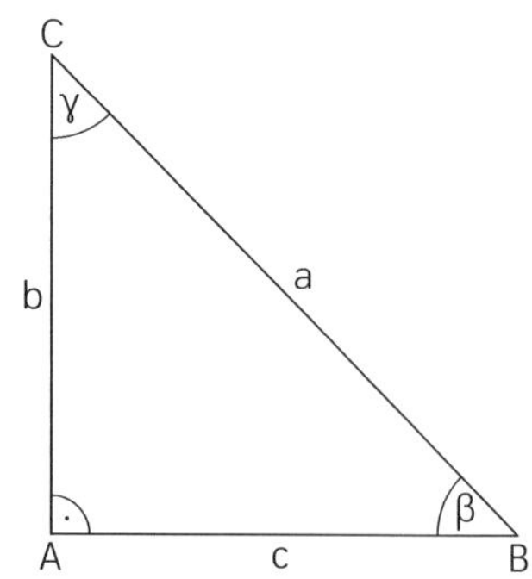

$\gamma = 45°$, $a \approx 5{,}7\,cm$, $b = 4\,cm$

$\sin(45°) = \frac{b}{a} = \frac{c}{a} \approx \frac{4\,cm}{5{,}7\,cm} \approx 0{,}70$

$\cos(45°) = \frac{c}{a} = \frac{b}{a} \approx \frac{4\,cm}{5{,}7\,cm} \approx 0{,}70$

$\tan(45°) = \frac{b}{c} = \frac{c}{b} = \frac{4\,cm}{4\,cm} = 1$

Seite 11

7 Man zeichnet ein Dreieck mit $a = 4{,}1\,cm$, $b = 2{,}9\,cm$ und $c = 5\,cm$. Das Dreieck hat die gegebenen Winkelgrößen. Man vergleicht den Sinus und den Kosinus der spitzen Winkel.

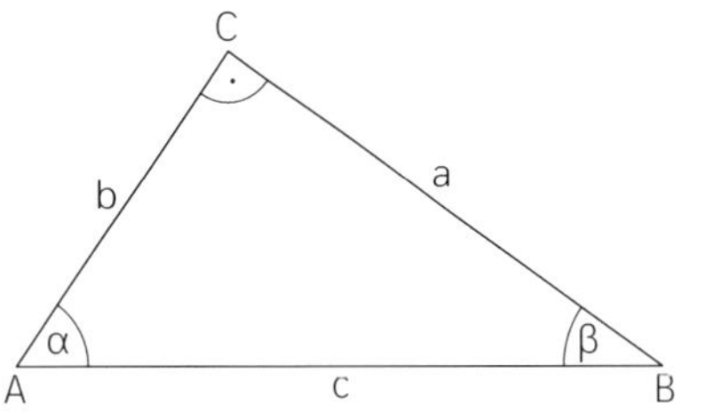

$\sin(55°) = \frac{a}{c} \approx \frac{4{,}1\,cm}{5\,cm} \approx 0{,}82;$

$\cos(55°) = \frac{b}{c} \approx \frac{2{,}9\,cm}{5\,cm} \approx 0{,}58;$

$\sin(35°) = \frac{b}{c} \approx \frac{2{,}9\,cm}{5\,cm} \approx 0{,}58;$

$\cos(55°) = \frac{a}{c} \approx \frac{4{,}1\,cm}{5\,cm} \approx 0{,}82.$

Für $\gamma = 90°$ und $\beta = 90° - \alpha$ bzw. $\alpha = 90° - \beta$ gilt anscheinend: $\sin(\alpha) = \cos(\beta)$ und $\cos(\alpha) = \sin(\beta)$

8 Man zeichnet ein rechtwinklige Dreieck mit den Seitenlängen $a = 2{,}6\,cm$, $b = 4{,}5\,cm$, $c = 5{,}2\,cm$ und den Winkelgrößen $\alpha = 30°$, $\beta = 60°$, $\gamma = 90°$

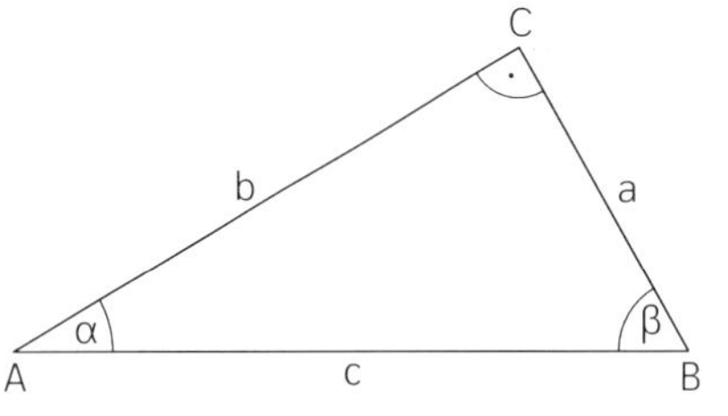

$\sin(\alpha) = \sin(30°) = \frac{a}{c} = \frac{2{,}6\,cm}{5{,}2\,cm} = 0{,}5$ und

$\sin(\beta) = \sin(60°) = \frac{b}{c} = \frac{4{,}5\,cm}{5\,cm} = 0{,}9$

$\cos(\alpha) = \cos(30°) = \frac{b}{c} = \frac{4{,}5\,cm}{5\,cm} = 0{,}9$ und $\cos(\beta) = \cos(60°) = \frac{a}{c} = \frac{2{,}6\,cm}{5{,}2\,cm} = 0{,}5$

$\tan(\alpha) = \tan(30°) = \frac{a}{b} = \frac{2{,}6\,cm}{4{,}5\,cm} = 0{,}5\overline{8}$ und $\tan(\beta) = \tan(60°) = \frac{b}{a} = \frac{4{,}5\,cm}{2{,}6\,cm} \approx 1{,}73$

Man erkennt: Zur doppelten Winkelgröße gehört nicht der doppelte Sinuswert, nicht der doppelte Kosinuswert und nicht der doppelte Tangenswert. Sinus, Kosinus und Tangens eines Winkels sind nicht proportional zur Winkelgröße.

Weiterüben

9 **a)** (1) Die horizontale Luftlinienentfernung $|AB|$ der Strecke kann man mit dem Satz des Pythagoras berechnen.

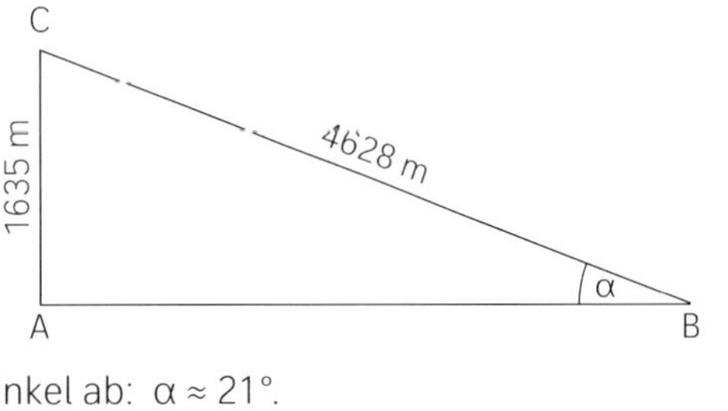

$|AB| = \sqrt{(4628\,m)^2 - (1635\,m)^2} \approx 4330\,m$

(1) Steigung der Strecke:

$\frac{|AC|}{|AB|} \approx \frac{1635\,m}{4330\,m} \approx 0{,}378 = 37{,}8\,\%$

Aus der Zeichnung liest man den Steigungswinkel ab: $\alpha \approx 21°$.

b) Der Sinus des Steigungswinkels ist der Quotient aus der Höhendifferenz und der Länge der Bahn. Der Kosinus des Steigungswinkels ist der Quotient aus der Luftlinienentfernung und der Länge der Bahn. Der Tangens des Steigungswinkels ist der Quotient aus der Höhendifferenz und der Luftlinienentfernung.

1.2 Bestimmen von Sinus-, Kosinus- und Tangenswerten Zusammenhänge

Seite 12 Einstieg

Eine Wertetabelle für Sinus, Kosinus und Tangens und für die Winkelgrößen 10°, 20°, ..., 80° befindet sich in der Lösung auf Seite 13 des Schulbuchs.

Seite 13 Üben

1 Man benutzt hier die Zusammenhänge:
$\cos(\alpha) = \sin(90° - \alpha)$; $\sin(\alpha) = \cos(90° - \alpha)$;
$\tan(45°) = 1$; $(\sin(\alpha))^2 + (\cos(\alpha))^2 = 1$

a) $\sin(60°) = \cos(90° - 60°) = \cos(30°)$
b) $\cos(10°) = \sin(90° - 10°) = \sin(80°)$
c) $\sin(13°) = \cos(90° - 13°) = \cos(77°)$
d) $\cos(51°) = \sin(90° - 51°) = \sin(39°)$
e) $\sin(53°) = \cos(90° - 53°) = \cos(37°)$
f) $\cos(84°) = \sin(90° - 84°) = \sin(6°)$
g) $\cos(1°) = \sin(90° - 1°) = \sin(89°)$
h) $\tan(\alpha) = (\sin(22°))^2 + (\cos(22))^2 = 1 = \tan(45°)$

2 Keine Lösungen

Seite 14

3 Für $0° < \alpha < 90°$ und $0° < \beta < 90°$ gilt (vergleiche Tabelle und Einheitskreis auf Seite 13 des Schulbuchs): Für $\alpha > \beta$ ist $\sin(\alpha) > \sin(\beta)$; $\cos(\alpha) < \cos(\beta)$; $\tan(\alpha) > \tan(\beta)$ und $0 < \sin(\alpha) < 1$ sowie $0 < \cos(\alpha) < 1$.
Ferner gelten die Beziehungen:
$\cos(\alpha) = \sin(90° - \alpha)$; $\sin(\alpha) = \cos(90° - \alpha)$; $\tan(45°) = 1$; $(\sin(\alpha))^2 + (\cos(\alpha))^2 = 1$

a) $\sin(80°) = \cos(90° - 80°) = \cos(10°) > \cos(50°)$
b) $\sin(33°) = \cos(90° - 33°) = \cos(57°) < \cos(47°)$
c) $\sin(20°) = \cos(90° - 20°) = \cos(70°) < \cos(30°)$
d) $\cos(5°) = \sin(90° - 5°) = \sin(85°) > \sin(70°)$
e) $\cos(8°) = \sin(90° - 8°) = \sin(82°) > \sin(72°)$
f) $\cos(79°) = \sin(90° - 79°) = \sin(11°)$
g) $\tan(19°) > \tan(17°)$
h) $\tan(45°) = 1 > \cos(70°)$

4 **a)** Lucas hat $\sin(\alpha) = \cos(90° - \alpha)$ nicht beachtet:
$\sin(50°) = \cos(90° - 50°) = \cos(40°)$
b) Lukas hat sich verrechnet. $\cos(17°) = \sin(90° - 17°) = \sin(73°)$
c) Das Kleiner-Zeichen ist falsch. $\tan(45°) = 1$ und $\sin(78°) < 1$, also $\tan(45°) > \sin(78°)$
d) Das Größer-Zeichen ist falsch. $(\sin(55°))^2 + (\cos(55))^2 = 1$ und $(\sin(51°))^2 + (\cos(51))^2 = 1$ also $(\sin(55°))^2 + (\cos(55))^2 = (\sin(51°))^2 + (\cos(51))^2$

5 Mit Werten aus der Tabelle auf Seite 13 des Schulbuchs kann man zeigen, dass die Gleichungen falsch sind. Beispiele:
$\sin(30° + 20°) = \sin(50°) = 0{,}77$ und $\sin(30°) + \sin(20°) = 0{,}50 + 0{,}34 = 0{,}84$
$\cos(30° + 20°) = \cos(50°) = 0{,}64$ und $\cos(30°) + \cos(20°) = 0{,}87 + 0{,}94 = 1{,}81$
$\tan(30° + 20°) = \tan(50°) = 1{,}19$ und $\tan(30°) + \tan(20°) = 0{,}58 + 0{,}36 = 0{,}94$

Sinus, Kosinus und Tangens für spezielle Winkelgrößen

Seite 14

6 **a)** $\sin(30°) < \tan(30°) < \cos(30°)$ **b)** $\cos(60°) < \sin(60°) < \tan(60°)$
c) $\sin(30°) < \cos(30°) < \tan(45°)$

7 (1) $c^2 = a^2 + a^2 = 2a^2$, also $c = \sqrt{2a^2} = a\sqrt{2}$.

(2) $\sin(45°) = \cos(45°) = \frac{a}{c} = \frac{a}{a\sqrt{2}} = \frac{1}{\sqrt{2}} = \frac{\sqrt{2}}{\sqrt{2}\cdot\sqrt{2}} = \frac{\sqrt{2}}{2} = \frac{1}{2}\sqrt{2}$

(3) $\tan(45°) = \frac{a}{a} = 1$

Das kann ich noch!

A 1) Mit $\frac{1}{2}$ in Richtung der y-Achse gestreckte Normalparabel.

2) Um 3 Einheiten nach unten verschobene Normalparabel.

3) Um 3 Einheiten nach rechts verschobene Normalparabel.

4) Um 1 Einheit nach links und mit $\frac{1}{2}$ in Richtung der y-Achse gestreckte Normalparabel.

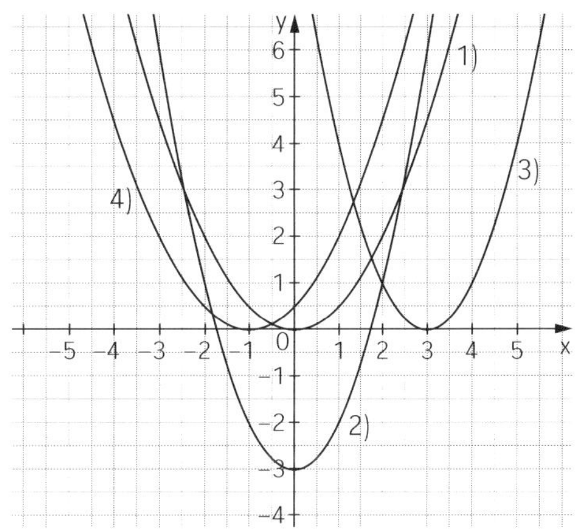

Seite 15

8 (1) Nach dem Satz des Pythagoras gilt: $h = \sqrt{a^2 - \left(\frac{a}{2}\right)^2} = \sqrt{a^2 - \frac{a^2}{4}} = \sqrt{\frac{3}{4}a^2} = \frac{a}{2}\sqrt{3}$

(2) $\sin(30°) = \cos(60°) = \frac{\frac{a}{2}}{a} = \frac{a}{2a} = \frac{1}{2}$

(3) $\sin(60°) = \cos(30°) = \frac{h}{a} = \frac{\frac{a}{2}\sqrt{3}}{a} = \frac{a\sqrt{3}}{2a} = \frac{1}{2}\sqrt{3}$

(4) $\tan(30°) = \frac{\frac{a}{2}}{h} = \frac{\frac{a}{2}}{\frac{a}{2}\sqrt{3}} = \frac{1}{\sqrt{3}} = \frac{\sqrt{3}}{\sqrt{3}\cdot\sqrt{3}} = \frac{\sqrt{3}}{3} = \frac{1}{3}\sqrt{3}$

(5) $\tan(60°) = \frac{h}{\frac{a}{2}} = \frac{\frac{a}{2}\sqrt{3}}{\frac{a}{2}} = \sqrt{3}$

9 **a)** $\sin(16°) \approx 0{,}2756$; $\cos(16°) \approx 0{,}9613$; $\tan(16°) \approx 0{,}2867$
b) $\tan(38°) \approx 0{,}7813$; $\sin(38°) \approx 0{,}6157$; $\cos(38°) \approx 0{,}7880$
c) $\cos(49{,}7°) \approx 0{,}6468$; $\tan(49{,}7°) \approx 1{,}1792$; $\sin(49{,}7°) \approx 0{,}7627$
d) $\tan(68{,}5°) \approx 2{,}5386$; $\sin(68{,}5°) \approx 0{,}9304$; $\cos(68{,}5°) \approx 0{,}3665$

Seite 15

10 **a)** $\alpha = \sin^{-1}(0{,}3) \approx 17{,}5°$ **b)** $\alpha = \cos^{-1}(0{,}3) \approx 72{,}5°$
c) $\alpha = \tan^{-1}(0{,}3) \approx 16{,}7°$ **d)** $\alpha = \sin^{-1}(0{,}75) \approx 48{,}6°$
e) $\alpha = \sin^{-1}(0{,}8) \approx 53{,}1°$ **f)** $\alpha = \cos^{-1}(0{,}8) \approx 36{,}9°$
g) $\alpha = \tan^{-1}(0{,}) \approx 38{,}7°$ **h)** $\alpha = \tan^{-1}(12) \approx 85{,}2°$

Weiterüben

11 **a)** (1) $\sin(89°) \approx 0{,}9998476952$ $\sin(89{,}9°) \approx 0{,}9999984769$
$\sin(89{,}99°) \approx 0{,}9999999848$ $\sin(89{,}999°) \approx 0{,}9999999998$
Wenn α sich immer mehr 90° annähert, dann nähert sich der Wert von sin(α) immer mehr der 1 an. Je nach Taschenrechner werden die Werte auf 1 gerundet, da er nicht so viele Stellen nach dem Komma anzeigen kann.
$\sin(1°) \approx 0{,}0174524064$ $\sin(0{,}1°) \approx 0{,}0017453284$
$\sin(0{,}01°) \approx 0{,}0001745329$ $\sin(0{,}001°) \approx 0{,}0000174533$
Wenn α sich immer mehr 0° annähert, dann nähert sich der Wert von sin(α) immer mehr der 0 an. Die Werte werden ungefähr jeweils durch 10 dividiert.
(2) $\cos(89°) \approx 0{,}0174524064$ $\cos(89{,}9°) \approx 0{,}0017453284$
$\cos(89{,}99°) \approx 0{,}0001745329$ $\cos(89{,}999) \approx 0{,}0000174533$
Wenn α sich immer mehr 90° annähert, dann nähert sich der Wert von cos(α) immer mehr der 0 an. Die Werte werden ungefähr jeweils durch 10 dividiert.
$\cos(1°) \approx 0{,}9998476952$ $\cos(0{,}1°) \approx 0{,}9999984769$
$\cos(0{,}01°) \approx 0{,}9999999848$ $\cos(0{,}001°) \approx 0{,}9999999998$
Wenn α sich immer mehr 0° annähert, dann nähert sich der Wert von cos(α) immer mehr der 1 an. Je nach Taschenrechner werden die Werte auf 1 gerundet, da er nicht so viele Stellen nach dem Komma anzeigen kann.
(3) $\tan(89°) \approx 57{,}29$ $\tan(89{,}9°) \approx 572{,}96$
$\tan(89{,}99°) \approx 5729{,}58$ $\tan(89{,}999°) \approx 57\,295{,}78$
Wenn α sich immer mehr 90° annähert, dann wird der Wert von tan(α) immer größer. Der Wert des Tangens wird jeweils etwa verzehnfacht.
$\tan(1°) \approx 0{,}0174550649$ $\tan(0{,}1°) \approx 0{,}0017453310$
$\tan(0{,}01°) \approx 0{,}0001745329$ $\tan(0{,}001°) \approx 0{,}0000174533$
Wenn α sich immer mehr 0° annähert, dann nähert sich der Wert von tan(α) immer mehr der 0 an. Die Werte werden ungefähr jeweils durch 10 dividiert.
b) Man erstellt eine Tabelle für die Werte.

α	1°	0,9°	0,8°	0,7°
sin(α)	0,0174524064	0,0157073173	0,0139621803	0,0122170008
tan(α)	0,0174550649	0,0157092553	0,0139635414	0,0122179127

Die Werte für Sinus und Tangens sind ungefähr gleich groß und nähern sich immer mehr an, je kleiner der Winkel wird.
Am Einheitskreis sieht man, dass sich die Länge der langen Kathete der Länge der Hypotenuse immer mehr annähert.

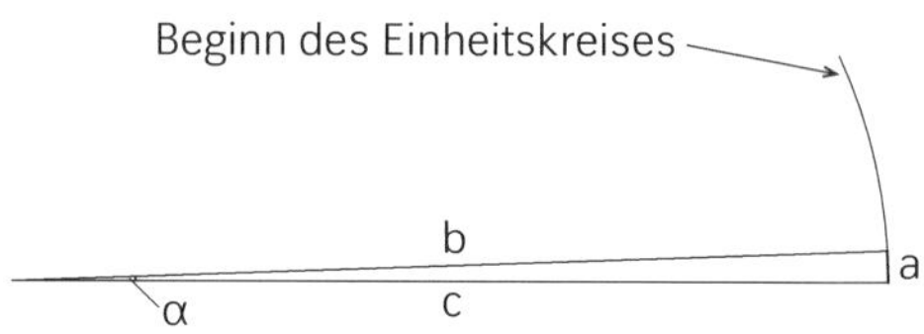

Damit gilt für kleine Winkel α: $\frac{a}{c} \approx \frac{a}{b}$, also $\sin(\alpha) \approx \tan(\alpha)$

1.3 Berechnen rechtwinkliger Dreiecke

Seite 16
Einstieg

Die Befestigungsseile, der Sendemast und der Erdboden bilden ein rechtwinkliges Dreieck. Die Höhe h der Befestigungspunkte kann man mithilfe des Sinus und die Entfernung e der Befestigung der Seile am Boden mithilfe des Kosinus berechnen.

$\sin(55°) = \frac{h}{40\,m}$, also $h = \sin(55°) \cdot 40\,m \approx 32{,}77\,m$

$\cos(55°) = \frac{e}{40\,m}$, also $e = \cos(55°) \cdot 40\,m \approx 22{,}94\,m$

Die Seile müssen in ungefähr 32.8 m Höhe und ungefähr 22,9 m vom Mast entfernt befestigt werden.

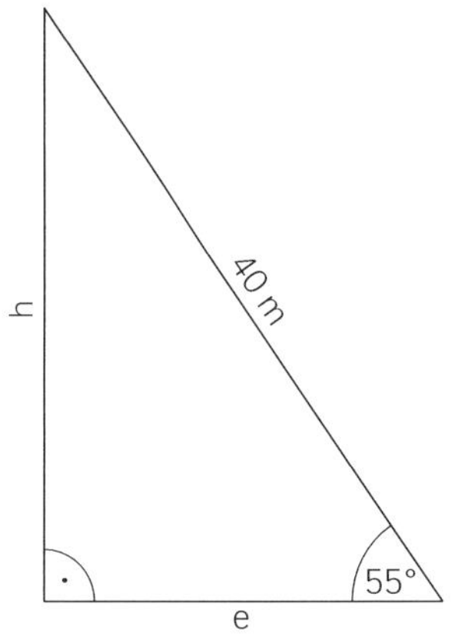

Seite 17
Üben

1 **a)** $\cos(35°) = \frac{x}{7\,cm}$, also $x = \cos(35°) \cdot 7\,cm \approx 5{,}7\,cm$

b) $\cos(53°) = \frac{4{,}2\,cm}{x}$, also $x = \frac{4{,}2\,cm}{\cos(53°)} \approx 7{,}0\,cm$

c) $\sin(\alpha) = \frac{6\,cm}{8\,cm} = 0{,}75$, also $\alpha = \sin^{-1}(0{,}75) \approx 48{,}6°$

d) $\cos(\alpha) = \frac{5\,cm}{7{,}6\,cm} = \frac{5}{7{,}6} \approx 0{,}658$, also $\alpha = \cos^{-1}\left(\frac{5}{7{,}6}\right) \approx 48{,}9°$

2 **a)** Satz des Pythagoras:

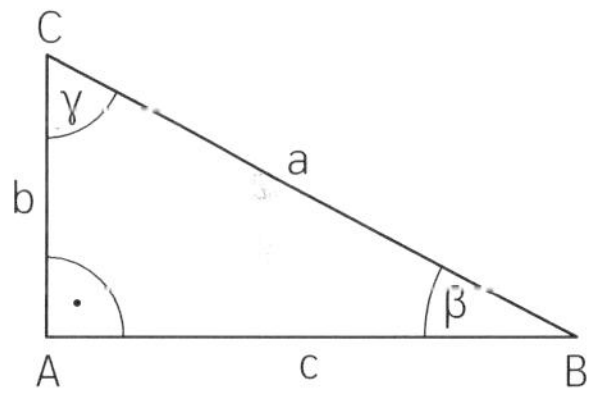

$b = \sqrt{12{,}7^2 - 5{,}9^2}\,cm = \sqrt{126{,}48}\,cm \approx 11{,}2\,cm$

$\sin(\gamma) = \frac{c}{a} = \frac{5{,}9\,cm}{12{,}7\,cm} = \frac{5{,}9}{12{,}7} \approx 0{,}465$, also

$\gamma = \sin^{-1}\left(\frac{5{,}9}{12{,}7}\right) \approx 27{,}7°$ und $\beta = 90° - \gamma \approx 62{,}3°$

b) Satz des Pythagoras:

$c = \sqrt{14{,}1^2 - 7{,}8^2}\,cm = \sqrt{137{,}97}\,cm \approx 11{,}75\,cm$

$\sin(\beta) = \frac{b}{a} = \frac{7{,}8\,cm}{14{,}1\,cm} = \frac{7{,}8}{14{,}1} \approx 0{,}553$, also $\beta = \sin^{-1}\left(\frac{7{,}8}{14{,}1}\right) \approx 33{,}6°$ und $\gamma = 90° - \beta \approx 56{,}4°$

c) Satz des Pythagoras: $a = \sqrt{21^2 + 17^2}\,cm = \sqrt{730}\,cm \approx 27{,}0\,cm$

$\tan(\beta) = \frac{b}{c} = \frac{21\,cm}{17\,cm} = \frac{21}{17} \approx 1{,}235$, also $\beta = \tan^{-1}\left(\frac{21}{17}\right) \approx 51{,}0°$ und $\gamma = 90° - \beta \approx 39{,}0°$

d) Satz des Pythagoras: $a = \sqrt{11{,}4^2 + 5{,}2^2}\,cm = \sqrt{157}\,cm \approx 12{,}5\,cm$

$\tan(\beta) = \frac{b}{c} = \frac{11{,}4\,cm}{5{,}2\,cm} = \frac{114}{52} = \frac{57}{26} \approx 2{,}192$, also $\beta = \tan^{-1}\left(\frac{57}{26}\right) \approx 65{,}5°$ und

$\gamma = 90° - \beta \approx 24{,}5°$

Seite 17

3 **a)** Satz des Pythagoras:

$b = \sqrt{12{,}3^2 + 9{,}4^2}\,\text{cm} = \sqrt{239{,}65}\,\text{cm} \approx 15{,}5\,\text{cm}$

$\tan(\alpha) = \frac{a}{c} = \frac{12{,}3\,\text{cm}}{9{,}4\,\text{cm}} = \frac{123}{94} \approx 1{,}309$, also

$\alpha = \tan^{-1}\left(\frac{123}{94}\right) \approx 52{,}6°$ und $\gamma = 90° - \alpha \approx 37{,}4°$

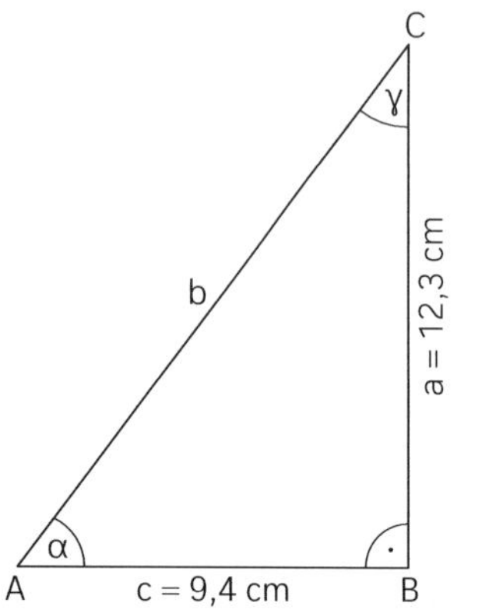

b) Satz des Pythagoras:

$a = \sqrt{23^2 + 16^2}\,\text{cm} = \sqrt{785}\,\text{cm} \approx 28{,}0\,\text{cm}$

$\tan(\beta) = \frac{b}{c} = \frac{23\,\text{cm}}{16\,\text{cm}} = 1{,}4375$, also

$\beta = \tan^{-1}(1{,}4375) \approx 52{,}2°$ und $\gamma = 90° - \beta \approx 34{,}8°$

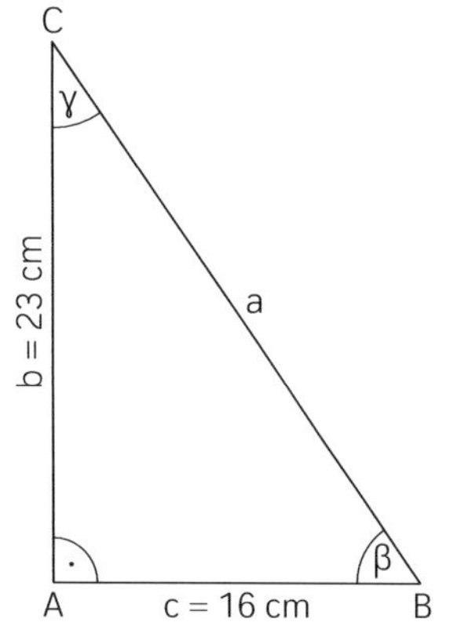

c) $\alpha = 90° - \beta \approx 23°$

$\sin(\alpha) = \frac{a}{c}$, also $c = \frac{a}{\sin(\alpha)} = \frac{5{,}5\,\text{cm}}{\sin(23°)} \approx 14{,}1\,\text{cm}$

$\tan(\beta) = \frac{b}{a}$, also

$b = a \cdot \tan(\beta) = 5{,}5\,\text{cm} \cdot \tan(67°) \approx 13{,}0\,\text{cm}$

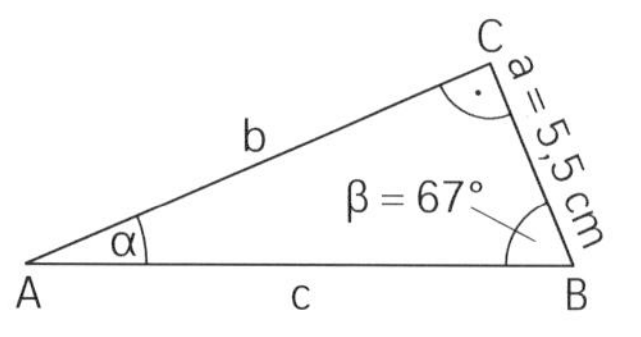

d) $\beta = 90° - \alpha \approx 39°$

$\sin(\alpha) = \frac{a}{c}$, also $c = \frac{a}{\sin(\alpha)} = \frac{27{,}4\,\text{cm}}{\sin(51°)} \approx 35{,}3\,\text{cm}$

$\tan(\beta) = \frac{b}{a}$, also

$b = a \cdot \tan(\beta) = 27{,}4\,\text{cm} \cdot \tan(39°) \approx 22{,}2\,\text{cm}$

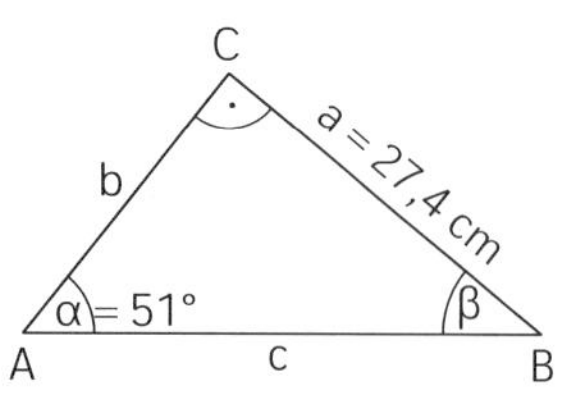

4 1) Dominik hat die Gleichung falsch umgeformt. Die Hypotenuse c ist länger als die Kathete a.

$\sin(27°) = \frac{7\,\text{cm}}{c}$, also $c = \frac{7\,\text{cm}}{\sin(27°)} \approx 15{,}4\,\text{cm}$

2) Dominik hat zunächst c statt a geschrieben, aber den richtigen Wert eingesetzt. Die Winkelgröße hat er mit dem Kosinus statt mit dem Sinus berechnet.

$\sin(\beta) = \frac{b}{c} = \frac{3\,\text{cm}}{5\,\text{cm}} = 0{,}6$, also $\beta = \sin^{-1}(0{,}6) \approx 36{,}9°$

3) Dominik hat die Winkelgröße falsch berechnet.

$\tan(\delta) = \frac{5\,\text{cm}}{2\,\text{cm}} = 2{,}5$, also $\delta = \tan^{-1}(2{,}5) \approx 68{,}2°$

Seite 18

5 $\tan(\alpha) = \frac{4{,}50\,m}{6\,m} = 0{,}75$, also $\alpha = \tan^{-1}(0{,}75) \approx 36{,}9°$

6 Für die Flussbreite b gilt: $\tan(52{,}3°) = \frac{b}{12\,m}$, also $b = 12\,m \cdot \tan(52{,}3°) \approx 15{,}5\,m$

7 a) $\tan(38°) = \frac{h - 1\,m}{75\,m}$, also $h = 75\,m \cdot \tan(38°) + 1\,m \approx 59{,}6\,m$

b) $\tan(\alpha) = \frac{h - 1\,m}{120\,m} = \frac{75\,m \cdot \tan(38°)}{120\,m} \approx 0{,}488$, also $\alpha = \tan^{-1}\left(\frac{75\,m \cdot \tan(38°)}{120\,m}\right) \approx 26{,}0°$

Das Ergebnis erhält man auch für $\tan(\alpha) = 0{,}488$: $\alpha = \tan^{-1}(0{,}488) \approx 26{,}0°$

Die Rundung bei $\tan(\alpha)$ wirkt sich nicht aus.

8 a) Auslenkung a an der Spitze:

$\sin(5{,}5°) = \frac{a}{55{,}8\,m}$, also $a = 55{,}8\,m \cdot \sin(5{,}5°) \approx 5{,}35\,m$

1990 betrug die Auslenkung an der Spitze 5,35 m.

b) Für den Neigungswinkel α erhält man:

$\sin(\alpha) = \frac{3{,}9\,m}{55{,}8\,m} = \frac{39}{558} = \frac{13}{186} \approx 0{,}07$, also

$\alpha = \sin^{-1}\left(\frac{13}{186}\right) \approx 4{,}0°$

Der Neigungswinkel beträgt nun 4,0°, also 1,5° weniger als vor der Sanierung.

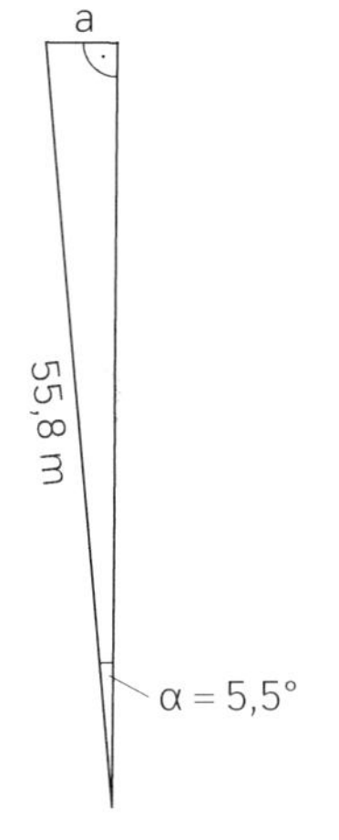

Neigungsangaben in Prozent – Steigung und Gefälle

Seite 19

9 a) Für den Steigungswinkel α gilt:

$\tan(\alpha) = \frac{12}{100} = 0{,}12$, also

$\alpha = \tan^{-1}(0{,}12) \approx 6{,}8°$

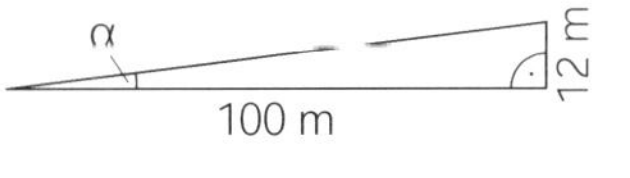

b) (1) $\tan(6°) \approx 0{,}105 = 10{,}5\,\%$ (2) $\tan(8{,}5°) \approx 0{,}149 = 14{,}9\,\%$

c) $\tan(\alpha) = 5\,\% = \frac{5}{100} = 0{,}05$, also $\alpha = \tan^{-1}(0{,}05) \approx 2{,}9°$

d) $\tan(\alpha) = 100\,\% = 1$, also $\alpha = 45°$.

10 Das Gefälle beträgt $\frac{14}{100} = 14\,\%$.

Neigungswinkel: $\tan(\alpha) = \frac{14}{100} = 0{,}14$, also $\alpha = \tan^{-1}(0{,}14) \approx 8{,}0°$

Höhenunterschied h bei 700 m Luftlinienentfernung:

$h = 700\,m \cdot 0{,}14 = 98\,m$ oder $h = 700\,m \cdot \tan(\alpha) \approx 700\,m \cdot \tan(8{,}0°) \approx 98\,m$

Seite 19

11 **a)** Die schräge Strecke ist 4,50 m lang.

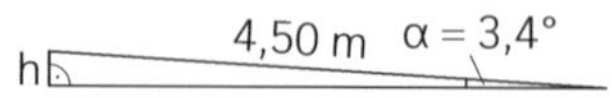

$\sin(\alpha) = \frac{h}{l}$, also $h = 4{,}50\,m \cdot \sin(3{,}4°) \approx 0{,}27\,m$.

b) $\tan(3{,}4°) \approx 0{,}059 = 5{,}9\,\%$

Die Rampe erfüllt die Bedingung von maximal 6 %.

c) Die schräge Strecke ist 6 m lang.

Neigungswinkel α bei 6 % Steigung:

$\alpha = \tan^{-1}(0{,}06) \approx 3{,}434°$

$h \approx 6\,m \cdot \sin(3{,}434°) \approx 0{,}36\,m$

Man kann dann eine Höhe von maximal 36 cm erreichen.

12 Die 1,5 km lange Strecke ist die von der Bahn zurückgelegte (schräge) Strecke.

(1) $70\,‰ = \frac{70}{1\,000} = \frac{7}{100} = 7\,\%$ Steigungswinkel α: $\alpha = \tan^{-1}\left(\frac{7}{100}\right) \approx 4{,}0°$

Höhenunterschied auf 1,5 km lange Strecke: $h = 1\,500\,m \cdot \sin(4{,}0°) \approx 104{,}63\,m \approx 105\,m$

(2) $750\,‰ = \frac{750}{1\,000} = \frac{75}{100} = 75\,\%$ Steigungswinkel α: $\alpha = \tan^{-1}\left(\frac{75}{100}\right) \approx 36{,}9°$

Höhenunterschied auf 1,5 km lange Strecke:

$h = 1\,500\,m \cdot \sin(36{,}9°) \approx 900{,}63\,m \approx 900\,m$

(3) $280\,‰ = \frac{280}{1\,000} = \frac{28}{100} = 28\,\%$ Steigungswinkel α: $\alpha = \tan^{-1}\left(\frac{28}{100}\right) \approx 15{,}6°$

Höhenunterschied auf 1,5 km lange Strecke:

$h = 1\,500\,m \cdot \sin(15{,}6°) \approx 403{,}38\,m \approx 400\,m$

(4) $900\,‰ = \frac{900}{1\,000} = \frac{90}{100} = 90\,\%$ Steigungswinkel α: $\alpha = \tan^{-1}\left(\frac{90}{100}\right) \approx 42{,}0°$

Höhenunterschied auf 1,5 km lange Strecke:

$h = 1\,500\,m \cdot \sin(42{,}0°) \approx 1\,003{,}70\,m \approx 1\,000\,m$

Seite 20

13 **a)** Steigungen: Jaufenpass: 10 % und 12 % Timmelsjoch: 12 % und 13 %

b) Jaufenpass: Steigungswinkel: $\alpha_1 = \tan^{-1}(0{,}1) \approx 5{,}71°$ und $\alpha_2 = \tan^{-1}(0{,}12) \approx 6{,}84°$

Timmelsjoch: Steigungswinkel: $\alpha_3 = \tan^{-1}(0{,}12) \approx 6{,}84°$ und $\alpha_4 = \tan^{-1}(0{,}13) \approx 7{,}41°$

c) Höhenunterschied auf einer 1,2 km langen gefahrenen Strecke

bei 10 % Steigung: $h = 1\,200\,m \cdot \sin(5{,}71°) \approx 119{,}39\,m \approx 119\,m$

bei 12 % Steigung: $h = 1\,200\,m \cdot \sin(6{,}84°) \approx 142{,}91\,m \approx 143\,m$

bei 13 % Steigung: $h = 1\,200\,m \cdot \sin(7{,}41°) \approx 154{,}76\,m \approx 155\,m$

14 Beispiele:

Gib den Gleitwinkel α des Segelflugzeuges an. $\alpha = \tan^{-1}\left(\frac{1}{70}\right) \approx 0{,}82°$

Gib die Gleitzahl des Segelflugzeuges in Prozent an. $\frac{1}{70} \approx 0{,}014 = 1{,}4\,\%$

Wie weit fliegt das Flugzeug bei der Gleitzahl 1 : 70, wenn es mit der Seilwinde oder im Schleppflug auf die maximal mögliche Höhe gebracht wird?

Strecke s bei 500 m Höhe: $s = 500\,m \cdot 70 = 35\,000\,m = 35\,km$

Strecke s bei 1 200 m Höhe: $s = 1\,200\,m \cdot 70 = 84\,000\,m = 84\,km$

Seite 20
Weiterüben

15 a) $\tan(26°) = \frac{x}{12\,\text{cm}}$, also $x = \tan(26°) \cdot 12\,\text{cm} \approx 5{,}85\,\text{cm}$

b) $\tan(\alpha) = \frac{4\,\text{cm}}{6\,\text{cm}} = \frac{2}{3}$, also $\alpha = \tan^{-1}\left(\frac{2}{3}\right) \approx 33{,}7°$

c) $\tan(62°) = \frac{8{,}4\,\text{cm}}{x}$, also $x = \frac{8{,}4\,\text{cm}}{\tan(62°)} \approx 4{,}5\,\text{cm}$

d) $\tan(\alpha) = \frac{2{,}2\,\text{cm}}{3{,}6\,\text{cm}} = \frac{11}{18} = 0{,}6\overline{1}$, also $\alpha = \tan^{-1}\left(\frac{11}{18}\right) \approx 31{,}4°$

16 $\tan(\alpha) = \frac{137\,\text{m}}{1\,500\,\text{m}} = \frac{137}{1\,500} \approx 0{,}09$, also $\alpha = \tan^{-1}\left(\frac{137}{1\,500}\right) \approx 5{,}2°$

17 Für die Entfernung e (Luftlinie) gilt: $\tan(52°) = \frac{143\,\text{m}}{x}$, also $x = \frac{143\,\text{m}}{\tan(52°)} \approx 111{,}72\,\text{m}$
Man sieht das Straßburger Münster unter einem Höhenwinkel von 52° in ungefähr 112 m Entfernung.

18 Sinkwinkel 3°: $e = \frac{10\,000\,\text{m}}{\tan(3°)} \approx 190\,811\,\text{m} \approx 191{,}8\,\text{km}$

Sinkwinkel 5°: $e = \frac{10\,000\,\text{m}}{\tan(5°)} \approx 114\,300\,\text{m} \approx 114{,}3\,\text{km}$

Sinkwinkel 10°: $e = \frac{10\,000\,\text{m}}{\tan(10°)} \approx 56\,713\,\text{m} \approx 56{,}7\,\text{km}$

Der Flugkapitän beginnt den Sinkflug wohl zwischen 190 km bis 114 km vom Landeplatz entfernt. Er muss den Sinkflug spätestens 57 km vor dem Landeplatz beginnen.

Seite 21

19 a) Wie hoch reichen die Leitern und welche Arbeitshöhe erreicht man?
Bei der Leiterlänge l (in m) erhält man für den Neigungswinkel 70° die Höhe h der Leiter mit der Formel $h = l \cdot \sin(70°)$. Die Arbeitshöhe ist dann noch 1,35 m höher. Wir legen eine Tabelle an.

Länge l der Leiter (in m)	erreichte Höhe h der Leiter (in m)	Arbeitshöhe (in m)
2,65	2,49	3,84
3,50	3,29	4,64
4,35	4,09	5,44
5,20	4,89	6,24

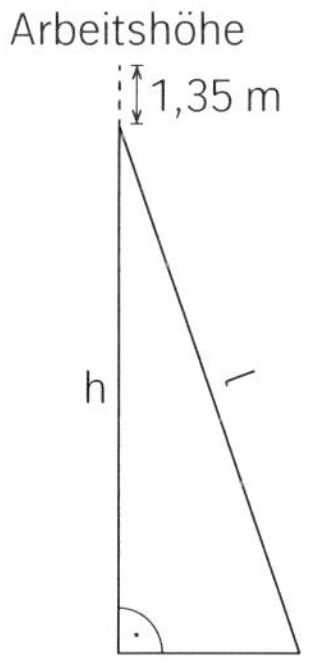

b) (1) Die Zuordnung *Länge der Leiter → erreichte Höhe* ist proportional mit dem Proportionalitätsfaktor $\sin(70°)$, denn $\frac{h}{l} = \sin(70°)$.

(2) Die Zuordnung *Länge der Leiter → erreichte Arbeitshöhe* ist nicht proportional, da immer der feste Wert 1,35 m addiert wird. Man erkennt das auch mit den Werten aus der Tabelle in Teilaufgabe a) an den Quotienten.

Seite 21

20 Für einen Würfel mit der Kantenlänge a gilt für die Länge einer Flächendiagonalen: $f = \sqrt{a^2 + a^2} = \sqrt{2a^2} = a\sqrt{2}$

a) Man berechnet im Dreieck AGE den Winkel α zwischen einer Raumdiagonalen und einer Kante des Würfels: $\tan(\alpha) = \frac{f}{a} = \frac{a\sqrt{2}}{a} = \sqrt{2}$, also

$\alpha = \tan^{-1}(\sqrt{2}) \approx 54{,}7°$.

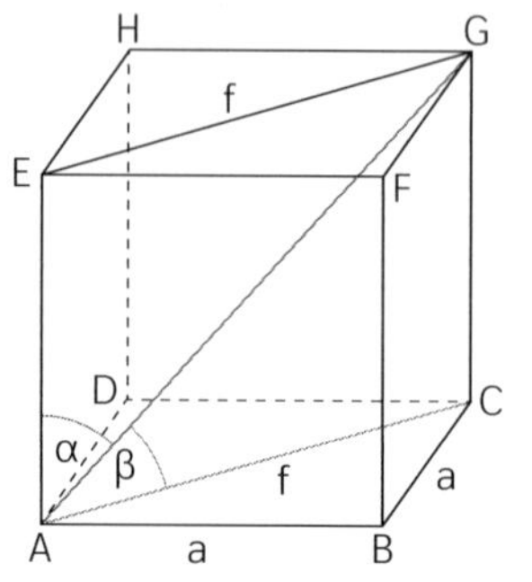

b) Man berechnet im Dreieck ACG den Winkel β zwischen einer Raumdiagonalen und einer Flächendiagonalen des Würfels:

$\tan(\beta) = \frac{a}{f} = \frac{a}{a\sqrt{2}} = \frac{1}{\sqrt{2}} = \frac{\sqrt{2}}{\sqrt{2}\cdot\sqrt{2}} = \frac{1}{2}\sqrt{2}$, also $\beta = \tan^{-1}\left(\frac{1}{2}\sqrt{2}\right) \approx 35{,}3°$

21 Bezeichnungen siehe Bilder.

a) Rechteck ABFE: $\alpha_1 = \tan^{-1}\left(\frac{5{,}9\,\text{cm}}{8{,}5\,\text{cm}}\right) \approx 34{,}8°$

$\alpha_2 = 90° - \alpha_1 = 55{,}2°$

Rechteck ABCD: $\alpha_3 = \tan^{-1}\left(\frac{4{,}2\,\text{cm}}{8{,}5\,\text{cm}}\right) \approx 26{,}3°$

$\alpha_4 = 90° - \alpha_3 = 63{,}7°$

Rechteck BCGF: $\alpha_5 = \tan^{-1}\left(\frac{5{,}9\,\text{cm}}{4{,}2\,\text{cm}}\right) \approx 54{,}6°$

$\alpha_6 = 90° - \alpha_5 = 35{,}4°$

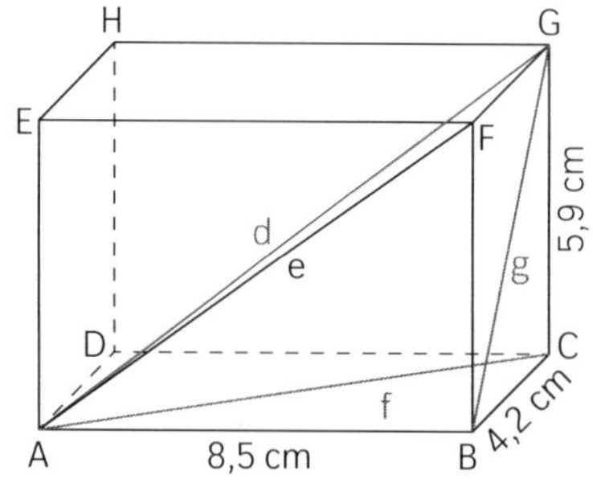

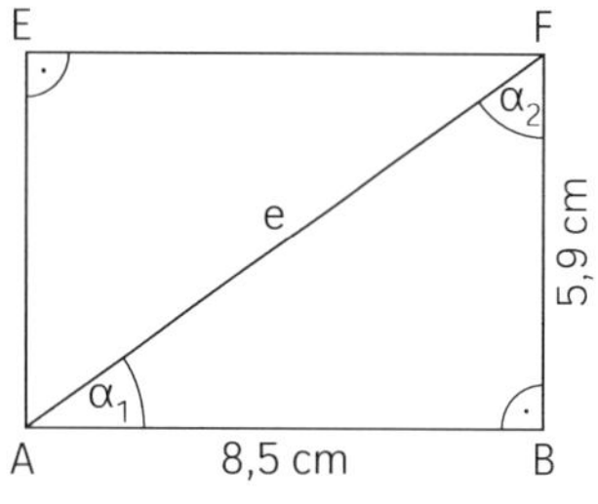

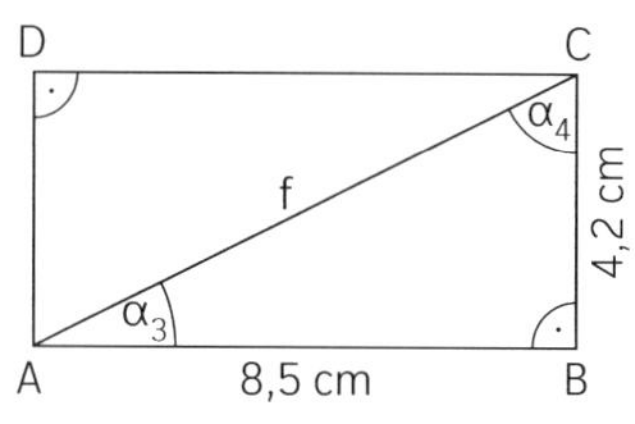

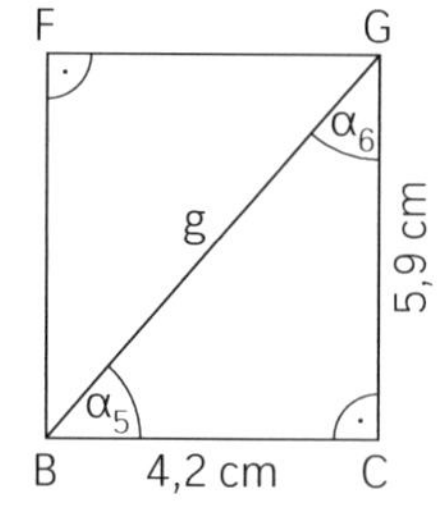

b) Für die Berechnungen benötigt man die Längen der Flächendiagonalen, die man mit dem Satz des Pythagoras berechnen kann (siehe auch Bilder in a).

Rechteck BCGF: $e = \sqrt{8{,}5^2 + 5{,}9^2}\,\text{cm} = \sqrt{107{,}06}\,\text{cm} \approx 10{,}3\,\text{cm}$

Rechteck ABCD: $f = \sqrt{8{,}5^2 + 4{,}2^2}\,\text{cm} = \sqrt{89{,}89}\,\text{cm} \approx 9{,}5\,\text{cm}$

Rechteck BCGF: $g = \sqrt{4{,}2^2 + 5{,}9^2}\,\text{cm} = \sqrt{52{,}45}\,\text{cm} \approx 7{,}2\,\text{cm}$

Winkel zwischen der Raumdiagonalen d und der Kante a im Dreiecke ABG:

$\beta_1 = \tan^{-1}\left(\frac{g}{a}\right) = \tan^{-1}\left(\frac{\sqrt{52{,}45}\,\text{cm}}{8{,}5\,\text{cm}}\right) \approx 40{,}4°$

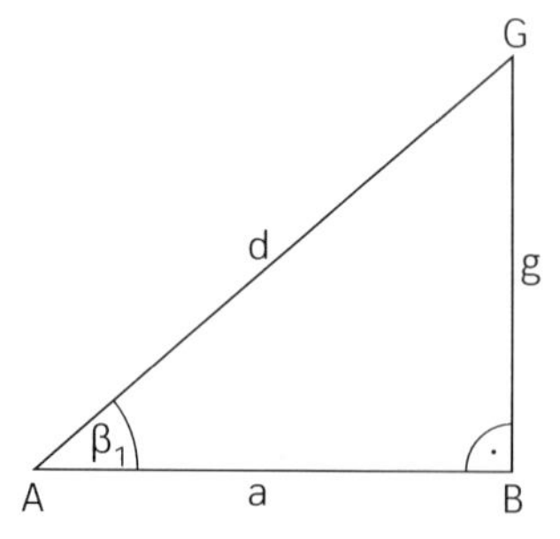

Fortsetzung siehe nächste Seite.

Seite 21

21 **b)** Fortsetzung

Winkel zwischen der Raumdiagonalen d und der Kante b im Dreiecke AFG:

$\beta_2 = \tan^{-1}\left(\frac{e}{b}\right) = \tan^{-1}\left(\frac{\sqrt{107{,}06}\,\text{cm}}{4{,}2\,\text{cm}}\right) \approx 67{,}9°$

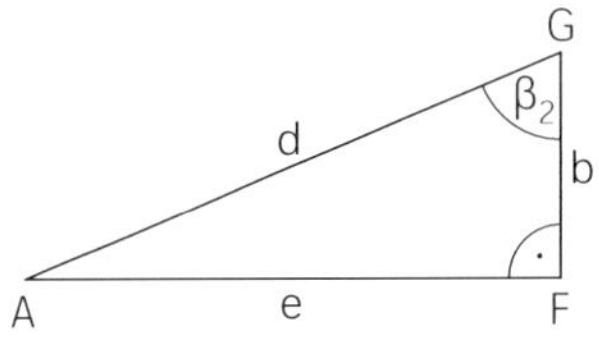

Winkel zwischen der Raumdiagonalen d und der Kante c im Dreiecke ACG:

$\beta_3 = \tan^{-1}\left(\frac{f}{c}\right) = \tan^{-1}\left(\frac{\sqrt{89{,}89}\,\text{cm}}{5{,}9\,\text{cm}}\right) \approx 58{,}1°$

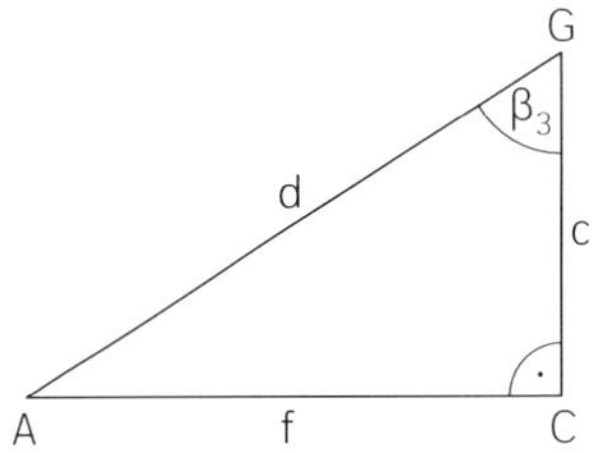

c) Winkel zwischen der Raumdiagonalen d und der Flächendiagonalen e im Dreiecke AFG:

$\gamma_1 = \tan^{-1}\left(\frac{b}{e}\right) = \tan^{-1}\left(\frac{4{,}2\,\text{cm}}{\sqrt{107{,}06}\,\text{cm}}\right) \approx 22{,}1°$

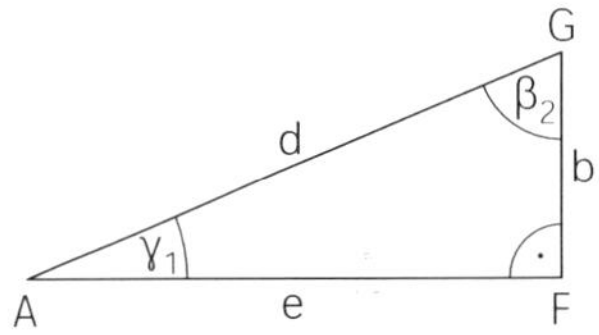

Winkel zwischen der Raumdiagonalen d und der Flächendiagonalen f im Dreiecke ACG:

$\gamma_2 = \tan^{-1}\left(\frac{c}{f}\right) = \tan^{-1}\left(\frac{5{,}9\,\text{cm}}{\sqrt{89{,}89}\,\text{cm}}\right) \approx 31{,}9°$

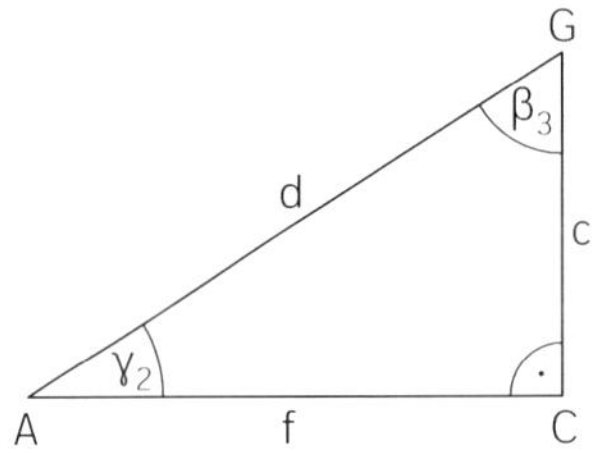

Winkel zwischen der Raumdiagonalen d und der Flächendiagonalen g im Dreiecke ABG:

$\gamma_3 = \tan^{-1}\left(\frac{g}{a}\right) = \tan^{-1}\left(\frac{8{,}5\,\text{cm}}{\sqrt{52{,}45}\,\text{cm}}\right) \approx 49{,}6°$

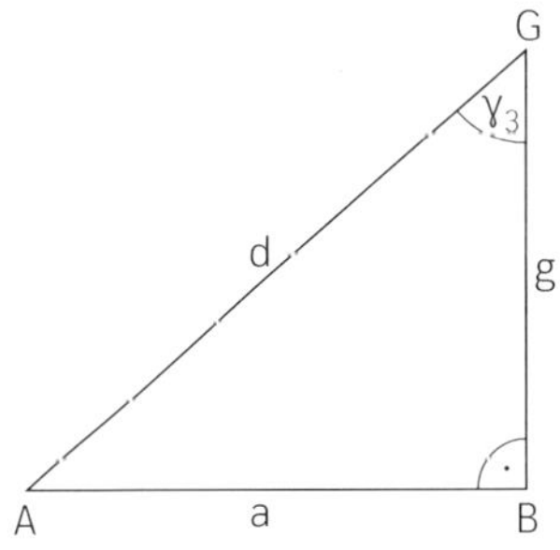

Das kann ich noch!

A 1) Grundflächengröße G: $G = 3{,}5\,\text{cm} \cdot 2{,}3\,\text{cm} + 1{,}5\,\text{cm} \cdot 1{,}0\,\text{cm} = 9{,}55\,\text{cm}^2$

Volumen V: $V = G \cdot h = 9{,}55\,\text{cm}^2 \cdot 7{,}4\,\text{cm} = 70{,}67\,\text{cm}^2$

2) Grundflächengröße G: $G = 2{,}95\,\text{m} \cdot 1{,}45\,\text{m} + \frac{1{,}35\,\text{m} + 2{,}10\,\text{m}}{2} \cdot 4{,}30\,\text{m} = 11{,}695\,\text{m}^2$

Volumen V: $V = G \cdot h = 11{,}695\,\text{m}^2 \cdot 6{,}40\,\text{m} = 74{,}848\,\text{m}^2$

3) Grundflächengröße G: $G = \frac{6{,}0\,\text{dm} + 7{,}2\,\text{dm}}{2} \cdot 2{,}4\,\text{dm} - 1{,}2\,\text{dm} \cdot 1{,}2\,\text{dm} = 14{,}4\,\text{dm}^2$

Volumen V: $V = G \cdot h = 14{,}4\,\text{dm}^2 \cdot 7{,}2\,\text{dm} = 103{,}68\,\text{dm}^2$

1.4 Berechnen gleichschenkliger Dreiecke

Seite 23
Üben

1 Im gleichschenkligen Dreieck gilt $a = b$ und $\alpha = \beta$, also:

$$\alpha = \beta = \cos^{-1}\left(\frac{\frac{3{,}7\,\text{cm}}{2}}{5{,}3\,\text{cm}}\right) = \cos^{-1}\left(\frac{37}{106}\right) \approx 69{,}57° \approx 69{,}6°$$

$$\gamma = 180° - \alpha - \beta = 180° - 2 \cdot \cos^{-1}\left(\frac{37}{106}\right) \approx 40{,}9°$$

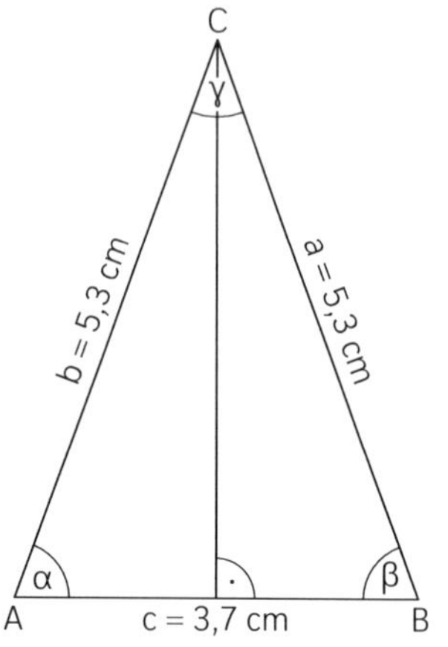

2 **a)** $\alpha = \beta = (180° - \gamma) : 2 = 54°$

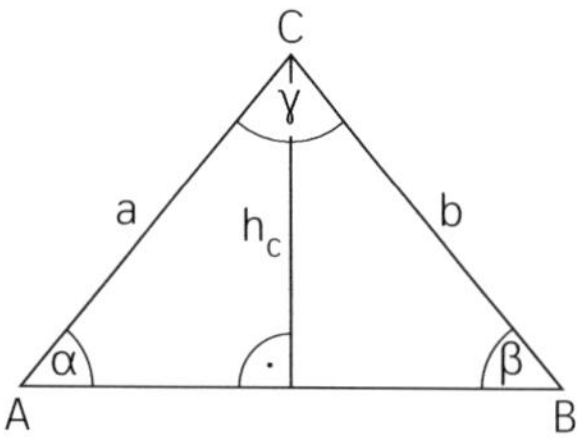

$$a = b = \frac{\frac{c}{2}}{\cos(\alpha)} = \frac{12{,}5\,\text{m}}{\cos(54°)} = 21{,}27\,\text{m}$$

$$h_c = \frac{c}{2} \cdot \tan(\alpha) = 12{,}5\,\text{m} \cdot \tan(54°) \approx 17{,}20\,\text{m}$$

$$A = \frac{1}{2} c \cdot h_c = \frac{1}{2} \cdot 25\,\text{m} \cdot (12{,}5\,\text{m} \cdot \tan(54°)) \approx 215{,}06\,\text{m}^2$$

b) $\alpha = \beta = 62°$ und $\gamma = 180° - \alpha - \beta = 56°$

$$a = b = \frac{\frac{c}{2}}{\cos(\alpha)} = \frac{17\,\text{m}}{\cos(62°)} = 36{,}21\,\text{m}$$

$$h_c = \frac{c}{2} \cdot \tan(\alpha) = 17\,\text{m} \cdot \tan(62°) \approx 31{,}97\,\text{m}$$

$$A = \frac{1}{2} c \cdot h_c = \frac{1}{2} \cdot 34\,\text{m} \cdot (17\,\text{m} \cdot \tan(62°)) \approx 543{,}53\,\text{m}^2$$

c) $\alpha = \beta = 34°$ und $\gamma = 180° - \alpha - \beta = 112°$

$a = b = 112{,}4\,\text{cm}$

$$\cos(\alpha) = \frac{\frac{c}{2}}{a} = \frac{c}{2a}, \text{ also } c = 2 \cdot 112{,}4\,\text{cm} \cdot \cos(34°) \approx 186{,}4\,\text{cm}$$

$$h_c = a \cdot \sin(\alpha) = 112{,}4\,\text{cm} \cdot \sin(34°) \approx 62{,}85\,\text{cm}$$

$$A = \frac{1}{2} \cdot c \cdot h_c = \frac{1}{2} \cdot (2 \cdot 112{,}4\,\text{cm} \cdot \cos(34°)) \cdot (112{,}4\,\text{cm} \cdot \sin(34°)) \approx 5\,856{,}91\,\text{cm}^2$$

3 Die Diagonalen der Raute sind zueinander orthogonal und halbieren die Innenwinkel.

a) $a = \sqrt{\left(\frac{e}{2}\right)^2 + \left(\frac{f}{2}\right)^2} = \sqrt{2{,}5^2 + 3{,}5^2}\,\text{cm} = \sqrt{18{,}5}\,\text{cm} \approx 4{,}3\,\text{cm}$

$U = 4 \cdot \sqrt{18{,}5}\,\text{cm} \approx 17{,}2\,\text{cm}$ $\quad$ $A = \frac{e \cdot f}{2} = \frac{5\,\text{cm} \cdot 7\,\text{cm}}{2} = 17{,}5\,\text{cm}^2$

$$\tan\left(\frac{\alpha}{2}\right) = \frac{\frac{f}{2}}{\frac{e}{2}} = \frac{f}{e} = \frac{7\,\text{cm}}{5\,\text{cm}} = 1{,}4, \text{ also } \alpha = 2 \cdot \tan^{-1}(1{,}4) \approx 108{,}9° \text{ und } \beta = 180° - \alpha \approx 71{,}1°$$

Seite 23

3 b) $\frac{f}{2} = \sqrt{a^2 - \left(\frac{e}{2}\right)^2} = \sqrt{6^2 - 4{,}5^2}\,\text{mm} = \sqrt{15{,}75}\,\text{mm}$, also $f = 2 \cdot \sqrt{15{,}75}\,\text{mm} \approx 7{,}9\,\text{mm}$

$U = 4 \cdot 6\,\text{mm} \approx 24\,\text{mm}$ $\qquad A = \frac{e \cdot f}{2} = \frac{9\,\text{mm} \cdot 2 \cdot \sqrt{15{,}75}\,\text{mm}}{2} = 35{,}72\,\text{mm}^2$

$\cos\left(\frac{\alpha}{2}\right) = \frac{\frac{e}{2}}{a} = \frac{4{,}5\,\text{mm}}{6\,\text{mm}} = 0{,}75$, also $\alpha = 2 \cdot \cos^{-1}(0{,}75) \approx 82{,}8°$ und $\beta = 180° - \alpha \approx 97{,}2°$

c) $\frac{e}{2} = \sqrt{a^2 - \left(\frac{f}{2}\right)^2} = \sqrt{4{,}8^2 - 1{,}55^2}\,\text{km} = \sqrt{20{,}6375}\,\text{km}$, also

$e = 2 \cdot \sqrt{20{,}6375}\,\text{km} \approx 9{,}086\,\text{km}$

$U = 4 \cdot 4{,}8\,\text{km} \approx 19{,}2\,\text{km}$ $\qquad A = \frac{e \cdot f}{2} = \frac{2 \cdot \sqrt{20{,}6375}\,\text{km} \cdot 3{,}1\,\text{km}}{2} = 14{,}08\,\text{km}^2$

$\sin\left(\frac{\alpha}{2}\right) = \frac{\frac{f}{2}}{a} = \frac{1{,}55\,\text{km}}{4{,}8\,\text{km}} = \frac{31}{96}$, also $\alpha = 2 \cdot \sin^{-1}\left(\frac{31}{96}\right) \approx 37{,}7°$ und $\beta = 180° - \alpha \approx 142{,}3°$

d) $a = \sqrt{\left(\frac{e}{2}\right)^2 + \left(\frac{f}{2}\right)^2} = \sqrt{2{,}35^2 + 1{,}65^2}\,\text{m} = \sqrt{8{,}245}\,\text{m} \approx 2{,}87\,\text{m}$

$U = 4 \cdot \sqrt{8{,}245}\,\text{m} \approx 11{,}49\,\text{m}$ $\qquad A = \frac{e \cdot f}{2} = \frac{4{,}7\,\text{m} \cdot 3{,}3\,\text{m}}{2} = 7{,}755\,\text{m}^2$

$\tan\left(\frac{\alpha}{2}\right) = \frac{\frac{f}{2}}{\frac{e}{2}} = \frac{f}{e} = \frac{3{,}3\,\text{m}}{4{,}7\,\text{m}} = \frac{33}{47}$, also $\alpha = 2 \cdot \tan^{-1}\left(\frac{33}{47}\right) \approx 70{,}1°$ und $\beta = 180° - \alpha \approx 109{,}9°$

4 Im Drachenviereck ABCD gilt $a = d$, $b = c$, $\beta = \delta$.
Die Diagonalen sind zueinander orthogonal und die Diagonale e halbiert die Diagonale f.
Im Dreieck ABS gilt:

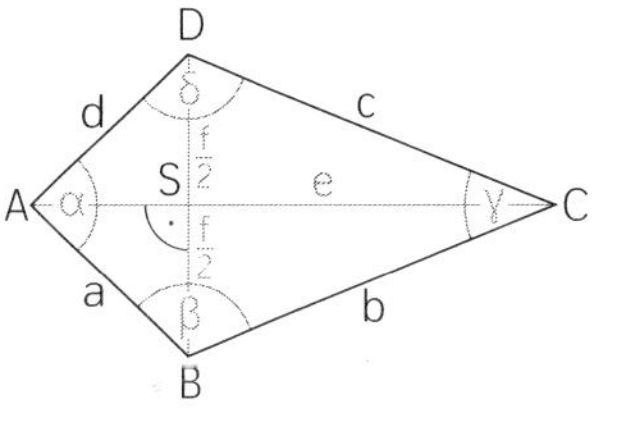

$\sin\left(\frac{\alpha}{2}\right) = \frac{\frac{f}{2}}{a} = \frac{4\,\text{cm}}{5\,\text{cm}} = 0{,}8$, also $\frac{\alpha}{2} \approx 53{,}1°$ und $\alpha \approx 106{,}3°$

$|AS| = \sqrt{a^2 - \left(\frac{f}{2}\right)^2} = \sqrt{5^2 - 4^2}\,\text{cm} = \sqrt{9}\,\text{cm} = 3\,\text{cm}$, also

$|SC| = e - |AS| = 9\,\text{cm} - 3\,\text{cm} = 6\,\text{cm}$

Im Dreieck BCS gilt dann: $b = \sqrt{\left(\frac{f}{2}\right)^2 + |SC|^2} = \sqrt{4^2 + 6^2}\,\text{cm} = \sqrt{52}\,\text{cm} \approx 7{,}2\,\text{cm}$

$\tan\left(\frac{\gamma}{2}\right) = \frac{\frac{f}{2}}{|SC|} = \frac{4\,\text{cm}}{6\,\text{cm}} = \frac{2}{3}$, also $\frac{\gamma}{2} \approx 33{,}69°$ und $\gamma \approx 67{,}4°$

Im Dreieck ABC gilt: $\beta = 180° - \frac{\alpha}{2} - \frac{\gamma}{2} \approx 180° - 53{,}13° - 33{,}69° \approx 93{,}2°$

Für das Drachenviereck ABCD erhält man: $a = d = 5\,\text{cm}$, $b = c \approx 7{,}2\,\text{cm}$, $\alpha \approx 106{,}3°$, $\beta = \delta \approx 93{,}2°$, $\gamma \approx 67{,}4°$.

5 $\tan(\alpha) = \frac{h_c}{\frac{c}{2}} = \frac{2h_c}{c}$, also $h_c = \frac{c}{2} \cdot \tan(\alpha)$

$A = \frac{1}{2}c \cdot h_c = \frac{1}{2}c \cdot \frac{c}{2} \cdot \tan(\alpha) = \frac{1}{4}c^2 \cdot \tan(\alpha)$

$\frac{1}{4}c^2 \cdot \tan(65°) = 11{,}5\,\text{cm}^2 \qquad | \cdot 4 : \tan(65°)$

$c^2 = \frac{46}{\tan(65°)}\,\text{cm}^2$

$c = \sqrt{\frac{46}{\tan(65°)}}\,\text{cm} \approx 4{,}6\,\text{cm}$

$h_c = \frac{c}{2} \cdot \tan(65°)\,\text{cm} \approx 5{,}0\,\text{cm}$

Seite 23

6 $r^2 = \left(\frac{s}{2}\right)^2 + d^2$, $\sin\left(\frac{\varepsilon}{2}\right) = \frac{\frac{s}{2}}{r} = \frac{s}{2r}$, $\cos\left(\frac{\varepsilon}{2}\right) = \frac{d}{r}$, $\tan\left(\frac{\varepsilon}{2}\right) = \frac{\frac{s}{2}}{d} = \frac{s}{2d}$

a) $d = r \cdot \cos\left(\frac{\varepsilon}{2}\right) = 6{,}5\,\text{cm} \cdot \cos(32{,}5°) \approx 5{,}5\,\text{cm}$,

$s = r \cdot 2 \cdot \sin\left(\frac{\varepsilon}{2}\right) = 6{,}5\,\text{cm} \cdot 2 \cdot \sin(32{,}5°) \approx 7{,}0\,\text{cm}$

b) $d = \sqrt{r^2 - \frac{s^2}{4}} = \sqrt{9^2 - \frac{12^2}{4}}\,\text{cm} = \sqrt{45}\,\text{cm} \approx 6{,}7\,\text{cm}$

$\varepsilon = 2 \cdot \sin^{-1}\left(\frac{s}{2r}\right) = 2 \cdot \sin^{-1}\left(\frac{12\,\text{cm}}{18\,\text{cm}}\right) \approx 83{,}6°$

c) $r = \sqrt{\frac{s^2}{4} + d^2} = \sqrt{\frac{2{,}5^2}{4} + 1{,}7^2}\,\text{cm} = \sqrt{4{,}4525}\,\text{cm} \approx 2{,}1\,\text{cm}$

$\varepsilon = 2 \cdot \tan^{-1}\left(\frac{s}{2d}\right) = 2 \cdot \tan^{-1}\left(\frac{2{,}5\,\text{cm}}{3{,}4\,\text{cm}}\right) \approx 72{,}65°$

d) $s = 2 \cdot \sqrt{r^2 - d^2} = 2 \cdot \sqrt{5{,}0^2 - 3{,}4^2}\,\text{cm} = 2 \cdot \sqrt{13{,}44}\,\text{cm} \approx 7{,}3\,\text{cm}$

$\varepsilon = 2 \cdot \cos^{-1}\left(\frac{d}{r}\right) = 2 \cdot \cos^{-1}\left(\frac{3{,}4\,\text{cm}}{5{,}0\,\text{cm}}\right) \approx 94{,}3°$

e) $r = \frac{s}{2 \cdot \sin\left(\frac{\varepsilon}{2}\right)} = \frac{6{,}8\,\text{cm}}{2 \cdot \sin(58°)} \approx 4{,}0\,\text{cm}$

$d = \frac{s}{2 \cdot \tan\left(\frac{\varepsilon}{2}\right)} = \frac{6{,}8\,\text{cm}}{2 \cdot \tan(58°)} \approx 2{,}1\,\text{cm}$

f) $r = \frac{d}{\cos\left(\frac{\varepsilon}{2}\right)} = \frac{5{,}2\,\text{cm}}{\cos(41°)} \approx 6{,}9\,\text{cm}$

$s = 2 \cdot d \cdot \tan\left(\frac{\varepsilon}{2}\right) = 2 \cdot 5{,}2\,\text{cm} \cdot \tan(41°) \approx 9{,}0\,\text{cm}$

7 Frage: Wie hoch ist der Dachboden an der höchsten Stelle?
Rechnung: $h = \sqrt{6{,}00^2 - 5{,}20^2}\,\text{cm} = \sqrt{8{,}96}\,\text{cm} \approx 2{,}99\,\text{m}$
Antwort: Der Dachboden ist etwa 3 m hoch.
Frage: Wie groß ist der Neigungswinkel des Daches?
Rechnung: $\cos(\alpha) = \frac{\frac{s}{2}}{d} = \frac{5{,}20\,\text{m}}{6{,}00\,\text{m}} = \frac{13}{15} = 0{,}8\overline{6}$, also $\alpha = \cos^{-1}\left(\frac{13}{15}\right) \approx 29{,}9°$
Antwort: Die Dachneigung beträgt ungefähr 30°.

Weiterüben

8 **a)** In einem Sechseck ist der Mittelpunktswinkel $\varepsilon = 360° : 6 = 60°$ groß. Das Dreieck ABM ist gleichseitig.

b) $r_a = a = 3\,\text{cm}$ oder $r_a = \frac{\frac{a}{2}}{\sin\left(\frac{\varepsilon}{2}\right)} = \frac{1{,}5\,\text{cm}}{\sin(30°)} = 3{,}0\,\text{cm}$

c) $\rho = \sqrt{r_a^2 - \left(\frac{a}{2}\right)^2} = \sqrt{3^2 - 1{,}5^2}\,\text{cm} = \sqrt{6{,}75}\,\text{cm} \approx 2{,}6\,\text{cm}$ oder

$\tan\left(\frac{\varepsilon}{2}\right) = \frac{\frac{a}{2}}{\rho}$, also $\rho = \frac{\frac{a}{2}}{\tan\left(\frac{\varepsilon}{2}\right)} = \frac{1{,}5\,\text{cm}}{\tan(30°)} \approx 2{,}6\,\text{cm}$

d) $A = 6 \cdot \frac{1}{2} \cdot a \cdot \rho = 3 \cdot 3\,\text{cm} \cdot \sqrt{6{,}75}\,\text{cm} \approx 23{,}38\,\text{cm}^2$

1.5 Kosinussatz

Seite 24
Einstieg

Man kann das spitzwinklige Dreieck DEF in zwei rechtwinklige Dreiecke zerlegen. Die Höhe zur Seite $\overline{DE}$ zerlegt das Dreieck in die rechtwinkligen Dreiecke DHF und HEF. Man kann nun nacheinander h, q, p, die gesuchte Länge d sowie die Winkelgrößen von α und β berechnen.

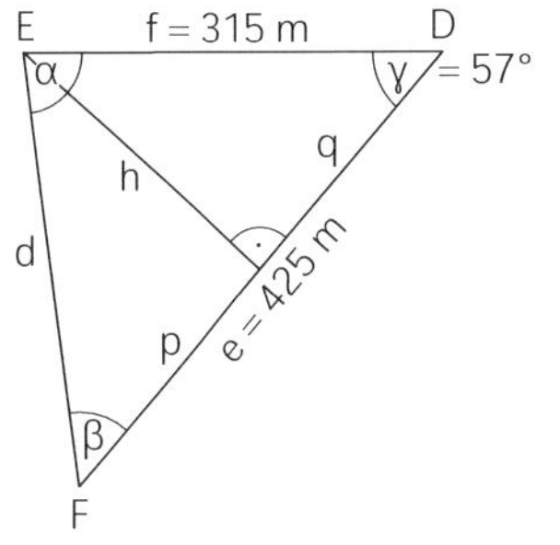

$h = f \cdot \sin(\gamma) = 315\,\text{m} \cdot \sin(57°) \approx 264{,}18\,\text{m}$

$q = \sqrt{f^2 - h^2} \approx \sqrt{315^2 - 264{,}18^2}\,\text{m} \approx 171{,}56\,\text{m}$

$p = e - q \approx 425\,\text{m} - 171{,}56\,\text{m} = 253{,}44\,\text{m}$

$d = \sqrt{h^2 + p^2} \approx \sqrt{264{,}18^2 + 253{,}44^2}\,\text{m} \approx 366{,}09\,\text{m}$

Der Verbindungsstollen ist ungefähr 366 m lang.

Berechnung der Winkelgrößen:

$\tan(\beta) = \frac{h}{p}$, also $\beta = \tan^{-1}\left(\frac{h}{p}\right) \approx \tan^{-1}\left(\frac{264{,}18\,\text{m}}{253{,}44\,\text{m}}\right) \approx 46{,}2°$

$\alpha = 180° - \gamma - \beta \approx 180° - 57° - 46{,}2° = 76{,}8°$

Seite 27
Üben

1 **a)** $\cos(117°) \approx -0{,}4540$ **b)** $\cos(175°) \approx -0{,}9962$ **c)** $\cos(95°) \approx -0{,}0872$
d) $\cos(143°) \approx -0{,}7986$ **e)** $\cos(167{,}4°) \approx -0{,}9759$ **f)** $\cos(99{,}5°) \approx -0{,}1650$
g) $\cos(103°) \approx -0{,}2250$ **h)** $\cos(174°) \approx -0{,}9945$

2 Die Werte erhält man mit der Taschenrechnertaste $\cos^{-1}(\alpha)$.
a) $\alpha \approx 105°$ **b)** $\alpha \approx 160°$ **c)** $\alpha \approx 123{,}1°$ **d)** $\alpha \approx 83°$

3 $|AB|^2 = |AC|^2 + |BC|^2 - 2 \cdot |AC| \cdot |BC| \cdot \cos(\gamma)$

$|AB| = \sqrt{4{,}42^2 + 2{,}85^2 - 2 \cdot 4{,}42 \cdot 2{,}85 \cdot \cos(62°)}\,\text{km} \approx 3{,}979\,\text{km}$

Der Tunnel ist fast 4 km lang.

4 Daniel hat in der ersten Zeile zunächst a statt a^2 geschrieben und den letzten Term addiert statt subtrahiert und dann den Malpunkt zwischen cm und cos vergessen. Beim Zusammenfassen der Terme hat er die Regel „Punktrechnung vor Strichrechnung" nicht beachtet. In der zweiten Zeile muss das Ungefähr-Zeichen statt des Gleichheitszeichens stehen. Den Wert für cos (31°) hat Daniel an der zweiten Stelle nach dem Komma ab- statt aufgerundet. In der 3. Zeile hat er den Wert auf ganze cm gerundet. Das kann das Ergebnis der Wurzel gegebenenfalls beeinflussen. Richtig ist:

$a^2 = (3\,\text{cm})^2 + (4\,\text{cm})^2 - 2 \cdot 3\,\text{cm} \cdot 4\,\text{cm} \cdot \cos(31°)$

$\approx 25\,\text{cm}^2 - 20{,}57\,\text{cm}^2$

$= 4{,}43\,\text{cm}^2$

$a \approx \sqrt{4{,}43}\,\text{cm} \approx 2{,}1\,\text{cm}$

Seite 27

5 $|AB|^2 = |AC|^2 + |BC|^2 - 2 \cdot |AC| \cdot |BC| \cdot \cos(\gamma)$

$|AB| = \sqrt{290^2 + 600^2 - 2 \cdot 290 \cdot 600 \cdot \cos(100{,}3°)}\,m \approx 711{,}56\,m$

Die Entfernung beträgt gut 710 m.

6 Da β ein rechter Winkel ist, gilt $\cos(\beta) = \cos(90°) = 0$ und der Term $2ac \cdot \cos(\beta)$ ist dann auch gleich 0, also: $b^2 = a^2 + c^2 - 2ac \cdot \cos(\beta) = a^2 + c^2 - 0 = a^2 + b^2$

Die Gleichung ist nach dem Satz des Pythagoras richtig.

Seite 28

7 Durch Rundung der Winkelgrößen auf eine Stelle nach dem Komma weicht die Summe der Winkelgrößen gegebenenfalls von 180° ab. Man kann die dritte Winkelgröße natürlich auch mithilfe der Winkelsumme berechnen.

a) $\cos(\alpha) = \frac{(5{,}1\,cm)^2 + (4{,}4\,cm)^2 - (3{,}8\,cm)^2}{2 \cdot 5{,}1\,cm \cdot 4{,}4\,cm} \approx 0{,}6892$, also $\alpha \approx 46{,}4°$.

$\cos(\beta) = \frac{(3{,}8\,cm)^2 + (4{,}4\,cm)^2 - (5{,}1\,cm)^2}{2 \cdot 3{,}8\,cm \cdot 4{,}4\,cm} \approx 0{,}2330$, also $\beta \approx 76{,}5°$.

$\cos(\gamma) = \frac{(3{,}8\,cm)^2 + (5{,}1\,cm)^2 - (4{,}4\,cm)^2}{2 \cdot 3{,}8\,cm \cdot 5{,}1\,cm} \approx 0{,}5441$, also $\gamma \approx 57{,}0°$.

b) $\cos(\alpha) = \frac{(15\,cm)^2 + (18\,cm)^2 - (12\,cm)^2}{2 \cdot 15\,cm \cdot 18\,cm} = 0{,}75$, also $\alpha \approx 41{,}4°$.

$\cos(\beta) = \frac{(12\,cm)^2 + (18\,cm)^2 - (15\,cm)^2}{2 \cdot 12\,cm \cdot 18\,cm} = 0{,}5625$, also $\beta \approx 55{,}8°$.

$\cos(\gamma) = \frac{(12\,cm)^2 + (15\,cm)^2 - (18\,cm)^2}{2 \cdot 12\,cm \cdot 15\,cm} = 0{,}125$, also $\gamma \approx 82{,}8°$.

c) $\cos(\alpha) = \frac{(5{,}8\,m)^2 + (11{,}6\,m)^2 - (7{,}3\,m)^2}{2 \cdot 5{,}8\,m \cdot 11{,}6\,m} \approx 0{,}8540$, also $\alpha \approx 31{,}4°$.

$\cos(\beta) = \frac{(7{,}3\,m)^2 + (11{,}6\,m)^2 - (5{,}8\,m)^2}{2 \cdot 7{,}3\,m \cdot 11{,}6\,m} \approx 0{,}9105$, also $\beta \approx 24{,}4°$.

$\cos(\gamma) = \frac{(7{,}3\,m)^2 + (5{,}8\,m)^2 - (11{,}6\,m)^2}{2 \cdot 7{,}3\,m \cdot 5{,}8\,m} \approx -0{,}5625$, also $\gamma \approx 124{,}2°$.

d) $\cos(\alpha) = \frac{(75\,km)^2 + (52\,km)^2 - (62\,km)^2}{2 \cdot 75\,km \cdot 52\,km} = 0{,}575$, also $\alpha \approx 54{,}9°$.

$\cos(\beta) = \frac{(62\,km)^2 + (52\,km)^2 - (75\,km)^2}{2 \cdot 62\,km \cdot 52\,km} \approx 0{,}1431$, also $\beta \approx 81{,}8°$.

$\cos(\gamma) = \frac{(62\,km)^2 + (75\,km)^2 - (52\,km)^2}{2 \cdot 62\,km \cdot 75\,km} \approx 0{,}7274$, also $\gamma \approx 43{,}3°$.

8 $\cos(\alpha) = \frac{(5{,}7\,km)^2 + (4{,}1\,km)^2 - (3{,}2\,km)^2}{2 \cdot 5{,}7\,km \cdot 4{,}1\,km} \approx 0{,}8357$, also $\alpha \approx 33{,}3°$.

$\cos(\beta) = \frac{(3{,}2\,km)^2 + (4{,}1\,km)^2 - (5{,}7\,km)^2}{2 \cdot 3{,}2\,km \cdot 4{,}1\,km} \approx -0{,}2073$, also $\beta \approx 102{,}0°$.

$\cos(\gamma) = \frac{(3{,}2\,km)^2 + (5{,}7\,km)^2 - (4{,}1\,km)^2}{2 \cdot 3{,}2\,km \cdot 5{,}7\,km} \approx 0{,}7105$, also $\gamma \approx 44{,}7°$.

Seite 29

9 Die dritte Winkelgröße kann man auch mithilfe der Winkelsumme im Dreieck berechnen.

a) $a = \sqrt{(12\,\text{dm})^2 + (9\,\text{dm})^2 - 2 \cdot 12\,\text{dm} \cdot 9\,\text{dm} \cdot \cos(64°)} \approx \sqrt{130{,}3118\,\text{dm}^2} \approx 11{,}4\,\text{dm}$

$\cos(\beta) \approx \frac{130{,}3118\,\text{dm}^2 + (9\,\text{dm})^2 - (12\,\text{dm})^2}{2 \cdot \sqrt{130{,}3118}\,\text{dm} \cdot 9\,\text{dm}} \approx 0{,}3276$, also $\beta \approx 70{,}9°$.

$\cos(\gamma) \approx \frac{130{,}3118\,\text{dm}^2 + (12\,\text{dm})^2 - (9\,\text{dm})^2}{2 \cdot \sqrt{130{,}3118}\,\text{dm} \cdot 12\,\text{dm}} \approx 0{,}7056$, also $\gamma \approx 45{,}1°$.

b) $c = \sqrt{(9{,}4\,\text{cm})^2 + (6{,}9\,\text{cm})^2 - 2 \cdot 9{,}4\,\text{cm} \cdot 6{,}9\,\text{cm} \cdot \cos(57°)} \approx \sqrt{65{,}3194\,\text{cm}^2} \approx 8{,}1\,\text{cm}$

$\cos(\alpha) \approx \frac{(6{,}9\,\text{cm})^2 + 65{,}3194\,\text{cm}^2 - (9{,}4\,\text{cm})^2}{2 \cdot 6{,}9\,\text{cm} \cdot \sqrt{65{,}3194}\,\text{cm}} \approx 0{,}2203$, also $\alpha \approx 77{,}3°$.

$\cos(\beta) \approx \frac{(9{,}4\,\text{cm})^2 + 65{,}3194\,\text{cm}^2 - (6{,}9\,\text{cm})^2}{2 \cdot 9{,}4\,\text{cm} \cdot \sqrt{65{,}3194}\,\text{cm}} \approx 0{,}6981$, also $\beta \approx 45{,}7°$.

c) $b = \sqrt{(15{,}4\,\text{m})^2 + (11{,}3\,\text{m})^2 - 2 \cdot 15{,}4\,\text{m} \cdot 11{,}3\,\text{m} \cdot \cos(108°)} \approx \sqrt{472{,}4003\,\text{m}^2} \approx 21{,}73\,\text{m}$

$\cos(\alpha) \approx \frac{472{,}4003\,\text{m}^2 + (11{,}3\,\text{m})^2 - (15{,}4\,\text{m})^2}{2 \cdot \sqrt{472{,}4003}\,\text{m} \cdot 11{,}3\,\text{m}} \approx 0{,}7389$, also $\alpha \approx 42{,}4°$.

$\cos(\gamma) \approx \frac{(15{,}4\,\text{m})^2 + 472{,}4003\,\text{m}^2 - (11{,}3\,\text{m})^2}{2 \cdot 15{,}4\,\text{m} \cdot \sqrt{472{,}4003}\,\text{m}} \approx 0{,}8692$, also $\gamma \approx 29{,}6°$.

d) $b = \sqrt{(5{,}3\,\text{m})^2 + (8{,}7\,\text{km})^2 - 2 \cdot 5{,}3\,\text{km} \cdot 8{,}7\,\text{km} \cdot \cos(124°)} \approx \sqrt{155{,}3488\,\text{km}^2}$

$\approx 12{,}464\,\text{km}$

$\cos(\alpha) \approx \frac{155{,}3488\,\text{km}^2 + (8{,}7\,\text{km})^2 - (5{,}3\,\text{km})^2}{2 \cdot \sqrt{155{,}3488}\,\text{km} \cdot 8{,}7\,\text{km}} \approx 0{,}9358$, also $\alpha \approx 20{,}6°$.

$\cos(\gamma) \approx \frac{(5{,}3\,\text{km})^2 + 155{,}3488\,\text{km}^2 - (8{,}7\,\text{km})^2}{2 \cdot 5{,}3\,\text{km} \cdot \sqrt{155{,}3488}\,\text{km}} \approx 0{,}8156$, also $\gamma \approx 35{,}4°$.

Seite 29

10

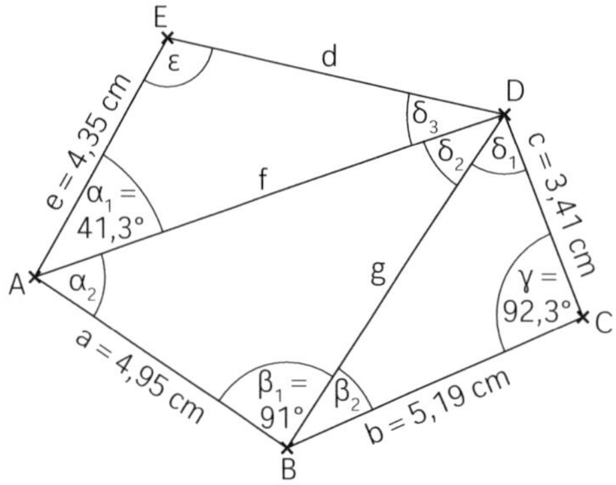

Dreieck BCD mit $b = 5{,}19\,\text{cm}$, $c = 3{,}41\,\text{cm}$, $\gamma = 92{,}3°$:

$g = \sqrt{(5{,}19\,\text{cm})^2 + (3{,}41\,\text{cm})^2 - 2 \cdot 5{,}19\,\text{cm} \cdot 3{,}41\,\text{cm} \cdot \cos(92{,}3°)} \approx \sqrt{39{,}9847\,\text{cm}^2}$

$\approx 6{,}3\,\text{cm}$

$\cos(\beta_2) \approx \frac{(5{,}19\,\text{cm})^2 + 39{,}9847\,\text{cm}^2 - (3{,}41\,\text{cm})^2}{2 \cdot 5{,}19\,\text{cm} \cdot \sqrt{39{,}9847}\,\text{cm}} \approx 0{,}8424$, also $\beta_2 \approx 32{,}6°$

$\cos(\delta_1) \approx \frac{(3{,}41\,\text{cm})^2 + 39{,}9847\,\text{cm}^2 - (5{,}19\,\text{cm})^2}{2 \cdot 3{,}41\,\text{cm} \cdot \sqrt{39{,}9847}\,\text{cm}} \approx 0{,}5722$, also $\delta_1 \approx 55{,}1°$

Dreieck ABD mit $a = 4{,}95\,\text{cm}$, $g \approx \sqrt{39{,}9847}\,\text{cm}$, $\beta_1 = 91°$:

$f = \sqrt{(4{,}95\,\text{cm})^2 + 39{,}9847\,\text{cm}^2 - 2 \cdot 4{,}95\,\text{cm} \cdot \sqrt{39{,}9847}\,\text{cm} \cdot \cos(91°)} \approx \sqrt{65{,}5797\,\text{cm}^2}$

$\approx 8{,}1\,\text{cm}$

$\cos(\alpha_2) \approx \frac{65{,}5797\,\text{cm}^2 + (4{,}95\,\text{cm})^2 - 39{,}9847\,\text{cm}^2}{2 \cdot \sqrt{65{,}5797}\,\text{cm} \cdot 4{,}95\,\text{cm}} \approx 0{,}6249$, also $\alpha_2 \approx 51{,}3°$

$\cos(\delta_2) \approx \frac{65{,}5797\,\text{cm}^2 + 39{,}9847\,\text{cm}^2 - (4{,}95\,\text{cm})^2}{2 \cdot \sqrt{65{,}5797}\,\text{cm} \cdot \sqrt{39{,}9847}\,\text{cm}} \approx 0{,}7915$, also $\delta_2 \approx 37{,}7°$

Dreieck ADE mit $e = 4{,}35\,\text{cm}$, $f \approx \sqrt{65{,}5797}\,\text{cm}$, $\alpha_1 = 41{,}3°$

$d = \sqrt{(4{,}35\,\text{cm})^2 + 65{,}5797\,\text{cm}^2 - 2 \cdot 4{,}35\,\text{cm} \cdot \sqrt{65{,}5797}\,\text{cm} \cdot \cos(41{,}3°)} \approx \sqrt{31{,}5728\,\text{cm}^2}$

$\approx 5{,}6\,\text{cm}$

$\cos(\delta_3) \approx \frac{65{,}5797\,\text{cm}^2 + 31{,}5728\,\text{cm}^2 - (4{,}35\,\text{cm})^2}{2 \cdot \sqrt{65{,}5797}\,\text{cm} \cdot \sqrt{31{,}5728}\,\text{cm}} \approx 0{,}8596$, also $\delta_3 \approx 30{,}7°$

$\cos(\varepsilon) \approx \frac{(4{,}35\,\text{cm})^2 + 31{,}5728\,\text{cm}^2 - 65{,}5797\,\text{cm}^2}{2 \cdot 4{,}35\,\text{cm} \cdot \sqrt{31{,}5728}\,\text{cm}} \approx -0{,}3086$, also $\varepsilon \approx 108{,}0°$

Man erhält das Fünfeck ABCDE mit $a = 4{,}95\,\text{cm}$, $b = 5{,}19\,\text{cm}$, $c = 3{,}41\,\text{cm}$, $d \approx 5{,}6\,\text{cm}$ und $\alpha = 41{,}3° + 51{,}3° = 92{,}6°$, $\beta = 91° + 32{,}6° = 123{,}6°$, $\gamma = 92{,}3°$, $\delta \approx 55{,}1° + 37{,}7° + 30{,}7° = 123{,}5°$, $\varepsilon \approx 108{,}0°$.

11 **a)** Siehe Bild rechts.

b) Die Angabe 2,380 km ist auf volle km gerundet, die Angabe 2,38 km ist auf volle 10 km gerundet.
Für die Angabe 2,380 km gilt
$2{,}379{,}5\,\text{km} \le |CA| < 2{,}3805\,\text{km}$,
für die Angabe 2,38 km gilt
$2{,}375\,\text{km} \le |CA| < 2{,}385\,\text{km}$.
Entsprechendes gilt für die Angaben 3,450 km bzw. 3,45 km.

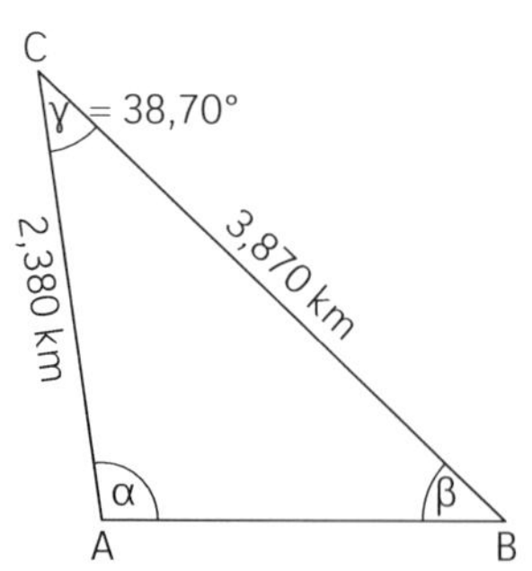

Seite 29

11 c) $|AB| = \sqrt{(2{,}380\,\text{km})^2 + (3{,}450\,\text{km})^2 - 2 \cdot 2{,}380\,\text{km} \cdot 3{,}450\,\text{km} \cdot \cos(38{,}70°)}$

$\approx \sqrt{4{,}750672\,\text{km}^2} \approx 2{,}180\,\text{km}$

Der Ort A ist ungefähr 2,180 km vom Ort B entfernt.

d) $\cos(\alpha) \approx \frac{(2{,}380\,\text{km})^2 + 4{,}750672\,\text{km}^2 - (3{,}450\,\text{km})^2}{2 \cdot 2{,}380\,\text{km} \cdot \sqrt{4{,}750672}\,\text{km}} \approx -0{,}1434$, also $\alpha \approx 98{,}24°$

$\cos(\beta) \approx \frac{(3{,}450\,\text{km})^2 + 4{,}750672\,\text{km}^2 - (2{,}380\,\text{km})^2}{2 \cdot 3{,}450\,\text{km} \cdot \sqrt{4{,}750672}\,\text{km}} \approx 0{,}7307$, also $\beta \approx 43{,}06°$

Die Schneisen sind von A aus unter 98,24° und von B aus unter 43,06° zu schlagen.

12 Die Seiten der Dreiecke kann man mithilfe der Koordinatendifferenzen mit dem Satz des Pythagoras berechnen bzw. auch direkt ablesen. Die Winkel mit dem Kosinussatz berechnen. Den dritten Winkel kann man auch jeweils mithilfe der Winkelsumme im Dreieck berechnen.

a) $|AB| = \sqrt{8^2 + 6^2}\,\text{cm} = \sqrt{100}\,\text{cm} = 10{,}0\,\text{cm}$

$|BC| = \sqrt{8^2 + 1^2}\,\text{cm} = \sqrt{65}\,\text{cm} \approx 8{,}1\,\text{cm}$

$|AC| = 7{,}0\,\text{cm}$

$\cos(\alpha) = \frac{(10{,}0\,\text{cm})^2 + (7{,}0\,\text{cm})^2 - 65\,\text{cm}^2}{2 \cdot 7{,}0\,\text{cm} \cdot 10{,}0\,\text{cm}} = 0{,}6$, also $\alpha \approx 53{,}1°$

$\cos(\beta) = \frac{(10{,}0\,\text{cm})^2 + 65\,\text{cm}^2 - (7{,}0\,\text{cm})^2}{2 \cdot 10{,}0\,\text{cm} \cdot \sqrt{65}\,\text{cm}} \approx 0{,}7194$, also $\beta \approx 44{,}0°$

$\cos(\gamma) = \frac{65\,\text{cm}^2 + (7{,}0\,\text{cm})^2 - (10{,}0\,\text{cm})^2}{2 \cdot \sqrt{65}\,\text{cm} \cdot 7{,}0\,\text{cm}} = 0{,}1240$, also $\gamma \approx 82{,}9°$

$U = 10{,}0\,\text{cm} + \sqrt{65}\,\text{cm} + 7{,}0\,\text{cm} \approx 25{,}1\,\text{cm}$

b) $|AB| = \sqrt{1^2 + 1^2}\,\text{cm} = \sqrt{2}\,\text{cm} \approx 1{,}4\,\text{cm}$

$|BC| = \sqrt{2^2 + 1^2}\,\text{cm} = \sqrt{5}\,\text{cm} \approx 2{,}2\,\text{cm}$

$|AC| = \sqrt{1^2 + 2^2}\,\text{cm} = \sqrt{5}\,\text{cm} \approx 2{,}2\,\text{cm}$

Das Dreieck ist gleichschenklig, also $\alpha = \beta$.

$\cos(\alpha) = \frac{2\,\text{cm}^2 + 5\,\text{cm}^2 - 5\,\text{cm}^2}{2 \cdot \sqrt{2}\,\text{cm} \cdot \sqrt{5}\,\text{cm}} \approx 0{,}3162$, also $\alpha = \beta \approx 71{,}6°$

$\cos(\gamma) = \frac{5\,\text{cm}^2 + 5\,\text{cm}^2 - 2\,\text{cm}^2}{2 \cdot \sqrt{5}\,\text{cm} \cdot \sqrt{5}\,\text{cm}} = 0{,}8$, also $\gamma \approx 36{,}9°$

$U = \sqrt{2}\,\text{cm} + \sqrt{5}\,\text{cm} + \sqrt{5}\,\text{cm} \approx 5{,}9\,\text{cm}$

c) $|AB| = \sqrt{4^2 + 2^2}\,\text{cm} = \sqrt{20}\,\text{cm} \approx 4{,}5\,\text{cm}$

$|BC| = \sqrt{7^2 + 10^2}\,\text{cm} = \sqrt{149}\,\text{cm} \approx 12{,}2\,\text{cm}$

$|AC| = \sqrt{3^2 + 8^2}\,\text{cm} = \sqrt{73}\,\text{cm} \approx 8{,}5\,\text{cm}$

$\cos(\alpha) = \frac{20\,\text{cm}^2 + 73\,\text{cm}^2 - 149\,\text{cm}^2}{2 \cdot \sqrt{20}\,\text{cm} \cdot \sqrt{73}\,\text{cm}} \approx -0{,}7328$, also $\alpha \approx 137{,}1°$

$\cos(\beta) = \frac{20\,\text{cm}^2 + 149\,\text{cm}^2 - 73\,\text{cm}^2}{2 \cdot \sqrt{20}\,\text{cm} \cdot \sqrt{149}\,\text{cm}} \approx 0{,}8793$, also $\beta \approx 28{,}4°$

$\cos(\gamma) = \frac{149\,\text{cm}^2 + 73\,\text{cm}^2 - 20\,\text{cm}^2}{2 \cdot \sqrt{149}\,\text{cm} \cdot \sqrt{73}\,\text{cm}} \approx 0{,}9684$, also $\gamma \approx 14{,}4°$

$U = \sqrt{20}\,\text{cm} + \sqrt{149}\,\text{cm} + \sqrt{73}\,\text{cm} \approx 25{,}2\,\text{cm}$

Seite 29

12 **d)** $|AB| = \sqrt{8{,}2^2 + 5{,}6^2}\,cm = \sqrt{98{,}6}\,cm = 9{,}9\,cm$

$|BC| = \sqrt{8{,}3^2 + 0{,}6^2}\,cm = \sqrt{69{,}25}\,cm \approx 8{,}3\,cm$

$|AC| = \sqrt{0{,}1^2 + 6{,}2^2}\,cm = \sqrt{38{,}45}\,cm \approx 6{,}2\,cm$

$$\cos(\alpha) = \frac{98{,}6\,cm^2 + 38{,}45\,cm^2 - 69{,}25\,cm^2}{2 \cdot \sqrt{98{,}6}\,cm \cdot \sqrt{38{,}45}\,cm} \approx 0{,}5506, \text{ also } \alpha \approx 56{,}6°$$

$$\cos(\beta) = \frac{98{,}6\,cm^2 + 69{,}25\,cm^2 - 38{,}45\,cm^2}{2 \cdot \sqrt{98{,}6}\,cm \cdot \sqrt{69{,}25}\,cm} \approx 0{,}7830, \text{ also } \beta \approx 38{,}5°$$

$$\cos(\gamma) = \frac{69{,}25\,cm^2 + 38{,}45\,cm^2 - 98{,}6\,cm^2}{2 \cdot \sqrt{69{,}25}\,cm \cdot \sqrt{38{,}45}\,cm} \approx 0{,}0882, \text{ also } \gamma \approx 84{,}9°$$

$U = \sqrt{98{,}6}\,cm + \sqrt{69{,}25}\,cm + \sqrt{38{,}45}\,cm \approx 24{,}45\,cm$

Das kann ich noch!

A In einer Urne sind 8 Kugeln, 3 rote Kugeln und 5 blaue Kugeln. Es wird zweimal gezogen.

1) Die zuerst gezogene Kugel wird vor dem zweiten Ziehen wieder zurückgelegt.
P (mindestens einmal r)
= 1 − P (keinmal r)
$= 1 - \frac{25}{64} = \frac{39}{64} \approx 0{,}609 = 60{,}9\,\%$

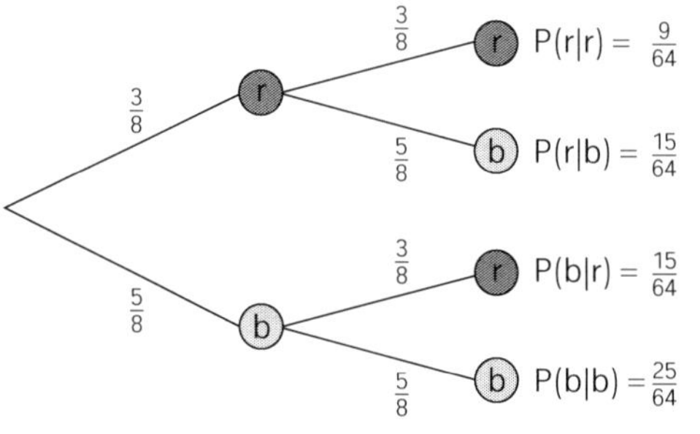

2) Die zuerst gezogene Kugel wird nicht zurückgelegt.
P (mindestens einmal r)
= 1 − P (keinmal r)
$= 1 - \frac{20}{56} = \frac{36}{56} = \frac{9}{14} \approx 0{,}643 = 64{,}3\,\%$

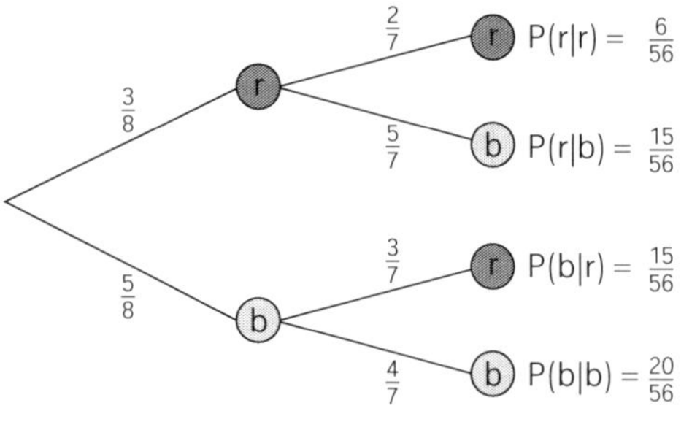

1.6 Sinussatz

Seite 30
Einstieg

Den Winkel γ kann man mithilfe der Winkelsumme im Dreieck berechnen:
$\gamma = 180° - 41° - 57° = 82°$.
Man zerlegt das Dreieck ABC durch die Höhe h_b in die rechtwinkligen Dreiecke ABE und BCE. Im Dreieck ABE kann man nun die Höhe h_b und dann im Dreieck BCE die Länge der Seite a in Seemeilen (sm) berechnen.

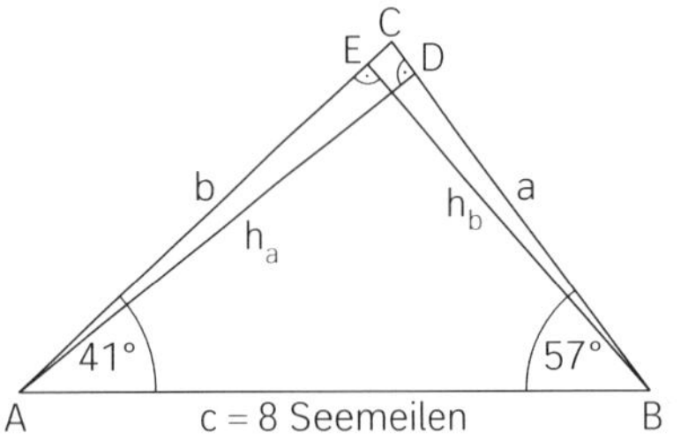

$\sin(41°) = \frac{h_b}{8\,\text{sm}}$, also $h_b = 8\,\text{sm} \cdot \sin(41°) \approx 5{,}248\,\text{sm}$

$\sin(82°) = \frac{h_b}{a}$, also $a \approx \frac{5{,}248\,\text{sm}}{\sin(82°)} \approx 5{,}300\,\text{sm}$.

Man zerlegt das Dreieck ABC durch die Höhe h_a in die rechtwinkligen Dreiecke ABD und ADC. Im Dreieck ABE kann man nun die Höhe h_a und dann im Dreieck BCE die Länge der Seite b in Seemeilen (sm) berechnen.

$\sin(57°) = \frac{h_a}{8\,\text{sm}}$, also $h_a = 8\,\text{sm} \cdot \sin(57°) \approx 6{,}709\,\text{sm}$

$\sin(82°) = \frac{h_a}{b}$, also $b \approx \frac{6{,}709\,\text{sm}}{\sin(82°)} \approx 6{,}775\,\text{sm}$

Das Schiff ist nun ungefähr 5,248 Seemeilen, also ungefähr $5{,}248 \cdot 1{,}85\,\text{km} \approx 9{,}7\,\text{km}$ vom Leuchtturm entfernt. Bei der ersten Messung waren es 6,775 sm, also ungefähr $6{,}775 \cdot 1{,}852\,\text{km} \approx 12{,}5\,\text{km}$.

Seite 33
Üben

1 **a)** $\sin(117°) \approx 0{,}8910$ **b)** $\sin(175°) \approx 0{,}0872$ **c)** $\sin(95°) \approx 0{,}9962$
d) $\sin(143°) \approx 0{,}6018$ **e)** $\sin(167{,}4°) \approx 0{,}2181$ **f)** $\sin(99{,}5°) \approx 0{,}9863$
g) $\sin(103°) \approx 0{,}9744$ **h)** $\sin(174°) \approx 0{,}1045$

2 Es gibt jeweils zwei Werte. Einen Wert erhält man mit der Taschenrechnertaste $\sin^{-1}(\alpha)$ und den anderen Wert mit der Formel $\sin(\alpha) = \sin(180° - \alpha)$.
a) $\alpha_1 \approx 84°$ und $\alpha_2 \approx 96°$ **b)** $\alpha_1 \approx 36{,}7°$ und $\alpha_2 \approx 143{,}3°$
c) $\alpha_1 \approx 47{,}6°$ und $\alpha_2 \approx 132{,}4°$ **d)** $\alpha_1 \approx 13{,}6°$ und $\alpha_2 \approx 166{,}4°$

Seite 33

3 **a)** Da der Winkel β der kürzeren Seiten gegenüberliegt, ist die Konstruktion des Dreiecks nicht eindeutig und es kann zwei nicht zueinander kongruente Dreiecke geben.

$\frac{\sin(\gamma)}{\sin(\beta)} = \frac{c}{b}$, also $\sin(\gamma) = \frac{5{,}8\,\text{cm}}{4{,}7\,\text{cm}} \cdot \sin(50°) \approx 0{,}9453$

Es gibt zwei Möglichkeiten für γ: $\gamma_1 \approx 71°$ und $\gamma_2 = 180° - \gamma_1 \approx 109°$,
zwei Möglichkeiten für α: $\alpha_1 = 180° - \beta - \gamma_1 \approx 59°$ und $\alpha_2 = 180° - \beta - \gamma_2 \approx 21°$
und auch zwei Möglichkeiten für a:

$\frac{a_1}{b} = \frac{\sin(\alpha_1)}{\sin(\beta)}$, also $a_1 = b \cdot \frac{\sin(\alpha_1)}{\sin(\beta)} = 4{,}7\,\text{cm} \cdot \frac{\sin(59°)}{\sin(50°)} \approx 5{,}3\,\text{cm}$

$\frac{a_2}{b} = \frac{\sin(\alpha_2)}{\sin(\beta)}$, also $a_2 = b \cdot \frac{\sin(\alpha_2)}{\sin(\beta)} = 4{,}7\,\text{cm} \cdot \frac{\sin(21°)}{\sin(50°)} \approx 2{,}2\,\text{cm}$

Es gibt zwei nicht zueinander kongruente Dreiecke ABC_1 und ABC_2, die die geforderten Eigenschaften erfüllen:

ABC_1 mit $a_1 \approx 5{,}3\,\text{cm}$, $b = 4{,}7\,\text{cm}$, $c = 5{,}8\,\text{cm}$, $\alpha_1 \approx 59°$, $\beta \approx 50°$, $\gamma_1 \approx 71°$.
ABC_2 mit $a_2 \approx 2{,}2\,\text{cm}$, $b = 4{,}7\,\text{cm}$, $c = 5{,}8\,\text{cm}$, $\alpha_2 \approx 21°$, $\beta \approx 50°$, $\gamma_1 \approx 109°$.

b) Die Konstruktion ist nach dem Kongruenzsatz Ssw eindeutig. Den Winkel β kann man mit dem Sinussatz berechnen:

$\frac{\sin(\beta)}{\sin(\gamma)} = \frac{b}{c}$, also $\sin(\beta) = \frac{b}{c} \cdot \sin(\gamma) = \frac{4{,}7\,\text{cm}}{5{,}8\,\text{cm}} \cdot \sin(50°) \approx 0{,}6208$

Es gibt zwei Möglichkeiten: $\beta \approx 38{,}4°$ oder $\beta \approx 141{,}6°$.
$\beta \approx 141{,}6°$ entfällt, da dann die Winkelsumme größer als 180° wäre.
Für den Winkel α folgt daraus: $\alpha = 180° - \beta - \gamma \approx 180° - 50° - 38{,}4° = 91{,}6°$
Die Seite a kann man mit dem Sinussatz berechnen:

$\frac{a}{b} = \frac{\sin(\alpha)}{\sin(\beta)}$, also $a = b \cdot \frac{\sin(\alpha)}{\sin(\beta)} = 4{,}7\,\text{cm} \cdot \frac{\sin(91{,}6°)}{\sin(38{,}4°)} \approx 7{,}6\,\text{cm}$

Man erhält ein Dreieck ABC mit:
$a \approx 7{,}6\,\text{cm}$, $b = 4{,}7\,\text{cm}$, $c = 5{,}8\,\text{cm}$, $\alpha \approx 91{,}6°$, $\beta \approx 38{,}4°$, $\gamma = 50°$.

c) Die Konstruktion ist nach dem Kongruenzsatz wsw eindeutig.
$\gamma = 180° - 31° - 75° = 74°$

$\frac{b}{a} = \frac{\sin(\beta)}{\sin(\alpha)}$, also $b = a \cdot \frac{\sin(\beta)}{\sin(\alpha)} = 7{,}3\,\text{cm} \cdot \frac{\sin(31°)}{\sin(75°)} \approx 3{,}9\,\text{cm}$

$\frac{c}{a} = \frac{\sin(\gamma)}{\sin(\alpha)}$, also $c = a \cdot \frac{\sin(\gamma)}{\sin(\alpha)} = 7{,}3\,\text{cm} \cdot \frac{\sin(74°)}{\sin(75°)} \approx 7{,}3\,\text{cm}$

Man erhält ein Dreieck ABC mit: $a = 7{,}3\,\text{cm}$, $b \approx 3{,}9\,\text{cm}$, $c \approx 7{,}3\,\text{cm}$, $\alpha = 75°$, $\beta = 31°$, $\gamma = 74°$.

d) Die Konstruktion ist nach dem Kongruenzsatz wsw eindeutig.
$\gamma = 180° - 52° - 61° = 67°$

$\frac{a}{c} = \frac{\sin(\alpha)}{\sin(\gamma)}$, also $a = c \cdot \frac{\sin(\alpha)}{\sin(\gamma)} = 8{,}4\,\text{cm} \cdot \frac{\sin(52°)}{\sin(67°)} \approx 7{,}2\,\text{cm}$

$\frac{b}{c} = \frac{\sin(\beta)}{\sin(\gamma)}$, also $b = c \cdot \frac{\sin(\beta)}{\sin(\gamma)} = 8{,}4\,\text{cm} \cdot \frac{\sin(61°)}{\sin(75°)} \approx 8{,}0\,\text{cm}$

Man erhält ein Dreieck ABC mit:
$a \approx 7{,}2\,\text{cm}$, $b \approx 8{,}0\,\text{cm}$, $c = 8{,}4\,\text{cm}$, $\alpha = 52°$, $\beta = 61°$, $\gamma = 67°$.

Seite 33

3 **e)** Den dritten Winkel kann man mithilfe der Winkelsumme berechnen:
$\alpha = 180° - 18° - 44° = 118°$
Die Konstruktion ist nach dem Kongruenzsatz wsw eindeutig.
$\frac{b}{a} = \frac{\sin(\beta)}{\sin(\alpha)}$, also $b = a \cdot \frac{\sin(\beta)}{\sin(\alpha)} = 56\,\text{m} \cdot \frac{\sin(18°)}{\sin(118°)} \approx 19{,}6\,\text{m}$
$\frac{c}{a} = \frac{\sin(\gamma)}{\sin(\alpha)}$, also $c = a \cdot \frac{\sin(\gamma)}{\sin(\alpha)} = 56\,\text{m} \cdot \frac{\sin(44°)}{\sin(118°)} \approx 44{,}1\,\text{m}$
Man erhält ein Dreieck ABC mit: $a = 56\,\text{m}$, $b \approx 19{,}6\,\text{m}$, $c \approx 44{,}1\,\text{m}$, $\alpha = 118°$, $\beta = 18°$, $\gamma = 44°$.

f) Da der Winkel γ der kürzeren Seiten gegenüberliegt, ist die Konstruktion des Dreiecks nicht eindeutig und es kann zwei nicht zueinander kongruente Dreiecke geben.
$\frac{\sin(\beta)}{\sin(\gamma)} = \frac{b}{c}$, also $\sin(\beta) = \frac{b}{c} \cdot \sin(\gamma) = \frac{12\,\text{m}}{8\,\text{m}} \cdot \sin(37°) \approx 0{,}9027$
Es gibt zwei Möglichkeiten für β: $\beta_1 \approx 64{,}5°$ und $\beta_2 \approx 115{,}5°$,
zwei Möglichkeiten für α: $\alpha_1 = 180° - \beta_1 - \gamma \approx 78{,}5°$ und $\alpha_2 = 180° - \beta_2 - \gamma \approx 27{,}5°$
und auch zwei Möglichkeiten für a:
$\frac{a_1}{c} = \frac{\sin(\alpha_1)}{\sin(\gamma)}$, also $a_1 = c \cdot \frac{\sin(\alpha_1)}{\sin(\gamma)} = 8\,\text{m} \cdot \frac{\sin(78{,}5°)}{\sin(37°)} \approx 13{,}0\,\text{m}$
$\frac{a_2}{c} = \frac{\sin(\alpha_2)}{\sin(\gamma)}$, also $a_2 = c \cdot \frac{\sin(\alpha_2)}{\sin(\gamma)} = 8\,\text{m} \cdot \frac{\sin(27{,}5°)}{\sin(37°)} \approx 6{,}1\,\text{m}$
Es gibt also zwei nicht zueinander kongruente Dreiecke ABC_1 und ABC_2, die die geforderten Eigenschaften erfüllen:
ABC_1 mit $a_1 \approx 13{,}0\,\text{m}$, $b = 12\,\text{m}$, $c = 8\,\text{m}$, $\alpha_1 \approx 78{,}5°$, $\beta_1 \approx 64{,}5°$, $\gamma = 37°$.
ABC_2 mit $a_2 \approx 6{,}1\,\text{m}$, $b = 12\,\text{m}$, $c = 8\,\text{m}$, $\alpha_2 \approx 27{,}5°$, $\beta_2 \approx 115{,}5°$, $\gamma = 37°$.

4 Jasmin hat die Gleichung falsch nach $\sin(\varepsilon)$ aufgelöst. Jasmin hätte rechts vom Gleichheitszeichen Zähler und Nenner vertauschen müssen. Richtig ist.
$\frac{\sin(23°)}{\sin(\varepsilon)} = \frac{5\,\text{cm}}{7\,\text{cm}}$; $\sin(\varepsilon) = \frac{\sin(23°) \cdot 7\,\text{cm}}{5\,\text{cm}} \approx 0{,}55$; $\varepsilon \approx 33°$

5 $\gamma = 180° - 47° - 58° = 75°$
$\frac{|DF|}{|DE|} = \frac{\sin(58°)}{\sin(75°)}$, also $|DF| = |DE| \cdot \frac{\sin(58°)}{\sin(75°)} = 36\,\text{km} \cdot \frac{\sin(58°)}{\sin(75°)} \approx 31{,}607\,\text{km}$
$\frac{|EF|}{|DE|} = \frac{\sin(47°)}{\sin(75°)}$, also $|EF| = |DE| \cdot \frac{\sin(47°)}{\sin(75°)} = 36\,\text{km} \cdot \frac{\sin(47°)}{\sin(75°)} \approx 27{,}258\,\text{km}$
Die Entfernung von Gipfel D zu Gipfel F beträgt ungefähr 31,6 km, die Entfernung von Gipfel E zu Gipfel F ungefähr 27,3 km.

6 Der Winkel γ ist 90° groß, also $\sin(\gamma) = 1$,
Dann gilt: $\frac{\sin(\alpha)}{\sin(\gamma)} = \frac{\sin(\alpha)}{1} = \sin(\alpha)$

Seite 33

7 Der Winkel α_1 ist Nebenwinkel zu α, also

$\alpha_1 = 180° - \alpha = 123{,}6°$.

Dann gilt im Dreieck ABC: $\gamma = 180° - \alpha_1 - \beta = 14{,}3°$.

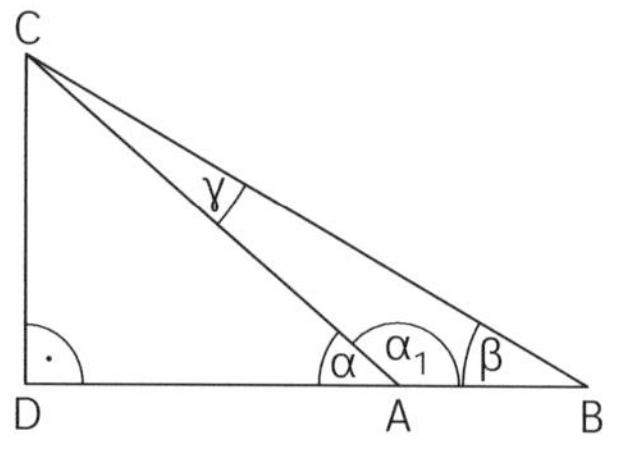

$\frac{|AC|}{|AB|} = \frac{\sin(\beta)}{\sin(\gamma)}$, also

$|AC| = |AB| \cdot \frac{\sin(\beta)}{\sin(\gamma)} = 50\,m \cdot \frac{\sin(42{,}1°)}{\sin(14{,}3°)} \approx 135{,}71\,m$

$\sin(\alpha) = \frac{|DC|}{|AC|}$, also $|DC| = |AC| \cdot \sin(\alpha) = 135{,}71\,m \cdot \sin(56{,}4°) \approx 113{,}0\,m$

Der Fernsehturm ist ungefähr 113 m hoch.

Seite 34

8 Im Dreieck ABC kann man ε, a und b berechnen.

$\varepsilon = 180° - 52{,}4° - 80{,}5° = 47{,}1°$

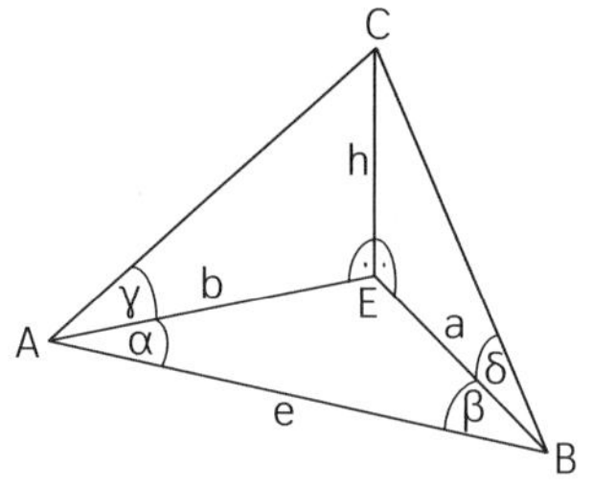

$\frac{a}{e} = \frac{\sin(\alpha)}{\sin(\varepsilon)}$, also $a = 95\,m \cdot \frac{\sin(52{,}4°)}{\sin(47{,}1°)} \approx 102{,}75\,m$

$\frac{b}{e} = \frac{\sin(\beta)}{\sin(\varepsilon)}$, also $b = 95\,m \cdot \frac{\sin(80{,}5°)}{\sin(47{,}1°)} \approx 127{,}91\,m$

Sowohl im rechtwinkligen Dreieck AES als auch im rechtwinkligen Dreieck BSE kann man nun die Höhe h berechnen. Es würde also auch oben die Berechnung einer Streckenlänge (a oder b) ausreichen.

Im Dreieck AES gilt: $\tan(\gamma) = \frac{h}{b}$, also

$h = b \cdot \tan(\gamma) \approx 127{,}91\,m \cdot \tan(21{,}2°) \approx 49{,}61\,m$

Im Dreieck BSE gilt: $\tan(\delta) = \frac{h}{a}$, also

$h = a \cdot \tan(\delta) \approx 102{,}75\,m \cdot \tan(25{,}7°) \approx 49{,}45\,m$

Die Felswand ist ungefähr 49,5 m hoch. Die geringen Unterschiede in den Ergebnissen der Rechnung entstehen durch Rundungen, auch schon bei den vorgegebenen Winkelgrößen.

Seite 34

9 Dreieck ABP: Man berechnet zunächst den Winkel δ_1:

$\delta_1 = 180° - \alpha - \beta_1 = 44{,}9°$

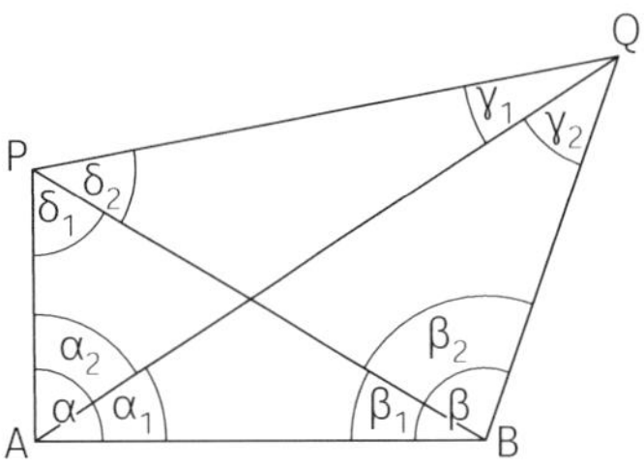

$\frac{|AP|}{|AB|} = \frac{\sin(\beta_1)}{\sin(\delta_1)}$ also $|AP| = |AB| \cdot \frac{\sin(\beta_1)}{\sin(\delta_1)}$

$|AP| = 2{,}943\,\text{km} \cdot \frac{\sin(47{,}4°)}{\sin(44{,}9°)} \approx 3{,}06902\,\text{km}$

Dreieck ABQ: Man berechnet zunächst Winkel γ_2:

$\gamma_2 = 180° - \alpha_1 - \beta = 28{,}2°$

$\frac{|AQ|}{|AB|} = \frac{\sin(\beta)}{\sin(\gamma_2)}$ also $|AQ| = |AB| \cdot \frac{\sin(\beta)}{\sin(\gamma_2)}$

$|AQ| = 2{,}943\,\text{km} \cdot \frac{\sin(109{,}5°)}{\sin(28{,}2°)} \approx 5{,}87068\,\text{km}$

Dreieck AQP:

$\frac{|AQ|}{|AB|} = \frac{\sin(\beta)}{\sin(\gamma_2)}$ also $|AQ| = |AB| \cdot \frac{\sin(\beta)}{\sin(\gamma_2)} = 2{,}943\,\text{km} \cdot \frac{\sin(109{,}5°)}{\sin(28{,}2°)} \approx 5{,}87068\,\text{km}$

Im Dreieck AQP kann man nun |PQ| mithilfe des Kosinussatzes berechnen.

Für den Winkel α_2 gilt: $\alpha_2 = \alpha - \alpha_1 = 45{,}4°$

$|PQ|^2 = |AQ|^2 + |AP|^2 - 2 \cdot |AQ| \cdot |AP| \cdot \cos(\alpha_2)$, also

$|PQ| \approx \sqrt{5{,}87068^2 + 3{,}06902^2 - 2 \cdot 5{,}87068 \cdot 3{,}06902 \cdot \cos(45{,}4°)}\,\text{km} \approx 4{,}311\,\text{km}$

Die Entfernung der Berggipfel P und Q beträgt ungefähr 4,3 km.

10 Im gleichschenkligen Trapez gilt:

$b = d,\ e = f,\ \alpha = \beta,\ \gamma = \delta,\ \gamma = 180° - \beta,\ \delta = 180° - \alpha.$

Mithilfe der Höhe h kann man im rechtwinkligen Dreieck AHC fehlende Stücke berechnen.

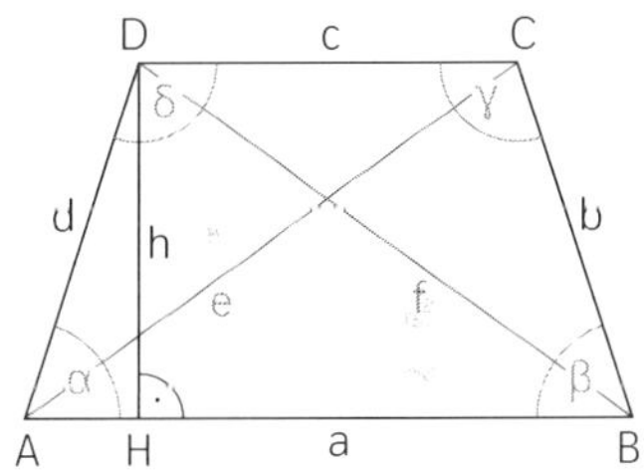

a) $b = d = 3{,}1\,\text{cm},\ \alpha = \beta = 64{,}5°,$

$\gamma = \delta = 180° - 64{,}5° = 115{,}5°$

Im Dreieck AHD gilt:

$|AH| = d \cdot \cos(\alpha) = 3{,}1\,\text{cm} \cdot \cos(64{,}5°) \approx 1{,}3\,\text{cm}$

$c = a - 2 \cdot |AH| = 5{,}4\,\text{cm} - 2 \cdot 3{,}1\,\text{cm} \cdot \cos(64{,}5°) \approx 2{,}7\,\text{cm}$

Mit dem Kosinussatz kann man im Dreieck ABC die Länge der Diagonalen berechnen.

$e = f = \sqrt{5{,}4^2 + 3{,}1^2 - 2 \cdot 5{,}4 \cdot 3{,}1 \cdot \cos(64{,}5°)}\,\text{cm} \approx 4{,}9\,\text{cm}$

b) $\alpha = \beta = 68{,}8°,\ \gamma = \delta = 180° - 68{,}8° = 111{,}2°$

$|AH| = \frac{1}{2}(a - c) = \frac{1}{2} \cdot 3{,}2\,\text{km} = 1{,}6\,\text{km}$

Im Dreieck AHD kann man die Länge der Schenkel berechnen:

$b = d = \frac{|AH|}{\cos(\alpha)} = \frac{1{,}6\,\text{km}}{\cos(68{,}8°)} \approx 4{,}4245\,\text{km} \approx 4{,}4\,\text{km}$

Mit dem Kosinussatz kann man im Dreieck ABC die Länge der Diagonalen berechnen.

$e = f = \sqrt{6{,}1^2 + 4{,}4245^2 - 2 \cdot 6{,}1 \cdot 4{,}4245 \cdot \cos(68{,}8°)}\,\text{km} \approx 6{,}1\,\text{km}$

Seite 34

10 **c)** $e = f = 5{,}6\,cm \quad b = d = 2{,}4\,cm$

Mit dem Kosinussatz gilt im Dreieck BCD:

$\cos(\gamma) = \frac{(2{,}4\,cm)^2 + (4{,}8\,cm)^2 - (5{,}6\,cm)^2}{2 \cdot 2{,}4\,cm \cdot 4{,}8\,cm} = -\frac{1}{9} = -0{,}\overline{1}$, also $\gamma = \delta \approx 96{,}4°$

$\alpha = \beta = 180° - \gamma \approx 83{,}6°$

Im Dreieck AHD gilt: $|AH| = d \cdot \cos(\alpha) = 2{,}4\,cm \cdot \cos(83{,}6°) \approx 0{,}3\,cm$

$a = c + 2 \cdot |AH| = 4{,}8\,cm + 2 \cdot (2{,}4\,cm \cdot \cos(83{,}6°)) \approx 5{,}3\,cm$

Flächeninhalt eines beliebigen Dreiecks

11 Wenn man den Flächeninhalt mithilfe der Formel $A = \frac{1}{2} \cdot c \cdot h_c$ berechnen will, dann muss man noch die zur Grundseite c gehörige Höhe h_c bestimmen.

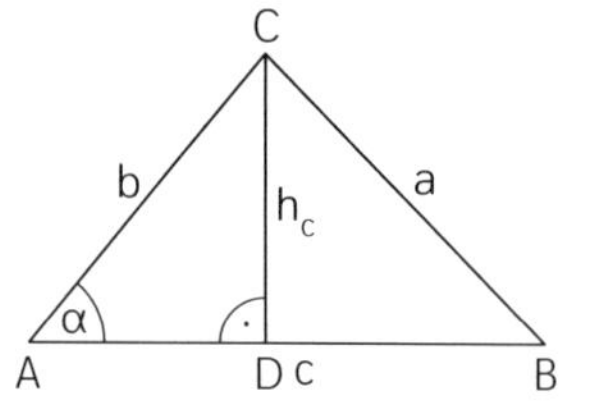

Im rechtwinkligen. Dreieck ADC gilt: $\sin(\alpha) = \frac{h_c}{b}$, also

$h_c = b \cdot \sin(\alpha) = 5\,cm \cdot \sin(50°) \approx 3{,}8\,cm$

Für den Flächeninhalt des Dreiecks gilt:

$A = \frac{1}{2} \cdot c \cdot h_c = \frac{1}{2} \cdot c \cdot b \cdot \sin(\alpha) = \frac{1}{2} \cdot 7\,cm \cdot 5\,cm \cdot \sin(50°) \approx 13{,}41\,cm^2$

12 **a)** $A = \frac{1}{2} ab \cdot \sin(\gamma) = \frac{1}{2} \cdot 5\,cm \cdot 7\,cm \cdot \sin(80°) \approx 17{,}23\,cm^2$

b) $A = \frac{1}{2} bc \cdot \sin(\alpha) = \frac{1}{2} \cdot 3\,cm \cdot 8\,cm \cdot \sin(112°) \approx 11{,}13\,cm^2$

c) $A = \frac{1}{2} ac \cdot \sin(\beta) = \frac{1}{2} \cdot 9\,cm \cdot 4\,cm \cdot \sin(85°) \approx 17{,}93\,cm^2$

d) $A = \frac{1}{2} ab \cdot \sin(\gamma) = \frac{1}{2} \cdot 8{,}1\,cm \cdot 5{,}7\,cm \cdot \sin(73{,}5°) \approx 22{,}13\,cm^2$

2. Modellieren periodischer Vorgänge

Seite 37
Einstiegsseite

Die Änderungen zwischen Ebbe und Flut wiederholen sich regelmäßig. Zwischen Hochwasser und Niedrigwasser liegen etwa 6 Stunden. Von Hochwasser zu Hochwasser sind es etwa 12 Stunden. Man kann die Werte in einem Koordinatensystem darstellen und dann eine regelmäßige Kurve durch diese Punkte zeichnen.

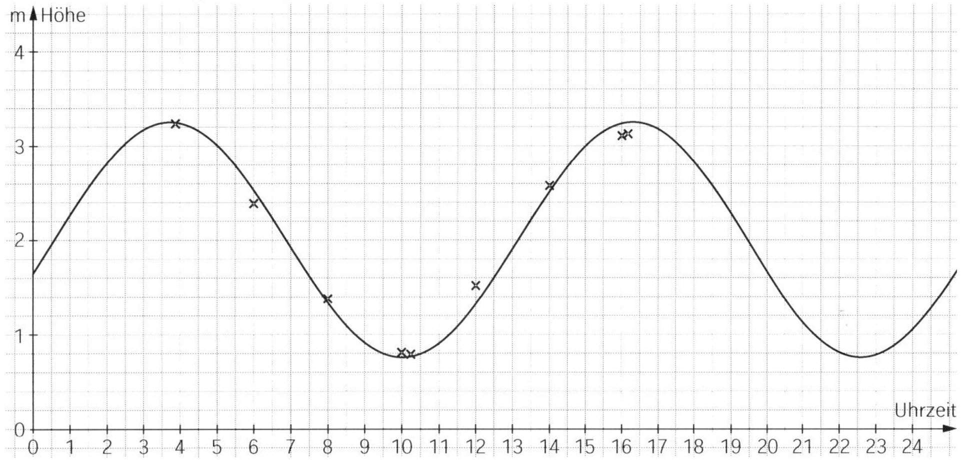

Um 22:00 Uhr wird man etwa den Wasserstand von 10 Uhr haben also etwa 0,80 m.

2.1 Periodische Vorgänge

Seite 38
Einstieg

Bei der Funktion *Zeit → Höhe über Starthöhe* für das markierte Kettenglied kann man die Umlenkrollen beim Modellieren vernachlässigen.

Funktion *Zeit → Höhe über Starthöhe* für den markierten Sägezahn

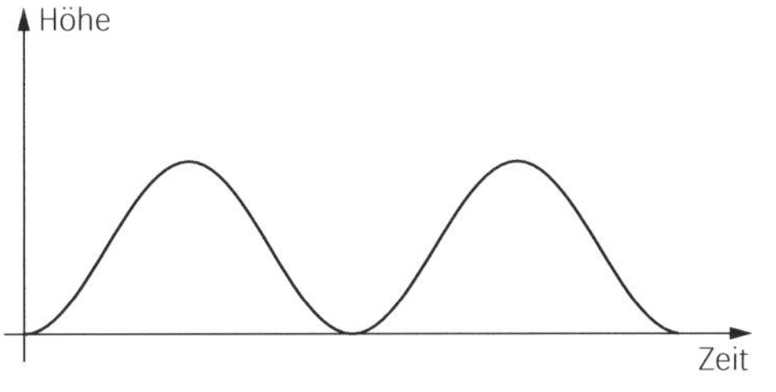

Funktion *Zeit → Höhe über Starthöhe* für das markierte Kettenglied

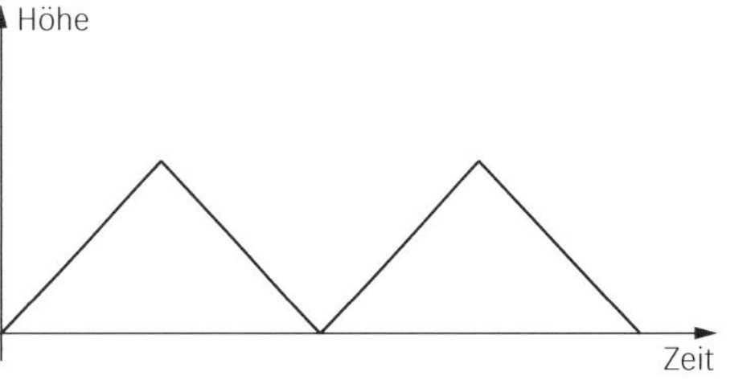

Bei dem Sägezahn erhält man einen Graphen, der im Gegensatz zum Kettenglied ohne Spitzen verläuft. Bei beiden Graphen wiederholen sich die Funktionswerte im regelmäßigen Abstand immer wieder.

Seite 39
Üben

1 **a)** Man kann die Zuordnung *Fahrstrecke* → *Höhe* betrachten.
b) Man kann den Graphen der Zuordnung *Fahrstrecke* → *Höhe* so beschreiben:
Die Wildwasserbahn wird auf die Spitze des Berges gezogen. Zunächst ist die Steigung nur gering, dann geht es steil hinauf. Anschließend fährt die Bahn steil nach unten bis ins Wasser und dann wieder etwas hinauf, anschließend in gleicher Höhe und dann mit leichtem Gefälle bis zum Start.
c) Eine Periode ist hier eine Fahrt der Wildwasserbahn.

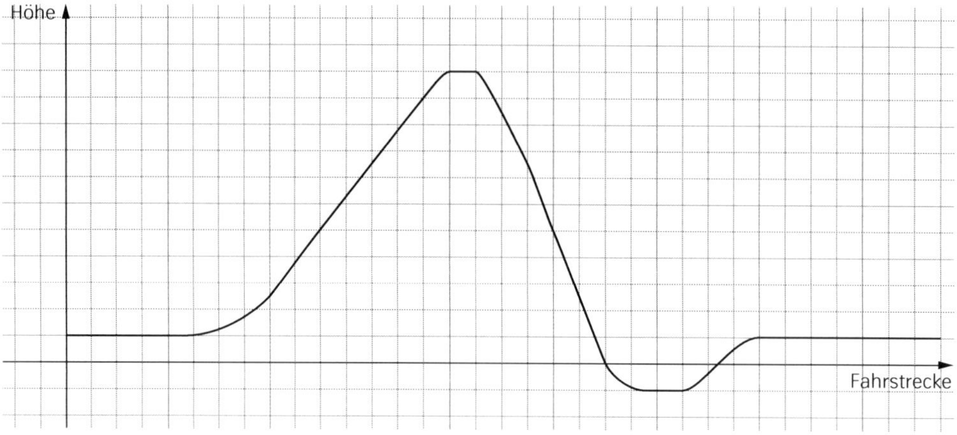

2 Die Einheit auf der y-Achse bei 2 Karos angenommen. Bei 5 mm Karos also bei 1 cm. Der Graph im Schulbuch gehört zur ersten Nocke.

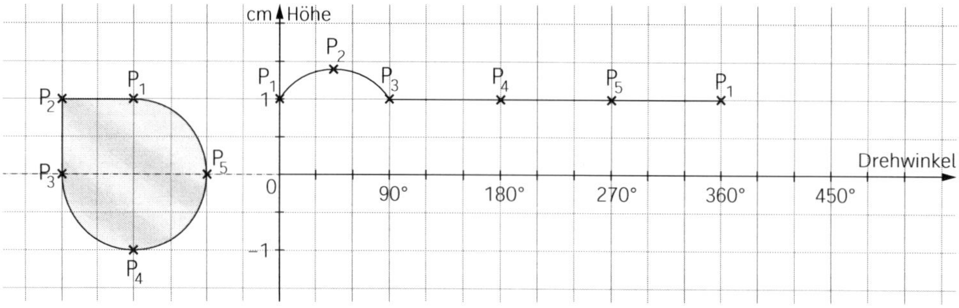

Bei 0° liegen die beiden Punkte P_1 und P_2 beide oben gleich hoch bei $y = 1$. Bei der Rechtsdrehung von 0° bis 90° ist die Spitze der Nocke P_2 der höchste Punkt und erreicht bei 45° mit 2 Karodiagonalen, also bei $y = \sqrt{2} \approx 1{,}4$ die größte Höhe. Bei 90° ist dann P_2 wieder bei $y = 1$ und der Punkt P_3 ist genauso hoch. Der Graph bleibt dann bis 360° über P_4, P_5 bis P_1 bei $y = 1$, dem Radius des Kreises.

Seite 39

2 Graph zu Nocke (2):

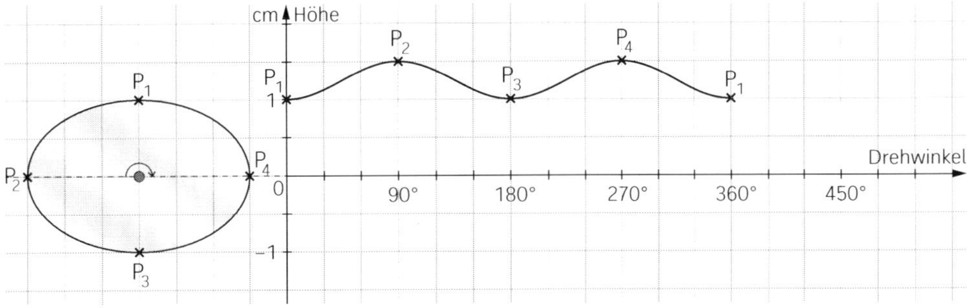

Bei 0° ist der Punkt P_1 mit $y = 1$ der höchste Punkt. Bis 90° steigt der Graph an und erreicht bei P_2 mit $y = 1{,}5$ den größten Wert. Dann fällt der Graph bis 180° und erreicht bei P_3 mit $y = 1$ den niedrigsten Punkt. Von 180° bis 360° wiederholt sich der Graph mit $y = 1{,}5$ als größten Wert bei P_4 für 270° und dann mit $y = 1$ als kleinsten Wert bei P_1 für 360°.

Graph zu Nocke (3):

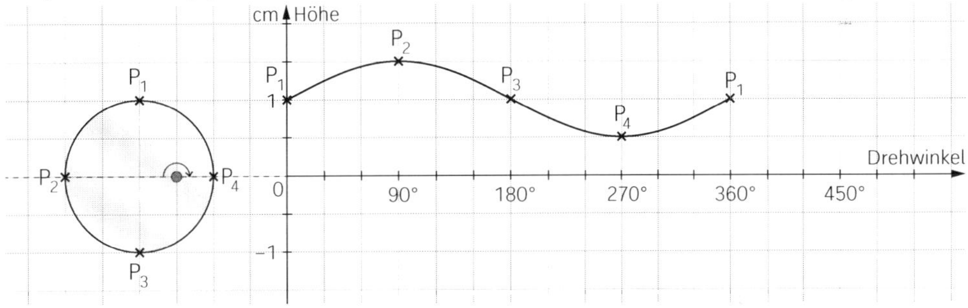

Bei 0° ist der Punkt P_1 mit $y = 1$ der höchste Punkt. Bis 90° steigt der Graph an und erreicht bei P_2 mit $y = 1{,}5$ den größten Wert. Dann fällt der Graph bis 270°. Bei P_3 für 180° liegt der Wert wieder bei $y = 1$ und erreicht bei P_4 mit $y = 0{,}5$ den niedrigsten Punkt. Dann steigt der Graph wieder bis P_1 für 360° bis $y = 1$ an.

Graph zu Nocke (4):

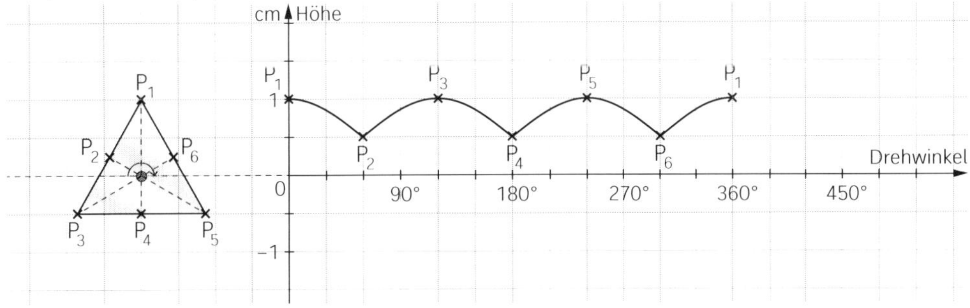

Der Querschnitt der Nocke (4) ist ein gleichseitiges Dreieck. Die Höhen sind auch Seitenhalbierende und der Drehpunkt teilt die Höhen im Verhältnis $1:0{,}5$.

Bei 0° hat man bei Punkt P_1 den Wert $y = 1$. Bis 60° fällt der Graph und erreicht bei P_2 mit $y = 0{,}5$ den kleinsten Wert. Dann steigt der Graph bis P_3 für 120° und liegt dann wieder bei $y = 1$. Bis 180° fällt der Graph wieder und erreicht bei P_4 mit $y = 0{,}5$ den kleinsten Wert. Das wiederholt sich über P_5 für 240° mit $y = 1$ bis P_6 für 300° mit $y = 0{,}5$ bis P_1 für 360° mit $y = 1$.

Seite 39

3 **a)** Jelto hat die Periode von dem ersten höchsten Punkt bis zum übernächsten höchsten Punkt angegeben. Er darf aber nur bis zum nächsten höchsten Punkt gehen, also $p = 10$.
$f(x) = f(x + 10)$

b) Die Periode $p = 15$ muss für alle Punkte gelten. Das ist hier nicht der Fall, denn zu dem ersten höchsten Punkt gibt es keinen Punkt, der genauso hoch ist.
$g(x) = g(x + 15)$ ist falsch.

4 Der Start ist etwa in der Mitte der langen Geraden unten und die Fahrtrichtung ist gegen den Uhrzeigersinn.

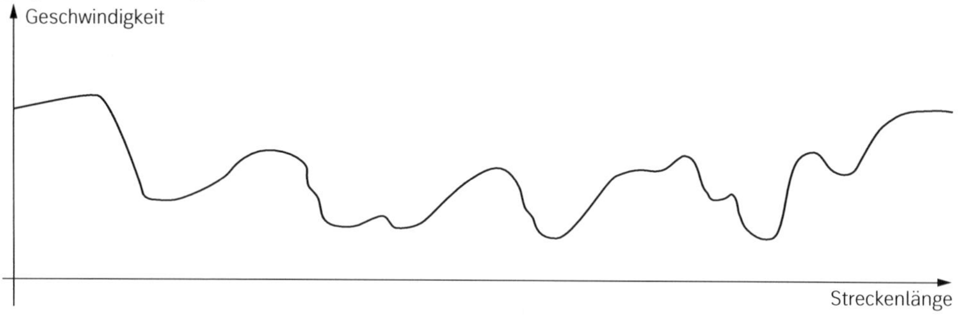

5 Keine Lösungen

2.2 Sinus und Kosinus am Einheitskreis

Seite 40
Einstieg

Ungefähre Koordinaten der Punkte bei einem Kreis mit dem Radius 1 dm:
$A(0{,}87 \mid 0{,}5)$, $B(-0{,}5 \mid 0{,}87)$,
$C(-0{,}87 \mid -0{,}5)$, $D(0{,}5 \mid -0{,}87)$
Alle Punkte haben die Koordinaten $P_\alpha(\cos(\alpha) \mid \sin(\alpha))$.

α	$\sin(\alpha)$	$\cos(\alpha)$
30°	$\frac{1}{2} = 0{,}5$	$\frac{1}{2}\sqrt{3} \approx 0{,}8660$
120°	$\frac{1}{2}\sqrt{3} \approx 0{,}8660$	$-\frac{1}{2} = -0{,}5$
210°	$-\frac{1}{2} = -0{,}5$	$-\frac{1}{2}\sqrt{3} \approx -0{,}8660$
300°	$-\frac{1}{2}\sqrt{3} \approx -0{,}8660$	$\frac{1}{2} = 0{,}5$

Seite 42
Üben

1 **a)** $\sin(75°) \approx 0{,}97$
$\cos(75°) \approx 0{,}26$

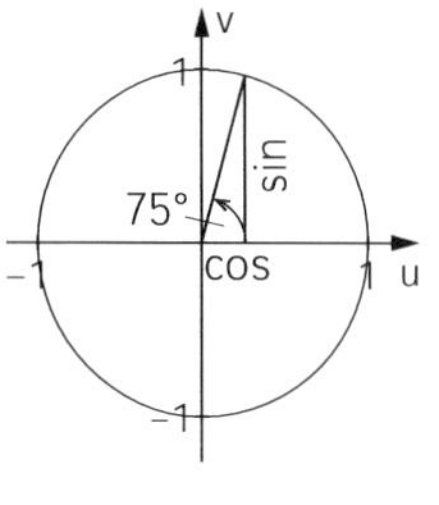

b) $\sin(156°) \approx 0{,}41$
$\cos(156°) \approx -0{,}91$

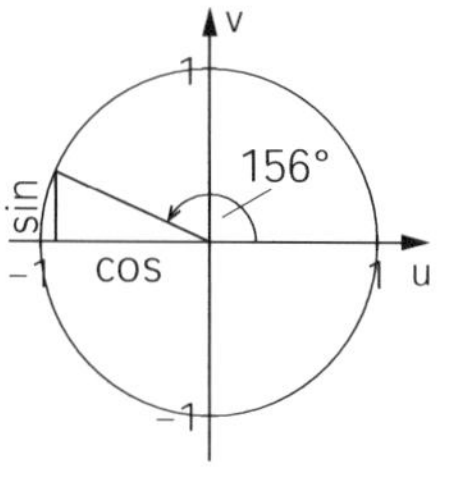

Seite 42

1 c) $\sin(214°) \approx -0{,}56$
$\cos(214°) \approx -0{,}83$

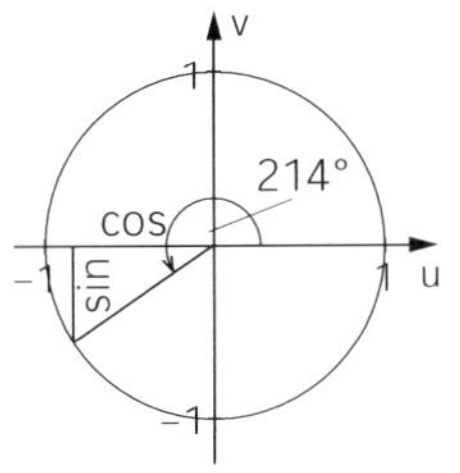

d) $\sin(349°) \approx -0{,}19$
$\cos(349°) \approx 0{,}98$

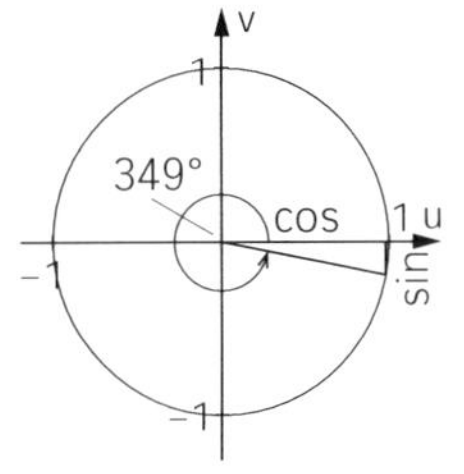

2 a) $\sin(0°) = 0$
$\cos(0°) = 1$

b) $\sin(30°) = \frac{1}{2}$
$\cos(30°) = \frac{1}{2}\sqrt{3}$

c) $\sin(45°) = \frac{1}{2}\sqrt{2}$
$\cos(45°) = \frac{1}{2}\sqrt{2}$

d) $\sin(60°) = \frac{1}{2}\sqrt{3}$
$\cos(60°) = \frac{1}{2}$

e) $\sin(90°) = 1$
$\cos(90°) = 0$

f) $\sin(180°) = 0$
$\cos(180°) = -1$

g) $\sin(210°) = -\frac{1}{2}$
$\cos(210°) = -\frac{1}{2}\sqrt{3}$

h) $\sin(360°) = 0$
$\cos(360°) = 1$

3 a) 0,8704 b) 0,3891 c) −0,2672 d) 0,9548

4 a) $\alpha = 90°$
b) $\alpha = 270°$
c) $\alpha = 180°$
d) $\alpha = 0°$ und $\alpha = 360°$

5 a) $\alpha \approx 13{,}9°$ und $\alpha \approx 166{,}1°$

b) $\alpha \approx 214{,}1°$ und $\alpha \approx 325{,}9°$

c) $20{,}5° \le \alpha \le 159{,}5°$

d) $206{,}7° \le \alpha \le 333{,}3°$

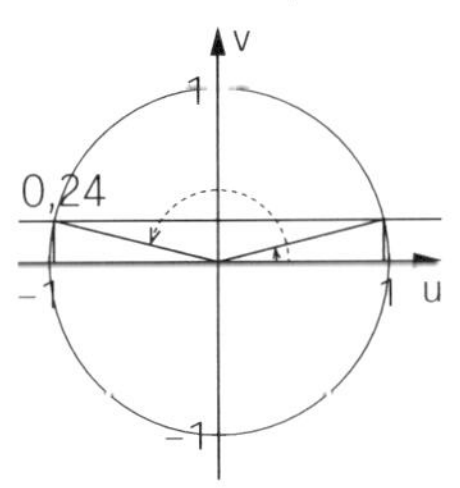

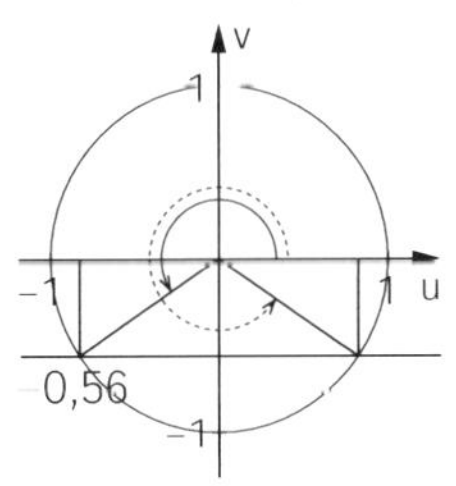

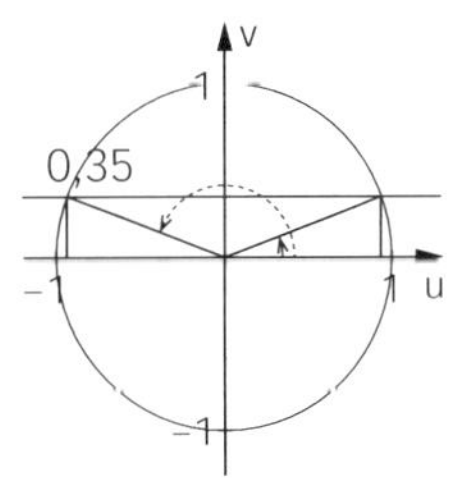

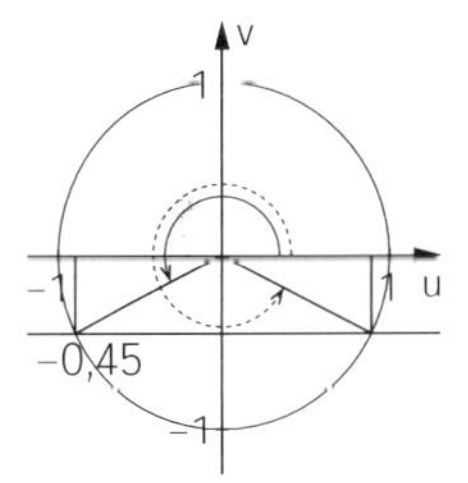

e) $\alpha \approx 41{,}4°$ und $\alpha \approx 318{,}6°$

f) $\alpha \approx 108{,}7°$ und $\alpha \approx 251{,}3°$

g) $0° < \alpha < 49{,}5°$ und $310{,}5° \le \alpha \le 360°$

h) $116{,}7° < \alpha \le 243{,}3°$

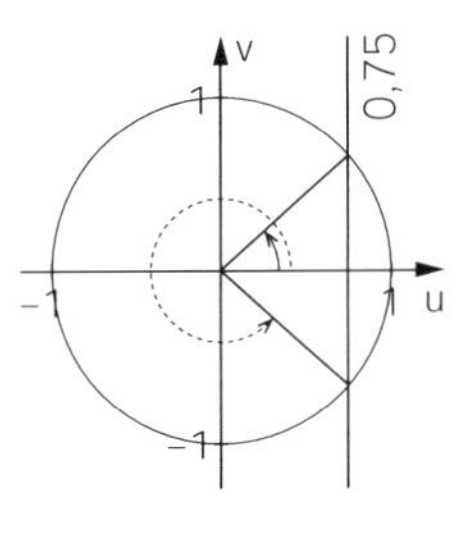

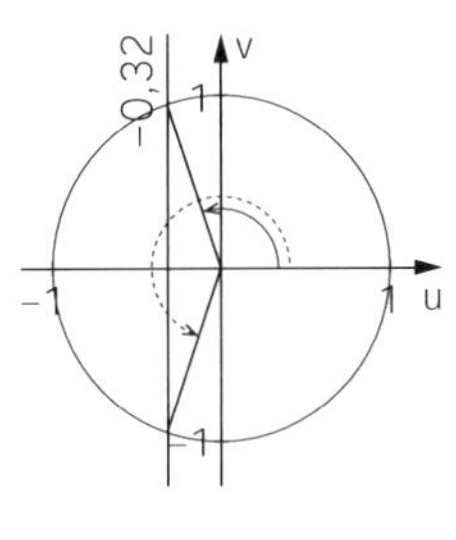

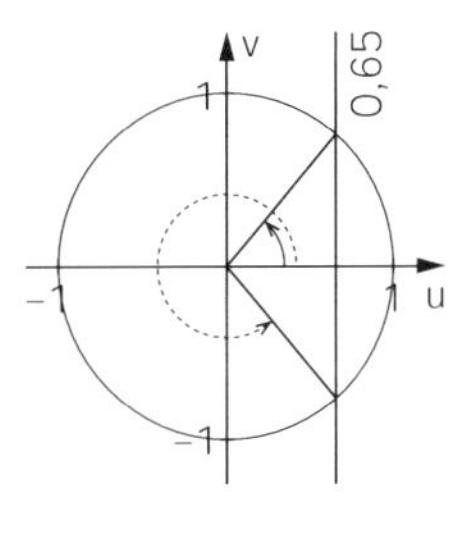

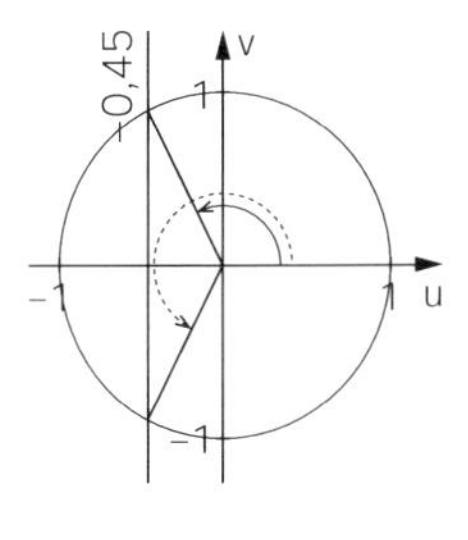

6 a) $0° < \alpha < 180°$ b) $90° < \alpha < 270°$ c) $0° < \alpha < 90°$ d) $90° < \alpha < 180°$

Das kann ich noch!

A 1) $-7x-21y$ 2) $6x-8y$ 3) $-x^2-4xy-4y^2$
4) $9x^2-12xy+4y^2$ 5) $-12x^2+4xy$ 6) $-18x^2+24xy+15x-20y$
7) x^2-4y^2 8) $-4x^2-16xy-16y^2$

Winkelgrößen über 360° und Winkelgrößen mit negativen Maßzahlen

Seite 43

7 **a)** $\alpha = 48°$ **b)** $\alpha = 72°$ **c)** $\alpha = 253°$ **d)** $\alpha = 137°$
e) $\alpha = 278°$ **f)** $\alpha = 296°$ **g)** $\alpha = 222°$ **h)** $\alpha = 142°$

8 **a)** $\sin(415°) = \sin(55°) \approx 0{,}82$

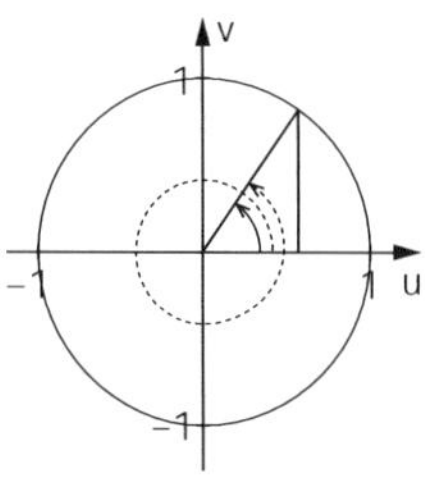

b) $\sin(735°) = \sin(15°) \approx 0{,}26$

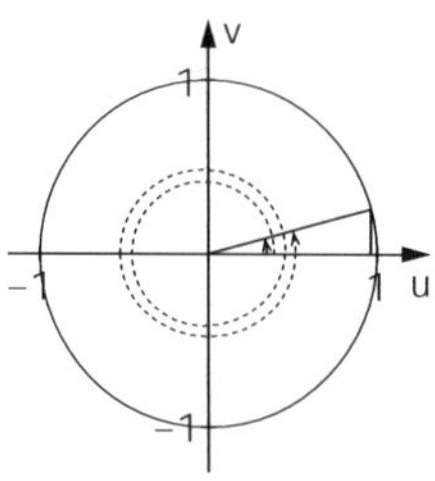

c) $\sin(-47°) = \sin(313°) \approx -0{,}73$

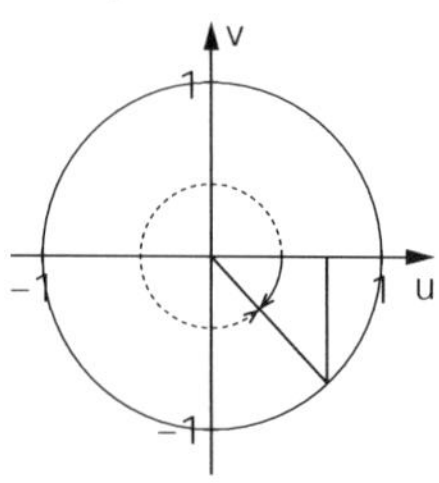

d) $\sin(-385°) = \sin(335°) \approx -0{,}42$

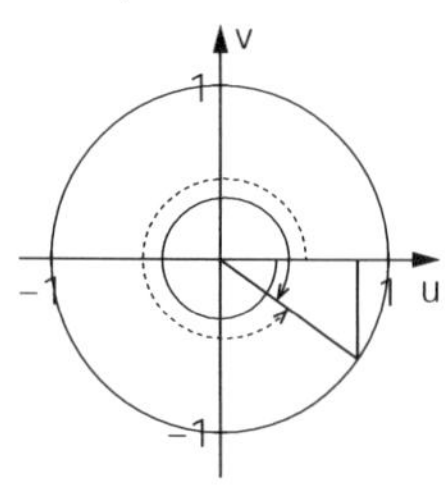

e) $\cos(392°) = \cos(32°) \approx 0{,}85$

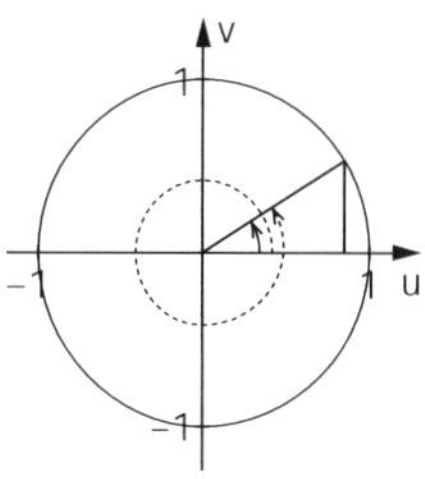

f) $\cos(585°) = \cos(225°) \approx -0{,}71$

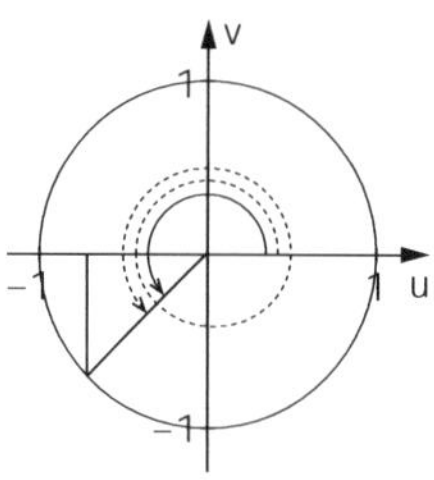

g) $\cos(-15°) = \cos(345°) \approx 0{,}97$

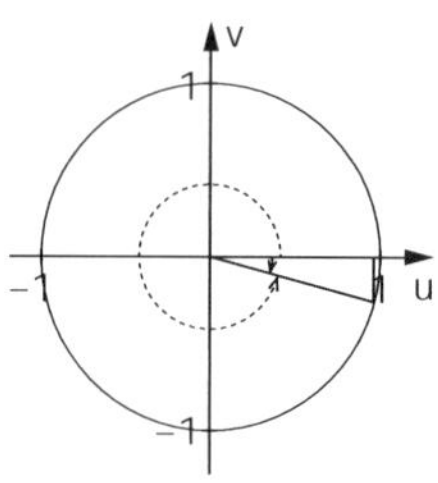

h) $\cos(-405°) = \cos(315°) \approx 0{,}71$

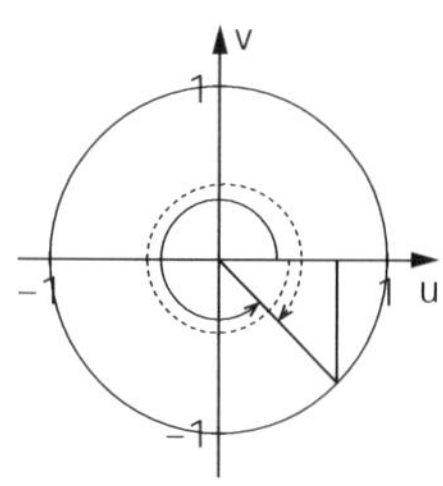

9 **a)** $-0{,}0958$ **b)** $0{,}3875$ **c)** $0{,}8231$ **d)** $0{,}0332$
e) $0{,}9553$ **f)** $-0{,}8918$ **g)** $-0{,}9033$ **h)** $-0{,}1478$

10 Man kann die Sinusfunktion zunächst im Bereich von $\alpha = 0°$ bis $\alpha = 360°$ zeichnen und diesen Graphen dann jeweils um 360° bzw. Vielfache von 360° nach links und rechts verschieben.

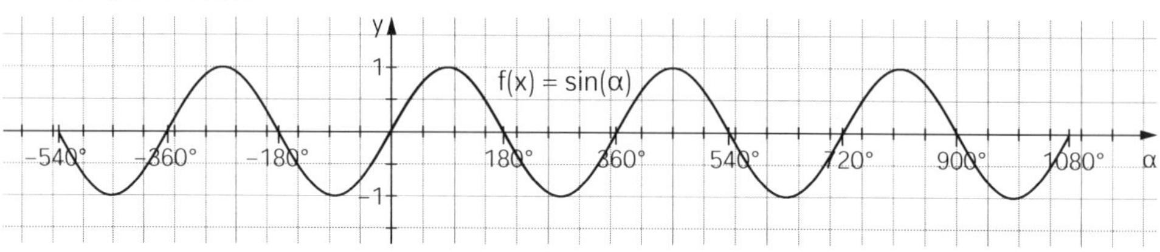

Weiterüben

11 a) $\alpha = 0°$, $\alpha = 180°$, $\alpha = 360°$ b) $\alpha = 30°$, $\alpha = 150°$, $\alpha = -210°$
c) $\alpha = 90°$, $\alpha = 450°$, $\alpha = -270°$ d) $\alpha = 270°$, $\alpha = 630°$, $\alpha = -90°$
e) $\alpha = 90°$, $\alpha = 270°$, $\alpha = -90°$ f) $\alpha = 120°$, $\alpha = 240°$, $\alpha = -240°$
g) $\alpha = 0°$, $\alpha = 360°$, $\alpha = -360°$ h) $\alpha = 240°$, $\alpha = 300°$, $\alpha = -60°$

Seite 43

12 Die erste Aussage ist falsch denn zum Beispiel sind $\sin(90°) = 1$ und $\cos(90°) = 0$. Für $\alpha = 90°$ ist $\cos(\alpha) < \sin(\alpha)$.
Die zweite Aussage ist falsch denn zum Beispiel ist $\sin(270°) = -1$.
Die dritte Aussage ist falsch denn an allen Schnittpunkten der Graphen der Sinus- und Kosinusfunktion gilt $\sin(\alpha) = \cos(\alpha)$, zum Beispiel $\sin(45°) = \cos(45°) = \frac{1}{2}\sqrt{2}$.
Die vierte Aussage ist falsch denn zum Beispiel ist $\cos(0°) = \cos(360°) = 1$.

2.3 Bogenmaß eines Winkels

Seite 44
Einstieg

Längen kann man leichter messen als Winkel.
Man kann aus der Länge auf dem Bogen mit der Formel für den Kreisbogen die Größe des Winkels berechnen: $b_\alpha = \pi \cdot r \cdot \frac{\alpha}{180°}$ also $\alpha = \frac{b_\alpha \cdot 180°}{\pi r}$.
Bei einem Kreis mit dem Radius $r = 1{,}25\,m$ und der Bogenlänge $b_\alpha = 0{,}87\,m$ erhält man $\alpha \approx 39{,}9°$.
Bei einem Kreis mit dem Radius $r = 50\,m$ und der Bogenlänge $b_\alpha = 28{,}50\,m$ erhält man $\alpha \approx 32{,}7°$.
Der Wurfsektor ist also nicht richtig angelegt.

Seite 45
Üben

1 Zum Gradmaß 0° gehört das Bogenmaß 0. Die anderen Werte kann man wie durch die Pfeile angegeben berechnen.

Gradmaß	−90°	0°	30°	45°	60°	90°	180°	270°	360°	720°
Bogenmaß	$-\frac{\pi}{2}$	0	$\frac{\pi}{6}$	$\frac{\pi}{4}$	$\frac{\pi}{3}$	$\frac{\pi}{2}$	π	$\frac{3}{2}\pi$	2π	4π

2 a) 0,65 b) 1,90 c) 6,07 d) 0,12 e) 4,50 f) 0,31
g) 5,93 h) 6,41 i) 2,22 j) −0,96 k) 7,96 l) −0,17

3 a) 153,0° b) 294,5° c) 28,6° d) −186,2° e) 1352,2° f) −74,5°
g) 1168,8° h) −444,0° i) 270° j) 22,5° k) 225° l) −315°

4 a) 0,30 b) 194,8° c) 154,7° d) 1,62
e) −1,62 f) −5328,5° g) 0,03 h) 108,9°
i) 0,02 j) 57,3° k) −57,3° l) −0,02

5 Keine Lösungen

Seite 45

6 (1) Im Ergebnis ist das Gradzeichen falsch. Das Ergebnis ist $1{,}5\,\pi$.
(2) Mila hat in der Formel Zähler und Nenner des Bruches vertauscht. Richtig ist:
$\alpha = 5{,}1 \cdot \frac{180°}{\pi} \approx 292{,}2°$

2.4 Sinus- und Kosinusfunktion

Seite 47
Üben

1 **a)** $\sin(0) = 0$ **b)** $\sin(\pi) = 0$ **c)** $\sin\left(\frac{3}{2}\pi\right) = -1$ **d)** $\sin(2\pi) = 0$
e) $\cos(0) = 1$ **f)** $\cos\left(\frac{\pi}{2}\right) = 0$ **g)** $\cos(\pi) = -1$ **h)** $\cos(2\pi) = 1$

2 **a)** $\sin(0{,}5) \approx 0{,}5$ **b)** $\sin(1) \approx 0{,}8$ **c)** $\sin(2{,}5) \approx 0{,}6$ **d)** $\sin(4) \approx -0{,}8$
e) $\cos(0{,}5) \approx 0{,}9$ **f)** $\cos(1{,}5) \approx 0{,}1$ **g)** $\cos(3{,}5) \approx -0{,}9$ **h)** $\cos(5) \approx 0{,}3$

3 (1) $\sin(\pi) = 0$ (2) $\sin(\pi°) \approx 0{,}05$ (3) $\sin(5) \approx -0{,}96$
(4) $\sin(5°) \approx 0{,}09$ (5) $\sin(-1) \approx -0{,}84$ (6) $\sin(-1°) = -0{,}02$
(7) $\sin(-2\pi) = 0$ (8) $\sin(-2\pi°) \approx -0{,}11$

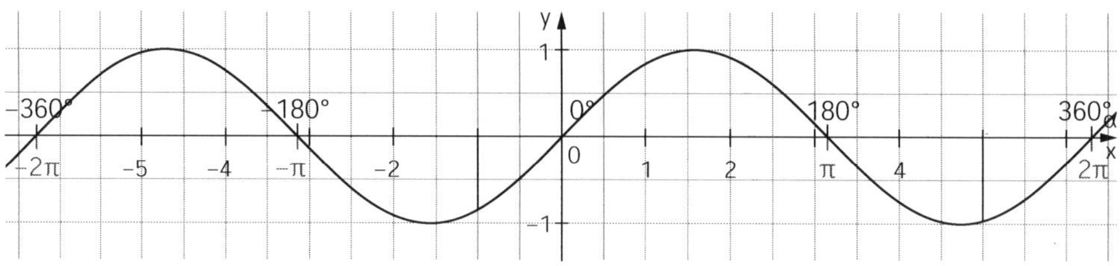

4 Man weiß, für welche Winkel der Sinus die besonderen Werte annimmt. Diese kann man dann in das Bogenmaß umrechnen.
a) $\alpha = 270°$, $\alpha = 630°$, $\alpha = -90°$, also $\frac{3}{2}\pi, \frac{7}{2}\pi, -\frac{\pi}{2}$.
b) $\alpha = 210°$, $\alpha = 330°$, $\alpha = -150°$, also $\frac{7}{6}\pi, \frac{11}{6}\pi, -\frac{5}{6}\pi$.
c) $\alpha = 90°$, $\alpha = 450°$, $\alpha = -270°$, also $\frac{\pi}{2}, \frac{5}{2}\pi, -\frac{3}{2}\pi$.
d) $\alpha = 60°$, $\alpha = 320°$, $\alpha = -300°$, also $\frac{\pi}{3}, \frac{7}{3}\pi, -\frac{2}{3}\pi$.
e) $\alpha = 90°$, $\alpha = 450°$, $\alpha = -270°$, also $\frac{\pi}{2}, \frac{5}{2}\pi, -\frac{3}{2}\pi$.
f) $\alpha = 60°$, $\alpha = 300°$, $\alpha = -300°$, also $\frac{\pi}{3}, \frac{7}{3}\pi, -\frac{2}{3}\pi$.
g) $\alpha = 180°$, $\alpha = 540°$, $\alpha = -180°$, also $\pi, 3\pi, -\pi$.
h) $\alpha = 45°$, $\alpha = 405°$, $\alpha = -315°$, also $\frac{\pi}{4}, \frac{9}{4}\pi, -\frac{3}{4}\pi$.

5 Gerrits Taschenrechner ist noch auf DEGREE eingestellt und zeichnet die Sinusfunktion deshalb für Winkelmaße im Gradmaß. Entweder er ändert die Einstellungen unter Window, zum Beispiel in $-360° \leq x \leq 360°$, oder er stellt das Winkelmaß auf Bogenmaß (RADIAN) um.

Eigenschaften des Graphen der Sinus- und Kosinusfunktion

Seite 48

6 a) Die Sinusfunktion hat unendlich viele Nullstellen:
$\ldots, -3\pi, -2\pi, -\pi, 0, \pi, 2\pi, 3\pi, \ldots$.
Man kann die Nullstellen der Sinusfunktion allgemein beschreiben:
$k\pi$ mit $k \in \mathbb{Z}$.

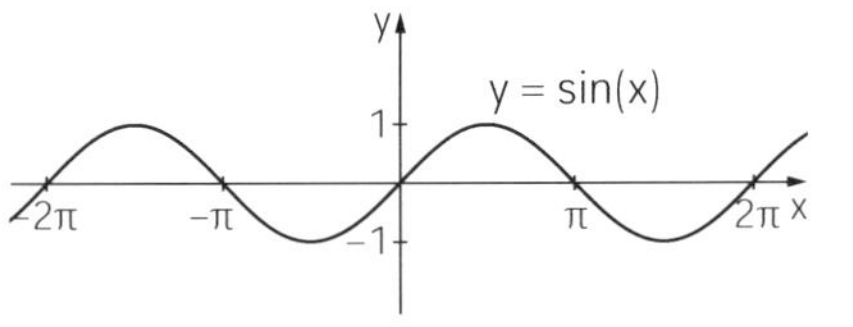

Die Kosinusfunktion hat unendlich viele Nullstellen:
$\ldots, -\frac{5}{2}\pi, -\frac{3}{2}\pi, -\frac{1}{2}\pi, 0, \frac{1}{2}\pi, \frac{3}{2}\pi, \frac{5}{2}\pi, \ldots$.
Man kann die Nullstellen der Kosinusfunktion allgemein beschreiben:
$k\pi + \frac{\pi}{2}$ mit $k \in \mathbb{Z}$.

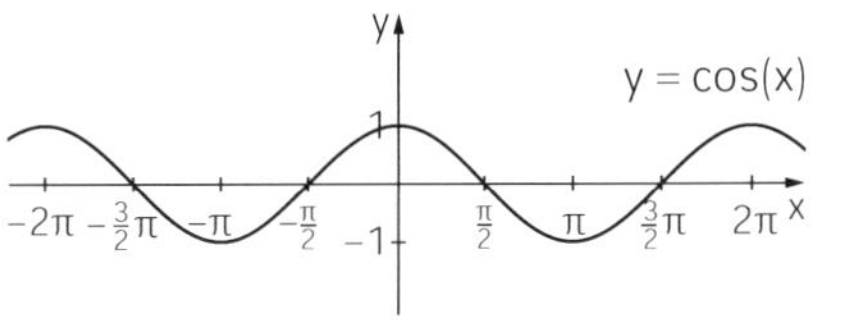

b) Der Graph der Sinusfunktion ist punktsymmetrisch zu allen Schnittpunkten mit der x-Achse, insbesondere zum Koordinatenschnittpunkt, und der Graph ist achsensymmetrisch zu allen Geraden mit
$x = k\pi + \frac{\pi}{2}$ mit $k \in \mathbb{Z}$.

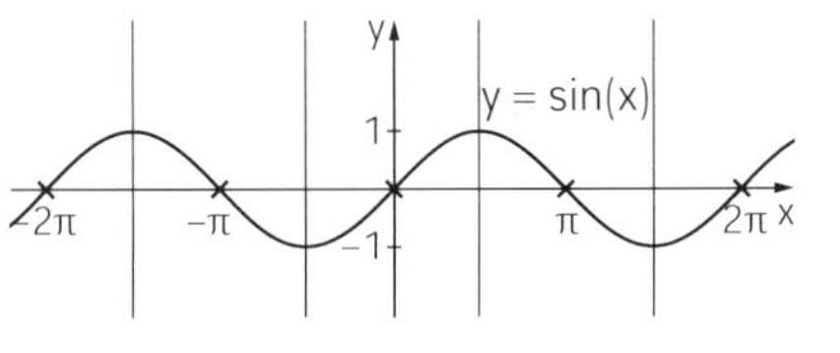

Der Graph der Kosinusfunktion ist punktsymmetrisch zu allen Schnittpunkten mit der x-Achse und der Graph ist achsensymmetrisch zu allen Geraden mit $x = k\pi$ mit $k \in \mathbb{Z}$, insbesondere zur y-Achse.

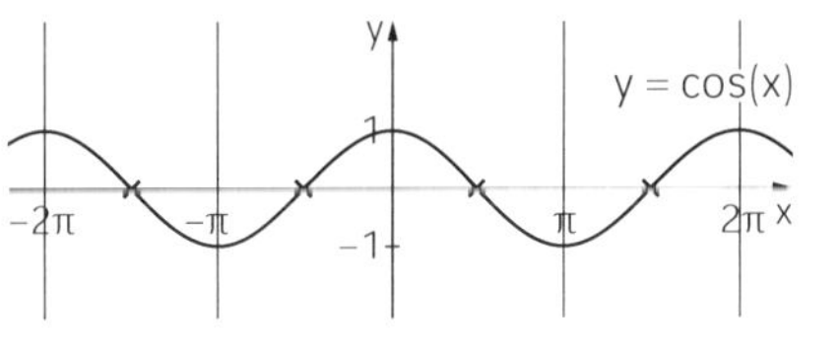

7 Der Graph der Sinusfunktion ist achsensymmetrisch zur Geraden mit $x = \frac{\pi}{2}$.
Daher gilt:
$\sin\left(\frac{\pi}{2} - x\right) = \sin\left(\frac{\pi}{2} + x\right)$

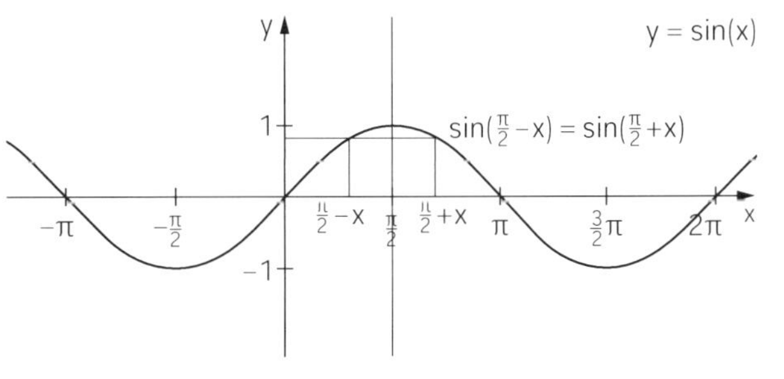

8 Der Graph der Kosinusfunktion ist zum Beispiel punktsymmetrisch zum Punkt $P\left(\frac{\pi}{2}\middle|0\right)$.
Daher gilt:
$\cos\left(\frac{\pi}{2} - x\right) = -\cos\left(\frac{\pi}{2} + x\right)$

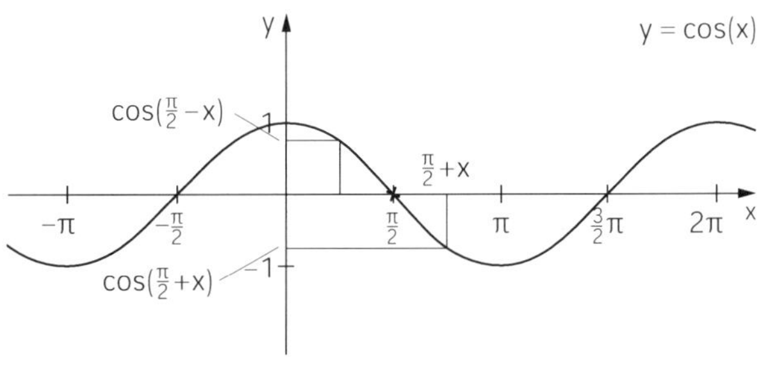

Seite 48

9 **a)** Der Graph der Sinusfunktion ist punktsymmetrisch zum Punkt $P(\pi|0)$. Daher gilt: $\sin(\pi + x) = -\sin(\pi - x)$.

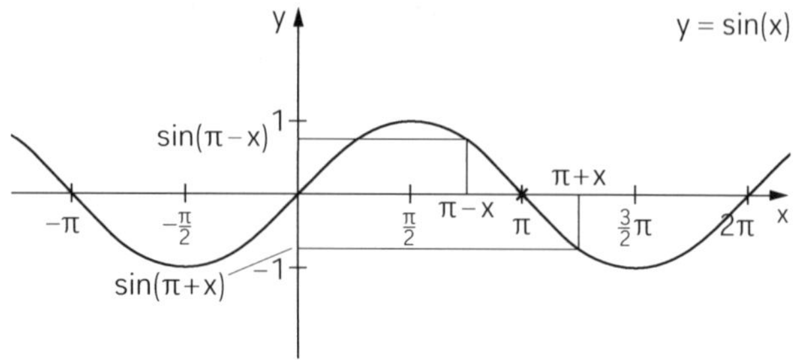

b) Der Graph der Kosinusfunktion ist punktsymmetrisch zum Punkt $P\left(-\frac{\pi}{2}\middle|0\right)$. Daher gilt:

$\cos\left(-\frac{\pi}{2} + x\right) = -\cos\left(-\frac{\pi}{2} - x\right)$

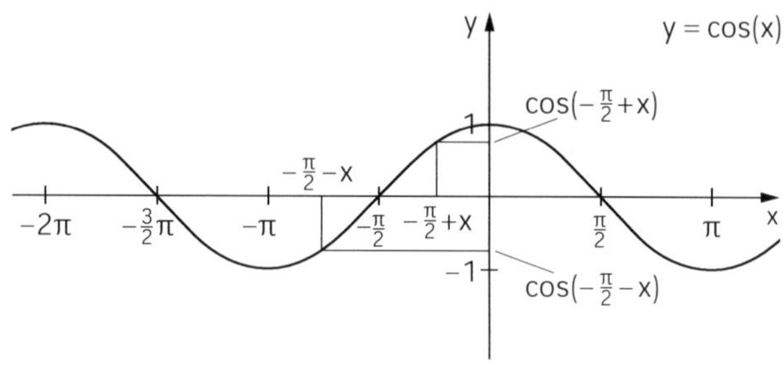

c) Der Graph der Sinusfunktion ist achsensymmetrisch zur Geraden mit $x = \frac{3\pi}{2}$. Daher gilt:

$\sin\left(\frac{3\pi}{2} + x\right) = \sin\left(\frac{3\pi}{2} - x\right)$

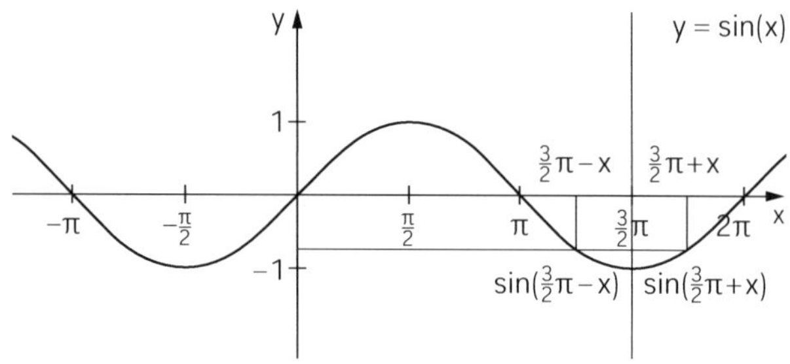

d) Der Graph der Kosinusfunktion ist achsensymmetrisch zur Geraden mit $x = \pi$. Daher gilt:
$\cos(\pi - x) = \cos(\pi + x)$

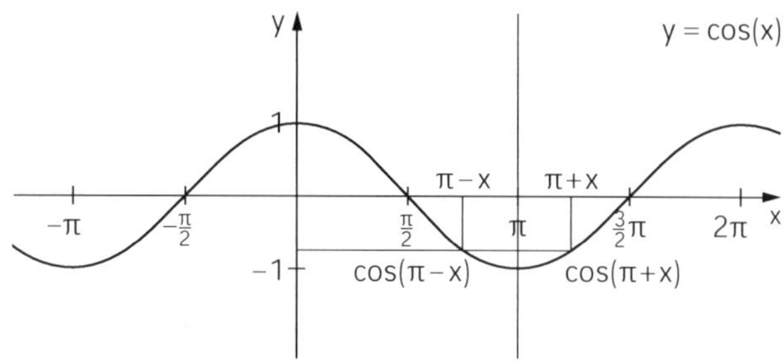

Seite 49

10 **a)** Mit dem Rechner erhält man im Bereich $0 \leq x \leq 2\pi$ den gerundeten Wert $x_1 = \sin^{-1}(0{,}9) \approx 1{,}1$ Einen weiteren Wert in diesem Bereich erhält man mithilfe der Symmetrieeigenschaft des Graphen.

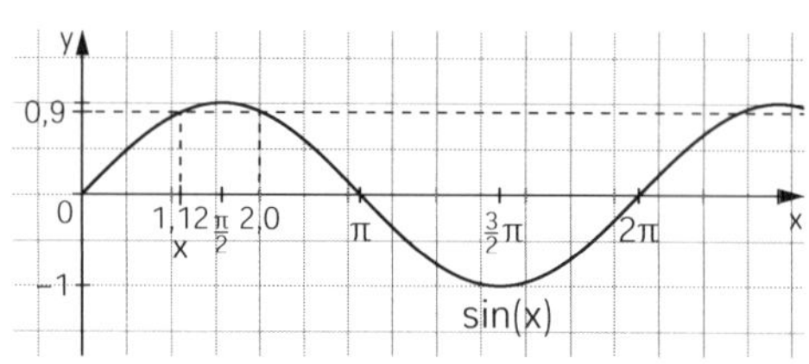

Aus $\sin\left(\frac{\pi}{2} - x\right) = \sin\left(\frac{\pi}{2} + x\right)$ folgt:

$x_2 = \frac{\pi}{2} + \left(\frac{\pi}{2} - x_1\right) \approx \pi - 1{,}1 \approx 2{,}0$

Da die Sinusfunktion eine periodische Funktion mit der Periode 2π ist, erhält man alle Lösungen, indem man zu den Lösungen im Bereich $0 \leq x \leq 2\pi$ ganzzahlige (auch negative) Vielfache von 2π addiert:

$x \approx 1{,}1 + k \cdot 2\pi$ oder $x \approx \pi - 1{,}1 + k \cdot 2\pi \approx 2{,}0 + k \cdot 2\pi$ mit $k \in \mathbb{Z}$

Seite 49

10 **b)** Mit dem Rechner erhält man im Bereich $0 \le x \le 2\pi$ den gerundeten Wert $x_1 = \cos^{-1}(-0{,}5) \approx 2{,}1$ Einen weiteren Wert in diesem Bereich erhält man mithilfe der Symmetrieeigenschaft des Graphen.

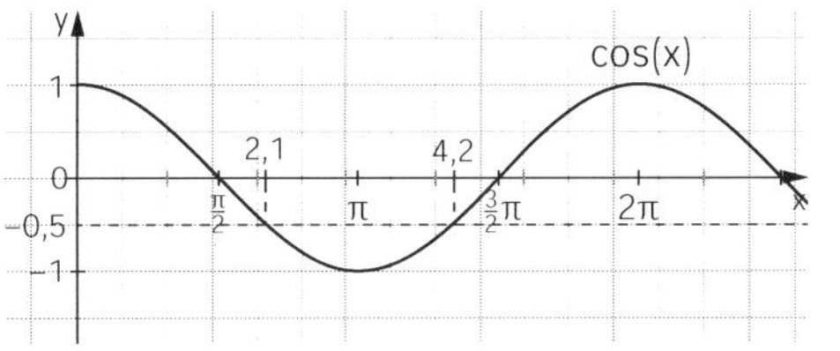

Aus $\cos(\pi - x) = \cos(\pi + x)$ folgt:

$x_2 = \pi + (\pi - x_1) \approx 2\pi - 2{,}1 \approx 4{,}2$

Da die Kosinusfunktion eine periodische Funktion mit der Periode 2π ist, erhält man alle Lösungen, indem man zu den Lösungen im Bereich $0 \le x \le 2\pi$ ganzzahlige (auch negative) Vielfache von 2π addiert:

$x \approx 2{,}1 + k \cdot 2\pi$ oder $x \approx \pi - 2{,}1 + k \cdot 2\pi \approx 4{,}2 + k \cdot 2\pi$ mit $k \in \mathbb{Z}$

11 **a)** $x = 0,\ x = \pi,\ x = 2\pi$

b) $\frac{\pi}{4} \approx 0{,}79,\ \frac{3}{4}\pi \approx 2{,}35$

c) $\frac{\pi}{3} \approx 1{,}05,\ \frac{5}{3}\pi \approx 5{,}24$

d) π

e) $\sin(x)$ ist immer kleiner gleich 1.

12 Keine Lösungen

13 **a)** $\sin(x) = -0{,}22$ für $x \approx -0{,}2218$. Lösungen: $x \approx -0{,}2218 + k \cdot 2\pi$ mit $k \in \mathbb{Z}$ und $x \approx (\pi - (-0{,}2218)) + k \cdot 2\pi \approx 3{,}3634 + k \cdot 2\pi$ mit $k \in \mathbb{Z}$.

b) $\sin(x) = 0{,}72$ für $x \approx 0{,}8038$. Lösungen: $x \approx 0{,}8038 + k \cdot 2\pi$ mit $k \in \mathbb{Z}$ und $x \approx (\pi - 0{,}8038) + k \cdot 2\pi \approx 2{,}3378 + k \cdot 2\pi$ mit $k \in \mathbb{Z}$.

c) $\cos(x) = -0{,}12$ für $x \approx 1{,}6911$. Lösungen: $x \approx 1{,}6911 + k \cdot 2\pi$ mit $k \in \mathbb{Z}$ und $x \approx 4{,}5921 + k \cdot 2\pi$ mit $k \in \mathbb{Z}$.

d) $\cos(x) = 0{,}47$ für $x \approx 1{,}0815$. Lösungen: $x \approx 1{,}0815 + k \cdot 2\pi$ mit $k \in \mathbb{Z}$ und $x \approx 5{,}2017 + k \cdot 2\pi$ mit $k \in \mathbb{Z}$.

Weiterüben

14 **a)** $x = \frac{\pi}{2} + k \cdot 2\pi$ mit $k \in \mathbb{Z}$, denn $\sin(90°) = 1$, also ist auch $\sin\left(\frac{\pi}{2}\right) = 1$. Da die Sinusfunktion periodisch mit der Periode 2π ist, wiederholt sich der Wert nach allen Vielfachen von 2π.

b) $x = k \cdot \pi$ mit $k \in \mathbb{Z}$, denn $\sin(0°) = 0$ und $\sin(180°) = 0$, also auch $\sin(0) = 0$ und $\sin(\pi) = 0$. Da die Sinusfunktion periodisch mit der Periode 2π ist, wiederholt sich der Wert nach allen Vielfachen von 2π, wegen $\sin(0) = \sin(\pi) = 0$ hier sogar nach allen Vielfachen von π.

c) $x = \frac{\pi}{2} + k \cdot \pi$ mit $k \in \mathbb{Z}$ denn $\cos(90°) = 0$ und $\cos(270°) = 0$, also ist auch $\cos\left(\frac{\pi}{2}\right) = 0$ und $\cos\left(\frac{3}{2}\pi\right) = 0$. Da die Kosinusfunktion periodisch mit der Periode 2π ist, wiederholt sich der Wert nach allen Vielfachen von 2π, wegen $\cos\left(\frac{\pi}{2}\right) = \cos\left(\frac{3}{2}\pi\right) = 0$ hier sogar nach allen Vielfachen von π.

d) $x = \pi + k \cdot 2\pi$ mit $k \in \mathbb{Z}$ denn $\cos(180°) = -1$, also ist auch $\cos(\pi) = -1$. Da die Kosinusfunktion periodisch mit der Periode 2π ist, wiederholt sich der Wert nach allen Vielfachen von 2π.

Seite 49

14 **e)** $x = \frac{\pi}{3} + k \cdot 2\pi$ mit $k \in \mathbb{Z}$ und $x = \frac{5}{3}\pi + k \cdot 2\pi$ mit $k \in \mathbb{Z}$, denn $\cos(60°) = \frac{1}{2}$ und $\cos(300) = \frac{1}{2}$, also ist auch $\cos\left(\frac{\pi}{3}\right) = \frac{1}{2}$ und $\cos\left(\frac{5}{3}\pi\right) = \frac{1}{2}$. Da die Kosinusfunktion periodisch mit der Periode 2π ist, wiederholen sich die Werte nach allen Vielfachen von 2π.

f) $x = \frac{\pi}{6} + k \cdot 2\pi$ mit $k \in \mathbb{Z}$ und $x = \frac{5}{6}\pi + k \cdot 2\pi$ mit $k \in \mathbb{Z}$, denn $\sin(30°) = \frac{1}{2}$ und $\sin(150°) = \frac{1}{2}$, also ist auch $\sin\left(\frac{\pi}{3}\right) = \frac{1}{2}$ und $\sin\left(\frac{5}{3}\pi\right) = \frac{1}{2}$. Da die Sinusfunktion periodisch mit der Periode 2π ist, wiederholen sich die Werte nach allen Vielfachen von 2π.

g) $x = \frac{3}{4}\pi + k \cdot 2\pi$ mit $k \in \mathbb{Z}$ und $x = \frac{5}{4}\pi + k \cdot 2\pi$ mit $k \in \mathbb{Z}$, denn $\cos(135°) = -\frac{1}{2}\sqrt{2}$ und $\cos(225°) = -\frac{1}{2}\sqrt{2}$, also ist auch $\cos\left(\frac{3}{4}\pi\right) = -\frac{1}{2}\sqrt{2}$ und $\cos\left(\frac{5}{4}\pi\right) = -\frac{1}{2}\sqrt{2}$. Da die Kosinusfunktion periodisch mit der Periode 2π ist, wiederholen sich die Werte nach allen Vielfachen von 2π.

h) $x = \frac{5}{6}\pi + k \cdot 2\pi$ mit $k \in \mathbb{Z}$ und $x = \frac{7}{6}\pi + k \cdot 2\pi$ mit $k \in \mathbb{Z}$, denn $\cos(150°) = -\frac{1}{2}\sqrt{3}$ und $\cos(210°) = -\frac{1}{2}\sqrt{3}$, also ist auch $\cos\left(\frac{5}{6}\pi\right) = -\frac{1}{2}\sqrt{3}$ und $\cos\left(\frac{7}{6}\pi\right) = -\frac{1}{2}\sqrt{3}$. Da die Kosinusfunktion periodisch mit der Periode 2π ist, wiederholen sich die Werte nach allen Vielfachen von 2π.

15 Man weiß, dass +1 der größte und −1 der kleinste Funktionswert ist, den die Sinusfunktion und auch die Kosinusfunktion annehmen. Dafür benötigt man kein digitales Mathematikwerkzeug. Man kann sich die Graphen der Funktionen auch mit einem Grafikrechner oder einem Grafikprogramm zeichnen lassen und daran dann ablesen, an welchen Stellen die kleinstmöglichen bzw. die größtmöglichen Funktionswerte angenommen werden.

a) (1) $x = \frac{3}{2}\pi + k \cdot 2\pi$ mit $k \in \mathbb{Z}$ (2) $x = \frac{\pi}{2} + k \cdot 2\pi$ mit $k \in \mathbb{Z}$

b) (1) $x = \pi + k \cdot 2\pi$ mit $k \in \mathbb{Z}$ (2) $x = k \cdot 2\pi$ mit $k \in \mathbb{Z}$

Seite 49
Das kann ich noch!

A In der Gleichung $y = mx + b$ ist m die Steigung und b der y-Achsenabschnitt,
1) Funktionsgleichung: $y = 2x - 1$
2) Die Steigung ist $m = 7$. Man setzt die Koordinaten von P, also $x = 3$ und $y = 2$, in die Gleichung $y = 7x + b$ ein, um den y-Achsenabschnitt b zu berechnen:
$2 = 7 \cdot 3 + b$, also $b = -19$.
Funktionsgleichung: $y = 7x - 19$
3) Mithilfe der Koordinaten der beiden Punkte kann man zunächst die Steigung berechnen: $m = \frac{y_2 - y_1}{x_2 - x_1} = \frac{4 - (-3)}{1 - 2} = \frac{7}{-1} = -7$
Damit erhält man die Gleichung $y = -7x + b$.
Um b zu berechnen, setzt man die Koordinaten von A oder von B in die Gleichung ein:
$-3 = -7 \cdot 2 + b$, also $b = 11$.
Funktionsgleichung: $y = -7x + 11$
4) Die Steigung der Geraden ist wie die Steigung der Winkelhalbierenden $m = 1$.
Damit erhält man die Gleichung $y = x + b$. Die Gerade verläuft durch den Punkt $N(5|0)$.
Um b zu berechnen, setzt man die Koordinaten von N in die Gleichung ein:
$0 = 5 + b$, also $b = -5$.
Funktionsgleichung: $y = x - 5$
5) Die Steigung der Winkelhalbierenden im 1. Quadranten ist $m = 1$, die Steigung der Geraden also $m = -\frac{1}{m} = -1$. Damit erhält man die Gleichung $y = -x + b$.
Um b zu berechnen, setzt man die Koordinaten von Q in die Gleichung ein:
$5 = -1 \cdot (-2) + b$, also $b = 3$.
Funktionsgleichung: $y = -x + 3$

2.5 Strecken des Graphen der Sinusfunktion

Seite 50
Einstieg

Die Graphen sind zunächst in Richtung der y-Achse gestreckt, d. h. der größte Wert ist größer und der kleinste Wert ist kleiner. Die Funktionsvorschrift ist $g(x) = a \cdot \sin(x)$ mit $a \in \mathbb{R}$, $a \neq 0$. Für $a < 0$ wird der Graph zusätzlich an der x-Achse gespiegelt.
Der Graph kann auch in Richtung der x-Achse gestreckt werden. Die Funktionsvorschrift ist $h(x) = \sin(bx)$ mit $b \in \mathbb{R}$, $b \neq 0$. Der Graph zu $f(x) = \sin(x)$ wurde mit dem Faktor $\frac{1}{b}$ in Richtung der x-Achse gestreckt. Für $b < 0$ wird der Graph zusätzlich an der y-Achse gespiegelt.
Man kann auch beide Streckungen zusammen durchführen und erhält dann die Funktionsvorschrift $i(x) = a \cdot \sin(bx)$ mit $a \in \mathbb{R}$, $b \in \mathbb{R}$, $a \neq 0$, $b \neq 0$.

Seite 51

1 **a)** Wertemenge $-1{,}5 \le y \le 1{,}5$ also $y = 1{,}5 \cdot \sin(x)$
b) Wertemenge $-1{,}3 \le y \le 1{,}3$ also $y = 1{,}3 \cdot \sin(x)$
c) Wertemenge $-0{,}75 \le y \le 0{,}75$ also $y = 0{,}75 \cdot \sin(x)$
d) Wertemenge $-0{,}5 \le y \le 0{,}5$ also $y = 0{,}5 \cdot \sin(x)$

Seite 52

2 **a)** Wenn man a verändert, bleiben die Nullstellen und die Periode der Funktion erhalten.
Für $a = 1$ erhält man den Graphen der Sinusfunktion mit der Wertemenge $-1 \le y \le 1$.
Für $a > 1$ erhält man eine Streckung des Graphen der Sinusfunktion in Richtung der y-Achse mit dem Faktor a. Die Wertemenge ist $-a \le y \le a$, wird also im Vergleich zum Wertebereich der Sinusfunktion größer. Für $0 < a < 1$ erhält man eine Streckung (eine Stauchung) des Graphen der Sinusfunktion in Richtung der y-Achse mit dem Faktor a. Die Wertemenge ist $-a \le y \le a$, wird also im Vergleich zum Wertebereich der Sinusfunktion kleiner.
b) Für negative a wird der Graph zu $y = |a| \cdot \sin(x)$ an der x-Achse gespiegelt.
Für $a = -1$ erhält man den an der x-Achse gespiegelten Graphen der Sinusfunktion mit der Wertemenge $-1 \le y \le 1$
Für $a < -1$ erhält man eine Streckung des Graphen der Sinusfunktion in Richtung der y-Achse mit dem Faktor $|a|$ und anschließender Spiegelung an der x-Achse. Die Wertemenge ist $-|a| \le y \le |a|$, wird also im Vergleich zum Wertebereich der Sinusfunktion größer.
Für $-1 < a < 0$ erhält man eine Streckung (eine Stauchung) des Graphen der Sinusfunktion in Richtung der y-Achse mit dem Faktor $|a|$ und anschließender Spiegelung an der x-Achse. Die Wertemenge ist $-|a| \le y \le |a|$, wird also im Vergleich zum Wertebereich der Sinusfunktion kleiner.
Wenn der Graph zu $y = |a| \cdot \sin(x)$ oberhalb der x-Achse verläuft, dann verläuft der Graph zu $y = a \cdot \sin(x)$ für $a < 0$ unterhalb der x-Achse. Wenn der Graph zu $y = |a| \cdot \sin(x)$ unterhalb der x-Achse verläuft, dann verläuft der Graph zu $y = a \cdot \sin(x)$ für $a < 0$ oberhalb der x-Achse.

3 **a)** $y_1 = 2{,}5 \cdot \sin\left(\frac{\pi}{4}\right) = 2{,}5 \cdot \frac{1}{2}\sqrt{2} \approx 1{,}77$
b) $-1{,}25 = 2{,}5 \cdot \sin(x_2)$ also $\sin(x_2) = -\frac{1}{2}$. Das gilt für $x_2 = -\frac{\pi}{6} \approx -0{,}52$.

Strecken in Richtung der x-Achse

Seite 54

4 **a)** $\frac{2\pi}{b} = \frac{\pi}{2}$, also $b = 4$ und $y = \sin(4x)$
b) $\frac{2\pi}{b} = \pi$, also $b = 2$ und $y = \sin(2x)$.
c) $\frac{2\pi}{b} \approx 2 \cdot 4{,}2 = 8{,}4$, also $b \approx \frac{3}{4} = 0{,}75$ und $y = \sin\left(\frac{3}{4}x\right) = \sin(0{,}75x)$
d) $\frac{2\pi}{b} \approx 4{,}5$, also $b \approx \frac{7}{5} = 1{,}4$ und $y \approx \sin\left(\frac{7}{5}x\right) = \sin(1{,}4x)$

Funktionen mit $a \cdot \sin(b \cdot x)$

Seite 54

5 a) Der Graph entsteht aus dem der Sinusfunktion durch Strecken in Richtung der y-Achse mit dem Faktor 3 und in Richtung der x-Achse mit dem Faktor 2.

Wertemenge: $-3 \le y \le 3$ Periode: $p = \frac{2\pi}{0,5} = 4\pi$

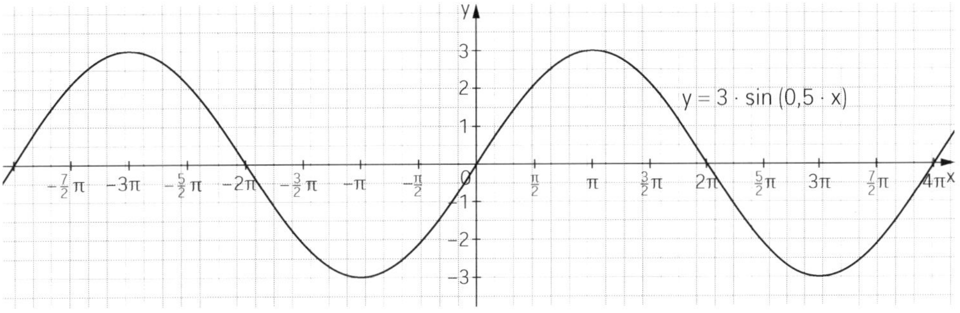

b) Der Graph entsteht aus dem der Sinusfunktion durch Strecken in Richtung der y-Achse mit dem Faktor $\frac{1}{2}$ und in Richtung der x-Achse mit dem Faktor $\frac{1}{2}$.

Wertemenge: $-\frac{1}{2} \le y \le \frac{1}{2}$ Periode: $p = \frac{2\pi}{2} = \pi$

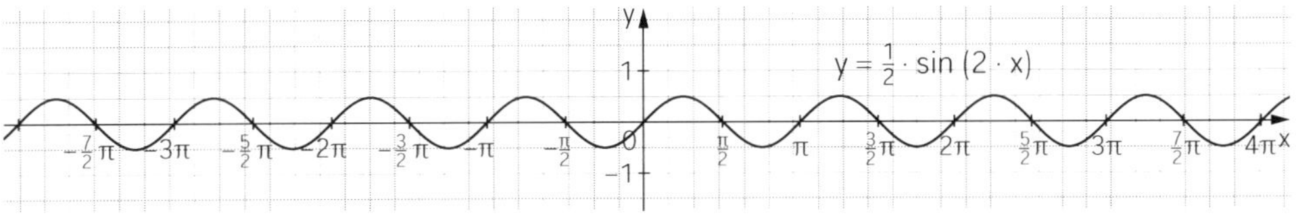

c) Der Graph entsteht aus dem der Sinusfunktion durch Strecken in Richtung der y-Achse mit dem Faktor 2 und in Richtung der x-Achse mit dem Faktor 2.

Wertemenge: $-2 \le y \le 2$ Periode: $p = \frac{2\pi}{0,5} = 4\pi$

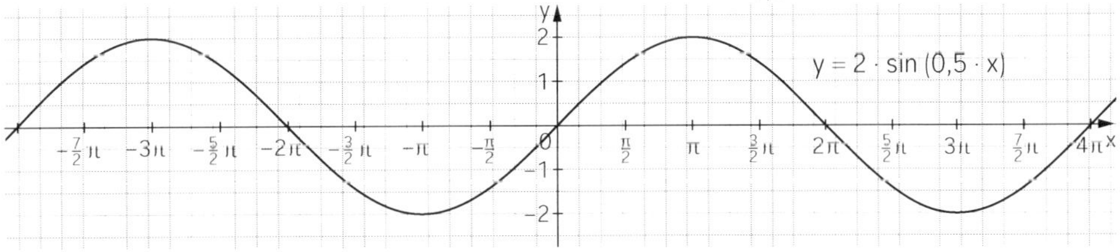

d) Der Graph entsteht aus dem der Sinusfunktion durch Strecken in Richtung der y-Achse mit dem Faktor 2 und in Richtung der x-Achse mit dem Faktor $\frac{1}{3}$.

Wertemenge: $-2 \le y \le 2$ Periode: $p = \frac{2\pi}{3} = \frac{2}{3}\pi$

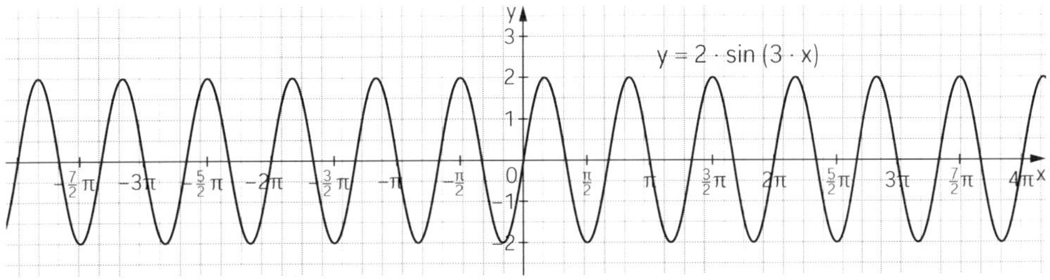

Seite 54

5 **e)** Der Graph entsteht aus dem der Sinusfunktion durch Spiegeln an der x-Achse und Strecken in Richtung der x-Achse mit dem Faktor $\frac{1}{4}$.

Wertemenge: $-1 \leq y \leq 1$ Periode: $p = \frac{2\pi}{4} = \frac{\pi}{2}$

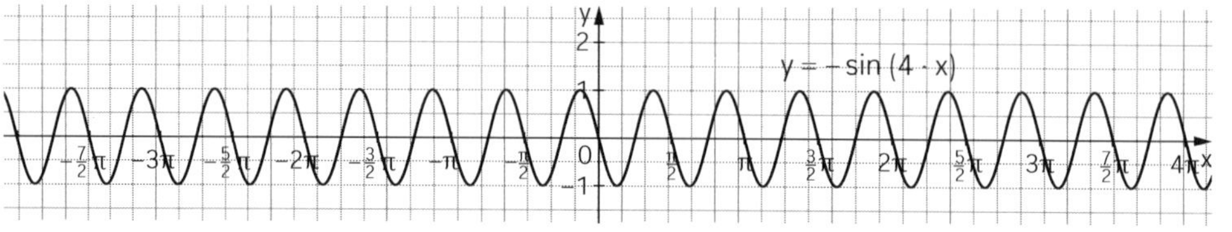

f) Der Graph entsteht aus dem der Sinusfunktion durch Strecken in Richtung der y-Achse mit dem Faktor 1,5 und Spiegeln an der x-Achse sowie Strecken in Richtung der x-Achse mit dem Faktor 4 und Spiegeln an der y-Achse.

Wertemenge: $-1{,}5 \leq y \leq 1{,}5$ Periode: $p = \frac{2\pi}{\frac{1}{4}} = 8\pi$

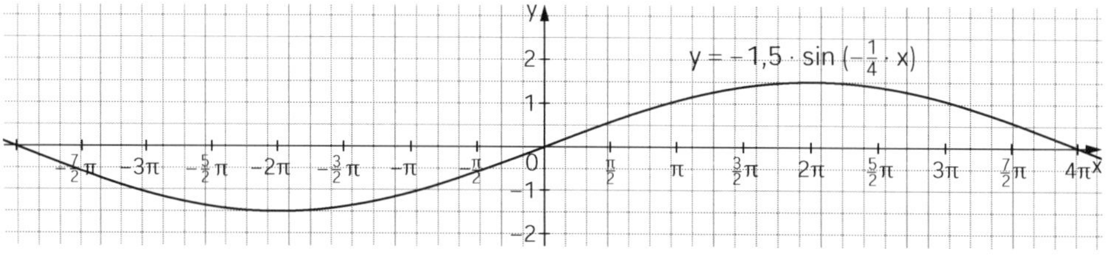

g) Der Graph entsteht aus dem der Sinusfunktion durch Strecken in Richtung der y-Achse mit dem Faktor $\frac{1}{2}$ und Spiegeln an der x-Achse sowie Strecken in Richtung der x-Achse mit dem Faktor $\frac{1}{\pi}$.

Wertemenge: $-\frac{1}{2} \leq y \leq \frac{1}{2}$ Periode: $p = \frac{2\pi}{\pi} = 2$

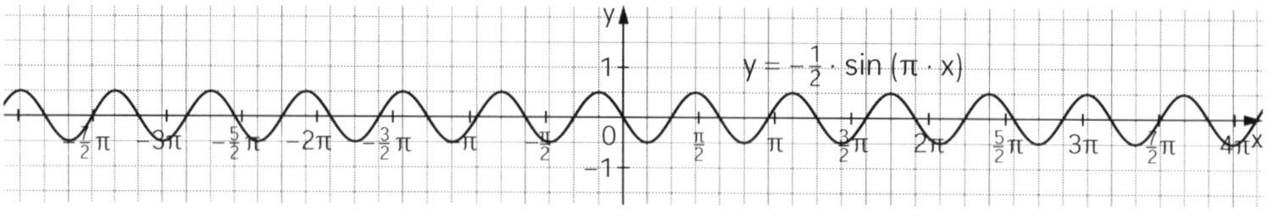

h) Der Graph entsteht aus dem der Sinusfunktion durch Strecken in Richtung der y-Achse mit dem Faktor 3 und Spiegeln an der x-Achse sowie Strecken in Richtung der x-Achse mit dem Faktor $\frac{1}{2}$.

Wertemenge: $-3 \leq y \leq 3$ Periode: $p = \frac{2\pi}{2} = \pi$

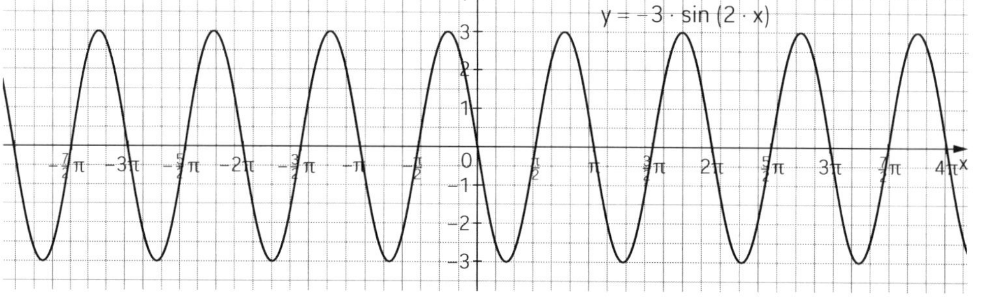

Seite 54

5 **i)** Der Graph entsteht aus dem der Sinusfunktion durch Strecken in Richtung der y-Achse mit dem Faktor 0,4 und in Richtung der x-Achse mit dem Faktor 2.

Wertemenge: $-0{,}4 \le y \le 0{,}4$ Periode: $p = \frac{2\pi}{0{,}5} = 4\pi$

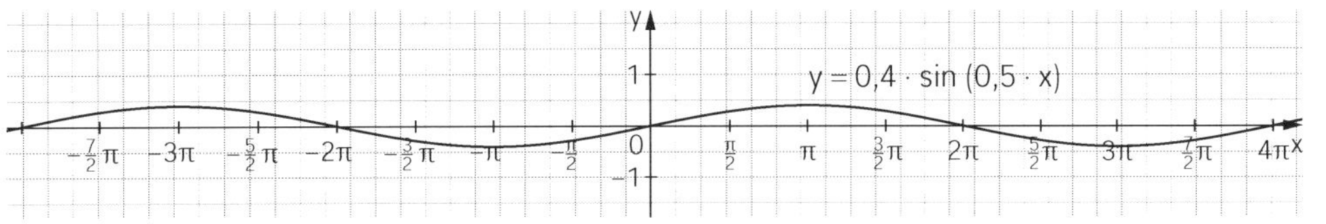

j) Der Graph entsteht aus dem der Sinusfunktion durch Strecken in Richtung der y-Achse mit dem Faktor 0,6 und Spiegeln an der x-Achse sowie Spiegeln an der y-Achse.

Wertemenge: $-0{,}6 \le y \le 0{,}6$ Periode: $p = 2\pi$

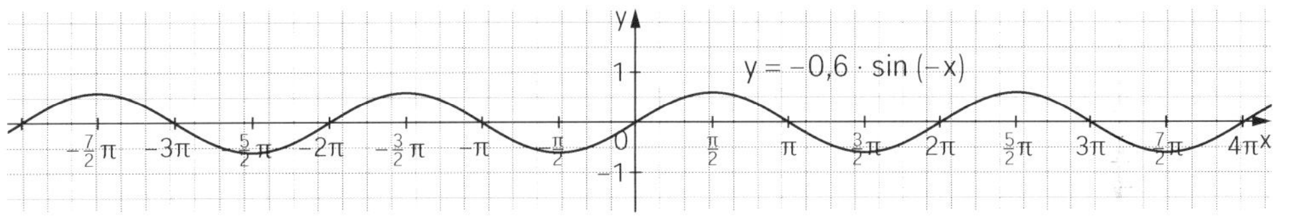

6 **a)** Richtige Gleichung zum Graphen im Buch ist $y = 2 \cdot \sin(x)$. Der Graph zur Gleichung $y = -2 \cdot \sin(x)$ ist unten dargestellt.

b) Richtige Gleichung zum Graphen im Buch ist $y = 2 \cdot \sin\left(\frac{1}{2}x\right)$. Der Graph zur Gleichung $y = 1{,}5 \cdot \sin(2x)$ ist unten dargestellt.

c) Richtige Gleichung zum Graphen im Buch ist $y = \sin\left(\frac{\pi}{2}x\right)$. Der Graph zur Gleichung $y = \sin\left(-\frac{\pi}{2}x\right)$ ist unten dargestellt.

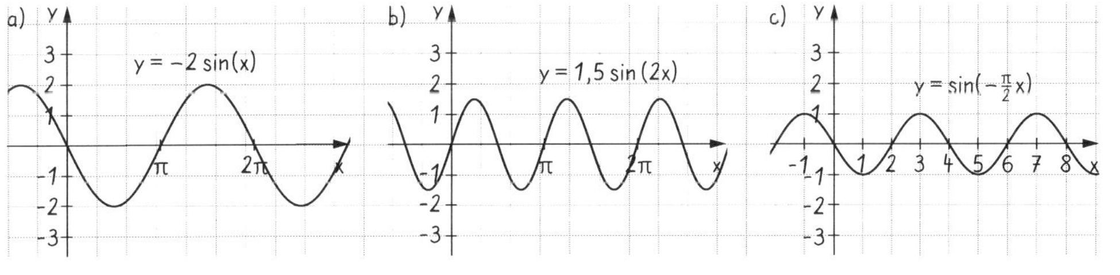

7 Der Graph der Funktion mit der Funktionsgleichung $y = a \cdot \sin(b \cdot x)$ entsteht aus dem Graphen der Sinusfunktion durch Strecken in Richtung der y-Achse mit dem Faktor a und in Richtung der x-Achse mit dem Faktor $\frac{1}{b}$.

Der Parameter a gibt das Strecken in Richtung der y-Achse an und die Wertemenge der Funktion ist $-|a| \le y \le |a|$. Für $a < 0$ wird der Graph zusätzlich an der x-Achse gespiegelt.

Der Kehrwert $\frac{1}{b}$ des Parameters b gibt die Streckung des Graphen in Richtung der x-Achse an. Die Periode des Graphen ist dann $\frac{2\pi}{b}$ und die Nullstellen sind bei $k \cdot \frac{\pi}{b}$ mit $k \in \mathbb{Z}$. Für $b < 0$ wird der Graph zusätzlich an der y-Achse gespiegelt.

Seite 55

8 **a)** Der Graph entsteht aus dem der Sinusfunktion durch Strecken in Richtung der y-Achse mit dem Faktor 2,5 und in Richtung der x-Achse mit dem Faktor $\frac{1}{3}$.

Wertemenge: $-2{,}5 \le y \le 2{,}5$ Periode: $p = \frac{2\pi}{3} = \frac{2}{3}\pi$

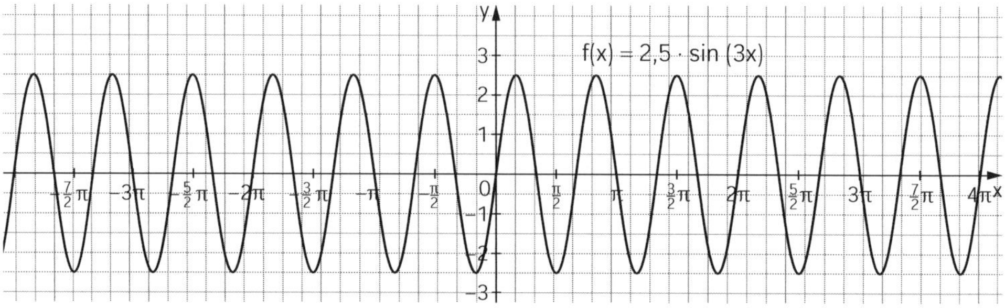

b) Der Graph entsteht aus dem der Sinusfunktion durch Strecken in Richtung der y-Achse mit dem Faktor 2 und Spiegeln an der x-Achse sowie Strecken in Richtung der x-Achse mit dem Faktor 3.

Wertemenge: $-2 \le y \le 2$ Periode: $p = \frac{2\pi}{\frac{1}{3}} = 6\pi$

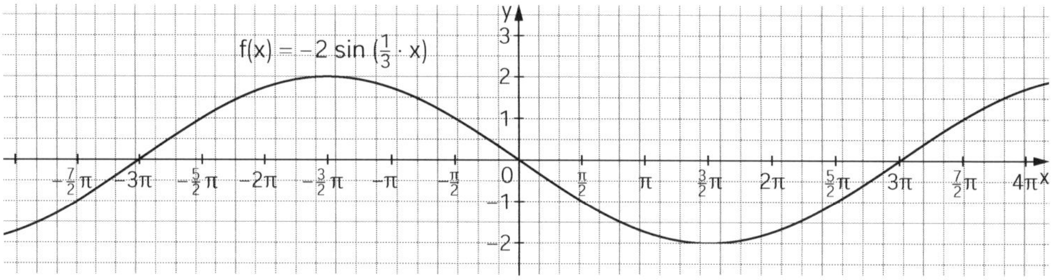

9 **a)** Wertemenge $-0{,}5 \le y \le 0{,}5$, also $a = 0{,}5$. Periode $p = \pi$, also $b = \frac{2\pi}{\pi} = 2$.

Funktionsgleichung: $y = 0{,}5 \cdot \sin(2x)$

b) Wertemenge $-2 \le y \le 2$, also $a = 2$. Periode $p = 4\pi$, also $b = \frac{2\pi}{4\pi} = \frac{1}{2}$.

Funktionsgleichung: $y = 2 \cdot \sin\left(\frac{1}{2}x\right) = 2 \cdot \sin(0{,}5x)$

c) Wertemenge $-1{,}5 \le y \le 1{,}5$, also $a = 1{,}5$. Periode $p = 8\pi$, also $b = \frac{2\pi}{8\pi} = \frac{1}{4}$.

Funktionsgleichung: $y = 1{,}5 \cdot \sin\left(\frac{1}{4}x\right) = 1{,}5 \cdot \sin(0{,}25x)$

d) Wertemenge $-2 \le y \le 2$, also $a = 2$. Periode $p = \frac{\pi}{2}$, also $b = \frac{2\pi}{\frac{\pi}{2}} = 4$.

Funktionsgleichung: $y = 2 \cdot \sin(4x)$

e) Wertemenge $-2 \le y \le 2$. Der Graph ist aber an der x-Achse gespiegelt, also $a = -2$.

Periode $p = 4\pi$, also $b = \frac{2\pi}{4\pi} = \frac{1}{2}$.

Funktionsgleichung: $y = -2 \cdot \sin\left(\frac{1}{2}x\right) = -2 \cdot \sin(0{,}5x)$

f) Wertemenge $-0{,}5 \le y \le 0{,}5$. Der Graph ist aber an der x-Achse gespiegelt, also $a = -0{,}5$.

Periode $p = \frac{2}{3}\pi$, also $b = \frac{2\pi}{\frac{2\pi}{3}} = 3$.

Funktionsgleichung: $y = -0{,}5 \cdot \sin(3x)$

Seite 55
Weiterüben

10 **a)** Wertemenge $-1{,}3 \le y \le 1{,}3$, also $a = 1{,}3$. Funktionsgleichung: $y = 1{,}3 \cdot \sin(x)$

b) Man kann die Koordinaten von P in die Gleichung $y = a \cdot \sin(x)$ einsetzen und den Wert für a mit der umgeformten Gleichung berechnen:

$a = \frac{y}{\sin(x)} = \frac{3}{\sin\left(\frac{\pi}{6}\right)} = \frac{3}{\frac{1}{2}} = 6.$ Funktionsgleichung: $y = 6 \cdot \sin(x)$

11 Man kann die Koordinaten von P in die Gleichung $y = a \cdot \sin(x)$ einsetzen und den Wert für a mit der umgeformten Gleichung berechnen.

a) $a = \frac{y}{\sin(x)} = \frac{1{,}4}{\sin\left(\frac{\pi}{3}\right)} = \frac{1{,}4}{\frac{1}{2}\sqrt{3}} = \frac{2{,}8}{\sqrt{3}} \approx 1{,}62$

Funktionsgleichung: $y = \frac{2{,}8}{\sqrt{3}} \sin(x) \approx 1{,}62 \cdot \sin(x)$

b) $a = \frac{y}{\sin(x)} = \frac{-1{,}9}{\sin\left(-\frac{\pi}{3}\right)} = \frac{-1{,}9}{-\frac{1}{2}\sqrt{3}} = \frac{3{,}8}{\sqrt{3}} \approx 2{,}19$

Funktionsgleichung: $y = \frac{3{,}8}{\sqrt{3}} \sin(x) \approx 2{,}19 \cdot \sin(x)$

c) $a = \frac{y}{\sin(x)} = \frac{-0{,}4}{\sin\left(\frac{7}{4}\pi\right)} = \frac{-0{,}4}{-\frac{1}{2}\sqrt{2}} = \frac{0{,}8}{\sqrt{2}} \approx 0{,}57$

Funktionsgleichung: $y = \frac{0{,}8}{\sqrt{2}} \sin(x) \approx 0{,}57 \cdot \sin(x)$

d) $a = \frac{y}{\sin(x)} = \frac{1{,}5}{\sin\left(-\frac{5}{4}\pi\right)} = \frac{1{,}5}{\frac{1}{2}\sqrt{2}} = \frac{3}{\sqrt{2}} \approx 2{,}12$

Funktionsgleichung: $y = \frac{3}{\sqrt{2}} \sin(x) \approx 2{,}12 \cdot \sin(x)$

12 **a)** Die Periode $\frac{\pi}{2}$ von $y = \sin(b \cdot x)$ passt viermal in die Periode 2π von $y = \sin(x)$, also ist der Betrag des Streckfaktor $|b| = 4$, also $b = 4$ oder $b = -4$.
Funktionsgleichungen sind $y = \sin(4 \cdot x)$ und $y = \sin(-4 \cdot x)$.

b) Man weiß, dass $\sin\left(\frac{\pi}{4}\right) = \frac{1}{2}\sqrt{2}$ und $\sin\left(\frac{3}{4}\pi\right) = \frac{1}{2}\sqrt{2}$ (siehe auch Lösung zur Aufgabe oben auf Seite 53 des Schulbuchs).
Da die Funktion die Periode 2π hat, gilt dann allgemein für alle $k \in \mathbb{Z}$:

$\sin\left(\frac{\pi}{4} + k \cdot 2\pi\right) = \frac{1}{2}\sqrt{2}$ und $\sin\left(\frac{3}{4}\pi + k \cdot 2\pi\right) = \frac{1}{2}\sqrt{2}$

Mithilfe der x-Koordinate von $P\left(\frac{\pi}{12} \middle| \frac{1}{2}\sqrt{2}\right)$ kann man nun die Werte von b berechnen:

Für $\sin\left(\frac{\pi}{4} + k \cdot 2\pi\right) = \frac{1}{2}\sqrt{2}$ erhält man $\frac{\pi}{4} + k \cdot 2\pi = b \cdot \frac{\pi}{12}$, also $b = 3 + 24k$ für $k \in \mathbb{Z}$.

Für $\sin\left(\frac{3}{4}\pi + k \cdot 2\pi\right) = \frac{1}{2}\sqrt{2}$ erhält man $\frac{3}{4}\pi + k \cdot 2\pi = b \cdot \frac{\pi}{12}$, also $b = 9 + 24k$ für $k \in \mathbb{Z}$.

Für $k = 0$ erhält man die Funktionsgleichungen $y = \sin(3x)$ und $y = \sin(9x)$.

Seite 55

13 Der Graph entsteht aus dem der Sinusfunktion durch Strecken in Richtung der y-Achse mit dem Faktor 1,5 und Strecken in Richtung der x-Achse mit dem Faktor $\frac{1}{2}$.
Man kann den Graphen der Sinusfunktion und den Graphen der Funktion zu $y = 1{,}5 \cdot \sin(2x)$ mit einem Grafikrechner oder einem Grafikprogramm zeichnen lassen und daran die Eigenschaften der Funktion zu $y = 1{,}5 \cdot \sin(2x)$ im Vergleich zur Sinusfunktion ablesen.
Periode: $p = \frac{2\pi}{b} = \frac{2\pi}{2} = \pi$; Nullstellen: $k \cdot \frac{\pi}{b} = k \cdot \frac{\pi}{2}$ mit $k \in \mathbb{Z}$;
Wertemenge: $-1{,}5 \le y \le 1{,}5$

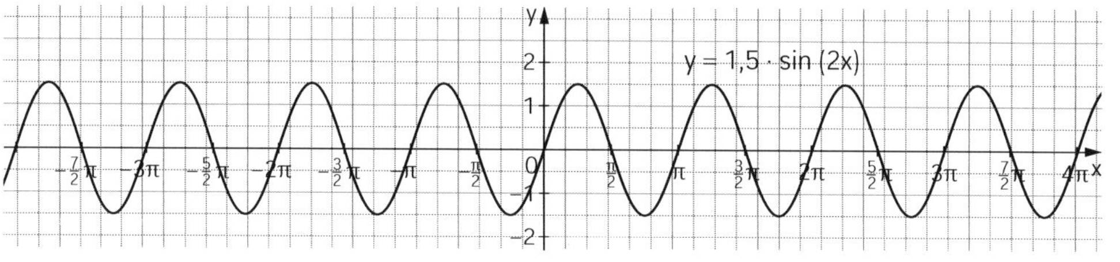

2.6 Modellieren mit der Sinusfunktion

Seite 56
Einstieg

Man kann davon ausgehen, dass sich das Riesenrad linksherum dreht. Man betrachtet eine Gondel, die sich rechts auf Höhe des Mittelpunktes des Riesenrades befindet.
Die Höhe der Gondel (in m) bezüglich des Radmittelpunktes in Abhängigkeit von der Fahrzeit (in min) kann man mithilfe einer Sinusfunktion der Form $y = a \cdot \sin(bx)$ beschreiben.

Der Durchmesser des Riesenrades beträgt 122 m. Der höchste Punkt der Gondel liegt also 61 m über dem Mittelpunkt, der niedrigste 61 m darunter. Für den Parameter a folgt daraus $a = 61$. Eine Umdrehung dauert 30 min, für die Periode p folgt daraus $p = 30$ und für den Streckfaktor b dann $\frac{2\pi}{b} = 30$, also $b = \frac{2\pi}{30} = \frac{\pi}{15}$.
Damit erhält man die Funktionsgleichung $y = 61 \cdot \sin\left(\frac{\pi}{15} \cdot x\right)$.

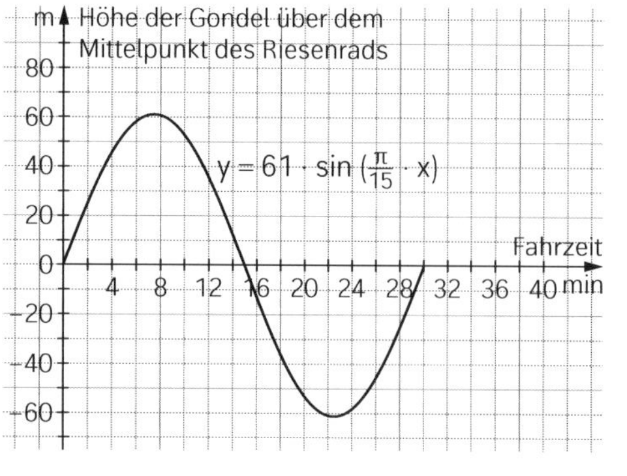

Seite 57
Üben

1 Man modelliert die Schwingungen mithilfe einer Sinusfunktion der Form $y = a \cdot \sin(bx)$.
Dargestellt sind 4 Perioden über eine Zeitspanne von 400 µs.
Man erhält die Periode $p = \frac{400}{4} = 100$ und damit den Streckfaktor $b = \frac{2\pi}{100} = \frac{\pi}{50}$.
Die Spannungen liegen zwischen −2 V und 2 V. Für den Faktor a erhält man $a = 2$.
Funktionsgleichung: $y = 2 \cdot \sin\left(\frac{\pi}{50} \cdot x\right)$.

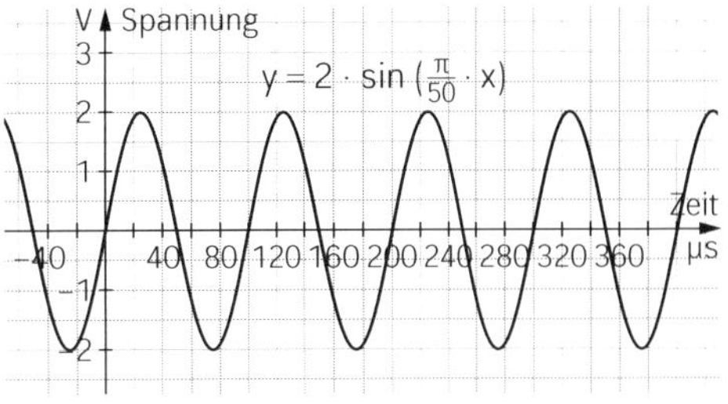

2 Man kann davon ausgehen, dass sich das Riesenrad linksherum dreht. Man betrachtet eine Gondel, die sich rechts auf Höhe des Mittelpunktes des Riesenrades befindet. Die Höhe der Gondel (in m) bezüglich des Radmittelpunktes in Abhängigkeit von der Fahrzeit (in min) kann man mithilfe einer Sinusfunktion der Form $y = a \cdot \sin(bx)$ beschreiben.
Der Durchmesser des Riesenrades beträgt 250 m. Der höchste Punkt der Gondel liegt also 125 m über dem Mittelpunkt, der niedrigste 125 m darunter. Für den Parameter a folgt daraus $a = 125$. Eine Umdrehung dauert 38 min, für die Periode p folgt daraus $p = 38$ und für den Streckfaktor b dann $b = \frac{2\pi}{38} = \frac{\pi}{19}$.
Damit erhält man die Funktionsgleichung $y = 125 \cdot \sin\left(\frac{\pi}{19} \cdot x\right)$.

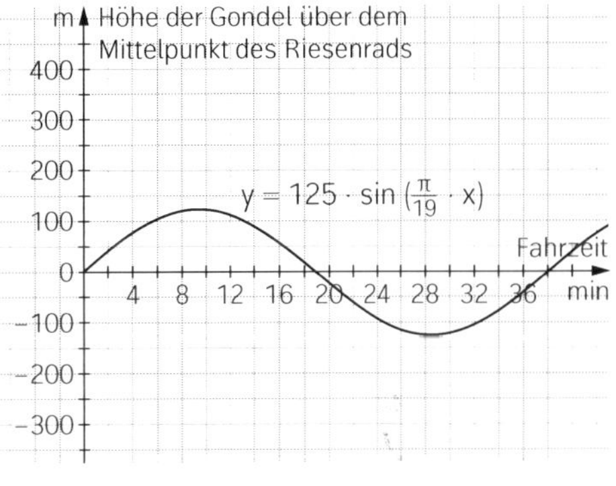

Seite 58

3 Man bestimmt für die Sinusfunktion mit $y = a \cdot \sin(bx)$ die Werte für die Parameter a und b. Die Auslenkung aus der Ruhelage beträgt 0,4 mm, also $a = 0{,}4$.
Eine Periode p dauert $\frac{1}{432}$ s, also $p = \frac{1}{432}$ und für den Streckfaktor b folgt damit
$b = \frac{2\pi}{\frac{1}{432}} = 2 \cdot 432 \cdot \pi = 864\pi$.
Funktionsgleichung: $y = 0{,}4 \cdot \sin(864\pi \cdot x) \approx 0{,}4 \cdot \sin(2714{,}336 \cdot x)$
Für den Graphen kann man auf der x-Achse $\frac{1}{1000}$ s als Einheit wählen.

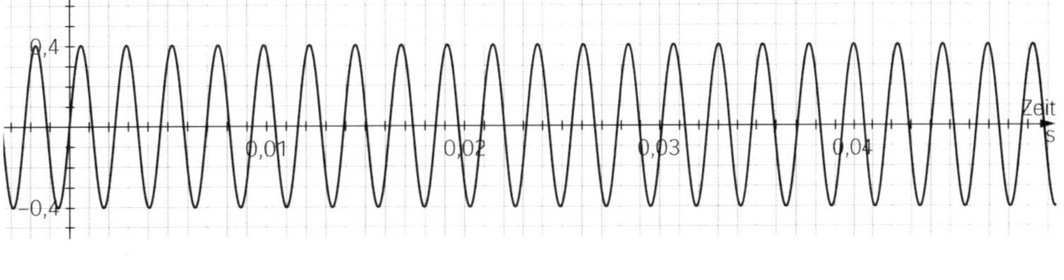

Seite 58

4 Man bestimmt für die Sinusfunktion mit $y = a \cdot \sin(bx)$ die Werte für die Parameter a und b. Die Auslenkung beträgt 3 m also $a = 3$.
Das Schaukeln von ganz vorne nach ganz hinten und zurück ist eine Periode und dauert 4 s, also $p = 4$ und für den Streckfaktor b folgt damit $b = \frac{2\pi}{4} = \frac{\pi}{2}$.

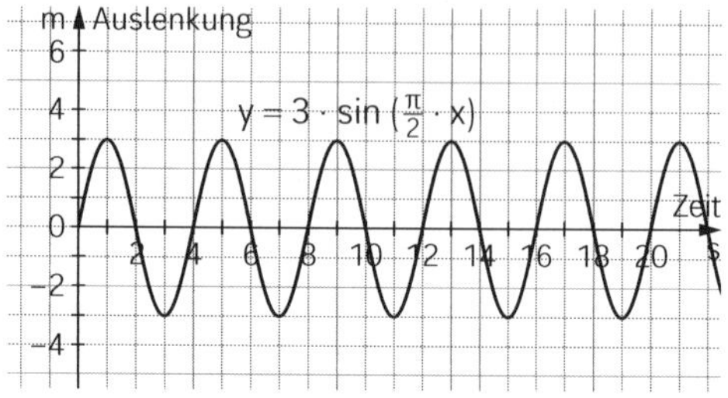

5 Wenn man die Werte in ein Diagramm einträgt, sieht man, dass besonders die erste Hälfte gut durch eine Sinuskurve modelliert werden kann. Man bestimmt für die Sinusfunktion mit $y = a \cdot \sin(bx)$ die Werte für die Parameter a und b.
Die Auslenkung beträgt etwa 220 cm also $a = 220$. Der höchste Punkt wird nach dreieinhalb Stunden erreicht. Damit erhält man für die ganze Periode $p = 4 \cdot 3{,}5\,h = 14\,h$. und damit $b = \frac{2\pi}{14} = \frac{\pi}{7}$.
Funktionsgleichung: $y = 220 \cdot \sin\left(\frac{\pi}{7} \cdot x\right)$

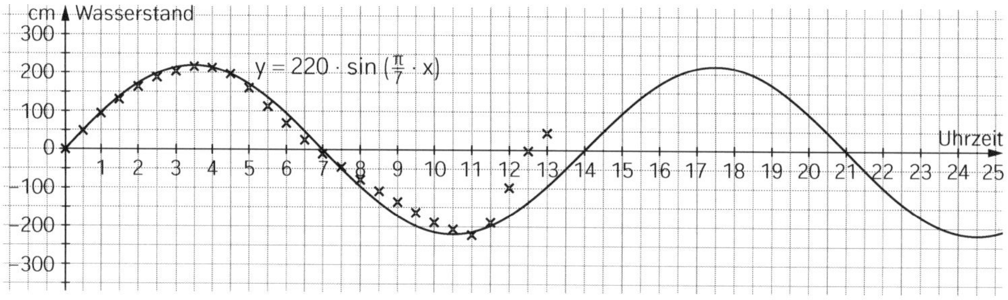

Man erkennt am Graphen, dass die zweite Hälfte der Werte nicht so gut modelliert wird. Man kann durch leichtes Verändern der Werte versuchen noch eine bessere Annäherung zu finden.

Weiterüben

6 Zwischen dem höchsten Wert 6,0 l und dem niedrigsten Wert 2,0 l liegen 4,0 l.
Für eine Sinusfunktion mit $y = a \cdot \sin(bx)$ erhält man damit $a = 4 : 2 = 2$.
Die höchsten Werte werden nach 1,5 s und nach 7,5 s erreicht, also gilt für die Periode $p = 6$ und damit $b = \frac{2\pi}{6} = \frac{\pi}{3}$.
Damit erhält man die Funktionsgleichung $y = 2 \cdot \sin\left(\frac{\pi}{3} \cdot x\right)$.
Wenn man die Werte aus der Tabelle und den Graphen zu dieser Funktionsgleichung in ein Koordinatensystem darstellt, sieht man, dass man die Sinusfunktion um 4 Einheiten nach oben verschieben muss, damit sie zu den Punkten passt. Diese Funktion hat dann die Funktionsgleichung $y = 2 \cdot \sin\left(\frac{\pi}{3} \cdot x\right) + 4$.

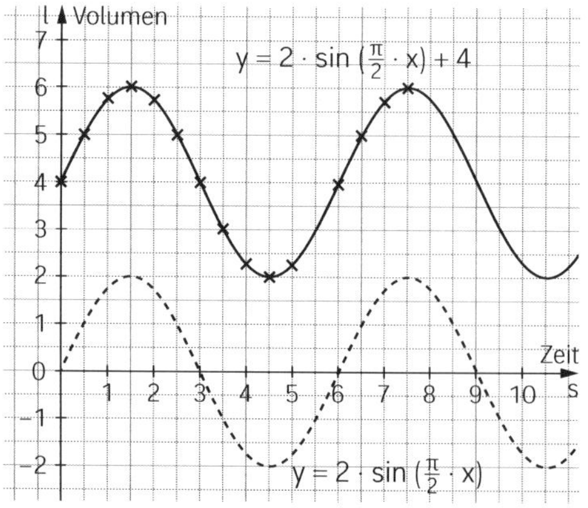

Seite 58

7 Zwischen dem höchsten Wert 27 °C und dem niedrigsten Wert 21 °C liegen 6 Grad. Für eine Sinusfunktion mit $y = a \cdot \sin(bx)$ erhält man damit $a = 6 : 2 = 3$. Man erkennt an dem Graphen für die Temperatur, dass sich die Temperaturen nach 12 Monaten wiederholen, also gilt für die Periode $p = 12$ und damit $b = \frac{2\pi}{12} = \frac{\pi}{6}$.
Damit erhält man die Funktionsgleichung $y = 3 \cdot \sin\left(\frac{\pi}{6} \cdot x\right)$.
Wenn man die Werte aus der Tabelle und den Graphen zu dieser Funktionsgleichung in ein Koordinatensystem darstellt, sieht man, dass man die Sinusfunktion um 24 Einheiten nach oben und um 1,5 Einheiten nach links verschieben muss, damit sie zu den Punkten passt. Diese Funktion hat dann die Funktionsgleichung $y = 3 \cdot \sin\left(\frac{\pi}{6} \cdot x + 1{,}5\right) + 24$.

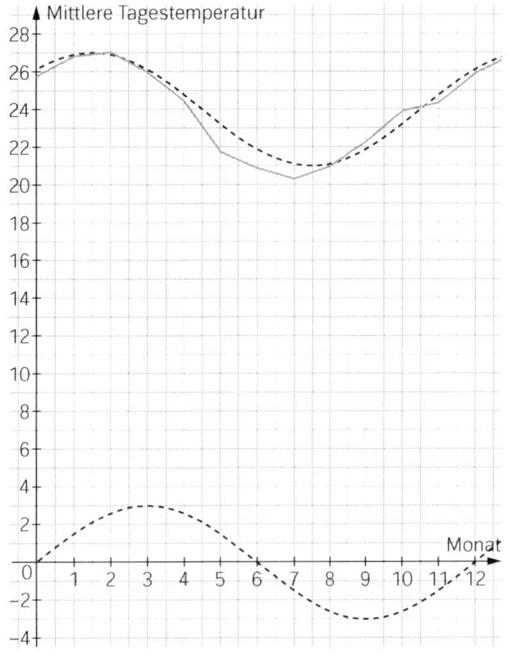

3. Potenzen

Seite 61
Einstiegsseite

Merkur: $57{,}9 \cdot 10^6\,\text{km} = 57{,}9 \cdot 1\,000\,000\,\text{km} = 57\,900\,000\,\text{km}$
Venus: $108{,}2 \cdot 10^6\,\text{km} = 108{,}2 \cdot 1\,000\,000\,\text{km} = 108\,200\,000\,\text{km}$
Erde: $149{,}6 \cdot 10^6\,\text{km} = 149{,}6 \cdot 1\,000\,000\,\text{km} = 149\,600\,000\,\text{km}$
Mars: $228 \cdot 10^6\,\text{km} = 228 \cdot 1\,000\,000\,\text{km} = 228\,000\,000\,\text{km}$
Jupiter: $778{,}5 \cdot 10^6\,\text{km} = 778{,}5 \cdot 1\,000\,000\,\text{km} = 778\,500\,000\,\text{km}$
Saturn: $1\,432 \cdot 10^6\,\text{km} = 1\,432 \cdot 1\,000\,000\,\text{km} = 1\,432\,000\,000\,\text{km}$
Uranus: $2\,867 \cdot 10^6\,\text{km} = 2\,867 \cdot 1\,000\,000\,\text{km} = 2\,867\,000\,000\,\text{km}$
Neptun: $4\,515 \cdot 10^6\,\text{km} = 4\,515 \cdot 1\,000\,000\,\text{km} = 4\,515\,000\,000\,\text{km}$
Durchmesser eines Wasserstoffatoms:
$0{,}06\,\text{nm} = \frac{6}{100\,000\,000\,000}\,\text{m} = \frac{6}{10^{11}}\,\text{m} = 0{,}00000000006\,\text{m}$

3.1 Potenzen mit ganzzahligen Exponenten

Seite 62
Einstieg

(1) Jede Stunde verdreifacht sich die Größe der Schimmelpilzfigur. Wenn die Zeit um eine Stunde vermehrt wird, wird die Größe der Kultur mit 3 multipliziert. Man kann die Größe der Kultur als Potenz von 3 schreiben (in cm²).

	+1	+1	+1	+1	+1	+1
Zeitpunkt t der Beobachtung (in h)	0	1	2	3	4	5	6
Größe der Kultur (in cm²)	1	$3 = 3^1$	$9 = 3^2$	$27 = 3^3$	$81 = 3^4$	$243 = 3^5$	$729 = 3^6$
	$\cdot 3$	$\cdot 3$	$\cdot 3$	$\cdot 3$	$\cdot 3$	$\cdot 3$

Da für natürliche Zahlen die Potenz $3^0 = 1$ definiert wurde, kann man auch für den Beobachtungsbeginn die Größe der Kultur als Potenz von 3 schreiben: $1 = 3^0$

(2) Wenn die Zeit um eine Stunde zurückgeht, wird 1 Stunde subtrahiert statt 1 Stunde addiert, und die Größe der Kultur wird durch 3 dividiert statt mit 3 multipliziert. Man kann die Größe der Kultur als Bruch mit dem Zähler 1 und einer Potenz von 3 als Zähler schreiben (in cm²).

	−1	−1	−1	−1	−1	−1
Zeitpunkt t der Beobachtung (in h)	−6	−5	−4	−3	−2	−1	0
Größe der Kultur (in cm²)	$\frac{1}{729} = \frac{1}{3^6}$	$\frac{1}{243} = \frac{1}{3^5}$	$\frac{1}{81} = \frac{1}{3^4}$	$\frac{1}{27} = \frac{1}{3^3}$	$\frac{1}{9} = \frac{1}{3^2}$	$\frac{1}{3} = \frac{1}{3^1}$	1
	$:3$	$:3$	$:3$	$:3$	$:3$	$:3$

(3) Für $t = 1$; $t = 2$; $t = 3$, ... gilt für die Größe $G(t)$ der Schimmelpilzkultur zum Zeitpunkt t: Die Zahl, die den Zeitpunkt angibt, und der Exponent der zugehörigen Potenz stimmen jeweils überein. Die Abhängigkeit wird demnach beschrieben durch $G(t) = 3^t$. Auch für $t = 0$ kann man diese Formel verwenden, da für natürliche Zahlen definiert wurde: $3^0 = 1$.
Für $t = -1$; $t = -2$; $t = -3$, ... kann man die Größe der Kultur mit $G(t) = \frac{1}{3^{|t|}}$ beschreiben.

Seite 64
Üben

1 a) $2^0 = 1$; $2^1 = 2$; $2^2 = 2^1 \cdot 2 = 4$; $2^3 = 2^2 \cdot 2 = 8$; $2^4 = 2^3 \cdot 2 = 16$; $2^5 = 2^4 \cdot 2 = 32$;
$2^6 = 2^5 \cdot 2 = 64$; $2^7 = 2^6 \cdot 2 = 128$; $2^8 = 2^7 \cdot 2 = 256$; $2^9 = 2^8 \cdot 2 = 512$; $2^{10} = 2^9 \cdot 2 = 1024$

b) $3^0 = 1$; $3^1 = 3$; $3^2 = 3^1 \cdot 3 = 9$; $3^3 = 3^2 \cdot 3 = 27$; $3^4 = 3^3 \cdot 3 = 81$; $3^5 = 3^4 \cdot 3 = 243$;
$3^6 = 3^5 \cdot 3 = 729$

c) $5^0 = 0$; $5^1 = 5$; $5^2 = 5^1 \cdot 5 = 25$; $5^3 = 5^2 \cdot 5 = 125$; $5^4 = 5^3 \cdot 5 = 625$; $5^5 = 5^4 \cdot 5 = 3125$

d) $(-2)^0 = 1$; $(-2)^1 = -2$; $(-2)^2 = (-2)^1 \cdot (-2) = 4$; $(-2)^3 = (-2)^2 \cdot (-2) = -8$;
$(-2)^4 = (-2)^3 \cdot (-2) = 16$; $(-2)^5 = (-2)^4 \cdot (-2) = -32$; $(-2)^6 = (-2)^5 \cdot (-2) = 64$;
$(-2)^7 = (-2)^6 \cdot (-2) = -128$; $(-2)^8 = (-2)^7 \cdot (-2) = 256$;
$(-2)^9 = (-2)^8 \cdot (-2) = -512$; $(-2)^{10} = (-2)^9 \cdot (-2) = 1024$

e) $\left(\frac{1}{2}\right)^0 = 1$; $\left(\frac{1}{2}\right)^1 = \frac{1}{2}$; $\left(\frac{1}{2}\right)^2 = \left(\frac{1}{2}\right)^1 \cdot \frac{1}{2} = \frac{1}{4}$; $\left(\frac{1}{2}\right)^3 = \left(\frac{1}{2}\right)^2 \cdot \frac{1}{2} = \frac{1}{8}$;
$\left(\frac{1}{2}\right)^4 = \left(\frac{1}{2}\right)^3 \cdot \frac{1}{2} = \frac{1}{16}$; $\left(\frac{1}{2}\right)^5 = \left(\frac{1}{2}\right)^4 \cdot \frac{1}{2} = \frac{1}{32}$; $\left(\frac{1}{2}\right)^6 = \left(\frac{1}{2}\right)^5 \cdot \frac{1}{2} = \frac{1}{64}$;
$\left(\frac{1}{2}\right)^7 = \left(\frac{1}{2}\right)^6 \cdot \frac{1}{2} = \frac{1}{128}$; $\left(\frac{1}{2}\right)^8 = \left(\frac{1}{2}\right)^7 \cdot \frac{1}{2} = \frac{1}{256}$; $\left(\frac{1}{2}\right)^9 = \left(\frac{1}{2}\right)^8 \cdot \frac{1}{2} = \frac{1}{512}$;
$\left(\frac{1}{2}\right)^{10} = \left(\frac{1}{2}\right)^9 \cdot \frac{1}{2} = \frac{1}{1024}$

f) $(\sqrt{2})^0 = 1$; $(\sqrt{2})^1 = \sqrt{2}$; $(\sqrt{2})^2 = (\sqrt{2})^1 \cdot \sqrt{2} = \sqrt{2} \cdot \sqrt{2} = 2$; $(\sqrt{2})^3 = (\sqrt{2})^2 \cdot \sqrt{2} = 2\sqrt{2}$;
$(\sqrt{2})^4 = (\sqrt{2})^3 \cdot \sqrt{2} = 2 \cdot \sqrt{2} \cdot \sqrt{2} = 2 \cdot 2 = 4$; $(\sqrt{2})^5 = (\sqrt{2})^4 \cdot \sqrt{2} = 4 \cdot \sqrt{2}$;
$(\sqrt{2})^6 = (\sqrt{2})^5 \cdot \sqrt{2} = 4 \cdot \sqrt{2} \cdot \sqrt{2} = 4 \cdot 2 = 8$

2 a) $2^4 < 2^5$, denn $2^5 = 2^4 \cdot 2$.

b) $2^4 < 3^4$, denn $2^4 = 2 \cdot 2 \cdot 2 \cdot 2 < 3 \cdot 3 \cdot 3 \cdot 3 = 3^4$.

c) $\left(\frac{1}{2}\right)^3 > \left(\frac{1}{2}\right)^4$, denn $\left(\frac{1}{2}\right)^4 = \left(\frac{1}{2}\right)^3 \cdot \frac{1}{2} = \left(\frac{1}{2}\right)^3 : 2$.

d) $2^4 = 4^2$, denn $2^4 = 2 \cdot 2 \cdot 2 \cdot 2 = (2 \cdot 2) \cdot (2 \cdot 2) = 4 \cdot 4 = 4^2$.

e) $3^0 = 7^0$, denn $3^0 = 1$ und $7^0 = 1$.

f) $(-2)^3 < (-3)^2$, denn $(-2)^3 < 0$ und $(-3)^2 > 0$.

g) $0{,}1^3 > 0{,}01^2$, denn $0{,}1^3 = 0{,}001$ und $0{,}01^2 = 0{,}0001$.

h) $2^3 < 3^2$, denn $2^3 = 8$ und $3^2 = 9$.

3 a) $2 \cdot 5 = 2 + 2 + 2 + 2 + 2 = 10$ und $2^5 = 2 \cdot 2 \cdot 2 \cdot 2 \cdot 2 = 32$, also $2 \cdot 5 < 2^5$.

b) $5 \cdot 2 = 5 + 5 = 10$ und $5^2 = 5 \cdot 5 = 25$, also $5 \cdot 2 < 5^2$.

c) $\frac{1}{2} \cdot 4 = \frac{1}{2} + \frac{1}{2} + \frac{1}{2} + \frac{1}{2} = \frac{4}{2} = 2$ und $\left(\frac{1}{2}\right)^4 = \frac{1}{2} \cdot \frac{1}{2} \cdot \frac{1}{2} \cdot \frac{1}{2} = \frac{1}{16}$, also. $\frac{1}{2} \cdot 4 > \left(\frac{1}{2}\right)^4$

d) $(-3) \cdot 4 = (-3) + (-3) + (-3) + (-3) = -12$ und $(-3)^4 = (-3) \cdot (-3) \cdot (-3) \cdot (-3) = +81$,
also $(-3) \cdot 4 < (-3)^4$.

4 a) $4^3 = 4 \cdot 4 \cdot 4 = 64$ und $3^4 = 3 \cdot 3 \cdot 3 \cdot 3 = 81$, also $4^3 < 3^4$.

b) $(-5)^3 = (-5) \cdot (-5) \cdot (-5) = -125$ und $5^3 = 5 \cdot 5 \cdot 5 = 125$, also $(-5)^3 < 5^3$.

c) $(-5)^4 = (-5) \cdot (-5) \cdot (-5) \cdot (-5) = 625$ und $-(5^4) = -5 \cdot 5 \cdot 5 \cdot 5 = -625$,
also $(-5)^4 > -5^4$.

d) $(-2)^2 = (-2) \cdot (-2) = 4$ und $-2^2 = -(2 \cdot 2) = -4$, also $(-2)^2 > -2^2$.

e) $(-2)^3 = (-2) \cdot (-2) \cdot (-2) = -8$ und $-2^3 = -(2 \cdot 2 \cdot 2) = -8$, also $(-2)^3 = -2^3$.

f) $(2^2)^3 = 4^3 = 4 \cdot 4 \cdot 4 = 64$ und $2^{(2^3)} = 2^8 = 2 \cdot 2 \cdot 2 \cdot 2 \cdot 2 \cdot 2 \cdot 2 \cdot 2 = 256$, also $(2^2)^3 < 2^{(2^3)}$.

g) $(-\sqrt{3})^0 = 1$ und $-\sqrt{3^0} = -\sqrt{1} = -1$, also $(-\sqrt{3})^0 > -\sqrt{3^0}$.

Seite 64

4 h) $(-4)^3 = (-4) \cdot (-4) \cdot (-4) = -64$ und $(-3)^4 = (-3) \cdot (-3) \cdot (-3) \cdot (-3) = 81$, also $(-4)^3 < (-3)^4$
Bei einer Potenz mit einer negativen Zahl als Basis muss man die Basiszahl in Klammern setzen.

Zehnerpotenzen

5 a) $10^3 = 1\,000$
$10^4 = 10\,000$
$10^5 = 100\,000$
$10^6 = 1\,000\,000$
$10^7 = 10\,000\,000$
$10^8 = 100\,000\,000$
$10^9 = 1\,000\,000\,000$
$10^{10} = 10\,000\,000\,000$

b) $10^{-4} = \frac{1}{10^4} = \frac{1}{10\,000} = 0{,}0001$
$10^{-5} = \frac{1}{10^5} = \frac{1}{100\,000} = 0{,}00001$
$10^{-6} = \frac{1}{10^6} = \frac{1}{1\,000\,000} = 0{,}000001$
$10^{-7} = \frac{1}{10^7} = \frac{1}{10\,000\,000} = 0{,}0000001$
$10^{-8} = \frac{1}{10^8} = \frac{1}{100\,000\,000} = 0{,}00000001$
$10^{-9} = \frac{1}{10^9} = \frac{1}{1\,000\,000\,000} = 0{,}000000001$
$10^{-10} = \frac{1}{10^{10}} = \frac{1}{10\,000\,000\,000} = 0{,}0000000001$

6 Die Potenz 10^{-n} ist ein Bruch mit dem Zähler 1 und als Nenner eine 1 mit n Nullen. In dezimaler Schreibweise ist 10^{-n} eine Dezimalzahl mit einer 0 vor dem Komma und $n - 1$ Nullen nach dem Komma gefolgt von einer 1.

7 a) $3^3 = 27$; $3^2 = 9$; $3^1 = 3$; $3^0 = 1$; $3^{-1} = \frac{1}{3^1} = \frac{1}{3}$; $3^{-2} = \frac{1}{3^2} = \frac{1}{9}$; $3^{-3} = \frac{1}{3^3} = \frac{1}{27}$
b) $5^3 = 125$; $5^2 = 25$; $5^1 = 5$; $5^0 = 1$; $5^{-1} = \frac{1}{5^1} = \frac{1}{5}$; $5^{-2} = \frac{1}{5^2} = \frac{1}{25}$; $5^{-3} = \frac{1}{5^3} = \frac{1}{125}$
c) $(-4)^3 = -64$; $(-4)^2 = 16$; $(-4)^1 = -4$; $(-4)^0 = 1$; $(-4)^{-1} = \frac{1}{(-4)^1} = \frac{1}{-4} = -\frac{1}{4}$;
$(-4)^{-2} = \frac{1}{(-4)^2} = \frac{1}{16}$
d) $\left(\frac{1}{2}\right)^3 = \frac{1}{8}$; $\left(\frac{1}{2}\right)^2 = \frac{1}{4}$; $\left(\frac{1}{2}\right)^1 = \frac{1}{2}$; $\left(\frac{1}{2}\right)^0 = 1$; $\left(\frac{1}{2}\right)^{-1} = \frac{1}{\left(\frac{1}{2}\right)^1} = \frac{1}{\frac{1}{2}} = 2$; $\left(\frac{1}{2}\right)^{-2} = \frac{1}{\left(\frac{1}{2}\right)^2} = \frac{1}{\frac{1}{4}} = 4$

8 a) $2^{-3} = \frac{1}{8}$; $-2^3 = -8$; $(-2)^3 = -8$; $(-2)^{-3} = -\frac{1}{8}$; $-2^{-3} = -\frac{1}{8}$
b) $5^{-2} = \frac{1}{25}$; $-5^2 = -25$; $(-5)^2 = 25$; $(-5)^{-2} = \frac{1}{25}$; $-5^{-2} = -\frac{1}{25}$
c) Für $a > 0$ ist die Potenz a^n immer positiv. Für $a < 0$ ist die Potenz a^n für ungerade n negativ und für gerade n positiv.

9 Tibo muss Klammern setzen, da sonst das Minuszeichen vor der Potenz steht und nicht potenziert wird: $(-47)^4 = 4\,879\,681$

Seite 65

10 Am Graphen erkennt man, dass man für alle $x \neq 0$ den Graphen zu $y = 1$ erhält. Es ist daher sinnvoll, für $x = 0$ auch den Funktionswert dieses Graphen zu erhalten, also $0^0 = 1$ zu definieren.

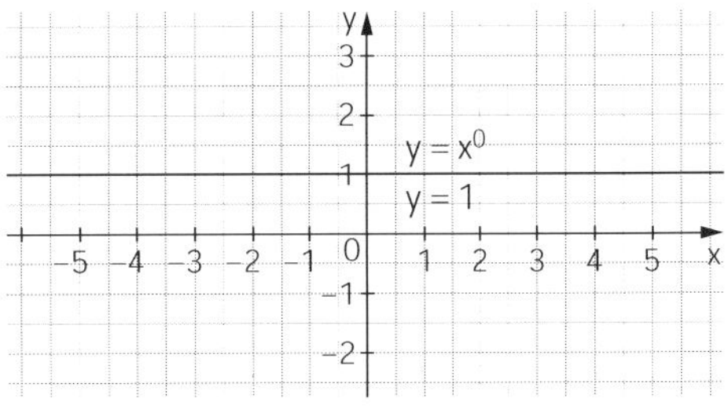

11 **a)** Paul hat das Minuszeichen des Exponenten nicht beachtet. Richtig ist $-5^{-2} = -\frac{1}{25}$.

b) Die Aufgabe ist richtig. $2^{-4} = \frac{1}{16}$ und $2^{-3} = \frac{1}{8}$, also $2^{-4} < 2^{-3}$.

c) Die Aufgabe ist richtig. $0{,}1^{-2} = \left(\frac{1}{10}\right)^{-2} = \frac{1}{\left(\frac{1}{10}\right)^2} = \frac{1}{\frac{1}{100}} = 100$

d) Das Kleiner-Zeichen ist falsch.
Richtig ist: $\left(\frac{1}{2}\right)^{-3} = \left(\frac{2}{1}\right)^3 = 8$ und $\left(\frac{1}{2}\right)^3 = \frac{1}{8}$, also $\left(\frac{1}{2}\right)^{-3} > \left(\frac{1}{2}\right)^3$.

e) Das Minuszeichen ist falsch. Richtig ist: $\left(\frac{3}{4}\right)^{-2} = \left(\frac{4}{3}\right)^2 = \frac{16}{9}$

f) Die Aufgabe ist richtig. $(-3)^0 = 1$ und $(-3)^{-3} = \frac{1}{(-3)^3} = -\frac{1}{27}$, also $(-3)^0 > (-3)^{-3}$.

g) Die Aufgabe ist richtig.
$(\sqrt{2})^{-4} = \frac{1}{(\sqrt{2})^4} = \frac{1}{4}$ und $(\sqrt{2})^{-2} = \frac{1}{(\sqrt{2})^2} = \frac{1}{2}$, also $(\sqrt{2})^{-4} < (\sqrt{2})^{-2}$.

h) Die Aufgabe ist richtig. $(\sqrt{2})^{-6} = \frac{1}{(\sqrt{2})^6} = \frac{1}{8}$ und $2^{-3} = \frac{1}{8}$, also $(\sqrt{2})^{-6} = 2^{-3}$.

i) Die Aufgabe ist richtig. $(-\sqrt{2})^{-3} = \frac{1}{(-\sqrt{2})^3} = \frac{1}{-2\sqrt{2}} = -\frac{1}{2\sqrt{2}} < 0$.

12 Bei den Aufgaben d) und f) muss man gar nicht rechnen, da das Ergebnis definiert ist: $a^0 = 1$. Die Aufgaben mit einer vom Betrag her kleinen Basis oder vom Betrag her kleinen Exponenten kann man ggf. ohne Taschenrechner berechnen. In einigen Aufgaben hängt es vom Taschenrechner ab, wie viele Stellen nach dem Komma angezeigt werden.

a) 1,331
b) $\frac{81}{625} - 0{,}1296$
c) $\frac{1}{4^{10}} - \frac{1}{1048576}$
d) 1
e) $-\frac{8}{27} = 0{,}\overline{296}$
f) $\approx -0{,}00019039$
g) 2401
h) 0,00000001
i) $\frac{243}{32} = 7\frac{19}{32} = 7{,}59375$
j) 1
k) $\frac{1}{4}$
l) $\frac{1}{81\sqrt{3}} = \frac{1}{243}\sqrt{3} \approx 0{,}00712778$
m) $\approx 0{,}817072807$
n) $\approx 1{,}22019004$
o) $\frac{1}{25600\sqrt{5}} \approx 0{,}000017469$
p) $\frac{1}{4}$

Seite 65

13 **a)** $64 = 8^2 = (-8)^2 = 4^3 = 2^6 = (-2)^6$

b) $625 = 25^2 = (-25)^2 = 5^4 = (-5)^4$

c) $400 = 20^2 = (-20)^2$

d) $\frac{1}{256} = \left(\frac{1}{16}\right)^2 = \left(-\frac{1}{16}\right)^2 = \left(\frac{1}{4}\right)^4 = \left(-\frac{1}{4}\right)^4 = \left(\frac{1}{2}\right)^8 = \left(-\frac{1}{2}\right)^8$

$\frac{1}{256} = 256^{-1} = 16^{-2} = (-16)^{-2} = 4^{-4} = (-4)^{-4} = 2^{-8} = (-2)^{-8}$

e) $-125 = (-5)^3 = -5^3$

f) $256 = 16^2 = (-16)^2 = 4^4 = (-4)^4 = 2^8 = 2^{-8}$

g) $1 = 1^z$ für $z \in \mathbb{Z}$; $1 = (-1)^n$ für $n \in \mathbb{N}$, n gerade; $1 = a^0$ für beliebige a

h) $1{,}21 = 1{,}1^2 = (-1{,}1)^2$

i) $10\,000 = 100^2 = (-100)^2 = 10^4 = (-10)^4$

j) $\frac{1}{25} = \left(\frac{1}{5}\right)^2 = \left(-\frac{1}{5}\right)^2 = 25^{-1} = 5^{-2} = (-5)^{-2}$

k) $\frac{1}{1\,600} = \left(\frac{1}{40}\right)^2 = \left(-\frac{1}{40}\right)^2 = 1\,600^{-1} = 40^{-2} = (-40)^{-2}$

l) $0{,}125 = 0{,}5^3$

m) $-243 = (-3)^5 = -3^5$

n) $\frac{1}{40\,000} = \left(\frac{1}{200}\right)^2 = \left(-\frac{1}{200}\right)^2 = 40\,000^{-1} = 200^{-2} = (-200)^{-2}$

o) $32 = 2^5$

14 **a)** Richtig. Wenn n gerade ist, dann ist $a^n > 0$ und damit ist auch $a^{-n} = \frac{1}{a^n} > 0$.

b) Falsch. Gegenbeispiel für $a = 2$ und $n = 3$: $2^{-3} = \frac{1}{2^3} = \frac{1}{8} > 0$, aber n ist ungerade.

c) Richtig, wenn a größer als 1 ist, dann ist $a^n > 1$ und damit ist $a^{-n} = \frac{1}{a^n} < 1$.

d) Falsch. Gegenbeispiel für $a = -2$ und $n = 3$: $(-2)^{-3} = \frac{1}{(-2)^3} = -\frac{1}{8} < 1$, aber $a < 1$.

e) Falsch. Gegenbeispiel für $a = -2$ und $n = 3$: $a < 1$, aber $(-2)^{-3} = \frac{1}{(-2)^3} = -\frac{1}{8} < 1$.

f) Falsch, Gegenbeispiel für $a = -2$ und $n = 3$: $n > 1$, aber $(-2)^3 = -8 < 0\ (-2)$.

15 (1) 9^9 (2) 9^{9^9}

Seite 66

16

Zeit t (in Wochen)	0	1	2	3	4	5	6	7	8	9	10
Menge m (in mg)	512	256	128	64	32	16	8	4	2	1	0,5

Allgemein gilt für die Menge m (in mg) und die Zeit t (in Wochen) die Formel:

$m(t) = 512 \cdot \left(\frac{1}{2}\right)^t$

Seite 66

17 Die Anzahl der Punkte verdoppelt sich von Figur zu Figur. Man kann vermuten, dass es sich jeweils um eine Potenz von 2 handelt. Da die erste Figur nur einen Punkt enthält, handelt es sich um die Potenz 2^0. Für $n = 1$ erhält man also $2^{n-1} = 2^{1-1} = 2^0$.
Die Formel für die Anzahl A(n) der Punkte in der n-ten Figur lautet $A(n) = 2^{n-1}$.
Man kann das für die ersten Figuren überprüfen:

Figur 1: $A(1) = 2^{1-1} = 2^0 = 1$ Figur 2: $A(2) = 2^{2-1} = 2^1 = 2$
Figur 3: $A(3) = 2^{3-1} = 2^2 = 4$ Figur 4: $A(4) = 2^{4-1} = 2^3 = 8$
Figur 5: $A(5) = 2^{5-1} = 2^4 = 16$ Figur 6: $A(6) = 2^{6-1} = 2^5 = 32$

Für die 12. Figur erhält man: $A(12) = 2^{12-1} = 2^{11} = 2048$.
Die 12. Figur enthält 2048 Punkte.

Weiterüben

18 **a)** Für alle positiven n gilt $0^n = 0$. Damit ist $0^{-n} = \frac{1}{0^n} = \frac{1}{0}$ für positive n nicht definiert.
b) (1) $x \neq 0$, denn 0^{-3} ist nicht definiert.
(2) $z \neq 0$, denn 0^{-2} ist nicht definiert, also ist auch $1 + 0^{-2}$ nicht definiert.
(3) $z \neq -1$, denn für $z = -1$ ist $(1 + (-1))^{-3} = 0^{-3}$ nicht definiert.
(4) $a \neq 0$ und $b \neq 0$, denn für $b = 0$ ist $\frac{a^{-3}}{b^5} = \frac{a^{-3}}{0^5} = \frac{a^{-3}}{0}$ nicht definiert und für $a = 0$ ist a^{-3} nicht definiert, also ist auch $\frac{a^{-3}}{b^5}$ dann nicht definiert.

19 **a)** $\frac{1}{(2a)^3}$ **b)** $\frac{1}{(3ab)^4}$ **c)** $\frac{a}{(x+y)^2}$ **d)** $\frac{1}{(5x)^1} = \frac{1}{5x}$

e) $a - \frac{1}{x^1} = a - \frac{1}{x}$ **f)** $\frac{1}{\frac{1}{x^4}} = x^4$ **g)** $\frac{1}{(a+b)^5}$ **h)** $\frac{\frac{1}{x^2}}{\frac{1}{y^1}} = \frac{y^1}{x^2} = \frac{y}{x^2}$

20 **a)** x^{-1}, denn $x^{-1} = \frac{1}{x}$
b) $(a \cdot b)^{-3}$, denn $(a \cdot b)^{-3} = \frac{1}{(a \cdot b)^3}$
c) $(\sqrt{a})^{-3}$, denn $(\sqrt{a})^{-3} = \frac{1}{(\sqrt{a})^3}$
d) $a \cdot c^{-5}$, denn $a \cdot c^{-5} = a \cdot \frac{1}{c^5} = \frac{a}{c^5}$
e) $x^3 \cdot (4y)^{-1}$, denn $x^3 \cdot (4y)^{-1} = x^3 \cdot \frac{1}{(4y)^1} = \frac{x^3}{4y}$
f) $(a+b)^{-2}$, denn $(a+b)^{-2} = \frac{1}{(a+b)^2}$
g) $(1+z)^{-1}$, denn $(1+z)^{-1} = \frac{1}{(1+z)^1} = \frac{1}{1+z}$
h) $(x-3)^{-1}$, denn $(x-3)^{-1} = \frac{1}{(x-3)^1} = \frac{1}{x-3}$
i) $4 \cdot (y-4)^{-1}$, denn $4 \cdot (y-4)^{-1} = 4 \cdot \frac{1}{(y-4)^1} = \frac{4}{y-4}$
j) $(x-4) \cdot y^{-1}$, denn $(x-4) \cdot y^{-1} = (x-4) \cdot \frac{1}{y^1} = \frac{x-4}{y}$
k) $(x-y)^{-2} \cdot (x+y)^3$,
denn $(x-y)^{-2} \cdot (x+y)^3 = (x-y)^{-2} \cdot \frac{1}{\frac{1}{(x+y)^3}} = (x-y)^{-2} \cdot \frac{1}{(x+y)^{-3}} = \frac{(x-y)^{-2}}{(x+y)^{-3}}$
l) $y^2 \cdot (z-3)^{-1}$, denn $y^2 \cdot (z-3)^{-1} = y^2 \cdot \frac{1}{(z-3)^1} = \frac{y^2}{z-3}$

3.2 Zahldarstellung mit abgetrennten Zehnerpotenzen

Seite 67
Üben

1 a) $3{,}507 \cdot 1000 = 3{,}507 \cdot 10^3$ b) $4{,}85 \cdot 10 = 4{,}85 \cdot 10^1$
c) $1{,}2304 \cdot 100 = 1{,}2304 \cdot 10^2$ d) $6{,}578094 \cdot 100000 = 6{,}578094 \cdot 10^5$

2 a) $3{,}4 \cdot 100 = 340$ b) $7{,}387 \cdot 1000 = 7387$
c) $6{,}2 \cdot 100000 = 620000$ d) $3{,}57421 \cdot 1000000 = 3574210$

Darstellung kleiner positiver Zahlen mit abgetrennten Zehnerpotenzen

Seite 68

3 a) $0{,}01 = 1 \cdot 0{,}01 = 1 \cdot 10^{-2} = 10^{-2}$ b) $0{,}69 = 6{,}9 \cdot 0{,}1 = 6{,}9 \cdot 10^{-1}$
c) $0{,}0032 = 3{,}2 \cdot 0{,}001 = 3{,}2 \cdot 10^{-3}$ d) $0{,}000045 = 4{,}5 \cdot 0{,}00001 = 4{,}5 \cdot 10^{-5}$

4 a) $5 \cdot 0{,}001 = 0{,}005$ b) $4{,}6 \cdot 0{,}01 = 0{,}046$
c) $8{,}945 \cdot 0{,}00001 = 0{,}00008945$ d) $0{,}25 \cdot 0{,}0001 = 0{,}000025$

5 a) $7 \cdot 10^{-4}\,\text{cm} = 7 \cdot 0{,}0001\,\text{cm} = 0{,}0007\,\text{cm}$
b) $10^{12}\,\text{km}^3 = 10 \cdot 100000000000\,\text{km}^3 = 1000000000000\,\text{km}^3 = 1$ Billion km^3
c) $4{,}561 \cdot 10^9 = 4{,}561 \cdot 1000000000 = 4561000000$

6 a) $1390000\,\text{km} = 1{,}39 \cdot 1000000\,\text{km} = 1{,}39 \cdot 10^6\,\text{km}$
b) $0{,}025\,\text{g} = 2{,}5 \cdot 0{,}01\,\text{g} = 2{,}5 \cdot 10^{-2}\,\text{g}$
c) $30{,}37$ Mio. $\text{km}^2 = 30{,}37 \cdot 1000000\,\text{km}^2 = 3{,}037 \cdot 10000000\,\text{km}^2 = 3{,}037 \cdot 10^7\,\text{km}^2$
d) $3{,}962$ Mrd. Jahre $= 3{,}962 : 1000000000$ Jahre $= 3{,}962 \cdot 10^9$ Jahre

Seite 69

7 a) $3 \cdot 10^{-3}\,\text{kg} = 3 \cdot 0{,}001\,\text{kg} = 3 \cdot 1\,\text{g} = 3\,\text{g}$
b) $2 \cdot 10^{-2}\,\text{g} = 2 \cdot 0{,}01\,\text{g} = 2 \cdot 0{,}00001\,\text{kg} = 2 \cdot 10^{-5}\,\text{kg}$
c) $5 \cdot 10^{-10}\,\text{m} = 5 \cdot 0{,}0000000001\,\text{m} = 5 \cdot 0{,}0000001\,\text{mm} = 5 \cdot 10^{-7}\,\text{mm}$
d) $3{,}2 \cdot 10^{-4}\,\text{cm} = 3{,}2 \cdot 0{,}0001\,\text{cm} = 3{,}2 \cdot 0{,}000001\,\text{m} = 3{,}2 \cdot 10^{-6}\,\text{m}$

8 a) Wenn das Ergebnis zu viele Ziffern hat, verwendet der Taschenrechner die Zahldarstellung mit abgetrennten Zehnerpotenzen.
b) Viele Taschenrechner besitzen eine besondere Taste für die verkürzte Eingabe einer Zahl mit abgetrennten Zehnerpotenzen, aber man kann sie auch als Produkt mit der Zehnerpotenz eingeben. Die Darstellung dieser Zahlen hängen auch vom Taschenrechner und dessen Einstellungen ab. Hier wird die Zehnerpotenz durch ein E mit dem folgenden Exponenten dargestellt zum Beispiel $5 \cdot 10^{-15}$ wird dargestellt als 5E–15.
(1) 2,34567E13 (2) 1000000000 (3) –11500100 (4) –202000
(5) 0,004567 (6) –0,001 (7) 3,9876E-21 (8) 0,00001002
c) Keine Lösungen

Seite 69

9 a) $4{,}505 \cdot 10^{-4} > 9{,}989 \cdot 10^{-5}$, denn $4{,}505 \cdot 10^{-4}$ beginnt mit 3 Nullen nach dem Komma und $9{,}989 \cdot 10^{-5}$ beginnt mit 4 Nullen nach dem Komma.

b) $3{,}21 \cdot 10^4 > 8{,}9 \cdot 10^3$, denn $3{,}21 \cdot 10^4$ beginnt mit 3 Zehntausender und $8{,}9 \cdot 10^3$ beginnt mit 8 Tausender.

c) $-5{,}6 \cdot 10^{-3} < -6{,}7 \cdot 10^{-4}$. Die positive Zahl $5{,}6 \cdot 10^{-3}$ beginnt mit 2 Nullen nach dem Komma und die positive Zahl $6{,}7 \cdot 10^{-4}$ beginnt mit 3 Nullen nach dem Komma. Für die positiven Zahlen gilt $5{,}6 \cdot 10^{-3} > 6{,}7 \cdot 10^{-4}$

Für die negativen Zahlen gilt also $-5{,}6 \cdot 10^{-3} < -6{,}7 \cdot 10^{-4}$.

d) $1{,}44 \cdot 10^1 > 7{,}5 \cdot 10^{-2}$, denn $1{,}44 \cdot 10^1$ ist größer als 1 und $7{,}5 \cdot 10^{-2}$ kleiner als 1.

Weiterüben

10 Keine Lösungen

11 a) Zur Berechnung eines Lichtjahres rechnet man mit 365 Tagen zu 24 Stunden und 3600 Sekunden pro Stunde, also mit $365 \cdot 24 \cdot 3600$ Sekunden = 31 536 000 Sekunden.

$$\begin{aligned} 1 \text{ Lichtjahr} &= 31\,536\,000 \cdot 3 \cdot 10^5\,\text{km} \\ &= 94\,608\,000 \cdot 10^5\,\text{km} \\ &= 94\,608\,000 \cdot 100\,000\,\text{km} \\ &= 9\,460\,800\,000\,000\,\text{km} \\ &= 9{,}4608 \cdot 10^{12}\,\text{km} \end{aligned}$$

b) $1{,}5 \cdot 10^8\,\text{km} : 3 \cdot 10^5\,\text{km} = \frac{1{,}5 \cdot 10^8\,\text{km}}{3 \cdot 10^5\,\text{km}} = \frac{1{,}5 \cdot 100\,000\,000\,\text{km}}{3 \cdot 100\,000\,\text{km}} = \frac{1{,}5 \cdot 1\,000\,\text{km}}{3\,\text{km}} = \frac{1\,000}{2} = 500$

Das Licht benötigt von der Sonne zur Erde 500 s = 8 min 20 s.

c) $$\begin{aligned} 100\,000 \cdot 9{,}4608 \cdot 10^{12}\,\text{km} &= 9{,}4608 \cdot 100\,000 \cdot 1\,000\,000\,000\,000\,\text{km} \\ &= 9{,}4608 \cdot 100\,000\,000\,000\,000\,000\,\text{km} \\ &= 9{,}4608 \cdot 10^{17}\,\text{km} \end{aligned}$$

d) Der Schall benötigt für 1 km etwa 3 Sekunden. Das Licht legt in 1 Sekunde $3 \cdot 10^5$ km zurück. Für diese Strecke benötigt der Schall also $9 \cdot 10^5$ Sekunden, also 900 000-mal so lange wie das Licht.

Für 7 Lichtjahre benötigt der Schall also

$7 \cdot 900\,000$ Jahre = 6 300 000 Jahre = $6{,}3 \cdot 10^6$ Jahre.

12 a) Der Durchmesser des Atomkerns ist $\frac{1}{100\,000}$ des Atomdurchmessers.

$\frac{1}{100\,000} \cdot 10\,\text{m} = 0{,}0001\,\text{m} = 0{,}1\,\text{mm}$

Ein kupferner Wickeldraht hat ungefähr einen Durchmesser von 0,1 mm.

b) $10\,\text{kg} \cdot 99{,}9\,\% = 10\,\text{kg}\ 0{,}999 = 9{,}99\,\text{kg}$

3.3 Potenzen mit rationalen Exponenten

Seite 70
Einstieg

Hier zunächst die Entwicklung der von Wasserlinsen bedeckten Fläche in einer Tabelle:

Zeitpunkt t (in Wochen)	0	1	2	3	4
Bedeckte Fläche (in m^2)	1	4	16	64	256

Zwei halbe Wochen ergeben zusammen eine Woche. Gesucht ist also eine Zahl a, für die gilt: $a \cdot a = 4$, also $a^2 = 4$ und damit $a = \sqrt{4} = 2$. Nach einer halben Woche ist die bedeckte Fläche $2\,m^2$ groß und sie verdoppelt sich jede halbe Woche.

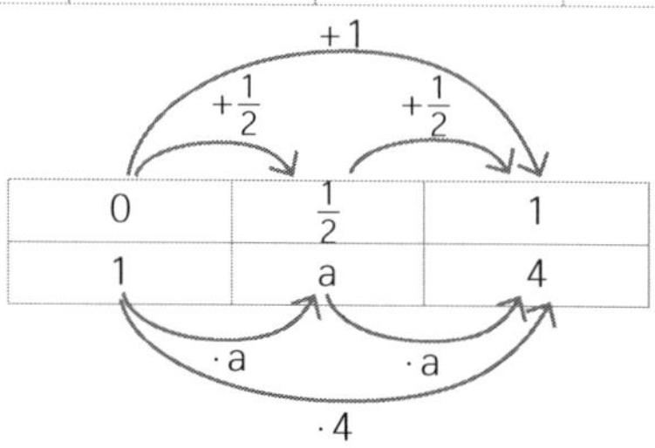

7 Tage ergeben zusammen eine Woche. Gesucht ist also eine Zahl b, für die gilt: $b \cdot b \cdot b \cdot b \cdot b \cdot b \cdot b = 4$, also $b^7 = 4$. Durch Probieren findet man $b \approx 1{,}22$.
Nach einem Tag ist die bedeckte Fläche ungefähr $1{,}22\,m^2$ groß und sie vergrößert sich jeden Tag etwa um das 1,22-Fache.

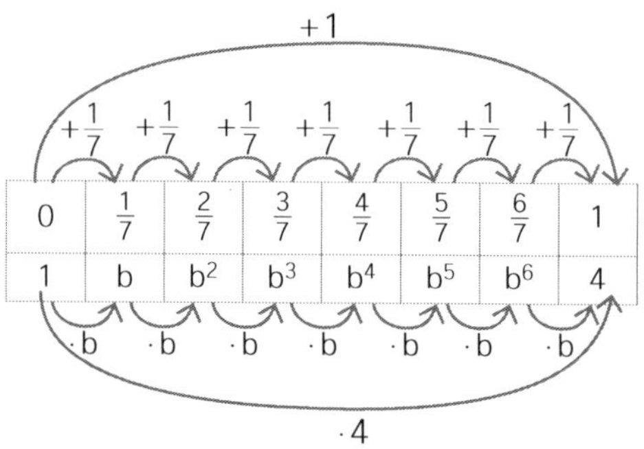

Seite 72
Üben

1
a) $\sqrt[3]{8} = 2$, denn $2^3 = 8$.
b) $\sqrt[3]{1\,000} = 10$, denn $10^3 = 1\,000$.
c) $\sqrt[3]{512} = 8$, denn $8^3 = 512$.
d) $\sqrt[5]{32} = 2$, denn $2^5 = 32$.
e) $\sqrt[3]{0{,}008} = 0{,}2$, denn $0{,}2^3 = 0{,}008$.
f) $\sqrt[4]{256} = 4$, denn $4^4 = 256$.
g) $\sqrt{121} = 11$, denn $11^2 = 121$.
h) $\sqrt[4]{0{,}0081} = 0{,}3$, denn $0{,}3^4 = 0{,}0081$.
i) $\sqrt[7]{1} = 1$, denn $1^7 = 1$.
j) $\sqrt[5]{0{,}00001} = 0{,}1$, denn $0{,}1^5 = 0{,}00001$.
k) $\sqrt[12]{0} = 0$, denn $0^{12} = 0$.
l) $\sqrt[4]{\frac{1}{16}} = \frac{1}{2}$, denn $\left(\frac{1}{2}\right)^4 = \frac{1}{16}$.
m) $\sqrt[3]{\frac{8}{27}} = \frac{2}{3}$, denn $\left(\frac{2}{3}\right)^3 = \frac{8}{27}$.
n) $\sqrt[5]{\frac{243}{32}} = \frac{3}{2}$, denn $\left(\frac{3}{2}\right)^5 = \frac{243}{32}$.
o) $\sqrt{\frac{9}{16}} = \frac{3}{4}$, denn $\left(\frac{3}{4}\right)^2 = \frac{9}{16}$.
p) $\sqrt[3]{\frac{8}{125}} = \frac{2}{5}$, denn $\left(\frac{2}{5}\right)^3 = \frac{8}{125}$.

2
a) Falsch; $\sqrt{25} = 5$.
b) Falsch; $\sqrt[3]{512} = 8$.
c) Wahr; denn $11^4 = 14641$.
d) Wahr; denn $2^{15} = 32\,768$.
e) Falsch; $\sqrt[5]{3\,200\,000} = 20$.
f) Falsch; $\sqrt[6]{0{,}000001} = 0{,}1$.
g) Wahr; denn $0{,}2^7 = 0{,}0000128$.
h) Wahr; denn $0{,}3^5 = 0{,}00243$.

3
a) $9^{\frac{1}{2}} = \sqrt{9} = 3$
b) $27^{\frac{1}{3}} = \sqrt[3]{27} = 3$
c) $1^{\frac{1}{5}} = \sqrt[5]{1} = 1$
d) $81^{\frac{1}{4}} = \sqrt[4]{81} = 3$
e) $1\,000^{\frac{1}{3}} = \sqrt[3]{1\,000} = 10$
f) $0^{\frac{1}{5}} = \sqrt[5]{0} = 0$
g) $8^{\frac{1}{3}} = \sqrt[3]{8} = 2$
h) $125^{\frac{1}{3}} = \sqrt[3]{125} = 5$

Seite 72

4 a) $a^{\frac{1}{5}} = \sqrt[5]{a}$ b) $x^{\frac{1}{4}} = \sqrt[4]{x}$

c) $y^{0,2} = y^{\frac{1}{5}} = \sqrt[5]{y}$ d) $(x+1)^{\frac{1}{2}} = \sqrt{1+x}$

e) $(a+b)^{\frac{1}{3}} = \sqrt[3]{a+b}$ f) $(n+1)^{0,125} = (n+1)^{\frac{1}{8}} = \sqrt[8]{n+1}$

g) $(y-1)^{\frac{1}{6}} = \sqrt[6]{y-1}$ h) $(c+d)^{0,25} = (c+d)^{\frac{1}{4}} = \sqrt[4]{c+d}$

5 a) $2 \cdot \sqrt[3]{64} = 2 \cdot 4 = 8$ b) $7 - \sqrt[3]{216} = 7 - 6 = 1$

c) $\sqrt[5]{30+2} = \sqrt[5]{32} = 2$ d) $\sqrt[3]{100-36} = \sqrt[3]{64} = 4$

e) $\sqrt[4]{1} + \sqrt[4]{10000} = 1 + 10 = 11$

f) $50 \cdot \sqrt[4]{0{,}0001} - \sqrt{4} = 50 \cdot 0{,}1 - 2 = 5 - 2 = 3$

g) $5 \cdot \sqrt[3]{8} + 4 \cdot \sqrt[4]{16} = 5 \cdot 2 + 4 \cdot 2 = 18$

h) $\frac{1}{7} \cdot \sqrt[3]{343} - \frac{1}{8} \cdot \sqrt[3]{512} = \frac{1}{7} \cdot 7 - \frac{1}{8} \cdot 8 = 1 + 1 = 2$

i) $\sqrt[4]{500+125} = \sqrt[4]{625} = 5$

j) $3 \cdot \sqrt[3]{216} - \sqrt{25} = 3 \cdot 6 - 5 = 13$

6 Zwei halbe Stunden ergeben zusammen eine Stunde. Gesucht ist also eine Zahl a, für die gilt: $a \cdot a = 2$, also $a^2 = 2$ und damit $a = \sqrt{2}$.
Nach einer halben Stunde ist die Salmonellenkultur $\sqrt{2}\,m^3$ groß.

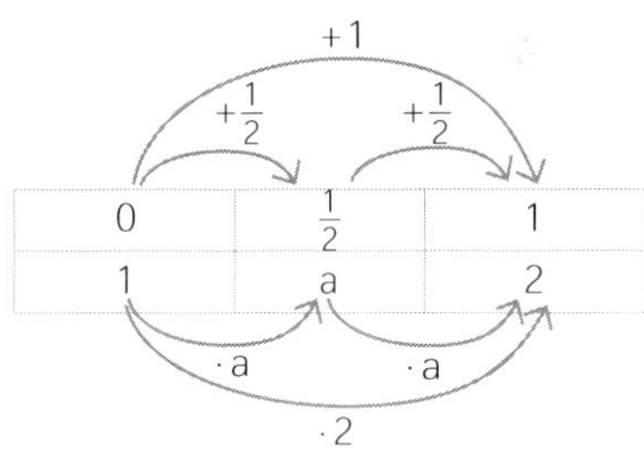

7 Dreimal 20 Minuten ergeben 1 Stunde. Gesucht ist also eine Zahl a, für die gilt: $a \cdot a \cdot a = 4$, also $a^3 = 4$ und damit $a = \sqrt[3]{4} \approx 1{,}5874$.
Nach 20 Minuten ist die Kultur $\sqrt[3]{4}\,m^2 \approx 1{,}59\,m^2$ groß.

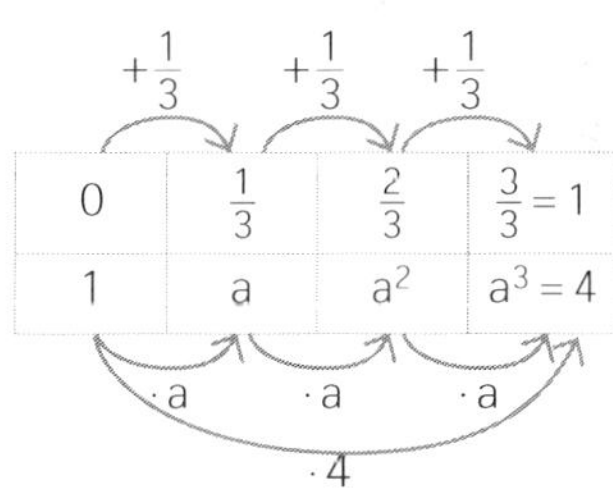

8 a) Die Rechnung ist falsch. Richtig ist: $\sqrt[4]{16} = 2$ denn $2^4 = 16$.

b) Die Rechnung ist falsch. Richtig ist: $\sqrt[3]{125} = 5$ denn $5^3 = 125$.

c) Die Rechnung ist falsch. Die dritte Wurzel aus einer negativen Zahl ist nicht definiert.

d) Die Rechnung ist richtig.

Zusammenhang zwischen Radizieren und Potenzieren

Seite 73

9 a) $\sqrt[3]{8} = 2$ und $2^3 = 8$ $\quad$ $\sqrt[3]{27} = 3$ und $3^3 = 27$
$\sqrt[3]{512} = 8$ und $8^3 = 512$ $\quad$ $\sqrt[3]{729} = 9$ und $9^3 = 729$
$\sqrt[3]{1331} = 11$ und $11^3 = 1331$

b) $5^3 = 125$ und $\sqrt[3]{125} = 5$ $\quad$ $6^3 = 216$ und $\sqrt[3]{216} = 6$
$12^3 = 1728$ und $\sqrt[3]{1728} = 12$ $\quad$ $20^3 = 8000$ und $\sqrt[3]{8000} = 20$
$30^3 = 27000$ und $\sqrt[3]{27000} = 30$

10

a) 81	b) 37	c) 1,2	d) 0
e) 8	f) 4	g) $\frac{1}{27}$	h) 0,001
i) 125	j) 4913	k) 7	l) 2
m) 19	n) 74	o) 0,25	p) $\frac{1}{8}$

11 a) $\sqrt[4]{c^4}$ ist definiert für $c \in \mathbb{R}$; $\sqrt[4]{c^4} = |c|$
b) $\left(\sqrt[5]{2a}\right)^5$ ist definiert für $a \geq 0$; $\left(\sqrt[5]{2a}\right)^5 = 2a$
c) $-\sqrt[4]{(-a)^4}$ ist definiert für $a \in \mathbb{R}$; $-\sqrt[4]{(-a)^4} = -|a|$
d) $\sqrt[6]{(-1{,}5r)^6}$ ist definiert für $r \in \mathbb{R}$; $\sqrt[6]{(-1{,}5r)^6} = 1{,}5 \cdot |r|$
e) $\sqrt[4]{(a+b)^4}$ ist definiert für $a \in \mathbb{R}$, $b \in \mathbb{R}$; $\sqrt[4]{(a+b)^4} = |a+b|$
f) $\sqrt[5]{(a+b)^5}$ ist definiert für $a + b \geq 0$; $\sqrt[5]{(a+b)^5} = a + b$

Seite 74

12 a) Die Rechnung ist falsch. Richtig ist: $\sqrt[4]{(-3)^4} = |-3| = 3$
b) Die Rechnung ist falsch. Richtig ist: $\left(-\sqrt[5]{18^5}\right) = -18$
c) Die Rechnung ist richtig.
d) Die Rechnung ist falsch. Richtig ist: $\left(\sqrt[3]{2}\right)^{-3} = \frac{1}{\left(\sqrt[3]{2}\right)^3} = \frac{1}{2}$

13 Für gerade n ist der Radikand a^n für alle a positiv. Dann gilt:
Für $a < 0$ ist $\sqrt[n]{a^n} = |a|$ und für $a \geq 0$ ist $\sqrt[n]{a^n} = a = |a|$, also gilt für alle reellen Zahlen a und geraden natürlichen Zahlen n: $\sqrt[n]{a^n} = |a|$.
Für ungerade n und $a \geq 0$ ist $\sqrt[n]{a^n} = a = |a|$.
Für ungerade n und $a < 0$ ist auch a^n negativ und $\sqrt[n]{a^n}$ ist nicht definiert.

14 a) Behauptung: $\sqrt[3]{2}$ ist irrational.
Annahme: $\sqrt[3]{2} = \frac{p}{q}$ ist eine rationale Zahl, wobei der Bruch $\frac{p}{q}$ vollständig gekürzt ist.
Da $1^3 = 1 < 2$ und $2^3 = 8 > 2$ ist, ist $\sqrt[3]{2}$ keine natürliche Zahl, also $q > 1$.
$2 = \sqrt[3]{2} \cdot \sqrt[3]{2} \cdot \sqrt[3]{2} = \frac{p}{q} \cdot \frac{p}{q} \cdot \frac{p}{q}$
Da $\frac{p}{q}$ vollständig gekürzt ist, kann man auch $\frac{p}{q} \cdot \frac{p}{q} \cdot \frac{p}{q}$ nicht kürzen.
Damit ist $\frac{p}{q} \cdot \frac{p}{q} \cdot \frac{p}{q}$ keine natürliche Zahl und insbesondere nicht 2.
Somit ist gezeigt, dass $\sqrt[3]{2}$ irrational ist.

Seite 74

14 b) Man kann jede natürliche Zahl a in ihre Primfaktoren zerlegen und als deren Produkt schreiben, also $a = p_1 \cdot p_2 \cdot \ldots \cdot p_n$, wobei $p_1, p_2, \ldots, p_n$ die Primfaktoren von a sind. Für a^3 gilt dann:

$a^3 = (p_1 \cdot p_2 \cdot \ldots \cdot p_n) \cdot (p_1 \cdot p_2 \cdot \ldots \cdot p_n) \cdot (p_1 \cdot p_2 \cdot \ldots \cdot p_n) = p_1 \cdot p_1 \cdot p_1 \cdot p_2 \cdot p_2 \cdot p_2 \cdot \ldots \cdot p_n \cdot p_n \cdot p_n$

Da die Primfaktoren auch teilweise oder alle gleich sein können, tritt jeder Primfaktor von a in der Kubikzahl a^3 in einer durch 3 teilbaren Anzahl auf.

Umgekehrt erkennt man,, dass jeder Primfaktor der Kubikzahl a^3 auch Primfaktor von a ist.

An $2 \cdot q^3 = p^3$ erkennt man, dass die linke Seite durch 2 teilbar ist und damit auch die rechte Seite durch 2 teilbar ist, also p^3 den Primfaktor 2 enthält. Dann enthält auch p den Primfaktor 2 und p ist eine gerade Zahl und ist darstellbar als Produkt $p = 2 \cdot r$ mit $r = p : 2$.

Der Primfaktor 2 tritt in p^3 dann mindestens 3-mal auf, also $p^3 = 2 \cdot 2 \cdot 2 \cdot r^3$.

Aus $2 \cdot q^3 = p^3$ folgt dann $q^3 = 2 \cdot 2 \cdot r^3$, also enthält q auch den Primfaktor 2. Das ist ein Widerspruch zur Annahme, dass p und q in $\sqrt[3]{2} = \frac{r}{q}$ teilerfremd sind.

c) Man weiß: $\sqrt[3]{8} = 2$, also ist $\sqrt[3]{8}$ eine natürliche Zahl. Wenn man wie bei $\sqrt[3]{2}$ beweisen will, dass $\sqrt[3]{8}$ irrational ist, sieht man, dass man den Beweis nicht führen kann.

Behauptung: $\sqrt[3]{8}$ ist irrational.

Annahme: $\sqrt[3]{8} = \frac{p}{q}$ ist eine rationale Zahl, wobei der Bruch $\frac{p}{q}$ vollständig gekürzt ist.

Da $2^3 = 8$ ist, ist $\sqrt[3]{8}$ eine natürliche Zahl, also nicht irrational.

Hier versagt der Beweis schon, aber auch bei den Schritten mit der Primfaktorzerlegung kann man den Beweis so nicht führen.

$8 = \sqrt[3]{8} \cdot \sqrt[3]{8} \cdot \sqrt[3]{8} = \frac{p}{q} \cdot \frac{p}{q} \cdot \frac{p}{q} = \frac{p^3}{q^3}$, also $2^3 = \frac{p^3}{q^3}$ bzw. $p^3 = 2^3 \cdot q^3$.

Daraus kann man zwar schließen, dass p den Primfaktor 2 und p^3 den Primfaktor 2 dreimal enthält, aber man kann daraus nicht schließen, dass q den Primfaktor 2 enthält. Man kommt hier bei der Annahme, dass $\sqrt[3]{8} = \frac{p}{q}$ eine rationale Zahl ist, zu keinem Widerspruch.

Seite 74

15 a)

Untere Näherungszahl a	Obere Näherungszahl b	Mittelwert $m = \frac{a+b}{2}$	3. Potenz m^3	Differenz der Näherungszahlen a − b
1	2	1,5	3,375	1
1	1,5	1,25	1,953125	0,5
1,25	1,5	1,375	≈ 2,599609	0,25
1,25	1,375	1,3125	≈ 2,260986	0,125
1,25	1,3125	1,28125	≈ 2,103302	0,0625
1,25	1,28125	1,265625	≈ 2,027287	0,03125
1,25	1,265625	1,2578125	≈ 1,989975	0,015625
1,2578125	1,265625	1,26171875	≈ 2,008573	0,0078125
1,2578125	1,26171875	1,259765625	≈ 1,999260	0,00390625
1,259765625	1,26171875	1,260742188	≈ 2,003913	0,001953125
1,259765625	1,260742188	1,260253906	≈ 2,001586	0,000976563
1,259765625	1,260253906	1,2600009766	≈ 2,000423	0,000488281
1,259765625	1,2600009766	1,259887695	≈ 1,999841	≈ 0,000244
1,259887695	1,2600009766	1,25994873	≈ 2,000132	≈ 0,000122
1,259887695	1,25994873	1,259933472	≈ 1,999986	≈ 0,000061

Man erhält $\sqrt[3]{2} = 1{,}25\ldots$. Mit dem Taschenrechner erhält man: $\sqrt[3]{2} \approx 1{,}25992105$

b)

Untere Näherungszahl a	Obere Näherungszahl b	Mittelwert $m = \frac{a+b}{2}$	3. Potenz m^3	Differenz der Näherungszahlen b − a
0	1	0,5	0,125	1
0,5	1	0,75	0,421875	0,5
0,75	1	0,875	≈ 0,6699	0,25
0,875	1	0,9375	≈ 0,8240	0,125
0,875	0,9375	0,90625	≈ 0,7443	0,0625
0,0625	0,9375	0,921875	≈ 0,7835	0,03125
0,921875	0,9375	0,9296875	≈ 0,8035	0,015625
0,921875	0,9296875	0,92578125	≈ 0,7934	0,0078125

Man erhält $\sqrt[3]{0{,}8} = 0{,}92\ldots$. Mit dem Taschenrechner erhält man: $\sqrt[3]{0{,}8} \approx 0{,}928317767$

Das kann ich noch!

A Die Länge der Strecke kann man mit dem zweiten Strahlensatz berechnen. Die Dreiecke SBA und SDC sind ähnlich zueinander.

$\frac{|CD|}{|SD|} = \frac{|AB|}{|SB|}$, also $|CD| = \frac{|AB| \cdot |SD|}{|SB|} = \frac{27\,m \cdot 56\,m}{42\,m} = 36\,m$

Die Strecke $\overline{CD}$ ist 36 m lang.

Potenzen mit rationalen Exponenten

Seite 75

16 a) $16^{\frac{1}{4}} = \sqrt[4]{16} = 2$

b) $36^{-\frac{1}{2}} = \frac{1}{36^{\frac{1}{2}}} = \frac{1}{\sqrt{36}} = \frac{1}{6}$

c) $4^{\frac{3}{2}} = \sqrt{4^3} = \sqrt{64} = 8$

d) $8^{\frac{2}{3}} = \sqrt[3]{8^2} = \sqrt[3]{64} = 4$

e) $1^{-\frac{4}{5}} = \frac{1}{1^{\frac{4}{5}}} = \frac{1}{\sqrt[5]{1^4}} = \frac{1}{\sqrt[5]{1}} = \frac{1}{1} = 1$

f) $0{,}25^{\frac{1}{2}} = \sqrt{0{,}25} = 0{,}5$

g) $0{,}25^{-\frac{1}{2}} = \frac{1}{0{,}25^{\frac{1}{2}}} = \frac{1}{\sqrt{0{,}25}} = \frac{1}{0{,}5} = 2$

h) $32^{0{,}2} = 32^{\frac{1}{5}} = \sqrt[5]{32} = 2$

i) $36^{-0{,}5} = \frac{1}{36^{0{,}5}} = \frac{1}{36^{\frac{1}{2}}} = \frac{1}{\sqrt{36}} = \frac{1}{6}$

j) $16^{0{,}75} = 16^{\frac{3}{4}} = \sqrt[4]{16^3} = \sqrt[4]{4\,096} = 8$

k) $\left(\frac{1}{64}\right)^{\frac{1}{2}} = \sqrt{\frac{1}{64}} = \frac{1}{8}$

l) $\left(\frac{1}{4}\right)^{-\frac{3}{2}} = \frac{1}{\left(\frac{1}{4}\right)^{\frac{3}{2}}} = \frac{1}{\sqrt{\left(\frac{1}{4}\right)^3}} = \frac{1}{\sqrt{\frac{1}{64}}} = \frac{1}{\frac{1}{8}} = 8$

17 a) $5^{\frac{1}{2}} = \sqrt{5}$

b) $4^{\frac{1}{3}} = \sqrt[3]{4}$

c) $8^{\frac{1}{4}} = \sqrt[4]{8}$

d) $2^{\frac{3}{4}} = \sqrt[4]{2^3}$

e) $2^{\frac{4}{3}} = \sqrt[3]{2^4}$

f) $3^{\frac{1}{2}} = \sqrt{3}$

g) $4^{-\frac{1}{2}} = \sqrt{4^{-1}} = \sqrt{\frac{1}{4}} = \frac{1}{2}$

h) $5^{-\frac{3}{2}} = \sqrt{5^{-3}} = \sqrt{\frac{1}{5^3}}$

i) $2^{-\frac{2}{5}} = \sqrt[5]{2^{-2}} = \sqrt[5]{\frac{1}{2^2}}$

j) $2^{0{,}5} = 2^{\frac{1}{2}} = \sqrt{2}$

k) $3^{1{,}5} = 3^{\frac{3}{2}} = \sqrt{3^3}$

l) $5^{3{,}2} = 3^{\frac{16}{5}} = \sqrt[5]{3^{16}}$

18 a) $\sqrt{18} = 18^{\frac{1}{2}}$

b) $\sqrt[3]{5} = 5^{\frac{1}{3}}$

c) $\sqrt[5]{7} = 7^{\frac{1}{5}}$

d) $\sqrt[3]{2^4} = 2^{\frac{4}{3}}$

e) $\sqrt[4]{3^{-1}} = 3^{-\frac{1}{4}}$

f) $\sqrt{3} = 3^{\frac{1}{2}}$

g) $\sqrt[3]{4^{-2}} = 4^{-\frac{2}{3}}$

h) $\sqrt[5]{\frac{1}{7}} = \left(\frac{1}{7}\right)^{\frac{1}{5}}$

i) $\sqrt[4]{2^{-3}} = 2^{-\frac{3}{4}}$

j) $\sqrt[5]{14} = 14^{\frac{1}{5}}$

k) $\sqrt[3]{5^{-1}} = 5^{-\frac{1}{3}}$

l) $\sqrt[4]{3^3} = 3^{\frac{3}{4}}$

Seite 76

19 a) $x^{\frac{2}{3}} = \sqrt[3]{x^2}$ (für $x \geq 0$)

b) $y^{\frac{3}{4}} = \sqrt[4]{y^3}$ (für $y \geq 0$)

c) $a^{\frac{1}{3}} = \sqrt[3]{a}$ (für $a > 0$)

d) $b^{-\frac{3}{4}} = \frac{1}{\sqrt[4]{b^3}}$ (für $b > 0$)

e) $d^{0{,}5} = d^{\frac{1}{2}} = \sqrt{d}$ (für $d \geq 0$)

f) $e^{0{,}8} = e^{\frac{4}{5}} = \sqrt[5]{e^4}$ (für $e \geq 0$)

g) $p^{-5{,}2} = p^{-\frac{26}{5}} = \sqrt[5]{p^{-26}} = \frac{1}{\sqrt[5]{p^{26}}}$ (für $p > 0$)

h) $a^{7{,}2} = a^{\frac{36}{5}} = \sqrt[5]{a^{36}}$ (für $a \geq 0$)

20 a) $\sqrt[3]{a^5} = a^{\frac{5}{3}}$

b) $\sqrt[5]{x^2} = x^{\frac{2}{5}}$

c) $\sqrt[4]{z^5} = z^{\frac{5}{4}}$

d) $\sqrt[4]{x^{-1}} = x^{-\frac{1}{4}}$

e) $\sqrt[5]{z^{-2}} = z^{-\frac{2}{5}}$

f) $\sqrt[3]{u^{-7}} = u^{-\frac{7}{3}}$

g) $\sqrt{x^{-3}} = x^{-\frac{3}{2}}$

h) $\sqrt[3]{c^4} = c^{\frac{4}{3}}$

i) $\sqrt{k} = k^{\frac{1}{2}}$

j) $\sqrt[3]{\frac{1}{z^2}} = \sqrt[3]{z^{-2}} = z^{-\frac{2}{3}}$

k) $\sqrt[5]{\frac{1}{x^4}} = \sqrt[5]{x^{-4}} = x^{-\frac{4}{5}}$

l) $\sqrt{\frac{1}{m^3}} = \sqrt{m^{-3}} = m^{-\frac{3}{2}}$

21 a) Definiert für $x - 1 \geq 0$, also für $x \geq 1$. $(x-1)^{\frac{2}{3}} = \sqrt[3]{(x-1)^2}$

b) Definiert für $x + 5 \geq 0$, also für $x \geq -5$. $(x+5)^{\frac{5}{2}} = \sqrt{(x+5)^5}$

c) Definiert für $2x - 1 \geq 0$, also für $x \geq \frac{1}{2}$. $(2x-1)^{\frac{1}{2}} = \sqrt{2x-1}$

d) Definiert für $3x + 6 \geq 0$, also für $x \geq -2$. $(3x+6)^{\frac{2}{3}} = \sqrt[3]{(3x+6)^2}$

e) Definiert für $1 - 4x > 0$, also für $x < \frac{1}{4}$. $(1-4x)^{-\frac{2}{5}} = \frac{1}{\sqrt[5]{(1-4x)^2}}$

f) Definiert für $40 - 4x > 0$, also für $x < 10$. $(40-4x)^{-\frac{1}{3}} = \frac{1}{\sqrt[3]{40-4x}}$

Seite 76
Weiterüben

22 **a)** $(a+1)^{\frac{2}{3}} = \sqrt[3]{(a+1)^2}$ ist definiert für $a+1 \geq 0$, also für $a \geq -1$.

b) $(x+y)^{\frac{4}{9}} = \sqrt[9]{(x+y)^4}$ ist definiert für $x+y \geq 0$.

c) $(c-7y)^{-\frac{3}{4}} = \sqrt[4]{(c-7y)^{-3}} = \frac{1}{\sqrt[4]{(c-7y)^3}}$ ist definiert für $c-7y > 0$.

d) $(x \cdot y)^{\frac{4}{7}} = \sqrt[7]{(x \cdot y)^4}$ ist definiert für $x \cdot y \geq 0$.

e) $(a \cdot b)^{\frac{m}{n}} = \sqrt[n]{(a \cdot b)^m}$ ist definiert für $a \cdot b \geq 0,\ m \geq 0$ oder $a \cdot b > 0,\ m$ beliebig.

f) $(\sqrt[n]{a})^{\frac{p}{q}} = \sqrt[q]{(\sqrt[n]{a})^p}$ ist definiert für $a \geq 0,\ p \geq 0$ oder $a > 0,\ p$ beliebig.

23 **a)** $\sqrt[4]{a^6} = a^{\frac{6}{4}} = a^{\frac{3}{2}} = \sqrt{a^3}$

b) $\sqrt[9]{x^3} = x^{\frac{3}{9}} = x^{\frac{1}{3}} = \sqrt[3]{x}$

c) $\sqrt[10]{z^5} = z^{\frac{5}{10}} = z^{\frac{1}{2}} = \sqrt{z}$

d) $\frac{1}{\sqrt[12]{x^8}} = \frac{1}{x^{\frac{8}{12}}} = \frac{1}{x^{\frac{2}{3}}} = x^{-\frac{2}{3}}$

e) $\sqrt[3k]{x^k} = x^{\frac{k}{3k}} = x^{\frac{1}{3}} = \sqrt[3]{x}$

f) $\sqrt[2n]{r^{-n}} = r^{-\frac{n}{2n}} = r^{-\frac{1}{2}} = \frac{1}{r^{\frac{1}{2}}} = \frac{1}{\sqrt{r}}$

24 Pro Stunde verringert sich der Wasserbedarf auf $\frac{1}{4}$ des zu Stundenbeginns vorhandenen Wassers. Für die Zeit t (in Stunden) und für die Höhe h des Wasserstandes (in cm) erhält man die Formel $h(t) = 80 \cdot \left(\frac{1}{4}\right)^t$.

a) $h(t) = 80 \cdot \left(\frac{1}{4}\right)^2 = 5$ Nach 2 Stunden steht das Wasser noch 5 cm hoch.

b) $h(t) = 80 \cdot \left(\frac{1}{4}\right)^{-1} = 80 \cdot 4 = 320$ Vor 1 Stunde war das Wasser noch 320 cm hoch.

c) 30 Minuten sind eine halbe Stunde. $h(t) = 80 \cdot \left(\frac{1}{4}\right)^{\frac{1}{2}} = 80 \cdot \sqrt{\frac{1}{4}} = 80 \cdot \frac{1}{2} = 40$
Nach 30 Minuten steht das Wasser noch 40 cm hoch.

d) 15 Minuten sind eine viertel Stunde.
$h(t) = 80 \cdot \left(\frac{1}{4}\right)^{\frac{1}{4}} = 80 \cdot \sqrt[4]{\frac{1}{4}} = 80 \cdot \sqrt{\frac{1}{2}} = 80 \cdot \frac{1}{\sqrt{2}} = 80 \cdot \frac{\sqrt{2}}{2} = 40 \cdot \sqrt{2} \approx 56{,}6$
Nach 15 Minuten steht das Wasser noch ungefähr 56,6 cm hoch.

25 *Behauptung:* $\sqrt[2]{a^3} = \sqrt[10]{a^{15}}$

Beweis: $\sqrt[2]{a^3} = a^{\frac{3}{2}} = a^{\frac{3 \cdot 5}{2 \cdot 5}} = a^{\frac{15}{10}} = \sqrt[10]{a^{15}}$

Das kann man auch allgemein beweisen:

Behauptung: Für $\frac{m}{n} = \frac{p}{q}$ gilt $\sqrt[n]{a^m} = \sqrt[q]{a^p}$.

Beweis: Für $\frac{m}{n} = \frac{p}{q}$ gibt es eine natürliche Zahl $b \neq 0$, sodass gilt:

(1) $p = m \cdot b$ und $q = n \cdot b$ oder (2) $m = p \cdot b$ und $n = q \cdot b$

Für den Fall (1) gilt dann: $\sqrt[q]{a^p} = a^{\frac{p}{q}} = a^{\frac{m \cdot b}{n \cdot b}} = a^{\frac{m}{n}} = \sqrt[n]{a^m}$.

Für den Fall (2) gilt dann: $\sqrt[n]{a^m} = a^{\frac{m}{n}} = a^{\frac{p \cdot b}{q \cdot b}} = a^{\frac{p}{q}} = \sqrt[q]{a^p}$.

Fokus: Vorsilben bei Einheiten von Größen

Seite 77

1 $1\,mm = 1 \cdot 10^{-3}\,m = \frac{1}{1000}\,m$ $1\,cm = 1 \cdot 10^{-2}\,m = \frac{1}{100}\,m$ $1\,km = 1 \cdot 10^{3}\,m = 1000\,m$

2
1 Exasekunde = 1 Es = 10^{18} s
1 Terawattstunde = 1 TWh = 10^{12} Wh
1 Megatonne = 1 Mt = 10^{6} t
1 Hektoliter = 1 hl = 10^{2} sl
1 Zentiliter = 1 cl = 10^{-2} l
1 Mikrogramm = 1 µg = 10^{-6} g
1 Pikofarad = 1 pF = 10^{-12} F
1 Attogramm = 1 ag = 10^{-18} g
1 Petahertz = 1 PHz = 10^{15} Hz
1 Gigahertz = 1 GHz = 10^{9} Hz
1 Kilometer = 1 km = 10^{3} Hz
1 Dezimeter = 1 dm = 10^{-1} m
1 Milliampere = 1 mA = 10^{-3} Hz
1 Nanosekunde = 1 ns = 10^{-9} s
1 Femtosekunde = 1 fs = 10^{-15} Hz

3 $\frac{1024}{1000} = 1{,}024$ Die binären Vorsilben weichen um 2,4 % von den dezimalen Vorsilben ab.

4 **a)** 1 Googol = 10^{100} ist eine 1 mit 100 Nullen
b) Der Gründer von Google meinte, dass dies gut den unvorstellbar großen Umfang des Internets darstellen würde.

3.4 Potenzen mit irrationalen Exponenten

Seite 78
Einstieg

$\sqrt{2}$ kann man durch Intervallschachtelung ermitteln. Diese Intervallschachtelung kann man nutzen, um auch den Wert von $3^{\sqrt{2}}$ zu ermitteln.
Aus $1 < \sqrt{2} < 2$ folgt $3^1 < 3^{\sqrt{2}} < 3^2$, also $3 < 3^{\sqrt{2}} < 9$.
Aus $1{,}4 < \sqrt{2} < 1{,}5$ folgt $3^{1{,}4} < 3^{\sqrt{2}} < 3^{1{,}5}$, also $4{,}6555\ldots < 3^{\sqrt{2}} < 5{,}1961\ldots$.
Aus $1{,}41 < \sqrt{2} < 1{,}42$ folgt $3^{1{,}41} < 3^{\sqrt{2}} < 3^{1{,}42}$, also $4{,}7069\ldots < 3^{\sqrt{2}} < 4{,}7589\ldots$.
Aus $1{,}414 < \sqrt{2} < 1{,}415$ folgt $3^{1{,}414} < 3^{\sqrt{2}} < 3^{1{,}415}$, also $4{,}7276\ldots < 3^{\sqrt{2}} < 4{,}7328$.
Aus $1{,}4142 < \sqrt{2} < 1{,}4143$ folgt $3^{1{,}4142} < 3^{\sqrt{2}} < 3^{1{,}4143}$, also $4{,}7287\ldots < 3^{\sqrt{2}} < 4{,}7292$.
Hiermit hat man $3^{\sqrt{2}}$ auf 2 Stellen nach dem Komma bestimmt: $3^{\sqrt{2}} = 4{,}72\ldots$

Seite 79
Üben

1 **a)** In der Abbildung (1) sind 1 und 2 die Intervallgrenzen für $\sqrt{2}$. In der Abbildung (2) sind 1 und 1,8 die Intervallgrenzen für $\sqrt{2}$. In der Abbildung (3) sind 1,4 und 1,5 die Intervallgrenzen für $\sqrt{2}$.
b) $1{,}8^1 = 1{,}8$ und $1.8^2 = 3{,}24$, also $1{,}8 < 1{,}8^{\sqrt{2}} < 3{,}24$.
$1{,}8^1 = 1{,}8$ und $1.8^{1{,}8} \approx 2{,}88$, also $1{,}8 < 1{,}8^{\sqrt{2}} < 2{,}88$.
$1{,}8^{1{,}4} \approx 2{,}277$ und $1{,}8^{1{,}5} \approx 2{,}415$, also $2{,}277 < 1{,}8^{\sqrt{2}} < 2{,}415$.
Mit dem Taschenrechner erhält man $1{,}8^{\sqrt{2}} = 2{,}2962\ldots$.

2 **a)** 4,73 **b)** 22,19 **c)** 2,17 **d)** 355,53

Seite 79

3 Da die Basis immer gleich 2 ist, kann man die Potenzen nach der Größe der Exponenten ordnen, denn für $x < y$ ist $2^x < 2^y$, wobei $2 = 2^1$ ist.
Man muss beachten, dass für $\sqrt{a}$ gilt: $\sqrt{a} > a$ für $a < 1$ und $\sqrt{a} < a$ für $a > 1$.
Für die Exponenten erhält man: $0{,}7 < \sqrt{0{,}7} < 1 < \sqrt{2} < \sqrt{3} < 2 < 2{,}5 < \sqrt{7}$
Damit gilt für die Potenzen: $2^{0{,}7} < 2^{\sqrt{0{,}7}} < 2 < 2^{\sqrt{2}} < 2^{\sqrt{3}} < 2^2 < 2^{2{,}5} < 2^{\sqrt{7}}$

4 Hier Mias Überlegungen für die rationale Zahl $\frac{p}{q}$.

$$2^{\frac{p}{q}} = 3$$
$$\sqrt[q]{2^p} = 3 \quad |(\ )^q$$
$$\left(\sqrt[q]{2^p}\right)^q = 3^q$$
$$2^p = 3^q$$

2^p ist eine gerade Zahl, 3^q ist eine ungerade Zahl. Man erhält einen Widerspruch und $2^{\frac{p}{q}} = 3$ ist falsch.

Fokus: Kleine Anteile – große Wirkung

Seite 80

1 Der Verlauf der Temperatur und der Verlauf der Konzentration des Kohlendioxids war in der Vergangenheit sehr ähnlich. Bei geringen Temperaturen ist auch die Kohlendioxidkonzentration geringer. Der Wert der CO_2-Konzentration für das Jahr 2007 ist jedoch erheblich höher als man aufgrund der Messungen für die Vergangenheit erwarten würde. Dieser Wert war seit 160 000 Jahren nie so hoch wie heute.

Seite 81

2 $1\,\text{ppm} = \frac{1}{1\,000\,000} = \frac{1}{10^6} = 10^{-6}$; $\quad 1\,\text{ppb} = \frac{1}{1\,000\,000\,000} = \frac{1}{10^9} = 10^{-9}$;
$1\,\text{ppm} = \frac{1}{1\,000\,000\,000\,000} = \frac{1}{10^{12}} = 10^{-12}$; $\quad 1\,\text{ppq} = \frac{1}{1\,000\,000\,000\,000\,000} = \frac{1}{10^{15}} = 10^{-15}$

3 a) $2{,}7 \cdot 10^6\,\text{g} = 2{,}7\,\text{t}$ $\quad$ b) $2{,}7 \cdot 10^9\,\text{g} = 2700\,\text{t}$
c) $2{,}7 \cdot 10^{12}\,\text{g} = 2\,700\,000\,\text{t}$ $\quad$ d) $2{,}7 \cdot 10^{15}\,\text{g} = 2\,700\,000\,000\,\text{t}$

4 a) Chemisches Verfahren: $\frac{10^{-9}\,\text{g}}{1\,\text{kg}} = \frac{10^{-9}\,\text{g}}{1000\,\text{g}} = \frac{1}{10^9 \cdot 1000} = \frac{1}{10^{12}} = 10^{-12} = 1\,\text{ppt}$
Elektrochemisches Verfahren: $\frac{10^{-12}\,\text{g}}{1\,\text{kg}} = \frac{10^{-12}\,\text{g}}{1000\,\text{g}} = \frac{1}{10^{12} \cdot 1000} = \frac{1}{10^{15}} = 10^{-15} = 1\,\text{ppq}$
Spektroskopisches Verfahren: $\frac{10^{-13}\,\text{g}}{1\,\text{kg}} = \frac{10^{-13}\,\text{g}}{1000\,\text{g}} = \frac{1}{10^{13} \cdot 1000} = \frac{1}{10^{16}} = 10^{-16} = 0{,}01\,\text{ppq}$
b) (1) 1 Liter Wasser wiegt 1 kg. Harnanteil im Wasserreservoir:
$\frac{5\,\text{g}}{143\,000\,000\,\text{kg}} = \frac{5\,\text{g}}{143\,000\,000\,000\,\text{g}} \approx 3{,}5 \cdot 10^{-11} = 35 \cdot 10^{-12} = 35\,\text{ppb}$
(2) Laut den Angaben im Aufgabentext und in Teilaufgabe a) kann dieser Anteil nachgewiesen werden.
(3) $200\,\text{ml} \cdot 35 \cdot 10^{-12} = 7 \cdot 10^{-9}\,\text{ml}$

5 $1\,\text{l} \cdot 10 \cdot 10^{-6} = 10^{-5}\,\text{l}$ $\quad$ In einem Liter befinden sich $10^{-5}\,\text{l}$ Ozon.

Erfüllt unser Essig die gesetzlichen Vorgaben?

Namen: David Leander Felix Matthias

	Punkte	Erreichte Punkte
Überschrift	1	1
Skizze • Versuchsaufbau • Beschriftung • (kein 3D)	4	3
Durchführung • Hinreichend genaue Beschreibung des Titrationsvorgang o 5 mL Essig werden mit der Vollpipette in das BG mit drei Tropfen Indikator (Phenolphthalein) gefüllt. o Die Bürette wird mit der Maßlösung, d. h. mit der 0,5 molaren Natronlauge gefüllt. o Nun wird aus der Bürette so lange unter umschwenken des BGes Natronlauge getropft, bis es zu einem Farbumschlag kommt. • Nicht zu knapp und nicht zu langatmig • Präsens, Imperativ oder Passiv	5	4
Beobachtung • Farbumschlag (welche Farben, welche Stoffe vorher, hinterher) • Verbrauchtes Volumen	3	3
Auswertung • Inhaltliche Betrachtung der Neutralisation (1 Essigmolekül spaltet 1 Proton ab, dass mit einem Hydroxid-Ion der Natronlauge reagiert) oder	1	1
Reaktionsgleichung • Berechnung der Konzentration über die Formel: $c_{H^+} \cdot V_{H^+} = c_{OH^-} \cdot V_{OH^-}$	2	2
Bei einem Verbrauch von 9,6 ml Natronlauge: c = 0,96 mol/L • Berechnung der Masse an Essigsäure pro Liter, über 1 mol Essigsäure wiegt 60 g	1	1
0,96 mol Essigsäure wiegen 57,6 g • Berechnung der Massenprozent (Dichte darf als 1 g /cm^3 angenommen werden): 57,6 g Essigsäure pro Liter, d. h. bei einer Dichte von 1 g/cm^3 : 57,6 g pro 1000 g Lösung w = 57,6 g/1000 g = 0,0576 = 5,76 %	2	2
• Antwort: Ja unser Essig erfüllt die gesetzlichen Vorgaben, da die Massenprozente der Essigsäure zwischen 5 und 15,5% liegen.	1	1
• Fehlerquellen (mind. drei Fehlerquellen werden sinnvoll betrachtet) o Abmessungsfehler der Volumina (z. B. Meniskus) o Schlecht erkennbarer Farbumschlag ▪ Mehr Indikator ▪ Weißes Blatt unterlegen ▪ Verdünnen des braunen Essigs	3	2
Summe	23	20

Note: 2+ Uh

Reihenfolge durcheinander

Seite 81

6 $1\,l \cdot 190 \cdot 10^{-6} = 1{,}9 \cdot 10^{-4}\,l = 0{,}00019\,l$ und $1\,l \cdot 42000 \cdot 10^{-6} = 4{,}2 \cdot 10^{-2}\,l = 0{,}042\,l$
In einem Liter Luft sind zwischen 0,00019 l und 0,042 l Wasser enthalten.

3.5 Multiplizieren von Potenzen

Seite 82
Einstieg

$3^2 \cdot 3^4 = 3 \cdot 3 \cdot 3 \cdot 3 \cdot 3 \cdot 3 = 3^6 = 3^{2+4}$
Bei der Multiplikation von Potenzen mit gleicher Basis werden die Exponenten addiert, die Basis bleibt erhalten.
$2^4 \cdot 3^4 = 2 \cdot 2 \cdot 2 \cdot 2 \cdot 3 \cdot 3 \cdot 3 \cdot 3 = (2 \cdot 3) \cdot (2 \cdot 3) \cdot (2 \cdot 3) \cdot (2 \cdot 3) = (2 \cdot 3)^4$
Bei der Multiplikation von Potenzen mit gleichen Exponenten werden die Basen multipliziert; der Exponent bleibt erhalten.
$(3^2)^3 = 3^2 \cdot 3^2 \cdot 3^2 = 3 \cdot 3 \cdot 3 \cdot 3 \cdot 3 \cdot 3 = 3^6 = 3^{2 \cdot 3}$
Beim Potenzieren einer Potenz multipliziert man die Exponenten; die Basis bleibt erhalten.
$3^3 \cdot 3^{-2} = 3 \cdot 3 \cdot 3 \cdot \frac{1}{3} \cdot \frac{1}{3} = 3 = 3^1 = 3^{3-2}$
Bei der Multiplikation einer Potenzen mit gleicher Basis, bei denen der eine Exponent positiv ist und der andere Exponent negativ ist, wird der negative Exponent vom positiven Exponenten subtrahiert, die Basis bleibt erhalten. Es gilt hier also auch, dass die Exponenten addiert werden.

Seite 82
Üben

1
a) $2^{3+2} = 2^5 = 32$
b) $3^{4+5} = 3^9 = 19683$
c) $5^{-3-2} = 5^{-5} = \frac{1}{5^5} = \frac{1}{3125}$
d) $4^{-1+3} = 4^2 = 16$
e) $0^{7+8} = 0^{15} = 0$
f) $10^{4-2} = 10^2 = 100$
g) $(-1)^{4+2} = (-1)^6 = 1$
h) $(-2)^{5-5} = (-2)^0 = 1$
i) $1{,}5^{4-2} = 1{,}5^2 = 2{,}25$
j) $(-0{,}5)^{-5-1} = (-0{,}5)^{-6} = \left(-\frac{1}{2}\right)^{-6} = \left(-\frac{2}{1}\right)^6 = 64$
k) $\left(\frac{2}{3}\right)^{2+3} = \left(\frac{2}{3}\right)^5 = \frac{32}{243}$
l) $\left(\frac{1}{2}\right)^{-4+3} = \left(\frac{1}{2}\right)^{-1} = 2$

Seite 83

2
a) $2^{\frac{1}{4}+\frac{3}{4}} = 2^1 = 2$
b) $5^{\frac{2}{3}+\frac{4}{3}} = 5^{\frac{6}{3}} = 5^2 = 25$
c) $6^{1{,}6-0{,}6} = 6^1 = 6$
d) $4^{-\frac{1}{5}+\left(-\frac{4}{5}\right)} = 4^{-1} = \frac{1}{4}$
e) $\left(\frac{1}{2}\right)^{-\frac{3}{6}+\frac{4}{6}} = \left(\frac{1}{2}\right)^{\frac{1}{6}} = \sqrt[6]{\frac{1}{2}} = \frac{1}{\sqrt[6]{2}}$
f) $\left(\frac{5}{3}\right)^{-\frac{1}{4}+\frac{3}{4}} = \left(\frac{5}{3}\right)^{\frac{2}{4}} = \left(\frac{5}{3}\right)^{\frac{1}{2}} = \sqrt{\frac{5}{3}}$
g) $\left(\frac{1}{4}\right)^{-\frac{1}{3}+\frac{1}{3}} = \left(\frac{1}{4}\right)^0 = 1$
h) $\left(\frac{4}{9}\right)^{\frac{1}{4}+\frac{1}{4}} = \left(\frac{4}{9}\right)^{\frac{1}{2}} = \sqrt{\frac{4}{9}} = \frac{2}{3}$

3
a) $x^{2+3} = x^5$
b) $a^{-3+4} = a^1 = a$ für $a \neq 0$
c) $z^{-1-6} = z^{-7}$ für $z \neq 0$
d) $y^{-5+2} = y^{-3}$ für $y \neq 0$
e) $a^{1+4+3} = a^8$
f) $b^{-2+1-5} = b^{-6}$
g) $2 \cdot 5 \cdot 3 \cdot a^{2+3+1} = 30a^6$
h) $u^{3-4} \cdot v^{2-1} = u^{-1} \cdot v$ für $u \neq 0$ und $v \neq 0$
i) $x^{\frac{3}{6}+\frac{2}{6}} = x^{\frac{5}{6}}$ für $x \geq 0$
j) $z^{\frac{9}{15}+\frac{1}{15}} = z^{\frac{10}{15}} = z^{\frac{2}{3}}$ für $z \geq 0$

Seite 83

4 a) $(x+y)^{2+3} = (x+y)^5$
b) $(x-y)^{-4-6} = (x-y)^{-10}$ für $x-y \neq 0$
c) $(2p)^{-7+5} = (2p)^{-2}$ für $p \neq 0$
d) $(x \cdot y)^{2-4+6} = (x \cdot y)^4$ für $x \cdot y \neq 0$
e) $(u+v)^{-4+3+2} = u+v$ für $u+v \neq 0$
f) $(2a+b)^{2+3-1} = (2a+b)^4$ für $2a+b \neq 0$

5 a) $x^{3n+2m} = x^{2m+3n}$ für $x > 0$
b) $p^{4a+1+2a-1} = p^{6a}$ für $p > 0$
c) $a^{3p-2,5-2p+2,5} = a^p$ für $a > 0$
d) $y^{3r+2+3r-2} = y^{6r}$ für $y > 0$
e) $z^{4k+k+\frac{1}{2}+k-\frac{1}{2}} = a^{6k}$ für $a > 0$
f) $b^{2p-q+3p+2} = b^{5p+q}$ für $b > 0$

6 a) Man muss die beiden Exponenten addieren, nicht multiplizieren. Die Klammern um a können entfallen. Richtig ist: $a^4 \cdot a^2 = a^{4+2} = a^6$.
b) Die verschiedenen Potenzen von b kann man nicht addieren.
c) Die Umformung ist richtig.
d) Die erste Umformung ist richtig, aber $\sqrt{5^0} = 1$.
e) Hier wurde das Minuszeichen im Ergebnis von $2-3=-1$ nicht beachtet.
Richtig ist: $5^2 \cdot 5^{-3} = 5^{2-3} = 5^{-1} = \frac{1}{5}$
f) Hier wurde der zweite Exponent addiert statt subtrahiert.
Richtig ist: $7^{-4} \cdot 7^{-2} = 7^{-4-2} = 7^{-6}$

7 a) $y^{2n} \cdot y^{3m} = y^{6nm}$
b) $x^{a+1} \cdot x^{a-1} = x^{a^2-1}$
c) $a^{2t} \cdot a^{4t} \cdot a^t = a^{7t}$
d) $b^{2p-3,5} \cdot b^{2p+3,5} = b^{4p}$
e) $(3p)^{-5} \cdot (3p)^4 \cdot (3p)^{3+k} = (3p)^{2+k}$
f) $z \cdot z^{2k} \cdot z^k = z^{3k+1}$
g) $2^{\frac{2}{3}} \cdot 2^3 = 2^2$ → Falsch
h) $5^{-1} \cdot 5^4 = 5^3$

8 a) $(-2,5) \cdot (-2,5)^5 = (-2,5)^6$, also $(-2,5)^6 > (-2,5)^{-6}$.
b) $4^3 + 4^2 = 64 + 16 = 80$ und $4^3 \cdot 4^2 = 4^5 = 1\,024$, also $4^3 + 4^2 < 4^3 \cdot 4^2$.
c) $(-7) \cdot (-7)^3 = (-7)^4$, also $(-7) \cdot (-7)^3 = (-7)^4$.
d) $3^{-\frac{3}{2}} \cdot 3^4 \cdot 3^{\frac{1}{2}} = 3^3$ und $3^{-1} \cdot 3^5 = 3^4$, also $3^{-\frac{3}{2}} \cdot 3^4 \cdot 3^{\frac{1}{2}} < 3^4$.
e) $(-1)^5 \cdot (-1)^1 \cdot (-1)^{-3} = (-1)^3 = (-1)$, also $(-1)^5 \cdot (-1)^1 \cdot (-1)^{-3} = (-1)$
f) $(0,1)^2 \cdot (0,1) \cdot (0,1)^{-3} = (0,1)^0 = 1$, also $(0,1)^2 \cdot (0,1) \cdot (0,1)^{-3} > 0,1$

Multiplizieren von Potenzen mit gleichen Exponenten

Seite 84

9 a) $2^4 \cdot 5^4 = (2 \cdot 2 \cdot 2 \cdot 2) \cdot (5 \cdot 5 \cdot 5 \cdot 5) = (2 \cdot 5) \cdot (2 \cdot 5) \cdot (2 \cdot 5) \cdot (2 \cdot 5) = (2 \cdot 5)^4 = 10^4 = 10\,000$
b) $4^{-2} \cdot 2,5^{-2} = \frac{1}{4 \cdot 4} \cdot \frac{1}{2,5 \cdot 2,5} = \frac{1}{4 \cdot 4 \cdot 2,5 \cdot 2,5} = \frac{1}{(4 \cdot 2,5) \cdot (4 \cdot 2,5)} = \frac{1}{(4 \cdot 2,5)^2} = (4 \cdot 2,5)^{-2}$
$= 10^{-2} = 0,01$
c) $2^{\frac{1}{2}} \cdot 8^{\frac{1}{2}} = \sqrt{2} \cdot \sqrt{8} = \sqrt{2 \cdot 8} = (2 \cdot 8)^{\frac{1}{2}} = 16^{\frac{1}{2}} = \sqrt{16} = 4$
d) Im Gegensatz zu den ersten Teilaufgaben stimmen die Potenzen 3^4 und 4^3 weder in der Basis noch in den Exponenten überein. Deshalb kann man den Term nicht als eine einzige Potenz schreiben und muss ihn direkt berechnen: $3^4 \cdot 4^3 = 81 \cdot 64 = 5184$
Allgemein gilt:
Man multipliziert Potenzen mit gleichen Exponenten, indem man die Basen multipliziert und den Exponent beibehält.

Seite 84
Üben

10 a) $(2\cdot50)^3=100^3=1\,000\,000$
b) $(2\cdot5)^{-6}=10^{-6}=0{,}000001$
c) $(2{,}5\cdot4)^{-4}=10^{-4}=0{,}0001$
d) $((-5)\cdot(-0{,}4))^8=2^8=256$
e) $(2\cdot8)^{\frac{1}{2}}=16^{\frac{1}{2}}=\sqrt{16}=4$
f) $(2\cdot128)^{\frac{1}{2}}=256^{\frac{1}{2}}=\sqrt{256}=16$
g) $(12\cdot3)^{-\frac{1}{2}}=36^{-\frac{1}{2}}=\frac{1}{36^{\frac{1}{2}}}=\frac{1}{\sqrt{36}}=\frac{1}{6}$
h) $(27\cdot3)^{\frac{1}{4}}=81^{\frac{1}{4}}=\sqrt[4]{81}=3$

11 a) $(a\cdot b)^3$
b) $(c\cdot d)^{-2}=\frac{1}{(c\cdot d)^2}$ für $c\neq0$; $d\neq0$
c) $(a\cdot b)^0=1$
d) $(r\cdot s\cdot t)^{-4}=\frac{1}{(r\cdot s\cdot t)^4}$ für $r\neq0$; $s\neq0$, $t\neq0$
e) $\left(a\cdot\frac{1}{a}\right)^4=1^4=1$ für $a\neq0$
f) $\left(z\cdot\frac{2}{z}\right)^{\frac{2}{3}}=2^{\frac{2}{3}}=\sqrt[3]{2^2}=\sqrt[3]{4}$ für $z>0$
g) $\left(\frac{1}{x}\cdot2x\right)^{\frac{1}{2}}=2^{\frac{1}{2}}=\sqrt{2}$ für $x>0$
h) $\left(a\cdot\frac{1}{b}\right)^{\frac{2}{5}}=\left(\frac{a}{b}\right)^{\frac{2}{5}}=\sqrt[5]{\left(\frac{a}{b}\right)^2}$ für $a\geq0$; $b>0$

12 a) $(2\cdot5)^n=10^n$
b) $\left(\frac{1}{2}\cdot\frac{2}{3}\right)^{2n}=\left(\frac{1}{3}\right)^{2n}$
c) $((-4)\cdot(-5))^{m+1}=20^{m+1}$
d) $(2\cdot3)^{z-1}=6^{z-1}$
e) $((-2)\cdot(-5))^{2n+1}=10^{2n+1}$
f) $(a\cdot b)^{3n}$
g) $(3\cdot2)^{u+\frac{2}{3}}=6^{u+\frac{2}{3}}$
h) $(4\cdot2)^{r-0{,}5}$

13 a) $(4\cdot0{,}25\cdot3)^{-3}=3^{-3}=\frac{1}{3^3}=\frac{1}{27}$
b) $(4\cdot2\cdot1{,}25)^5=10^5=100\,000$
c) $\left(6\cdot\frac{2}{3}\cdot\frac{1}{8}\right)^{-4}=\left(\frac{1}{2}\right)^{-4}=2^4=16$
d) $\left(\frac{\sqrt{5}}{4}\cdot\frac{3}{\sqrt{5}}\cdot\frac{1}{2}\right)^7=\left(\frac{3}{8}\right)^7=\frac{2187}{2\,097\,152}$

14 a) Die Umformung ist falsch. Es gibt für die Summe kein Potenzgesetz.
Richtig ist: $2^3+4^3=8+64=72$
b) Die Umformung ist falsch. Es gibt für die Summe kein Potenzgesetz.
Richtig ist: $2^3+2^4=8+16=24$
c) Die Umformung ist richtig. $3^2\cdot3^3=3^{2+3}=3^5$
d) Die Umformung ist falsch. Es gibt für die Differenz kein Potenzgesetz.
Richtig ist: $4^3-4^2=64-16=48$
e) Die Umformung ist falsch. Es gibt für die Summe kein Potenzgesetz.
Richtig ist: $(2+4)^3=6^3=216$
f) Die Umformung ist falsch. Es gibt für die Differenz kein Potenzgesetz.
Richtig ist: $(3-1)^2=2^2=4$

15 $100\cdot10^9\cdot200\cdot10^9=10^2\cdot10^9\cdot2\cdot10^2\cdot10^9=2\cdot10^{22}$
Nach den Schätzungen gibt es m Weltall ungefähr $2\cdot10^{22}$ Sterne.

Potenzieren einer Potenz

Seite 85

16 **a)** (1) $(2^3)^4 = (2\cdot2\cdot2)^4 = (2\cdot2\cdot2)\cdot(2\cdot2\cdot2)\cdot(2\cdot2\cdot2)\cdot(2\cdot2\cdot2) = 2^{12} = 2^{3\cdot4}$

(2) $(3^5)^{-1} = \frac{1}{3^5} = \frac{1}{3}\cdot\frac{1}{3}\cdot\frac{1}{3}\cdot\frac{1}{3}\cdot\frac{1}{3} = 3^{-1}\cdot3^{-1}\cdot3^{-1}\cdot3^{-1}\cdot3^{-1} = 3^{-5} = 3^{5\cdot(-1)}$

(3) $(4^{-2})^{-3} = \left(\frac{1}{4^2}\right)^{-3} = \left(\frac{1}{4}\cdot\frac{1}{4}\right)^{-3} = \left(\frac{1}{4}\right)^{-3}\cdot\left(\frac{1}{4}\right)^{-3} = 4^3\cdot4^3 = 4^6 = 4^{(-2)\cdot(-3)}$

(4) $\left(4^{\frac{2}{3}}\right)^2 = 4^{\frac{2}{3}}\cdot4^{\frac{2}{3}} = 4^{\frac{2}{3}+\frac{2}{3}} = 4^{\frac{4}{3}} = 4^{\frac{2}{3}\cdot2}$

b) Man potenziert eine Potenz, indem man die Exponenten multipliziert und die Basis beibehält.

Für $a \in \mathbb{R}$, $n \in \mathbb{N}^*$, $m \in \mathbb{N}^*$ gilt: $(a^m)^n = a^{m\cdot n}$

Beweis: $(a^m)^n = \underbrace{a^m\cdot a^m\cdot\ldots\cdot a^m}_{n\text{ Faktoren }a^m} = \underbrace{\underbrace{a\cdot a\cdot\ldots\cdot a}_{m\text{ Faktoren }a}\cdot\ldots\cdot\underbrace{a\cdot a\cdot\ldots\cdot a}_{m\text{ Faktoren }a}}_{n\cdot m\text{ Faktoren }a} = a^{m\cdot n}$

Üben

17 **a)** $(2^3)^2 = 2^{3\cdot2} = 2^6 = 64$
b) $(2^4)^3 = 2^{4\cdot3} = 2^{12} = 4096$
c) $(2^4)^2 = 2^{4\cdot2} = 2^8 = 256$
d) $((-3)^2)^2 = (-3)^{2\cdot2} = (-3)^4 = 81$
e) $(-3^2)^2 = ((-1)^2\cdot3^2)^2 = (3^2)^2 = 3^{2\cdot2} = 3^4 = 81$
f) $-(3^2)^2 = -3^{2\cdot2} = -3^4 = -81$
g) $(2^{-3})^{-4} = 2^{(-3)\cdot(-4)} = 2^{12} = 4096$
h) $(-2^2)^5 = (-1)^5\cdot(2^2)^5 = -2^{2\cdot5} = -2^{10} = -1024$
i) $-(2^2)^{-5} = -2^{2\cdot(-5)} = -2^{-10} = -\frac{1}{1024}$
j) $(-1^3)^5 = (-1)^5\cdot(-1)^{3\cdot5} = -1^{15} = -1$
k) $-(1^3)^5 = -1^{3\cdot5} = -1^{15} = -1$
l) $((-1)^3)^5 = (-1)^{3\cdot5} = (-1)^{15} = -1$

18 **a)** $\left(5^{\frac{4}{5}}\right)^{\frac{5}{2}} = 5^{\frac{4}{5}\cdot\frac{5}{2}} = 5^2 = 25$

b) $\left(36^{\frac{3}{4}}\right)^{\frac{2}{3}} = 36^{\frac{3}{4}\cdot\frac{2}{3}} = 36^{\frac{1}{2}} = \sqrt{36} = 6$

c) $\left(49^{-\frac{6}{7}}\right)^{\frac{7}{12}} = 49^{\left(-\frac{6}{7}\right)\cdot\frac{7}{12}} = 49^{-\frac{1}{2}} = \frac{1}{49^{\frac{1}{2}}} = \frac{1}{\sqrt{49}} = \frac{1}{7}$

d) $\left(\left(\frac{1}{4}\right)^{-\frac{2}{3}}\right)^{-\frac{9}{4}} = \left(\frac{1}{4}\right)^{\left(-\frac{2}{3}\right)\left(-\frac{9}{4}\right)} = \left(\frac{1}{4}\right)^{\frac{3}{2}} = \left(\sqrt{\frac{1}{4}}\right)^3 = \left(\frac{1}{2}\right)^3 = \frac{1}{8}$

e) $\left(\left(\frac{4}{9}\right)^{-\frac{3}{4}}\right)^{-\frac{8}{9}} = \left(\frac{4}{9}\right)^{\left(-\frac{3}{4}\right)\left(-\frac{8}{9}\right)} = \left(\frac{4}{9}\right)^{\frac{2}{3}} = \left(\sqrt[3]{\frac{4}{9}}\right)^2 = \sqrt[3]{\left(\frac{4}{9}\right)^2} = \sqrt[3]{\frac{16}{81}}$

f) $\left(\left(\frac{1}{9}\right)^{\frac{3}{5}}\right)^{\frac{5}{6}} = \left(\frac{1}{9}\right)^{\frac{3}{5}\cdot\frac{5}{6}} = \left(\frac{1}{9}\right)^{\frac{1}{2}} = \sqrt{\frac{1}{9}} = \frac{1}{3}$

19 **a)** $x^{3\cdot4} = x^{12}$
b) $a^{3\cdot(-2)} = a^{-6} = \frac{1}{a^6}$ für $a > 0$
c) $z^{(-3)\cdot7} = z^{-21} = \frac{1}{z^{21}}$ für $z \neq 0$
d) $w^{(-2)\cdot(-5)} = w^{10}$ für $w \neq 0$
e) $(-x)^{2\cdot6} = (-x)^{12} = x^{12}$
f) $x^{2\cdot6} = x^{12}$
g) $-x^{2\cdot6} = -x^{12}$
h) $x^{5\cdot\frac{1}{2}} = x^{\frac{5}{2}} = \sqrt{x^5}$ für $x > 0$
i) $x^{\frac{1}{2}\cdot\frac{2}{5}} = x^{\frac{1}{5}} = \sqrt[5]{x}$ für $x > 0$
j) $y^{\frac{3}{2}\cdot\frac{3}{2}} = y^{\frac{9}{4}} = \sqrt[4]{y^9}$ für $y > 0$
k) $a^{\frac{1}{2}\cdot8} = a^4$ für $a > 0$
l) $b^{\frac{1}{3}\cdot(-3)} = b^{-1} = \frac{1}{b}$ für $b > 0$
m) $d^{\frac{2}{5}\cdot\frac{1}{2}} = d^{\frac{1}{5}} = \sqrt[5]{d}$ für $d > 0$
n) $e^{\frac{2}{5}\cdot\frac{5}{4}} = e^{\frac{1}{2}} = \sqrt{e}$ für $e > 0$
o) $a^{\left(-\frac{1}{3}\right)\cdot\frac{3}{2}} = a^{-\frac{1}{2}} = \frac{1}{a^{\frac{1}{2}}} = \frac{1}{\sqrt{a}}$ für $a > 0$
p) $z^{\left(-\frac{2}{7}\right)\cdot\frac{7}{4}} = z^{-\frac{1}{2}} = \frac{1}{z^{\frac{1}{2}}} = \frac{1}{\sqrt{z}}$ für $z > 0$

Seite 85

20 $a^{\frac{m}{n}} = a^{m \cdot \frac{1}{n}} = (a^m)^{\frac{1}{n}} = \sqrt[n]{a^m}$ und $a^{\frac{m}{n}} = a^{\frac{1}{n} \cdot m} = \left(\sqrt[n]{a}\right)^n$ Es gilt also: $\sqrt[n]{a^m} = \left(\sqrt[n]{a}\right)^m$

21 **a)** $b^{\frac{3}{2}} = \sqrt{b^3} = \left(\sqrt{b}\right)^3 = 8$, also $\sqrt{b} = 2$ und damit $b = 2^2 = 4$.
b) $b^{\frac{3}{2}} = \sqrt{b^3} = \left(\sqrt{b}\right)^3 = 125$, also $\sqrt{b} = 5$ und damit. $b = 5^2 = 25$
c) $b^{\frac{7}{3}} = \sqrt[3]{b^7} = \left(\sqrt[3]{b}\right)^7 = 128$, also $\sqrt[3]{b} = 2$ und damit $b = 2^3 = 8$.
d) $b^{\frac{5}{3}} = \sqrt[3]{b^5} = \left(\sqrt[3]{b}\right)^5 = 243$, also $\sqrt[3]{b} = 3$ und damit $b = 3^3 = 27$.
e) $b^{\frac{3}{5}} = \sqrt[5]{b^3} = \left(\sqrt[5]{b}\right)^3 = 8$, also $\sqrt[5]{b} = 2$ und damit $b = 2^5 = 32$.
f) $b^{\frac{3}{4}} = \sqrt[4]{b^3} = \left(\sqrt[4]{b}\right)^3 = 27$, also $\sqrt[4]{b} = 3$ und damit $b = 3^4 = 81$.

22 Keine Lösungen

Das kann ich noch!

A 1) Die Dreiecksungleichung ist erfüllt und das Dreieck ist nach dem Kongruenzsatz sss eindeutig konstruierbar.
2) Das Dreieck ist nach dem Kongruenzsatz wsw eindeutig konstruierbar.
3) Der Winkel β liegt der kürzeren Seite b gegenüber. Das Dreieck ist nicht eindeutig konstruierbar. Es gibt zwei Lösungsdreiecke, die nicht zueinander kongruent sind.
4) Das Dreieck ist nach dem Kongruenzsatz sws eindeutig konstruierbar.

Seite 86

23 **a)** Das Vorzeichen ist positiv, da die positive Zahl 2 potenziert wird.
$(2^{-3})^{-4} = 2^{12} = 4096$
b) Das Vorzeichen ist negativ, da -2^2 negativ ist und $(-2^2)^5$ dann auch negativ ist.
$(-2^2)^5 = (-4)^5 = -1024$
c) Das Vorzeichen ist negativ, da es vor der Potenz steht.
$-(2^2)^5 = -4^5 = 1024$
d) Das Vorzeichen ist negativ, da -1^5 negativ ist und $(-1^5)^7$ dann auch negativ ist.
$(-1^5)^7 = (-1)^7 = -1$
e) Das Vorzeichen ist positiv, da $(-1^5)^7$ negativ ist (siehe Teilaufgabe d) und $-(-1^5)^7$ dann positiv ist. $-(-1^5)^7 = -(-1)^7 = -(-1) = 1$
f) Das Vorzeichen ist negativ, da $(-1)^5$ negativ ist und die Potenz $((-1)^5)^7$ dann auch negativ ist. $((-1)^5)^7 = (-1)^7 = -1$
g) Das Vorzeichen ist positiv, da die positive Zahl 2 potenziert wird.
$((2^{-4})^2)^{-1} = 2^8 = 256$
h) Das Vorzeichen ist positiv, da $(-1)^{-4}$ positiv ist und dann nur noch diese positive Zahl potenziert wird. $(((-1)^{-4})^{-2})^{-10} = (1^{-2})^{-10} = 1^{-10} = 1$
i) Das Vorzeichen ist positiv, da $(-1)^{-3}$ zwar negativ ist, aber $((-1)^{-3})^{-8}$ dann positiv ist und dann nur noch diese positive Zahl potenziert wird.
$(((-1)^{-3})^{-8})^{-1} = ((-1)^{-8})^{-1} = 1^{-1} = 1$
j) Das Vorzeichen ist positiv, da als letzte Rechenoperation mit 2 potenziert wird. $(((-1)^{-3})^{-1})^2 = ((-1)^{-1})^2 = (-1)^2 = 1$

Seite 86

23 **k)** Das Vorzeichen ist positiv, da $((-3)^{-1})$ mit der Zahl 2 potenziert wird und damit positiv ist und dann nur noch diese positive Zahl potenziert wird. $(((-3)^{-1})^2)^3 = \left(\left(\frac{1}{3}\right)^2\right)^3 = \left(\frac{1}{9}\right)^3 = \frac{1}{729}$

l) Das Vorzeichen ist positiv, da -2^{-4} mit der Zahl 2 potenziert wird und damit positiv ist und dann nur noch diese positive Zahl potenziert wird. $((-2^{-4})^2)^{-1} = \left(\left(-\frac{1}{16}\right)^2\right)^{-1} = \left(\frac{1}{256}\right)^{-1} = 256$

24 **a)** Die Behauptung ist falsch. Gegenbeispiel: $2^3 = 8$ und $3^2 = 9$

b) Die Behauptung ist richtig. Nach dem Potenzgesetz für Potenzen gilt: $(a^m)^n = a^{m \cdot n} = a^{n \cdot m} = (a^n)^m$

c) Die Behauptung ist richtig. Nach dem Potenzgesetz für Potenzen gilt: $(a^n)^m = a^{n \cdot m}$

d) Die Behauptung ist falsch. Gegenbeispiel: $2^{2^3} = 2^8 = 256$ und $(2^2)^3 = 4^3 = 64$

Addieren und Subtrahieren von Potenzen

25 **a)** Man kann nur gleichartige Glieder zusammenfassen. Das ist nur bei folgenden Teilaufgaben möglich:

(4) $a^n + a^n = 2a^n$ (8) $a^n - a^n = 0a^n = 0$ (9) $5a^n - a^n = 4a^n$

(10) $2a^n + 4a^n = 6a^n$

b) Eine Summe oder eine Differenz von Potenzen kann man nur vereinfachen, wenn dabei gleichartige Glieder zusammengefasst werden.

26 **a)** $3x^2 + 3x^3$ **b)** $6z^4 - 4z^7$ **c)** $2u^m$ **d)** $2c^2 + 3c^3 + 4c^4$

27 **a)** $a(a^2 + a^3 + 1)$ **b)** $x(x^4 - x + 1)$ **c)** $4x^3(x - 3)$ **d)** $3y^2(5y^3 - 14)$

e) $ab(ab^2 + b - a^4)$ **f)** $3xy^2(3xy^2 - 2z)$

28 **a)** Die Umformung ist falsch. Sören hat den dritten Summanden beim Ausklammern nicht berücksichtigt.

Richtig ist: $p^4 + p^7 + p^2 = p^2(p^2 + p^5 + 1)$

b) Die Umformung ist falsch. Sören hat beim zweiten Summanden den Exponenten beim Ausklammern falsch berechnet.

Richtig ist: $2x^4 + 6x^6 = 2x^2(x^2 + 3x^4)$

c) Die Umformung ist falsch. Sören hat beim Ausklammern den Faktor 4 vor dem ersten Summanden falsch ausgeklammert.

Richtig ist: $4x^2y^3 + 2x^3y^2 = 2x^2y^2(2y + x) = 2x^2y^2(x + 2y)$

d) Die Umformung ist falsch. Sören hat beim Ausklammern den ersten Summanden falsch ausgeklammert.

Richtig ist: $8a^2b^3 - 4a^3b^3 = 4a^2b^2(2b - ab)$

Anwenden der Potenzgesetze von rechts nach links

Seite 87

29 a) Bei den Umformungen wendet man die Potenzgesetze von rechts nach links an, also: $a^{n+m} = a^n + a^m$; $(a \cdot b)^n = a^n \cdot b^n$; $a^{m \cdot n} = (a^m)^n$

b) (1) $(\sqrt{a})^5 = (\sqrt{a})^{2+2+1} = (\sqrt{a})^2 \cdot (\sqrt{a})^2 \cdot (\sqrt{a})^1 = a \cdot a \cdot \sqrt{a} = a^2\sqrt{a}$ für $a \geq 0$

(2) $(a\sqrt{b})^{-2} = \frac{1}{(a\sqrt{b})^2} = \frac{1}{a^2 \cdot (\sqrt{b})^2} = \frac{1}{a^2} \cdot \frac{1}{b} = a^{-2} \cdot b^{-1}$ für $a \neq 0,\ b \geq 0$

(3) $(\sqrt{a})^{10} = (\sqrt{a})^{2 \cdot 5} = ((\sqrt{a})^2)^5 = a^5$ für $a \geq 0$

30 a) $(3 \cdot \sqrt{5})^4 = 3^4 \cdot (\sqrt{5})^4 = 81 \cdot 25 = 2025$

b) $(\sqrt{3} \cdot \sqrt{5})^4 = (\sqrt{3})^4 \cdot (\sqrt{5})^4 = 9 \cdot 25 = 225$

c) $\left(\frac{1}{3} \cdot \sqrt{3}\right)^{-2} = \left(\frac{1}{3}\right)^{-2} \cdot (\sqrt{3})^{-2} = 3^2 \cdot \frac{1}{(\sqrt{3})^2} = 9 \cdot \frac{1}{3} = 3$

d) $(x \cdot y)^{-2} = x^{-2} \cdot y^{-2} = \frac{1}{x^2} \cdot \frac{1}{y^2}$

e) $(3x)^4 = 3^4 \cdot x^4 = 81\,x^4$

f) $(6x \cdot \sqrt{2})^3 = 6^3 \cdot x^3 \cdot (\sqrt{2})^3 = 216 \cdot x^3 \cdot 2 \cdot \sqrt{2} = 432 \cdot \sqrt{2} \cdot x^3$

g) $(-4 \cdot \sqrt{2})^{-2} = (-4)^{-2} \cdot (\sqrt{2})^{-2} = \frac{1}{(-4)^2} \cdot \frac{1}{(\sqrt{2})^2} = \frac{1}{16} \cdot \frac{1}{2} = \frac{1}{32}$

h) $(\sqrt{6} \cdot \sqrt{8})^{-2} = (\sqrt{6})^{-2} \cdot (\sqrt{8})^{-2} = \frac{1}{(\sqrt{6})^2} \cdot \frac{1}{(\sqrt{8})^2} = \frac{1}{6} \cdot \frac{1}{8} = \frac{1}{48}$

i) $(a \cdot \sqrt{2})^{-2} = a^{-2} \cdot (\sqrt{2})^{-2} = \frac{1}{a^2} \cdot \frac{1}{(\sqrt{2})^2} = \frac{1}{a^2} \cdot \frac{1}{2} = \frac{1}{2a^2}$ für $a \neq 0$

j) $(x \cdot y \cdot \sqrt{2})^4 = x^4 \cdot y^4 \cdot (\sqrt{2})^4 = x^4 \cdot y^4 \cdot 4 = 4x^4y^4$

k) $(e \cdot \sqrt{5})^4 = e^4 \cdot (\sqrt{5})^4 = e^4 \cdot 25 = 25\,e^4$

l) $(y \cdot \sqrt{3})^3 = y^3 \cdot (\sqrt{3})^3 = y^3 \cdot 3 \cdot \sqrt{3} = 3 \cdot \sqrt{3} \cdot y^3$

31 a) $(\sqrt{2})^4 = ((\sqrt{2})^2)^2 = 2^2 = 4$

b) $(\sqrt{5})^8 = ((\sqrt{5})^2)^4 = 5^4 = 625$

c) $(\sqrt{7})^{10} = ((\sqrt{7})^2)^5 = 7^5 = 16\,807$

d) $(\sqrt{10})^{12} = ((\sqrt{10})^2)^6 = 10^6 = 1\,000\,000$

e) $\left(\sqrt{\frac{1}{2}}\right)^{10} = \left(\left(\sqrt{\frac{1}{2}}\right)^2\right)^5 = \left(\frac{1}{2}\right)^5 = \frac{1}{32}$

f) $(-\sqrt{3})^6 = ((-\sqrt{3})^2)^3 = 3^3 = 27$

g) $-(\sqrt{5})^8 - -((\sqrt{5})^2)^4 = -5^4 = -625$

h) $-(\sqrt{3})^4 = -((\sqrt{3})^2)^2 = -3^2 = -9$

32 a) $36^5 = (6^2)^5 = 6^{10}$

b) $25^5 = (5^2)^5 = 5^{10}$

c) $100^6 = ((10)^2)^6 = 10^{12}$

d) $10\,000^4 = (10^4)^4 = 10^{16}$

e) $256^2 = (2^8)^2 = 2^{16}$

f) $81^3 = (3^4)^3 = 3^{12}$

g) $64^5 = (2^6)^5 = 2^{30}$

h) $1\,024^5 = (2^{10})^5 = 2^{50}$

33 a) $x^{-n+0} = x^{-n}$

b) x^{m-n}

c) $a^{(n+1)\cdot(-m)} = a^{-mn-m}$

d) $x^{(-n)\cdot(-k)} = x^{kn}$

e) $x^{-n+n+1} = x^1 = x$

f) $y^{-2n-n} = y^{-3n}$

g) $a^{(-3)\cdot(-2)} \cdot b^{(-5)\cdot(-2)} = a^6 b^{10}$

h) $r^{(-3)\cdot(-3)} \cdot s^{(-9)\cdot(-3)} = r^9 s^{27}$

i) $c^{(-2)\cdot(-k)} \cdot d^{(-3)\cdot(-k)} = c^{2k} d^{3k}$

j) $z^{-n+1+2n} = z^{n+1}$

Seite 87

34 **a)** $a^5 \cdot b^5 = (a \cdot b)^5$ $\quad a^5 \cdot a^3 = a^8$ $\quad a^5 b^{-4} = \frac{a^5}{b^4}$

$b^3 \cdot b^5 = b^8$ $\quad b^3 \cdot a^3 = (b \cdot a)^3$ $\quad b^3 \cdot b^{-4} = b^{-1}$

$a^{-4} \cdot b^5$ $\quad a^{-4} \cdot a^3 = a^{-1}$ $\quad a^{-4} b^{-4} = (a \cdot b)^{-4}$

b) $a^{\frac{3}{4}} \cdot b^{\frac{3}{4}} = (a \cdot b)^{\frac{3}{4}}$ $\quad a^{\frac{3}{4}} \cdot b^{\frac{1}{4}}$ $\quad a^{\frac{3}{4}} \cdot b^{-\frac{1}{5}}$

$\sqrt[4]{b} \cdot b^{\frac{3}{4}} = b^{\frac{1}{4}} \cdot b^{\frac{3}{4}} = b^1 = b$ $\quad \sqrt[4]{b} \cdot b^{\frac{1}{4}} = b^{\frac{1}{4}} \cdot b^{\frac{1}{4}} = b^{\frac{1}{2}} = \sqrt{b}$

$\sqrt[4]{b} \cdot b^{-\frac{1}{5}} = b^{\frac{1}{4}} \cdot b^{-\frac{1}{5}} = b^{\frac{1}{4}-\frac{1}{5}} = b^{\frac{1}{20}} = \sqrt[20]{b}$

$a^{-0,2} \cdot b^{\frac{3}{4}} = a^{-\frac{1}{5}} \cdot b^{\frac{3}{4}}$ $\quad a^{-0,2} \cdot b^{\frac{1}{4}} = a^{-\frac{1}{5}} \cdot b^{\frac{1}{4}}$

$a^{-0,2} \cdot b^{-\frac{1}{5}} = a^{-\frac{1}{5}} \cdot b^{-\frac{1}{5}} = (a \cdot b)^{-\frac{1}{5}}$

3.6 Dividieren von Potenzen – Vermischte Übungen

Seite 88
Einstieg

$3^4 : 3^2 = \frac{3 \cdot 3 \cdot 3 \cdot 3}{3 \cdot 3} = 3 \cdot 3 = 3^2 = 3^{4-2}$

$5^2 : 5^2 = \frac{5 \cdot 5}{5 \cdot 5} = 1 = 5^0 = 5^{2-2}$

$\frac{10^{-3}}{5^{-3}} = \frac{\frac{1}{10^3}}{\frac{1}{5^3}} = \frac{1}{\frac{10^3}{5^3}} = \frac{1}{\left(\frac{10}{5}\right)^3} = \left(\frac{10}{5}\right)^{-3}$

$\frac{6^3}{6^5} = \frac{6 \cdot 6 \cdot 6}{6 \cdot 6 \cdot 6 \cdot 6 \cdot 6} = \frac{1}{6 \cdot 6} = 6^{-2} = 6^{3-5}$

$\frac{8^3}{2^3} = \frac{8 \cdot 8 \cdot 8}{2 \cdot 2 \cdot 2} = \frac{8}{2} \cdot \frac{8}{2} \cdot \frac{8}{2} = \left(\frac{8}{2}\right)^3$

Seite 89
Üben

1 **a)** $7^{5-4} = 7^1 = 7$ $\quad$ **b)** $2^{10-9} = 2^1 = 2$

c) $0,5^{8-6} = 0,5^2 = 0,25$ $\quad$ **d)** $7^{2-(-1)} = 7^{2+1} = 7^3 = 343$

e) $(-3)^{9-7} = (-3)^2 = 9$ $\quad$ **f)** $10^{-5-(-5)} = 10^{-5+5} = 10^0 = 1$

g) $3^{-4-(-6)} = 3^{-4+6} = 3^2 = 9$ $\quad$ **h)** $5^{-4} : 5^{-2} = 5^{-4-(-2)} = 5^{-4+2} = 5^{-2} = \frac{1}{25}$

2 **a)** $2^{\frac{1}{2}-\frac{1}{4}} = 2^{\frac{1}{4}} = \sqrt[4]{2}$ $\quad$ **b)** $5^{\frac{1}{4}-\left(-\frac{1}{2}\right)} = 5^{\frac{1}{4}+\frac{1}{2}} = 5^{\frac{3}{4}} = \sqrt[4]{5^3}$

c) $\left(\frac{3}{5}\right)^{\frac{1}{4}-\frac{1}{2}} = \left(\frac{3}{5}\right)^{-\frac{1}{4}} = \left(\frac{5}{3}\right)^4 = \frac{625}{81}$ $\quad$ **d)** $4^{-\frac{1}{2}-\frac{3}{4}} = 4^{-\frac{5}{4}} = \left(\frac{1}{4}\right)^{\frac{5}{4}} = \sqrt[4]{\left(\frac{1}{4}\right)^5}$

e) $\left(\frac{3}{4}\right)^{\frac{1}{5}-\left(-\frac{1}{6}\right)} = \left(\frac{3}{4}\right)^{\frac{1}{5}+\frac{1}{6}} = \left(\frac{3}{4}\right)^{\frac{11}{30}} = \sqrt[30]{\left(\frac{3}{4}\right)^{11}}$ $\quad$ **f)** $\left(\frac{1}{6}\right)^{8-\frac{1}{4}} = \left(\frac{1}{6}\right)^{\frac{31}{4}} = \sqrt[4]{\left(\frac{1}{6}\right)^{31}}$

g) $\left(\frac{2}{3}\right)^{\frac{2}{5}-\frac{3}{5}} = \left(\frac{2}{3}\right)^{-\frac{1}{5}} = \left(\frac{3}{2}\right)^{\frac{1}{5}} = \sqrt[5]{\left(\frac{2}{3}\right)}$ $\quad$ **h)** $6^{-0,25-0,75} = 6^{-1} = \frac{1}{6}$

Seite 89

3 Richtig ist 2^{21}, denn $2^{22} : 2 = 2^{22} : 2^1 = 2^{22-1} = 2^{21}$.

4 **a)** $\left(\frac{24}{12}\right)^5 = 2^5$ $\quad$ **b)** $(15 : 3)^4 = 5^4$

c) $\left(\frac{2}{4}\right)^{-10} = \left(\frac{1}{2}\right)^{-10} = 2^{10}$ $\quad$ **d)** $\left(\frac{34}{17}\right)^5 = 2^5$

e) $\left(\frac{13}{65}\right)^{-4} = \left(\frac{1}{5}\right)^{-4} = 5^4$ $\quad$ **f)** $\left(\frac{1000}{250}\right)^{-4} = 4^{-4} = \left(\frac{1}{4}\right)^4$

g) $\left(\frac{0,75}{0,25}\right)^{-5} = 3^{-5} = \frac{1}{3^5}$ $\quad$ **h)** $(1 : 0,5)^9 = 2^9$

i) $\left(2 : \frac{1}{2}\right)^6 = 4^6$ $\quad$ **j)** $\left(\frac{\left(-\frac{2}{3}\right)}{\left(-\frac{4}{9}\right)}\right)^4 = \left(\left(-\frac{2}{3}\right) \cdot \left(-\frac{9}{4}\right)\right)^4 = \left(\frac{3}{2}\right)^4$

k) $\left(\frac{+1}{-1}\right)^{20} = (-1)^{20} = 1$ $\quad$ **l)** $\left(\frac{\frac{3}{4}}{\frac{1}{4}}\right)^{-3} = 3^{-3} = \frac{1}{3^3}$

Seite 89

4 m) $\left(\frac{\left(-\frac{1}{6}\right)}{6}\right)^{-4} = \left(-\frac{1}{36}\right)^{-4} = 36^4$

n) $\left(\frac{\frac{3}{4}}{\frac{4}{3}}\right)^{-3} = \left(\frac{3}{4}\cdot\frac{3}{4}\right)^{-3} = \left(\frac{9}{16}\right)^{-3} = \left(\frac{16}{9}\right)^3$

o) $\left(\frac{4}{2}\right)^{\sqrt{3}} = 2^{\sqrt{3}}$

p) $\left(\frac{5}{2}\right)^{0,5} = 2{,}5^{0,5} = 2{,}5^{\frac{1}{2}} = \sqrt{2{,}5}$

q) $\left(\frac{\frac{2}{5}}{\frac{5}{6}}\right)^{-2} = \left(\frac{2}{5}\cdot\frac{6}{5}\right)^{-2} = \left(\frac{12}{25}\right)^{-2} = \left(\frac{25}{12}\right)^2$

r) $\frac{7^0}{5^0} = \left(\frac{7}{5}\right)^0 = 1$

5 a) $(75:3)^{\frac{1}{2}} = 25^{\frac{1}{2}} = \sqrt{25} = 5$

b) $16^{\frac{3}{4}-\frac{1}{2}} = 16^{\frac{1}{4}} = \sqrt[4]{16} = 2$

c) $(192:3)^{-\frac{1}{6}} = 64^{-\frac{1}{6}} = \frac{1}{64^{\frac{1}{6}}} = \frac{1}{\sqrt[6]{64}} = \frac{1}{2}$

d) $8^{1,5-0,5} = 8^1 = 8$

Seite 90

6 a) $a^{2-(-4)} = a^{2+4} = a^6$ für $a \neq 0$

b) $x^{-3-6} = x^{-9} = \frac{1}{x^9}$ für $x \neq 0$

c) $(a:\sqrt{a})^3 = (\sqrt{a})^3 = a^{\frac{3}{2}}$ für $a > 0$

d) $c^{5-3} = c^2$ für $c \neq 0$

e) $y^{-6-(-3)} = y^{-6+3} = y^{-3}$ für $y \neq 0$

f) $z^{-9-(-7)} = z^{-9+7} = z^{-2}$ für $z \neq 0$

g) $b^{-2-0} = b^{-2}$ für $b \neq 0$

h) $\left(\frac{a\cdot b}{a\cdot\sqrt{b}}\right)^5 = (\sqrt{b})^5 = b^{\frac{5}{2}}$ für $a \neq 0$ und $b > 0$

i) $(a\cdot b)^{-5-(-7)} = (a\cdot b)^{-5+7} = (a\cdot b)^2$ für $a \neq 0$ und $b \neq 0$

j) $\left(\frac{a\cdot\sqrt{2}}{a}\right)^{-4} = (\sqrt{2})^{-4} = \frac{1}{(\sqrt{2})^4} = \frac{1}{4}$ für $a \neq 0$

k) $(x+y)^{2-7} = (x+y)^{-5} = \frac{1}{(x+y)^5}$ für $(x+y) \neq 0$

l) $(x+\sqrt{5})^{7-(-1)} = (x+\sqrt{5})^{7+1} = (x+\sqrt{5})^8$ für $x \neq -\sqrt{5}$

7 Man kann die Division durch eine Zahl durch die Multiplikation mit dem Kehrwert dieser Zahl ersetzen und dann die Potenzgesetze für die Multiplikation anwenden.
$5^4 : 5^2$ hier als Beispiel:
Mit dem Potenzgesetzen für die Division: $5^4 : 5^2 = 5^{4-2} = 5^2$
Mit dem Potenzgesetzen für die Multiplikation:
$5^4 : 5^2 = 5^4 \cdot \frac{1}{5^2} = 5^4 \cdot 5^{-2} = 5^{4+(-2)} = 5^{4-2} = 5^2$

Vermischte Übungen

8 $x^{12} = x^9 \cdot x^3 = x^{-12} \cdot x^{24} = x^{24} \cdot x^{-12} = (x^6)^2 = (x^{-3})^{-4}$

9 a) $u^{2-3} = u^{-1}$

b) $r^{(-2)\cdot(-3)} = r^6$

c) $(v \cdot w)^3$

d) $\left(\frac{r}{s}\right)^{-3}$

e) $x^{\frac{3}{2}-\frac{1}{2}} = x^1 = x$

f) $\left(\frac{a+b}{c+d}\right)^{-2}$

g) $(1 - 2u^{-2} + u^{-2\cdot 2}) \cdot u^2 = u^2 - 2u^{-2+2} + u^{-4+2} = u^2 - 2 + u^{-2}$

h) $(a \cdot b)^{2n-1}$

Seite 90

10 a) $b^{-2+1+0,5} = b^{-0,5} = b^{-\frac{1}{2}} = \frac{1}{\sqrt{b}}$

b) $(-1)^{4+2} = (-1)^6 = 1$

c) $\left(2\cdot\left(-\frac{1}{2}\right)\right)^3 = (-1)^3 = -1$

d) $\left(-\frac{1}{2}\right)^{-4+3} = \left(-\frac{1}{2}\right)^{-1} = -2$

e) $z^{4\cdot 2,5} = z^{10}$

f) $(-x)^{2\cdot 6} = (-x)^{12} = x^{12}$

g) $2\cdot 3x^{2+1+0+(-3)} = 6x^0 = 6$

h) $a^{-2}\cdot b^{-2}\cdot a^2 = a^{-2+2}\cdot b^{-2} = b^{-2} = \frac{1}{b^2}$

i) $\frac{1}{(a\cdot\sqrt{2})^2} = \frac{1}{a^2(\sqrt{2})^2} = \frac{1}{a^2\cdot 2} = \frac{1}{2a^2}$

j) $(uv)^0 = 1$

k) $-x^{2\cdot 6} = -x^{12}$

l) $(x^2)^6 = x^{2\cdot 6} = x^{12}$

m) $x^{3\cdot 4} - x^{12} = x^{12} - x^{12} = 0$

o) $a^{3\cdot(-2)} - a^{-2\cdot 3} = a^{-6} - a^{-6} = 0$

p) $3^4\cdot x^4 - 27x^4 = 81x^4 - 27x^4 = 54x^4$

q) $a^4\cdot(\sqrt{2})^4 - 8a^4 = a^4\cdot 4 - 8a^4 = -4a^4$

11 a) Merle benutzt das Potenzgesetz für Potenzen mit gleichem Exponenten und Mailo benutzt das Potenzgesetz für Potenzen mit gleicher Basis.

b) (1) $2^4\cdot 2^4 = (2\cdot 2)^4 = 4^4 = 256$ und $2^4\cdot 2^4 = 2^{4+4} = 2^8 = 256$

(2) $5^3\cdot 5^3 = (5\cdot 5)^3 = 25^3 = 15625$ und $5^3\cdot 5^3 = 5^{3+3} = 5^6 = 15625$

(3) $a^2\cdot a^2 = (a\cdot a)^2 = (a^2)^2 = a^{2\cdot 2} = a^4$ und $a^2\cdot a^2 = a^{2+2} = a^4$

(4) $b^{\frac{1}{2}}\cdot b^{\frac{1}{2}} = (b\cdot b)^{\frac{1}{2}} = (b^2)^{\frac{1}{2}} = b^{2\cdot\frac{1}{2}} = b^1 = b$ und $b^{\frac{1}{2}}\cdot b^{\frac{1}{2}} = b^{\frac{1}{2}+\frac{1}{2}} = b^1 = b$

12 Beispiele: $(2^3)^2 = 2^{3\cdot 2} = 2^6 = 64$ oder $(2^3)^2 = 2^3\cdot 2^3 = 2^{3+3} = 2^6$

$((-2)^2)^4 = (-2)^{2\cdot 4} = (-2)^8 = 256$ und

$((-2)^2)^4 = (-2)^2\cdot(-2)^2\cdot(-2)^2\cdot(-2)^2 = (-2)^{2+2+2+2} = (-2)^8 = 256$

$\left(\left(\frac{1}{2}\right)^2\right)^3 = \left(\frac{1}{2}\right)^{2\cdot 3} = \left(\frac{1}{2}\right)^6 = \frac{1}{64}$ und $\left(\left(\frac{1}{2}\right)^2\right)^3 = \left(\frac{1}{2}\right)^2\cdot\left(\frac{1}{2}\right)^2\cdot\left(\frac{1}{2}\right)^2 = \left(\frac{1}{2}\right)^{2+2+2} = \left(\frac{1}{2}\right)^6 = \frac{1}{64}$

Allgemein gilt: $(a^n)^m = a^{n\cdot m}$ und $(a^n)^m = \underbrace{a^n\cdot a^n\cdot\ldots\cdot a^n\cdot a^n}_{m \text{ Faktoren } a^n} = a^{\overbrace{n+n+\ldots+n+n}^{m \text{ Summanden } n}} = a^{n\cdot m}$

13

a) $(5^2)^x = 5^{2x} = 5^6$, also $2x = 6$ und damit $x = 3$.	$(5^2)^3 = 5^6$
b) $(7^x)^3 = 7^{3x} = 7^9$, also $3x = 9$ und damit $x = 3$.	$(7^3)^3 = 7^9$
c) $b^x\cdot b^4 = b^{x+4} = b^2$, also $x + 4 = 2$ und damit $x = -2$.	$b^{-2}\cdot b^4 = b^2$
d) $(4^2)^x = 4^{2x} = 16 = 4^2$, also $2x = 2$ und damit $x = 1$.	$(4^2)^1 = 16$
e) $(2\cdot 5)^6 = 10^6 = 100^x = (10^2)^x = 10^{2x}$, also $6 = 2x$ und damit $x = 3$.	$(2\cdot 5)^6 = 100^3$
f) $a^{-3}\cdot a^x = a^{-3+x} = a^6$, also $x - 3 = 6$ und damit $x = 9$.	$a^{-3}\cdot a^9 = a^6$
g) $(z^3)^x = z^{3\cdot x} = z^{3\cdot q}$, also $3x = 3q$ und damit $x = q$.	$(z^3)^q = z^{3\cdot q}$
h) $(5^{-2})^x = 5^{-2x} = 25 = 5^2$, also $-2x = 2$ und damit $x = -1$.	$(5^{-2})^{-1} = 25$

3.7 Wurzelgesetze

Seite 91

Üben

1 a) $\sqrt[3]{6\cdot 36} = \sqrt[3]{216} = 6$

b) $\sqrt[2]{12\cdot 3} = \sqrt[2]{36} = 6$

c) $\sqrt[5]{4\cdot 8} = \sqrt[5]{32} = 2$

d) $\sqrt[2]{2\cdot x\cdot 8\cdot x} = \sqrt[2]{16x^2} = \sqrt[2]{16}\cdot\sqrt[2]{x^2} = 4\cdot x$ für $x \geq 0$

e) $\sqrt[2]{3\cdot 27} = \sqrt[2]{81} = 9$

f) $\sqrt[2]{45\cdot 5} = \sqrt[2]{225} = 15$

g) $\sqrt[4]{27\cdot 3} = \sqrt[4]{81} = 3$

h) $\sqrt[3]{250\cdot 4} = \sqrt[3]{1\,000} = 10$

Seite 91
Üben

2 a) $\sqrt[3]{\frac{3}{375}} = \sqrt[3]{\frac{1}{125}} = \frac{1}{5}$

b) $\sqrt[5]{\frac{96}{3}} = \sqrt[5]{32} = 2$

c) $\sqrt[2]{\frac{x^3}{x}} = \sqrt[2]{x^2} = x$ für $x > 0$

d) $\sqrt[2]{\frac{a}{3b} \cdot \frac{27a}{b^3}} = \sqrt[2]{\frac{9a^2}{b^4}} = \frac{3a}{b^2}$ für $a > 0$ und $b > 0$

e) $\sqrt[4\cdot 3]{2^{12}} = \sqrt[12]{2^{12}} = 2$

f) $\sqrt[2\cdot 3]{64} = \sqrt[6]{64} = 2$

g) $\sqrt[3\cdot 2]{\frac{1}{729}} = \sqrt[6]{\frac{1}{729}} = \frac{1}{3}$

h) $\sqrt[4\cdot 2]{6561\,x^8} = \sqrt[8]{6561\,x^8} = \sqrt[8]{6561} \cdot \sqrt[8]{x^8} = 3 \cdot x$

Seite 92

3 a) $\sqrt[3]{a^2} \cdot \sqrt[3]{a^{\blacksquare}} = \sqrt[3]{a^2 \cdot a^{\blacksquare}} = \sqrt[3]{a^{2+\blacksquare}} = \sqrt[3]{a^6}$, also $2 + \blacksquare = 6$ und damit $\blacksquare = 4$.

$\sqrt[3]{a^2} \cdot \sqrt[3]{a^4} = \sqrt[3]{a^6}$

b) $\sqrt[24]{a^{\blacksquare\cdot 3}} = \sqrt[4]{a^6} = \sqrt[4]{\sqrt[6]{(a^6)^6}} = \sqrt[4\cdot 6]{a^{36}} = \sqrt[24]{a^{36}}$, also $\blacksquare \cdot 3 = 36$ und damit $\blacksquare = 12$.

$\sqrt[24]{a^{12\cdot 3}} = \sqrt[4]{a^6}$

c) $\sqrt[2]{\sqrt[\blacksquare]{64}} = \sqrt[\blacksquare]{\sqrt[2]{64}} = \sqrt[\blacksquare]{8} = 2 = \sqrt[3]{8}$, also $\blacksquare = 3$

$\sqrt[2]{\sqrt[3]{64}} = 2$

d) $\frac{\sqrt[4]{64 \cdot x^8}}{\sqrt[4]{\blacksquare \cdot x^2}} = \sqrt[4]{\frac{64 \cdot x^8}{\blacksquare \cdot x^2}} = \sqrt[4]{\frac{64}{\blacksquare} \cdot x^6} = 2x = \sqrt[4]{16x^4}$, also

$\frac{64}{\blacksquare} \cdot x^6 = 16x^4 \quad | \cdot \blacksquare$

$64x^6 = 16x^4 \cdot \blacksquare \quad | : (16x^4)$

$4x^2 = \blacksquare$

$\frac{\sqrt[4]{64 \cdot x^8}}{\sqrt[4]{4x^2 \cdot x^2}} = 2x$

4 Man kann eine Wurzel als Potenz schreiben: $\sqrt[m]{a^n} = a^{\frac{n}{m}}$

$\sqrt[3]{4} \cdot \sqrt[3]{16}$ als Beispiel:

Mit dem Wurzelgesetzen: $\sqrt[3]{4} \cdot \sqrt[3]{16} = \sqrt[3]{4 \cdot 16} = \sqrt[3]{64}$

Mit dem Potenzgesetzen: $\sqrt[3]{4} \cdot \sqrt[3]{16} = 4^{\frac{1}{3}} \cdot 16^{\frac{1}{3}} = (4 \cdot 16)^{\frac{1}{3}} = 64^{\frac{1}{3}} = \sqrt[3]{64}$

5 a) $\sqrt[3]{54} \cdot \sqrt[3]{0{,}5} = \sqrt[3]{54 \cdot 0{,}5} = \sqrt[3]{27} = 3$

b) $\sqrt[8]{2} : \sqrt[4]{2} = 2^{\frac{1}{8}} : 2^{\frac{1}{4}} = 2^{\frac{1}{8} - \frac{1}{4}} = 2^{-\frac{1}{8}} = \frac{1}{\sqrt[8]{2}}$

c) $\sqrt{\sqrt{16}} = \sqrt[2\cdot 2]{16} = \sqrt[4]{16} = 2$

d) $\frac{\sqrt[3]{500}}{\sqrt[3]{4}} = \sqrt[3]{\frac{500}{4}} = \sqrt[3]{125} = 5$

e) $\sqrt{3} \cdot \sqrt{27} = \sqrt{3 \cdot 27} = \sqrt{81} = 9$

f) $\sqrt{\sqrt[3]{729}} = \sqrt[2\cdot 3]{729} = \sqrt[6]{729} = 3$

g) $\sqrt{\sqrt{625}} = \sqrt[2\cdot 2]{625} = \sqrt[4]{625} = 5$

h) $\sqrt[4]{\sqrt[3]{4096}} = \sqrt[4\cdot 3]{4096} = \sqrt[12]{4096} = 2$

6 a) $\sqrt[3]{\frac{64}{1000}} = \frac{\sqrt[3]{64}}{\sqrt[3]{1000}} = \frac{4}{10} = \frac{2}{5}$

b) $\sqrt[4]{\frac{16}{81}} = \frac{\sqrt[4]{16}}{\sqrt[4]{81}} = \frac{2}{3}$

c) $\sqrt[5]{\frac{32}{3125}} = \frac{\sqrt[5]{32}}{\sqrt[5]{3125}} = \frac{2}{5}$

d) $\sqrt[6]{\frac{64}{729}} = \frac{\sqrt[6]{64}}{\sqrt[6]{729}} = \frac{2}{3}$

7 Volumen V des kleinen Würfels: $V = a^3$

Grundflächeninhalt G des großen Würfels: $G = (2a)^2 = 4a^2$

Höhe h des Wassers im großen Würfel: $h = V : G = a^3 : 4a^2 = \frac{1}{4} \cdot a^3 : a^2 = \frac{1}{4} \cdot a^{3-2} = \frac{1}{4}a$

Das Wasser steht im großen Würfel $\frac{1}{4}a$ hoch.

Seite 92

8 $\sqrt[3]{48} = \sqrt[3]{8 \cdot 6} = \sqrt[3]{8} \cdot \sqrt[3]{6} = 2 \cdot \sqrt[3]{6}$

(1) 16 ist falsch. (2) $\sqrt[3]{8} \cdot \sqrt[3]{4} = 2 \cdot \sqrt[3]{4}$ ist falsch. (3) $4 \cdot \sqrt[3]{6}$ ist falsch.

(4) $2 \cdot \sqrt[3]{6}$ ist richtig. (5) $48^{\frac{1}{3}}$ ist richtig, denn $48^{\frac{1}{3}} = \sqrt[3]{48}$.

9 a) $\left(\frac{\sqrt{5}}{3}\right)^3 = \frac{(\sqrt{5})^3}{3^3} = \frac{(\sqrt{5})^2 \cdot \sqrt{5}}{27} = \frac{5 \cdot \sqrt{5}}{27} = \frac{5}{27}\sqrt{5}$

b) $\left(\frac{\sqrt{3}}{-2}\right)^5 = \frac{(\sqrt{3})^5}{(-2)^5} = \frac{(\sqrt{3})^4 \cdot \sqrt{3}}{-32} = \frac{9 \cdot \sqrt{3}}{-32} = -\frac{9}{32}\sqrt{3}$

c) $\left(\frac{-4}{\sqrt{2}}\right)^{-2} = \left(\frac{\sqrt{2}}{-4}\right)^2 = \frac{(\sqrt{2})^2}{(-4)^2} = \frac{2}{16} = \frac{1}{8}$

d) $\left(\frac{\sqrt{3}}{\sqrt{5}}\right)^4 = \frac{(\sqrt{3})^4}{(\sqrt{5})^4} = \frac{9}{25}$

e) $\left(\frac{x \cdot \sqrt{2}}{y \cdot \sqrt{3}}\right)^2 = \frac{(x \cdot \sqrt{2})^2}{(y \cdot \sqrt{3})^2} = \frac{x^2 \cdot (\sqrt{2})^2}{y^2 \cdot (\sqrt{3})^2} = \frac{x^2 \cdot 2}{y^2 \cdot 3} = \frac{2}{3}x^2y^2$

f) $\left(\frac{x \cdot \sqrt{2}}{y \cdot \sqrt{5}}\right)^{-4} = \left(\frac{y \cdot \sqrt{5}}{x \cdot \sqrt{2}}\right)^4 = \frac{y^4 \cdot (\sqrt{5})^4}{x^4 \cdot (\sqrt{2})^4} = \frac{y^4 \cdot 25}{x^4 \cdot 4} = \frac{25y^4}{4x^4}$

g) $\left((\sqrt{2} \cdot \sqrt{3})^4\right)^2 = \left((\sqrt{2})^4 \cdot (\sqrt{3})^4\right)^2 = (4 \cdot 9)^2 = 36^2 = 1\,296$

h) $x^{\frac{1}{2}} \cdot y^{\frac{3}{4}} = x^{\frac{1}{2}} \cdot y^{\frac{1}{2}} \cdot y^{\frac{1}{4}} = (x \cdot y)^{\frac{1}{2}} \cdot y^{\frac{1}{4}} = \sqrt{x \cdot y} \cdot \sqrt[4]{y}$

10 $\sqrt[n]{a} \cdot \sqrt[n]{b} = a^{\frac{1}{n}} \cdot b^{\frac{1}{n}} = (a \cdot b)^{\frac{1}{n}} = \sqrt[n]{a \cdot b}$

Das kann ich noch!

A Für $a = 3$, $b = 4$ und $c = 5$ liegt der rechte Winkel bei C, also $\gamma = 90°$. Die Winkel α und β kann man mithilfe des Sinus berechnen.

$\sin(\alpha) = \frac{a}{c} = \frac{3}{5} = 0{,}6$, also $\alpha = \sin^{-1}(0{,}6) \approx 36{,}9°$.

$\sin(\beta) = \frac{b}{c} = \frac{4}{5} = 0{,}8$, also $\beta = \sin^{-1}(0{,}8) \approx 53{,}1°$.

Fokus: Stimmung einer Tonleiter

Seite 93

1 a) $c \xrightarrow{\cdot\frac{9}{8}} d \xrightarrow{\cdot\frac{9}{8}} e \xrightarrow{\cdot\frac{256}{243}} f \xrightarrow{\cdot\frac{9}{8}} g \xrightarrow{\cdot\frac{9}{8}} a \xrightarrow{\cdot\frac{9}{8}} h \xrightarrow{\cdot\frac{256}{243}} c'$

Bei einem Ganztonschritt wird die Frequenz mit $\frac{9}{8}$ vervielfacht, bei einem Halbtonschritt mit $\frac{256}{243}$.

b) Für die nicht in der Tonleiter enthaltenen Halbtonschritte müsste gelten

$\xrightarrow{\cdot\frac{9}{8}}$ = $\xrightarrow[\cdot h_s]{} \xrightarrow[\cdot h_s]{}$, also $h_s^2 = \frac{9}{8}$, also $h_s = \frac{3}{\sqrt{8}} = \frac{3}{2\sqrt{2}} \neq \frac{256}{243}$.

Näherungswerte sind $\frac{256}{243} = 1{,}054\ ...$ und $\frac{3}{2\sqrt{2}} = 1{,}060\ ...$

Seite 93

2 a) $h_s^{12} = 2$, also $h_s = \sqrt[12]{2} = 1{,}059\ ...$

b)

Ton	c	d	e	f	g	a	h	c'
ν_{Pyth} (in Hz)	260,7	293,3	330	347,7	391,1	440	495	521,5
ν_{Wohl} (in Hz)	261,6	293,7	329,6	349,2	392,0	440	493,9	523,3

3 Die reine Stimmung hat ausgehend von der Frequenz ν des Grundtones c folgende Frequenzen.

Ton	c	d	e	f	g	a	h	c'
Frequenz	ν	$\frac{9}{8}\nu$	$\frac{5}{4}\nu$	$\frac{4}{3}\nu$	$\frac{3}{2}\nu$	$\frac{5}{3}\nu$	$\frac{15}{8}\nu$	2ν

4. Wachstumsprozesse – Exponentialfunktionen

Seite 97
Einstiegsseite

Zeit x (in Tagen)	0	3	6	9	12	15	18	21	24
Größe der bedeckten Fläche (in m^2)	$\frac{1}{2}$	1	2	4	8	16	32	64	128

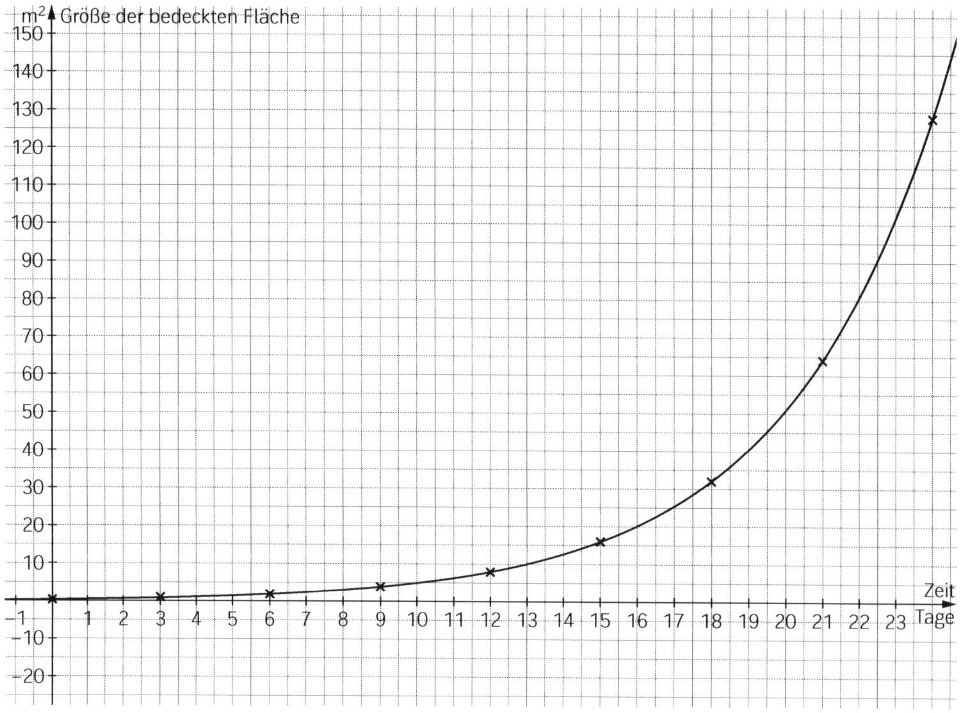

4.1 Exponentielles Wachstum

Seite 98
Einstieg

Man kann für das Anwachsen der Mitgliederzahlen bis Januar 2023 eine Tabelle anlegen und dann die Werte grafisch darstellen, um das Wachstum noch besser vergleichen zu können.

Monat	Mitgliederzahl „Kennst-du-den?“	Mitgliederzahl „WING“
Januar 2023	500	50
Februar 2023	700	75
März 2023	900	113
April 2023	1 100	170
Mai 2023	1 300	255
Juni 2023	1 500	383
Juli 2023	1 700	575
August 2023	1 900	863
September 2023	2 100	1 295
Oktober 2023	2 300	1 943
November 2023	2 500	2 915
Dezember 2023	2 700	4 373
Januar 2024	2 900	6 560

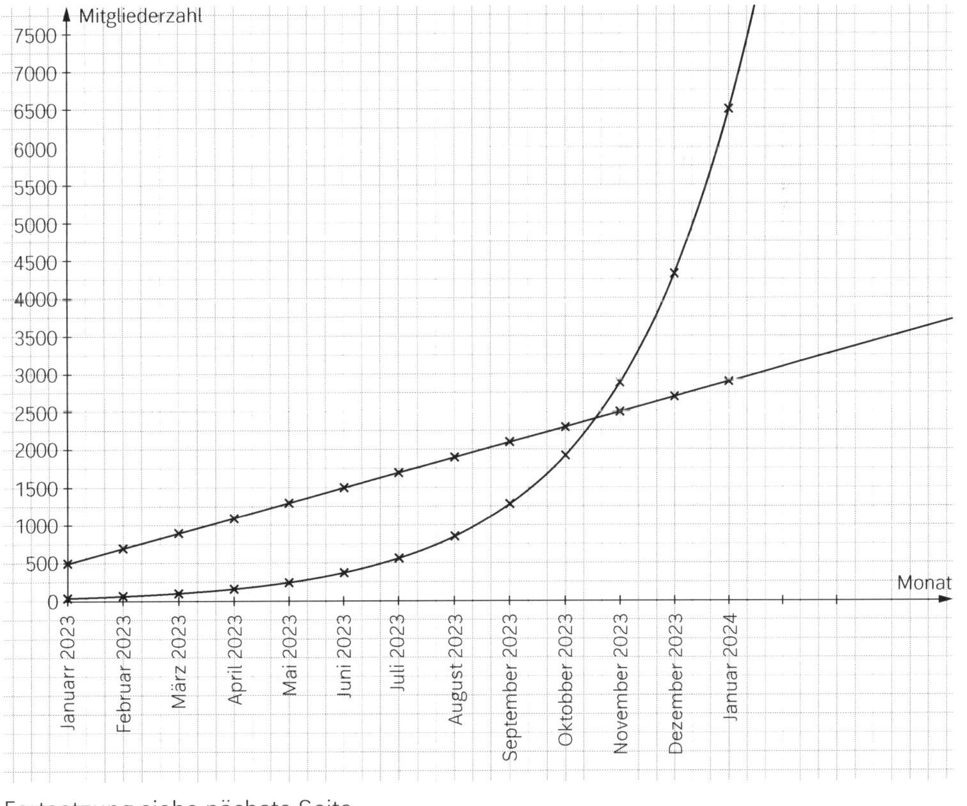

Fortsetzung siehe nächste Seite.

Seite 98
Einstieg

Fortsetzung
Der Tabelle und der Grafik kann man entnehmen, dass die Mitgliederzahl von „WING" ab dem Zeitraum Oktober/November 2023 größer ist als die Mitgliederzahl von „Kennst-du-den?" und danach dann wesentlich schneller zunimmt.
Man erkennt folgende Funktionsgleichungen für die Anzahl x der Monate und der Anzahl y der Mitglieder, wobei der Januar 2023 der Monat 0 ist.
„Kennst-du-den?": $y = 500 + 200 \cdot x = 200x + 500$ „WING": $y = 50 \cdot 1{,}5^x$
Mit den Funktionsgleichungen kann man die Anzahl der Mitglieder im Januar 2024 für $x = 12$ direkt berechnen.
„Kennst-du-den?": $y = 500 + 200 \cdot 12 = 2\,900$ „WING": $y = 50 \cdot 1{,}5^{12} \approx 6\,487$
Die Abweichung bei „WING" zur Tabelle oben ist entstanden, da in der Tabelle schon vorher Werte gerundet wurden.

Seite 100
Üben

1 In der Grafik rechts wird das Wachstum der Algenfläche verdeutlicht.

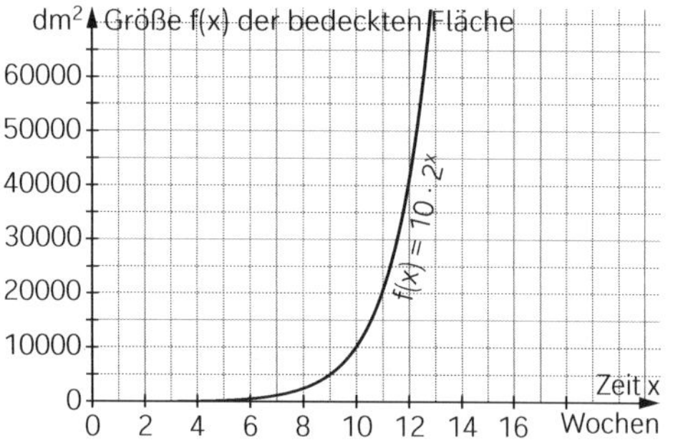

a) Nach 4 Wochen hat sich die Fläche um den Faktor $2^4 = 16$ vergrößert.
Nach 6 Wochen hat sich die Fläche um den Faktor $2^6 = 64$ vergrößert.
Nach 8 Wochen hat sich die Fläche um den Faktor $2^8 = 256$ vergrößert.
Nach 10 Wochen hat sich die Fläche um den Faktor $2^{10} = 1\,024$ vergrößert.

b) Für die Größe f(x) der Algenfläche (in dm²) erhält man:
Nach 9 Wochen: $f(9) = 10 \cdot 2^9 = 5\,120$
Nach 10 Wochen: $f(10) = 10 \cdot 2^{10} = 10\,240$
Nach 11 Wochen: $f(11) = 10 \cdot 2^{11} = 20\,480$

c) Für die Größe f(x) der Algenfläche (in dm²) erhält man:
Nach $\frac{1}{4}$ Woche: $f\left(\frac{1}{4}\right) = 10 \cdot 2^{\frac{1}{4}} \approx 11{,}9$
Nach 1 Tag also $\frac{1}{7}$ Woche: $f\left(\frac{1}{7}\right) = 10 \cdot 2^{\frac{1}{7}} \approx 11{,}0$

d) Nach 10 Wochen hat sich die Fläche um den Faktor $2^{10} = 1\,024$ vergrößert. Die Fläche hat sich ungefähr vertausendfacht.

Seite 100

2 **a)** f: *Zeit (in Wochen)* → *Seegröße (in m²)*
g: *Zeit (in Wochen)* → *Algenfläche (in m²)*
Für die Zeit x (in Wochen) erhält man folgende Wertetabellen.
Tabelle für f:

+1 +1 +1 +1 +1

Zeit x (in Wochen)	0	1	2	3	4	5
Seegröße (in m²)	1 200	1 900	2 600	3 300	4 000	4 700

+700 +700 +700 +700 +700

+1 +1 +1 +1 +1

Zeit x (in Wochen)	5	6	7	8	9	10
Seegröße (in m²)	4 700	5 400	6 100	6 800	7 500	8 200

+700 +700 +700 +700 +700

Die Größe des Sees wächst linear, da immer der Summand 700 m² addiert wird. Der Funktionsterm ist $f(x) = 1\,200 + 700x = 700x + 1\,200$.
Tabelle für g:

+1 +1 +1 +1 +1

Zeit x (in Wochen)	0	1	2	3	4	5
Algenfläche (in m²)	1	3	9	27	84	243

·3 ·3 ·3 ·3 ·3

+1 +1 +1 +1 +1

Zeit x (in Wochen)	5	6	7	8	9	10
Algenfläche (in m²)	243	729	2 187	6 561	19 683	59 049

·3 ·3 ·3 ·3 ·3

Die Algenfläche wächst exponentiell, da immer mit dem gleichen Faktor 3 multipliziert wird. Der Funktionsterm ist $g(x) = 3^x$.

b) Man kann an den Graphen ungefähr ablesen, wann die Algenfläche genauso groß ist wie die Seegröße, also der See ganz mit Algen bedeckt ist:
Nach gut 8 Wochen ist der ganze See mit Algen bedeckt.

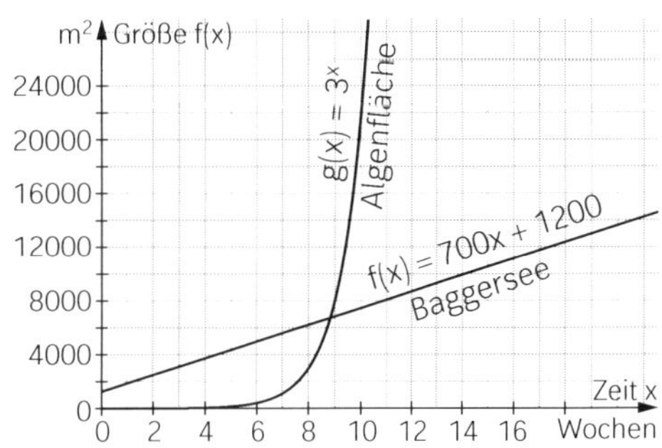

Seite 101

3 **a)** Dem Prozess liegt ein exponentielles Wachstum zugrunde. Der Funktionsterm für die Zeit x (in Tagen) und das Volumen f(x) einer Hefekultur (in cm^3) ist $f(x) = 3^x$. Man kann die fehlenden Werte in der Tabelle ergänzen und an der Tabelle den Funktionsterm überprüfen.

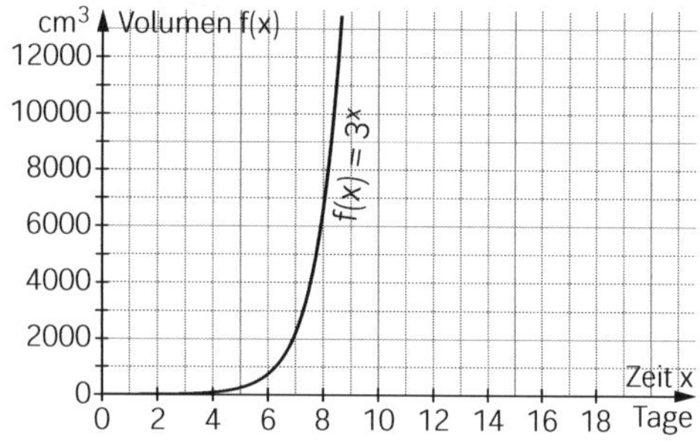

x	0	1	2	3	4
f(x)	1	3	9	27	81

x	5	6	7	8
f(x)	243	729	2187	6561

b) Dem Prozess liegt ein lineares Wachstum zugrunde. Der Funktionsterm für die Zeit x (in Tagen) und der Füllhöhe h(x) eines Wasserbeckens (in cm) ist $h(x) = 26x$.
Man kann die fehlenden Werte in der Tabelle ergänzen und an der Tabelle den Funktionsterm überprüfen.

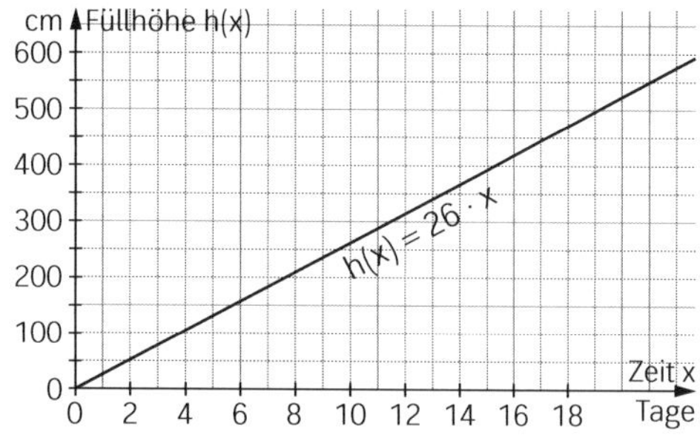

x	0	1	2	3	4
h(x)	0	26	52	78	104

x	5	6	7	8
h(x)	130	156	182	208

c) Dem Prozess liegt ein exponentielles Wachstum zugrunde. Der Funktionsterm für die Zeit x (in Tagen) und der Anzahl i(x) der infizierten Personen ist $i(x) = 4^x$.
Man kann die fehlenden Werte in der Tabelle ergänzen und an der Tabelle den Funktionsterm überprüfen.

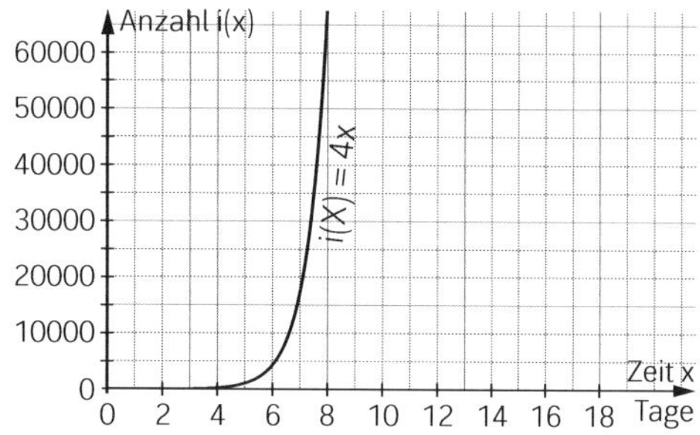

x	0	1	2	3	4
i(x)	1	4	16	64	216

x	5	6	7	8
i(x)	1024	4096	16384	65536

4 Die Algenfläche wird jeden Tag mit dem Faktor e vergrößert, in 5 Tagen also mit dem Faktor e^5. Da sich die Algenfläche in 5 Tagen verdoppelt, gilt $e^5 = 2$, also $e = \sqrt[5]{2}$.
Das exponentielle Wachstum wird beschrieben durch $y = \left(\sqrt[5]{2}\right)^x$ für die Anzahl x der Tage.

Proportionales Wachstum

Seite 101

5 a) In einer Minute fließen 0,75 l Wasser aus.

Zeit x (in min)	Wassermenge f(x) (in l)
0	0
1	0,75
2	1,5
3	2,25
4	3
5	3,75
6	7,5
7	5,25
8	6
9	6,75
10	7,5
11	7,25
12	9

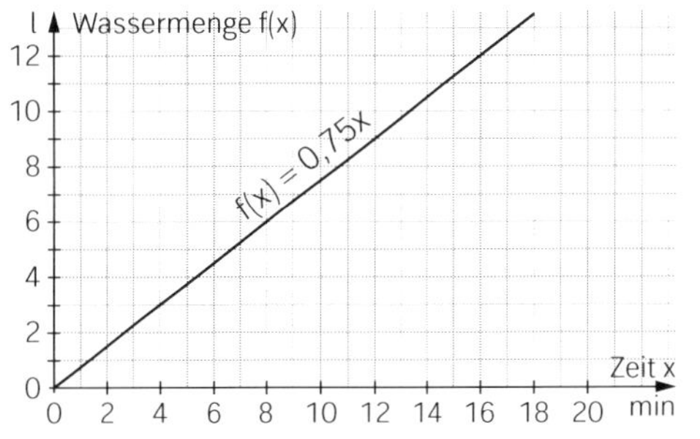

Der Funktionsterm ist $f(x) = 0{,}75x$.

b) Nach der doppelten (dreifachen, ...) Zeit fließt die doppelte (dreifache, ...) Menge an Wasser aus dem Hahn. Somit handelt es sich um eine proportionale Zuordnung, also um proportionales Wachstum.

c) Bei $x = 0$ ist auch $f(x) = 0$. Es handelt sich um einen Spezialfall des linearen Wachstums mit dem Anfangsbestand 0.

6 Bei 0,3 mm Wachstum pro Tag ergeben sich folgende Wertetabelle und Graph.

Zeit x (in Tagen)	Länge f(x) (in mm)
0	0
1	0,3
2	0,6
3	0,9
4	1,2
5	1,5
6	1,8
7	2,1
8	2,4
9	2,7
10	3,0

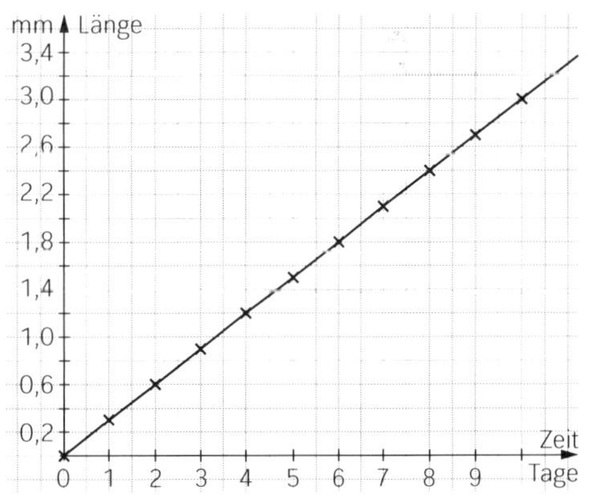

Die Funktionswerte liegen auf einer Geraden durch den Koordinatenursprung. Es liegt proportionales Wachstum vor. Der Funktionsterm ist $f(x) = 0{,}3x$.

Seite 102
Weiterüben

7 Bis $10\,km^2$ bedeutet bis $10\,000\,000\,m^2$.

Zeit (in Monaten)	Größe der mit Hyazinthen bedeckten Fläche (in m^2)
0	2
1	6
2	18
3	54
4	162
5	486
6	1458
7	4374
8	13122
9	39366
10	118098
11	354294
12	1062882
13	3188646
14	9565938
15	28697814

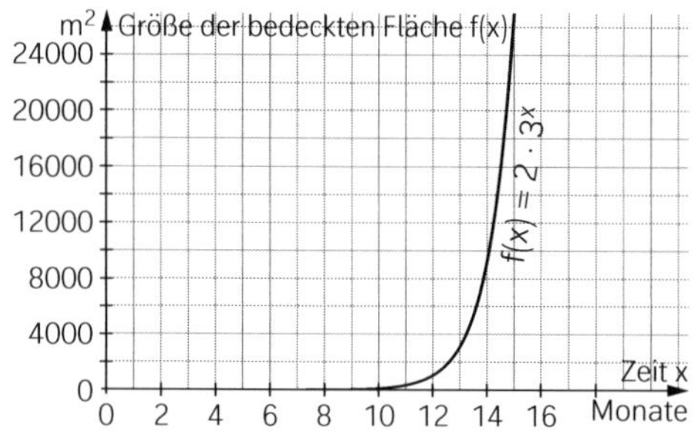

Funktionsgleichung ist für die Anzahl x (in Monaten) und der mit Wasserhyazinthen bedeckten Fläche y (in m^2): $y = 2 \cdot 3^x$

Seite 102

8 a) Lineares Wachstum:
2020 war die ökologisch bewirtschaftete Fläche
1 802 231 ha – 100 366 ha = 1 701 865 ha groß.
Jedes Jahr erhöht sich diese Fläche um 100 366 ha.
Für die Anzahl x (in Jahren) und der bewirtschafteten Fläche f(x) erhält man für das lineare Wachstum den Funktionsterm: $f(x) = 100\,366 \cdot x + 1\,701\,865$.
Exponentelles Wachstum:
Die ökologisch bewirtschaftete Fläche ist von 2020 bis 2021 um den Faktor
$\frac{1\,802\,231}{1\,701\,865} \approx 1{,}059$ gestiegen.
Jedes Jahr erhöht sich die Fläche ungefähr mit dem Faktor 1,059.
Für die Anzahl x (in Jahren) und der bewirtschafteten Fläche g(x) erhält man für das exponentielle Wachstum den Funktionsterm:
$g(x) = 1\,701\,865 \cdot \left(\frac{1\,802\,231}{1\,701\,865}\right)^x \approx 1\,701\,865 \cdot 1{,}059^x$.
Man kann für beide Wachstumsarten eine Tabelle für die Jahre von 2020 bis 2035 aufstellen.

		Ökologisch bewirtschaftete Fläche (in ha) bei	
Jahr	Anzahl der Jahre	linearem Wachstum	exponentiellem Wachstum
2020	0	1 701 865	1 701 865
2021	1	1 802 231	1 802 231
2022	2	1 902 597	1 908 516
2023	3	2 002 963	2 021 069
2024	4	2 103 329	2 140 260
2025	5	2 203 695	2 266 480
2026	6	2 304 061	2 400 143
2027	7	2 404 427	2 541 690
2028	8	2 504 793	2 691 584
2029	9	2 605 159	2 850 318
2030	10	2 705 525	3 018 413
2031	11	2 805 891	3 196 421
2032	12	2 906 257	3 384 927
2033	13	3 006 623	3 584 550
2034	14	3 106 989	3 795 946
2035	15	3 207 355	4 019 808

Beim exponentiellem Wachstum ist 2035 die ökologisch bewirtschaftete Fläche um etwa 25 % größer.

Seite 102

8 b) Lineares Wachstum:
Von 2020 bis 2021 hat die Zahl der Betriebe um $36\,307 - 35\,396 = 911$ Betriebe zugenommen.
Für die Anzahl x (in Jahren) und der Zahl f(x) der Betriebe erhält man für das lineare Wachstum den Funktionsterm $f(x) = 911 \cdot x + 35\,396$.
Die Zahl der Betrieb ist von 2020 bis 2021 um den Faktor $\frac{36\,307}{35\,396} \approx 1{,}026$ gestiegen.
Für die Anzahl x (in Jahren) und der Zahl f(x) der Betriebe erhält man für das exponentielle Wachstum den Funktionsterm $f(x) = 35\,396 \cdot \left(\frac{36\,307}{35\,396}\right)^x \approx 35\,396 \cdot 1{,}026^x$.
Man kann für beide Wachstumsarten eine Tabelle für die Jahre von 2020 bis 2035 aufstellen.

		Zahl der Betriebe bei	
Jahr	Anzahl der Jahre	linearem Wachstum	exponentiellem Wachstum
2020	0	35 396	35 396
2021	1	36 307	36 307
2022	2	37 218	37 241
2023	3	38 129	38 200
2024	4	39 040	39 183
2025	5	39 951	40 191
2026	6	40 862	41 226
2027	7	41 773	42 287
2028	8	42 684	43 375
2029	9	43 595	44 492
2030	10	44 506	45 637
2031	11	45 417	46 811
2032	12	46 328	48 016
2033	13	47 239	49 252
2034	14	48 150	50 520
2035	15	49 061	51 820

Beim exponentiellem Wachstum ist 2035 die Zahl der Betriebe fast 6 % größer.

Seite 102
Das kann ich noch!

A Länge des Rechtecks (in cm): x

Breite des Rechtecks (in cm): $\frac{11{,}4-2x}{2} = 5{,}7 - x$

Für den Flächeninhalt A des Rechtecks erhält man: $A = x \cdot (5{,}7 - x) = -x^2 + 5{,}7x$

Länge des veränderten Rechtecks (in cm): $x - 0{,}5$

Breite des veränderten Rechtecks (in cm): $5{,}7 - x + 1{,}5 = 7{,}2 - x$

Flächeninhalt A_V des veränderten Rechtecks: $A_V = (x - 0{,}5) \cdot (7{,}2 - x) = -x^2 + 7{,}7x - 3{,}6$

Damit erhält man:

$$\begin{aligned} A_V &= A + 3{,}4 \\ -x^2 + 7{,}7x - 3{,}6 &= -x^2 + 5{,}7x + 3{,}4 && |+x^2 \\ 7{,}7x - 3{,}6 &= 5{,}7x + 3{,}4 && |-5{,}7x + 3{,}6 \\ 2x &= 7 && |:2 \\ x &= 3{,}5 \end{aligned}$$

Das ursprüngliche Rechteck ist 3,5 cm lang und 2,2 cm breit.
Das veränderte Rechteck hat die Seitenlängen 3,0 cm und 3,7 cm.

4.2 Prozentuale Wachstumsrate

Seite 103
Einstieg

Die Städte wachsen jährlich um 3,0 %, also mit dem Faktor $1 + \frac{3}{100} = 1{,}03$. In zwei Jahren dann mit dem Faktor $1{,}03^2$, in x Jahren mit dem Faktor $1{,}03^x$.

In 25 Jahren wächst die Bevölkerung mt dem Faktor $1{,}03^{25} \approx 2{,}09$, also sogar um etwas mehr als das Doppelte

Seite 104
Üben

1 Die Zinsen für ein Jahr werden im folgenden Jahr mitverzinst. Jedes Jahr wächst das Kapital mit dem Faktor $1 + \frac{1{,}5}{100} = 1{,}015$, also um das 1,015-Fache. Es handelt sich um ein prozentuales Wachstum. Der Funktionsterm für die Zeit x (in Jahren) ist
$f(x) = 1\,000 \cdot 1{,}015^x$

(1) $f(3) = 1\,000 \cdot 1{,}015^3 \approx 1\,045{,}68$
Nach 3 Jahren ist das Kapital auf 1 045,68 € angewachsen.

(2) $f(5) = 1\,000 \cdot 1{,}015^5 \approx 1\,077{,}28$
Nach 5 Jahren ist das Kapital auf 1 077,28 € angewachsen.

(3) $f(8) = 1\,000 \cdot 1{,}015^8 \approx 1\,126{,}49$
Nach 8 Jahren ist das Kapital auf 1 126,49 € angewachsen.

(4) $f(10) = 1\,000 \cdot 1{,}015^{10} \approx 1\,160{,}54$
Nach 10 Jahren ist das Kapital auf 1 160,54 € angewachsen.

Seite 104

2 a) Der Holzbestand wächst jährlich um den Faktor $1 + \frac{3,8}{100} = 1,038$. Es handelt sich um ein prozentuales Wachstum.

Zeit x (in Jahren)	0	1	2	3	4	5
Faktor	$1,038^0$	$1,038^1$	$1,038^2$	$1,038^3$	$1,038^4$	$1,038^5$
Bestand f(x) (in Festmeter)	40000	41520	43098	44735	46435	48200

Zeit x (in Jahren)	6	7	8	9	10
Faktor	$1,038^6$	$1,038^7$	$1,038^8$	$1,038^9$	$1,038^{10}$
Bestand f(x) (in Festmeter)	50032	51933	53906	55955	58081

b) Der Holzbestand wächst nun jährlich um den Faktor $1 + \frac{2,5}{100} = 1,025$. Es handelt sich um ein prozentuales Wachstum.

Zeit x (in Jahren)	0	1	2	3	4	5
Faktor	$1,025^0$	$1,025^1$	$1,025^2$	$1,025^3$	$1,025^4$	$1,025^5$
Bestand f(x) (in Festmeter)	40000	41000	42025	43076	44153	45256

Zeit x (in Jahren)	6	7	8	9	10
Faktor	$1,025^6$	$1,025^7$	$1,025^8$	$1,025^9$	$1,025^{10}$
Bestand f(x) (in Festmeter)	46388	47547	48736	49955	51203

c) Für den Verlust (in €) erhält man:

Zeit x (in Jahren)	0	1	2	3	4	5
Bestandsunterschied (in Festmeter)	0	520	1073	1695	2282	2944
Verlust (in €)	0	32240	66529	102858	141484	182528

3 1000 € wachsen bei einem Zinssatz von p % in 4 Jahren auf 1170 € an. Für das prozentuale Wachstum mit dem Wachstumsfaktor $w = 1 + \frac{p}{100}$ erhält man eine Gleichung, sodass man den Zinssatz berechnen kann.

$1000 \cdot w^4 = 1170 \quad | :1000$

$w^4 = 1,17 \quad | \sqrt[4]{}$

$w \approx 1,04$

Der Zinssatz beträgt 4 %.

Verdopplungszeit

Seite 104

4 a) Die Anzahl x der Jahre, bis sich die Bevölkerung verdoppelt, kann man durch Probieren fnden.
Simbabwe: $15090000 \cdot 1{,}015^x = 2 \cdot 15090000$ also $1{,}015^x = 2$.
Durch Probieren findet man $1{,}015^{46} \approx 1{,}984$ und $1{,}015^{47} \approx 2{,}013$.
Die Bevölkerung von Simbabwe verdoppelt sich in knapp 47 Jahren.
Liberia: $5180000 \cdot 1{,}024^x = 2 \cdot 5180000$ also $1{,}024^x = 2$.
Durch Probieren findet man $1{,}024^{29} \approx 1{,}989$ und $1{,}024^{30} \approx 2{,}037$.
Die Bevölkerung von Liberia verdoppelt sich in gut 29 Jahren.
Indien: $1393410000 \cdot 1{,}0097^x = 2 \cdot 1393410000$ also $1{,}0097^x = 2$.
Durch Probieren findet man $1{,}0097^{71} \approx 1{,}985$ und $1{,}0097^{72} \approx 2{,}004$.
Die Bevölkerung von Indien verdoppelt sich in knapp 72 Jahren.
Malaysia: $32780000 \cdot 1{,}013^x = 2 \cdot 32780000$ also $1{,}013^x = 2$.
Durch Probieren findet man $1{,}013^{53} \approx 1{,}983$ und $1{,}013^{54} \approx 2{,}009$.
Die Bevölkerung von Malaysia verdoppelt sich in knapp 54 Jahren.
Nigeria: $211400000 \cdot 1{,}025^x = 2 \cdot 211400000$ also $1{,}025^x = 2$.
Durch Probieren findet man $1{,}025^{28} \approx 1{,}996$ und $1{,}025^{29} \approx 2{,}046$.
Die Bevölkerung von Nigeria verdoppelt sich in gut 28 Jahren.

b) Aufgrund der Ergebnisse aus Teilaufgabe a) kann man vermuten, dass die Zuordnung *Wachstumsrate p % → Verdopplungszeit* antiproportional ist. Man kann dieses für Wachstumsraten von 1 % bis 10 % bestätigen, indem man prüft, ob die Produktgleichheit für das Produkt $p \cdot d$ gilt. Die Verdopplungszeit ist hier auf ganze Jahre gerundet.

Wachstumsrate p (in %)	1	2	3	4	5
Verdopplungszeit d (in Jahren)	70	35	23	18	14
Produkt $p \cdot d$	70	70	69	72	70

Wachstumsrate p (in %)	6	7	8	9	10
Verdopplungszeit d (in Jahren)	12	10	9	8	7
Produkt $p \cdot d$	72	70	72	72	70

Die Werte für das Produkt weichen zwar etwas voneinander ab, aber die Abweichung entsteht durch die Rundung der Verdopplungszeit.
Die Zuordnung *Wachstumsrate p % → Verdopplungszeit* ist antiproportional.
Die Faustformel ist mit dem Wert 72 etwas zu groß, aber 72 hat den Vorteil, dass 72 viele Teiler hat und man damit im Kopf besser rechnen kann.

Seite 105

5 a) Verdopplungszeit d (in Jahren): $d = \frac{72}{2{,}5} = 28{,}8$

b) Verdopplungszeit d (in Jahren): $d = \frac{72}{0{,}9} = 80$

6 Melles hat nicht beachtet, dass die Zinsen im Folgejahr mitverzinst werden. Das Kapital verdoppelt sich bei 2,5 % Zinsen bereits nach etwa 28 Jahren, denn $1{,}025^{28} \approx 2{,}0$.

Seite 105

7 Mithilfe der Faustformel aus Aufgabe 4 erhält man:

Prognose A: $25 = \frac{72}{p}$, also $p = \frac{72}{25} = 2{,}88$ Die Wachstumsrate beträgt 2,88 %.

Prognose B: $32 = \frac{72}{p}$, also $p = \frac{72}{32} = 2{,}25$ Die Wachstumsrate beträgt 2,25 %.

Man kann die Wachstumsrate $q = 1 + \frac{p}{100}$ auch genauer berechnen:

Prognose A:
$q^{25} = 2 \quad |\sqrt[25]{\ }$
$q = \sqrt[25]{2} \approx 1{,}028$
Wachstumsrate 2,8 %.

Prognose B:
$q^{32} = 2 \quad |\sqrt[32]{\ }$
$q = \sqrt[32]{2} \approx 1{,}022$
Wachstumsrate 2,2 %.

8 Für die Zeit x (in Jahren) ab 2020, also $x = 0$ für das Jahr 2020, und $f(x)$ für den Umsatz (in Mrd. Euro) erhält man die Funktionsgleichung: $f(x) = 1{,}12^x$.
Prognose für den Umsatz (in Mrd. Euro) im Jahr 2025: $f(5) = 1{,}12^5 \approx 1{,}762$.
Der Umsatz wird 2025 voraussichtlich 1,762 Mrd. Euro betragen.

9 Die prozentuale Wachstumsrate ist $p\,\% = 50\,\% = 0{,}5$.
Für die Anzahl x der Stunden, dem Anfangsbestand 200 ml und der Masse $m(x)$ (in ml) erhält man den Funktionsterm $m(x) = 200 \cdot \left(1 + \frac{50}{100}\right)^x = 200 \cdot (1 + 0{,}5)^x = 200 \cdot 1{,}5^x$.
Eine Verdopplung (Verdreifachung, ...) des Anfangsbestandes führt zu einer Verdopplung (Verdreifachung, ...) des Endbestandes. Für das n-fache des Anfangestandes gilt:
$(n \cdot 200) \cdot 1{,}5^x = n \cdot (200 \cdot 1{,}5^x) = n \cdot m(x)$

Weiterüben

10 **a)** K_0 ist das Anfangskapital (am Jahresbeginn). p % ist die Wachstumsrate (hier der Zinssatz). n ist die Laufzeit in Jahren. K_n ist das Endkapital nach n Jahren.

b) Das Kapital wächst jedes Jahr mit dem Faktor $1 + \frac{p}{100}$ und man erhält mit dieser Wachstumsrate die Formel für das prozentuale Wachstum. Man verwendet für den Faktor auch $q = 1 + \frac{p}{100}$.

c) Hier die Rechnungen:

$K_n = 1\,500\,€ \cdot 1{,}04^8 \approx 2\,052{,}85\,€$

$K_n = 25\,000\,€ \cdot 1{,}0575^{10} \approx 43\,726{,}40\,€$

$30\,000\,€ = K_0 \cdot 1{,}03^8$, also $K_0 = \frac{30\,000\,€}{1{,}03^8} \approx 23\,682{,}28\,€$.

$1\,500\,€ = 1\,000\,€ \cdot q^{10}$, also $q^{10} = \frac{1\,500\,€}{1\,000\,€} = 1{,}5$ und damit $q = \sqrt[10]{1{,}5} \approx 1{,}0414$ und $p \approx 4{,}14.\,\%$

$18\,000\,€ = K_0 \cdot 1{,}06^{12}$, also $K_0 = \frac{18\,000\,€}{1{,}06^{12}} \approx 8\,945{,}45\,€$.

K_0	1 500 €	25 000 €	23 682,28 €	1 000 €	8 945,45 €
p %	4 %	5,75 %	3 %	4,14 %	6 %
n	8	10	8	10	12
K_n	2 052,85 €	43 726,40 €	30 000 €	1 500 €	18 000 €

11 Das Volumen einer Bakterienkultur vermehrt sich in einer Woche mit dem Wachstumsfaktor 1,25. Die prozentuale Zunahme pro Woche beträgt 25 %. Die Verdopplungszeit d des Volumens der Bakterienkultur beträgt gut 3 Wochen.

4.3 Exponentielle Abnahme – Zerfall

Seite 106
Einstieg

a) In einer Minute werden 20 % des Farbstoffes abgebaut. Der Abnahmefaktor ist $q = 1 - \frac{20}{100} = 1 - 0{,}2 = 0{,}8$. Für die Zeit x (in Minuten) und dem Anfangsbestand a (in mg) mit $a = 40$ lautet der Funktionsterm $f(x) = a \cdot q^x = 40 \cdot 0{,}8^x$.
Die Hälfte des Farbstoffes ist noch vorhanden, wenn der Funktionswert $f(x) = 20$ ist.
Die Gleichung $20 = 40 \cdot 0{,}8^x$ kann man durch Probieren lösen.
Für $x = 3$ erhält man $40 \cdot 0{,}8^3 = 20{,}48$, also noch etwas zu viel.
Für $x = 3{,}1$ erhält man $40 \cdot 0{,}8^{3{,}1} \approx 20{,}028$, also noch etwas zu viel.
Nach etwa 3,1 Minuten, also nach gut 3 Minuten ist der Farbstoff auf die Hälfte abgebaut.
b) Der Funktionsterm ist $f(x) = 50 \cdot 0{,}8^x$.
10 % des injizierten Farbstoffes sind 5 mg.
Man prüft, ob $f(10) = 5$ richtig ist: $f(10) = 50 \cdot 0{,}8^{10} \approx 5{,}37$.
Man kann nach 10 Minuten noch etwa 5 g Farbstoff erwarten. Die Leber des Patienten arbeitet normal.

Seite 107
Üben

1 **a)**

Anzahl x (in Jahren)	Masse f(x) (in g)
0	6,000
1	5,500
2	5,042
3	4,622
4	4,236
5	3,883
6	3,560
10	2,513

b) Nach einem Jahr sind noch $\frac{11}{12}$ des Bestandes vorhanden. Für die Anzahl x der Jahre und die Masse y des Schwefels (in g) erhält man die Funktionsgleichung:
$y = 6 \cdot \left(\frac{11}{12}\right)^x$

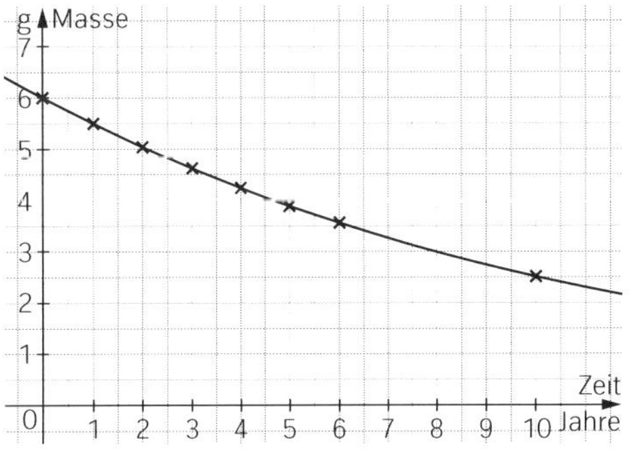

c) An der Tabelle in der Lösung zu Teilaufgabe a) erkennt man, dass die Halbwertszeit zwischen 6 und 10 Jahren liegen muss. Durch Probieren fndet man:
Für $x = 8$ erhält man
$y = 6 \cdot \left(\frac{11}{12}\right)^8 \approx 2{,}991 \approx 3$.
Die Halbwertszeit von radioaktivem Schwefel liegt bei ungefähr 8 Jahren.

Seite 107

2 Nach einer Stunde sind noch $\frac{3}{4}$ des Bestandes vorhanden. Für die Anzahl x der Stunden und die Masse f(x) des Iod-Isotops (in mg) erhält man den Funktionsterm:
$f(x) = 1 \cdot \left(\frac{3}{4}\right)^x = 0{,}75^x$.
Durch Probieren findet man: $f(2) = 0{,}75^2 = 0{,}5625$ und $f(3) = 0{,}75^3 = 0{,}421875$.
Nach 3 Stunden ist weniger als 0,5 mg des Iod-Isotops im Körper.
Man kann auch noch die Zeit bis auf Minuten durch weiteres Probieren abschätzen:
Für $x = 2$ Stunden und 25 Minuten erhält man: $f(x) = 0{,}75^{2+\frac{25}{60}} \approx 0{,}4990$.
Man erhält für die Zerfallsfaktoren die Werte:
(1) $0{,}75^1 = 0{,}75$ (2) $0{,}75^2 = 0{,}5625$
(3) $0{,}75^3 = 0{,}421875$ (4) $0{,}75^5 \approx 0{,}237305$

Weiterüben

3 Funktionsterm für die Dicke x der Bleiplatte (in mm) und der Strahlungsstärke f(x): $f(x) = 0{,}95^x$.
Die Dicke der Bleiplatten kann man durch Probieren bestimmen.
(1) $f(13) = 0{,}95^{13} \approx 0{,}51334$ und $f(14) = 0{,}95^{14} \approx 0{,}48768$
Die Bleiplatte sollte 14 mm dick sein, 13 mm sind noch zu wenig.
(2) $f(44) = 0{,}95^{44} \approx 0{,}10467$ und $f(45) = 0{,}95^{45} \approx 0{,}09944$
Die Bleiplatte sollte 45 mm dick sein, 44 mm sind noch zu wenig.

4.4 Exponentialfunktionen mit $y = b^x$

Seite 108
Einstieg

Verdopplung in jedem Zeitschritt, Wachstumsfaktor 200 % und die Funktion i mit $i(x) = 2^x$ gehören zusammen und es handelt sich um eine exponentielle Zunahme.
Exponentielle Abnahme um 40 %, exponentielle Abnahme auf 60 % und die Funktion g mit $g(x) = 0{,}6^x$ gehören zusammen und es handelt sich um eine exponentielle Abnahme.
Bei der Funktion h mit $h(x) = 1{,}4^x$ handelt es sich um eine exponentielle Zunahme.
Bei der Funktion f mit $f(x) = 0{,}4^x$ handelt es sich um eine exponentielle Abnahme.

Seite 110
Üben

1 **a)** $3^{1,2} \approx 3{,}7$; $3^{-2,5} \approx 0{,}1$; $3^{1,5} \approx 5{,}2$; $3^{-0,6} \approx 0{,}5$
b) $3^{0,2} \approx 1{,}2$; $3^1 = 3$; $3^{1,3} \approx 4{,}2$
Der Funktionswert −0,8 wird nie angenommen, da die Funktionswerte zu $y = 3^x$ immer positiv sind.

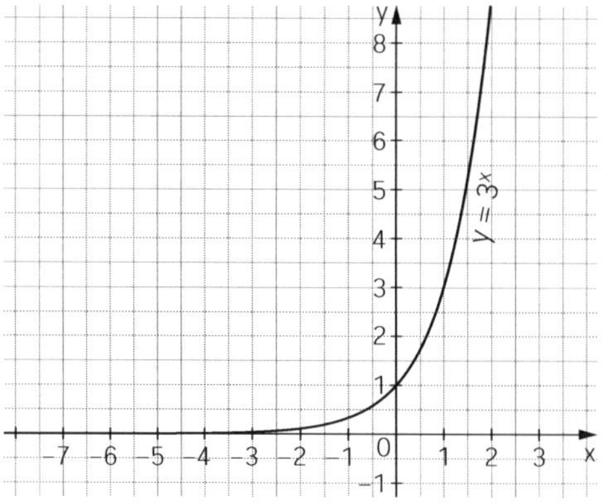

Seite 110

2 **a)** $f(x+2) = 2^{x+2} = 2^x \cdot 2^2 = f(x) \cdot 4$

$g(x+2) = \left(\frac{1}{2}\right)^{x+2} = \left(\frac{1}{2}\right)^x \cdot \left(\frac{1}{2}\right)^2 = g(x) \cdot \frac{1}{4}$

Der Funktionswert von f wird vervierfacht und der Funktionswert von g wird geviertelt.

b) $f(x-2) = 2^{x-2} = 2^x \cdot 2^{-2} = 2^x \cdot \frac{1}{2^2} = f(x) \cdot \frac{1}{4}$

$g(x-2) = \left(\frac{1}{2}\right)^{x-2} = \left(\frac{1}{2}\right)^x \cdot \left(\frac{1}{2}\right)^{-2} = \left(\frac{1}{2}\right)^x \cdot 2^2 = g(x) \cdot 4$

Der Funktionswert von f wird geviertelt und der Funktionswert von g wird vervierfacht.

c) $f(x-0{,}5) = 2^{x-0{,}5} = 2^x \cdot 2^{-0{,}5} = 2^x \cdot \frac{1}{2^{0{,}5}} = f(x) \cdot \frac{1}{\sqrt{2}} = f(x) \cdot \frac{\sqrt{2}}{2}$

$g(x-0{,}5) = \left(\frac{1}{2}\right)^{x-0{,}5} = \left(\frac{1}{2}\right)^x \cdot \left(\frac{1}{2}\right)^{-0{,}5} = \left(\frac{1}{2}\right)^x \cdot 2^{0{,}5} = g(x) \cdot \sqrt{2}$

Der Funktionswert von f verkleinert sich mit dem Faktor $\frac{\sqrt{2}}{2} \approx 0{,}707$ und der Funktionswert von g vergrößert sich mit dem Faktor $\sqrt{2} \approx 1{,}414$.

d) $f(2x) = 2^{2x} = 2^{x \cdot 2} = (2^x)^2 = (f(x))^2$

$g(2x) = \left(\frac{1}{2}\right)^{2x} = \left(\frac{1}{2}\right)^{x \cdot 2} = \left(\left(\frac{1}{2}\right)^x\right)^2 = (g(x))^2$

Die Funktionswerte von f und von g werden quadriert.

3 **a)** Der Graph steigt. Er schmiegt sich dem negativen Teil der x-Achse an.
Der Funktionsterm ist $f(x) = 2{,}5^x$.
Wenn man x um 0,5 erhöht, erhält man:
$f(x+0{,}5) = 2{,}5^{x+0{,}5} = 2{,}5^x \cdot 2{,}5^{0{,}5}$
$= f(x) \cdot \sqrt{2{,}5}$

Der Funktionswert wird mit $\sqrt{2{,}5}$ multipliziert, also etwa mit 1,58.

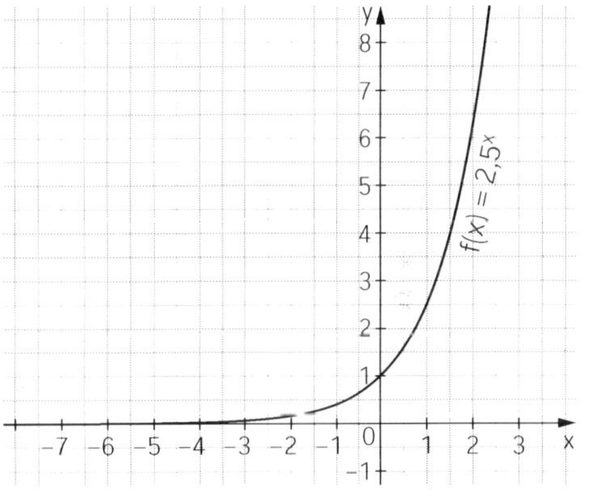

b) Der Graph steigt. Er schmiegt sich dem negativen Teil der x-Achse an.
Der Funktionsterm ist $f(x) = 1{,}3^x$.
Wenn man x um 0,5 erhöht, erhält man:
$f(x+0{,}5) = 1{,}3^{x+0{,}5} = 1{,}3^x \cdot 1{,}3^{0{,}5}$
$= f(x) \cdot \sqrt{1{,}3}$

Der Funktionswert wird mit $\sqrt{1{,}3}$ multipliziert, also etwa mit 1,14.

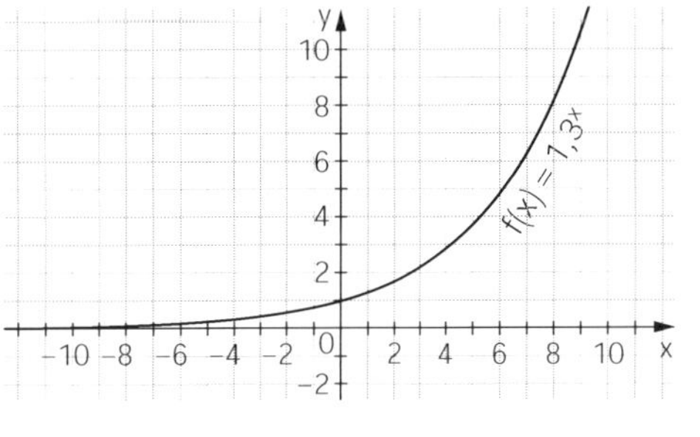

Seite 110

3 c) Der Graph steigt. Er schmiegt sich dem negativen Teil der x-Achse an.
Der Funktionsterm ist $f(x) = 3{,}4^x$.
Wenn man x um 0,5 erhöht, erhält man:
$f(x + 0{,}5) = 3{,}4^{x+0{,}5} = 3{,}4^x \cdot 3{,}4^{0{,}5}$
$= f(x) \cdot \sqrt{3{,}4}$
Der Funktionswert wird mit $\sqrt{3{,}4}$ multipliziert, also etwa mit 1,84.

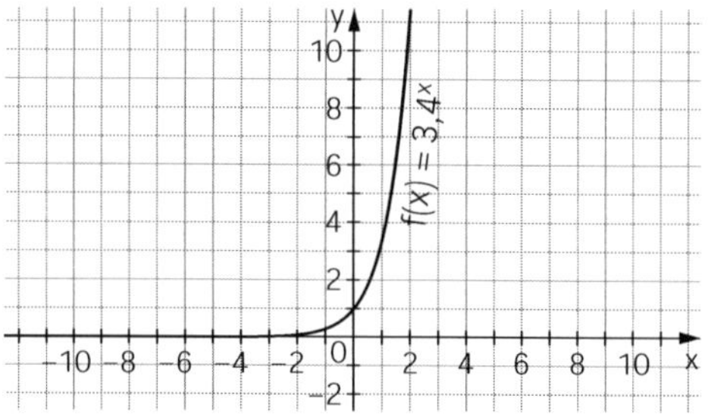

d) Der Graph fällt. Er schmiegt sich dem positiven Teil der x-Achse an.
Der Funktionsterm ist $f(x) = 0{,}8^x$.
Wenn man x um 0,5 erhöht, erhält man:
$f(x + 0{,}5) = 0{,}8^{x+0{,}5} = 0{,}8^x \cdot 0{,}8^{0{,}5}$
$= f(x) \cdot \sqrt{0{,}8}$
Der Funktionswert wird mit $\sqrt{0{,}8}$ multipliziert, also etwa mit 0,89.

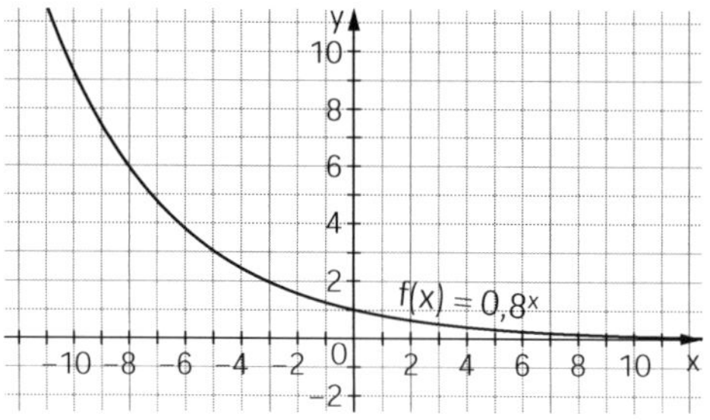

4 Die linke Wertetabelle gehört zu f_1 und die rechte Wertetabelle gehört zu f_2. Die Wertetabelle zu f_3 fehlt und ist hier rechts ergänzt.
Die Graphen zu f_1 und f_3 steigen und der Graph zu f_2 fällt. Der linke Graph gehört also zu f_2.
Der Graph zu f_3 steigt schneller als der Graph zu f_1. Der mittlere Graph gehört zu f_1 und der rechte Graph zu f_3.

x	y
−3	0,037
−2	0,111
−1	0,333
0	1
1	3
2	9
3	27

5 $\left(\frac{3}{4}\right)^x$ und $\left(\frac{4}{3}\right)^x$; 10^x geht aus keinem anderen Graphen durch Spiegeln hervor.
$1{,}2^x = \left(\frac{6}{5}\right)^x$ und $\left(\frac{5}{6}\right)^x$; $1{,}4^x = \left(\frac{7}{5}\right)^x$ und $\left(\frac{5}{7}\right)^x$

6 a) Die Punkte P(0|1), Q(1|2,5) und R(2|6,25) liegen auf dem Graphen. Es ist der Graph der Exponentialfunktion mit dem Funktionsterm $f(x) = 2{,}5^x$. Die Werte in der Wertetabelle bestätigen das. Für die Wertetabelle erhält man;

x	0	0,5	1	1,5	2	3
y	1	1,58	2,5	3,95	6,25	15,625

x	3,5	4	10	20	-1
y	24,705	39,06	9536,743	$9{,}09 \cdot 10^7$	0,4

Seite 110

6 **b)** Nach ungefähr 3,3 h ist die Algenfläche
$20\,m^2$ groß, das sind 3 h 18 min.
Am Graphen liest man ab:
$f(1) = 2{,}5$ und $f\left(1\frac{3}{4}\right) = f(1{,}75) \approx 5$
Die Verdopplungszeit beträgt ungefäh $\frac{3}{4}$ h.
Das kann man an anderen Werten bestätigen zum Beispiel:
$f(2) = 2{,}5^2 = 6{,}25$ und $f(2{,}75) \approx 12{,}5$

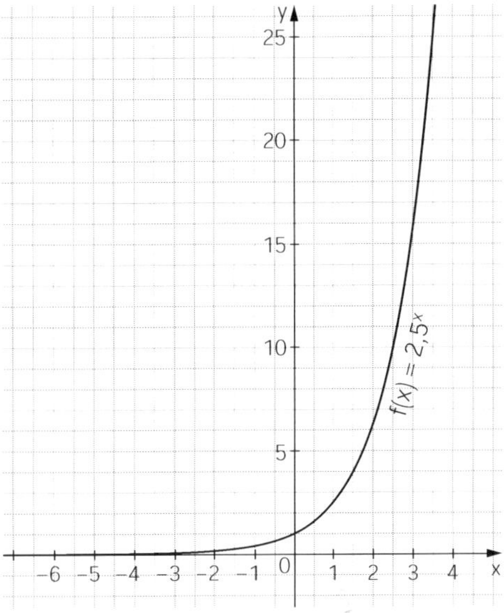

Seite 111

7 Die Graphen zu den Funktionen f, g und h sind Geraden. Die Funktionen f, g und h sind lineare Funktionen und dazu können nur die Funktionsterme (2), (5) und (6) gehören.
g hat den größten y-Achsenabschnitt, also gehört zu g der Funktionsterm (6).
Die Steigung von h ist größer als die Steigung von f, also gehört zu f der Funktionsterm (2) und zu h der Funktionsterm (5).
Die Graphen zu den Funktionen i, j und k sind Graphen exponentieller Funktionen. Da sie alle ansteigen, können dazu nur die Funktionsterme (1), (3) und (4) gehören. Die Graphen zu den Funktionstermen (7) und (8) fallen, sind also im Bild nicht dargestellt.
Der Graph zu k steigt am stärksten und der Graph zu i steigt am wenigsten an, also gehört zu i der Funktionsterm (4), zu j gehört der Funktionsterm (1) und zu k gehört der Funktionsterm (3).

8 **a)** $b^2 = 25$, also $b = \sqrt{25} = 5$.
b) $b^{-1} = 0{,}25 = \frac{1}{4}$, also $b = \left(\frac{1}{4}\right)^{-1} = 4$.
c) $b^{-3} = 0{,}125 = \frac{1}{8}$, also $b^3 = \left(\frac{1}{8}\right)^{-1} = 8$ und damit $b = \sqrt[3]{8} = 2$.
d) $b^3 = 0{,}343$, also $b = \sqrt[3]{0{,}343} = 0{,}7$.

9 Gegeben ist der Punkt $P(x\,|\,y)$, gesucht ist die Basis b der Exponentialfunktion zu $f(x) = b^x$.
Für $x > 0$ und $y > 1$ ist die Basis $b > 1$. Der Graph der Exponentialfunktion ist steigend.
Für $x < 0$ und $y < 1$ ist die Basis $b > 1$. Der Graph der Exponentialfunktion ist steigend.
Für $x > 0$ und $y < 1$ ist die Basis $b < 1$. Der Graph der Exponentialfunktion ist fallend.
Für $x < 0$ und $y > 1$ ist die Basis $b < 1$. Der Graph der Exponentialfunktion ist fallend.

Seite 111

10 a) $y = 3$ b) $y \approx 0{,}25$
c) $x \approx 2{,}7$ d) $x \approx -1{,}25$

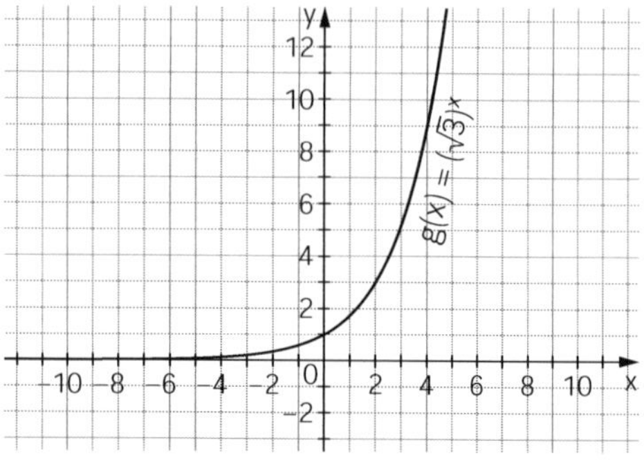

11 $f(x) = 3^x$ und $g(x) = \left(\frac{1}{3}\right)^x$

Behauptung: f und g gehen beim Spiegeln an der y-Achse auseinander hervor, also $f(-x) = g(x)$.

Beweis: $f(-x) = 3^{-x} = \frac{1}{3^x} = \frac{1^x}{3^x} = \left(\frac{1}{3}\right)^x = g(x)$

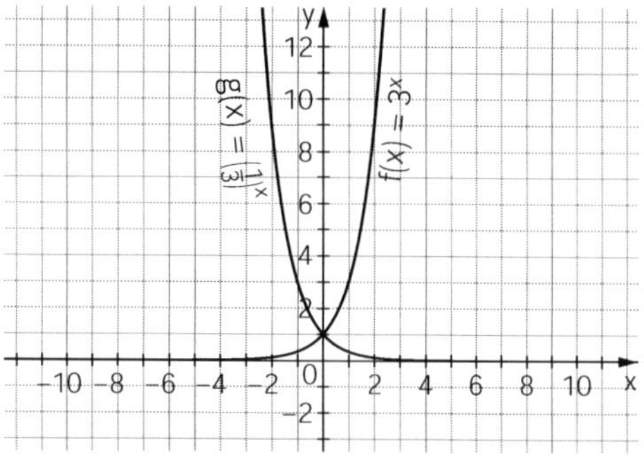

12 a) $f(3) = 3^3 = 27$ — P liegt auf dem Graphen von f.
$g(3) = 0{,}8^3 = \left(\frac{4}{5}\right)^3 = \frac{64}{125} = 0{,}512$ — P liegt nicht auf dem Graphen von g.
b) $f(-3) = 3^{-3} = \frac{1}{3^3} = \frac{1}{27} \approx 0{,}04$ — Q liegt nicht auf dem Graphen von f.
$g(-3) = 0{,}8^{-3} = \left(\frac{4}{5}\right)^{-3} = \left(\frac{5}{4}\right)^3 = \frac{125}{64} = 1{,}953125$ — Q liegt nicht auf dem Graphen von g.
c) $f(-8) = 3^{-8} = \frac{1}{3^8} = \frac{1}{6561} \approx 0{,}0001$ — R liegt nicht auf dem Graphen von f.
$g(-8) = 0{,}8^{-8} = \left(\frac{4}{5}\right)^{-8} = \left(\frac{5}{4}\right)^8 \approx 5{,}96$ — R liegt auf dem Graphen von g.
d) $f(4) = 3^4 = 81$ — S liegt nicht auf dem Graphen von f.
$g(4) = 0{,}8^4 = \left(\frac{4}{5}\right)^4 = \frac{256}{625} = 0{,}4096$ — S liegt auf dem Graphen von g.

13 a) Für $x = 0$ gilt für alle $b > 0$ und $b \neq 1$: $f(0) = b^0 = 1$.
Der Punkt P(0|1) liegt auf den Graphen aller Exponentialfunktiionen.
b) Für eine Exponentialfunktion mit dem Funktionsterm $f(x) = b^x$ mit $b \neq 0$ erhält man für die Stelle $x = 1$ den Funktionswert $f(x) = b^x = b^1 = b$. An der Stelle $x = 1$ kann man also die Basis b ablesen bzw. bestimmen.

Seite 111 Das kann ich noch!

A In der Gleichung $y = mx + b$ ist m die Steigung und b der y-Achsenabschnitt,
1) Funktionsgleichung: $y = 3x - 2$
2) Die Steigung ist $m = 4$. Man setzt die Koordinaten von P ein, also $x = 1$ und $y = -2$, in die Gleichung $y = 4x + b$ ein, um den y-Achsenabschnitt b zu berechnen:
$-2 = 4 \cdot 1 + b$, also $b = -6$.
Funktionsgleichung: $y = 4x - 6$
3) Der y-Achsenabschnitt ist $b = 4$. Man setzt die Koordinaten von P, also $x = 4$ und $y = -1$, in die Gleichung $y = mx + 4$ ein, um die Steigung m zu berechnen:
$-1 = m \cdot 4 + 4$, also $m = -\frac{5}{4} = -1{,}25$.
Funktionsgleichung: $y = -1{,}25x + 4$
4) Mithilfe der Koordinaten der beiden Punkte kann man zunächst die Steigung berechnen: $m = \frac{y_2 - y_1}{x_2 - x_1} = \frac{-3-4}{2-1} = \frac{-7}{1} = -7$
Damit erhält man die Gleichung: $y = -7x + b$.
Um b zu berechnen, setzt man die Koordinaten von A oder von B in die Gleichung ein:
$4 = -7 \cdot 1 + b$, also $b = 11$
Funktionsgleichung: $y = -7x + 11$

Verschieben des Graphen in Richtung der x-Achse bzw. y-Achse

Seite 112

14 Wenn ein Graph um d Einheiten in Richtung der y-Achse verschoben wird, dann nähern sich die Graphen der Geraden mit $y = d$ an und der Schnttpunkt S mit der y-Achse wird um d in Richtung der y-Achse verschoben.
Wenn ein Graph um $|c|$ Einheiten nach rechts bzw. nach links verschoben wird, dann wird der Schnittpunkt S mit der y-Achse um $|c|$ Einheiten nach rechts bzw. nach links verschoben.
Der Graph einer Exponentialfunktion mit $b > 1$ ist steigend und mit $b < 1$ fallend.
Mit diesen Eigenschaften kann man die Graphen den Funktionstermen zuordnen.

Graph a und $f_6(x) = 0{,}4^x$.
Graph b und $f_2(x) = \left(\frac{1}{2}\right)^{x-2}$.
Graph c und $f_7(x) = 0{,}4^x - 1$.
Graph d und $f_4(x) = \left(\frac{1}{3}\right)^{x+1}$.
Graph e und $f_5(x) = 3^{x-1}$.
Graph f und $f_1(x) = 2^{x+1}$.
Graph g und $f_3(x) = 1{,}5^{x+2}$.
Graph h und $f_8(x) = \left(\frac{1}{2}\right)^{x-2} + 2$.

Begründungen:
Der Graph a ist fallend, die Basis der Exponentialfunktion ist kleiner 1. Der Graph nähert sich der x-Achse an, es gilt $d = 0$. Auf dem Graphen liegt der Punkt $S(0|1)$. Die Exponentialfunktion wurde nicht in Richtung der x-Achse verschoben und es ist $c = 0$. Dazu passt der Funktionsterm $f_6(x)$.
Der Graph b ist fallend, die Basis der Exponentialfunktion ist kleiner 1. Der Graph nähert sich der x-Achse an, es gilt $d = 0$. Auf dem Graphen liegt der Punkt $S'(2|1)$. Die Exponentialfunktion wurde um 2 nach rechts verschoben und es ist $c = -2$. Dazu passt der Funktionsterm $f_2(x)$.

Seite 112

14 Fortsetzung

Der Graph c ist fallend, die Basis der Exponentialfunktion ist kleiner 1. Der Graph nähert sich der Geraden zu $y = -1$ an, es gilt $d = -1$. Der Schnittpunkt $S(0|1)$ des nicht verschobenen Graphen mit der y- Achse wird auch um $d = -1$ nach unten verschoben auf den Punkt $S'(0|0)$. Der Graph c schneidet die y-Achse in diesem Punkt. Die Exponentialfunktion wurde nicht in Richtung der x-Achse verschoben und es ist $c = 0$. Dazu passt der Funktionsterm $f_7(x)$.

Der Graph d ist fallend, die Basis der Exponentialfunktiion ist kleiner 1. Der Graph nähert sich der x-Achse an, es gilt $d = 0$. Auf dem Graphen liegt der Punkt $S'(-1|1)$. Die Exponentialfunktion wurde um 1 nach links verschoben und es ist $c = 1$. Dazu passt der Funktionsterm $f_4(x)$.

Der Graph e ist steigend, die Basis der Exponentialfunktion ist größer 1. Der Graph nähert sich der x-Achse an, es gilt $d = 0$. Auf dem Graphen liegt der Punkt $S'(1|1)$. Die Exponentialfunktion wurde um 1 nach rechts verschoben und es ist $c = -1$. Dazu passt der Funktiionsterm $f_5(x)$.

Der Graph f ist steigend, die Basis der Exponentialfunktion ist größer 1. Der Graph nähert sich der x-Achse an, es gilt $d = 0$. Auf dem Graphen liegt der Punkt $S'(-1|1)$. Die Exponentialfunktion wurde um 1 nach links verschoben und es ist $c = 1$. Dazu passt der Funktionsterm $f_1(x)$.

Der Graph g ist steigend, die Basis der Exponentialfunktion ist größer 1. Der Graph nähert sich der x-Achse an, es gilt $d = 0$. Auf dem Graphen liegt der Punkt $S'(-2|1)$. Die Exponentialfunktion wurde um 2 nach links verschoben und es ist $c = 2$. Dazu passt der Funktionsterm $f_3(x)$.

Der Graph h ist fallend, die Basis der Exponentialfunktion ist kleiner 1. Der Graph nähert sich der Geraden zu $y = 2$ an, es gilt $d = 2$. Der Schnittpunkt $S(0|1)$ des nicht verschobenen Graphen mit der y-Achse wird auch um $d = 2$ nach oben verschoben auf den Punkt $S'(0|3)$. Auf dem Graphen liegt der Punkt $S''(2|3)$. Die Exponentialfunktion wurde um 2 nach rechts verschoben und es ist $c = -2$. Dazu passt der Funktionsterm $f_8(x)$.

15 **a)** $f_1(x) = 2^{x-3}$ **b)** $f_1(x) = 2^{x+2}$ **c)** $f_1(x) = 2^x + 4$ **d)** $f_1(x) = 2^{x+5} - 2$

16 Zum Beispiel um 2 nach unten: Für $f_1(x) = 1{,}5^x - 2$ ist $f_1(0) = 1{,}5^0 - 2 = 1 - 2 = -1$.

Weiterüben

17 Der Graph zu $g(x) = 12{,}5^x$ wird in Richtung der x-Achse um 1 Einheit nach rechts und in Richtung der y-Achse um 2 Einheiten nach oben verschoben. Die Wertemenge ist $\{y \in \mathbb{R} \mid y > 2\}$ Der Graph steigt und schmiegt sich im negativen Teil der Geraden zu $y = 2$ an.

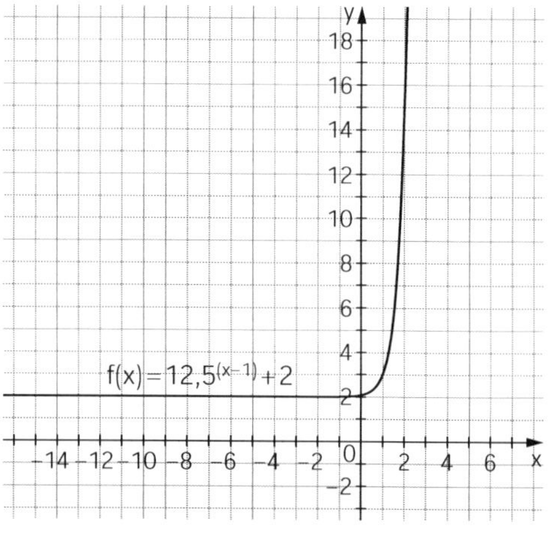

Weiterüben

18 Die Graphen a, b und c sind Geraden. Die Funktionen a, b und c sind lineare Funktionen und dazu können nur die Funktionsterme (2), (3) und (6) gehören.
c hat den größten y-Achsenabschnitt, also gehört zu c der Funktionsterm (6).
Die Gerade a fällt stärker als die Gerade b, also gehört zu a der Funktionsterm (3) und zu b der Funktionsterm (2).
Die Graphen d, e und f sind Graphen exponentieller Funktionen. Sie fallen alle und dazu können nur die Funktionsterme (1), (4) und (5) gehören. Der Graph f fällt am stärksten und der Graph d fällt am wenigsten, also gehört zu d der Funktionsterm (5), zu e gehört der Funktionsterm (1) und zu f gehört der Funktionsterm (4).

19 Keine Lösungen

4.5 Strecken des Graphen der Exponentialfunktion

Seite 114
Üben

1 (1) Der Graph zu $y = 0{,}4 \cdot 2^x$ entsteht durch Strecken in Richtung der y-Achse mit dem Streckfaktor 0,4.
(2) Der Graph zu $y = 1{,}5 \cdot 2^x$ entsteht durch Strecken in Richtung der y-Achse mit dem Streckfaktor 1,5.
(3) Der Graph zu $y = -2^x$ entsteht durch Spiegelung an der x-Achse. Der Graph zu $y = 2^x$ wird mit dem negativen Streckfaktor −1 in Richtung der y-Achse gestreckt.
(4) Der Graph zu $y = -0{,}3 \cdot 2^x$ entsteht durch Strecken in Richtung der y-Achse mit dem Streckfaktor 0,3 und anschließender Spiegelung an der x-Achse. Der Graph zu $y = 2^x$ wird also insgesamt mit dem negativen Streckfaktor −0,3 in Richtung der y-Achse gestreckt.

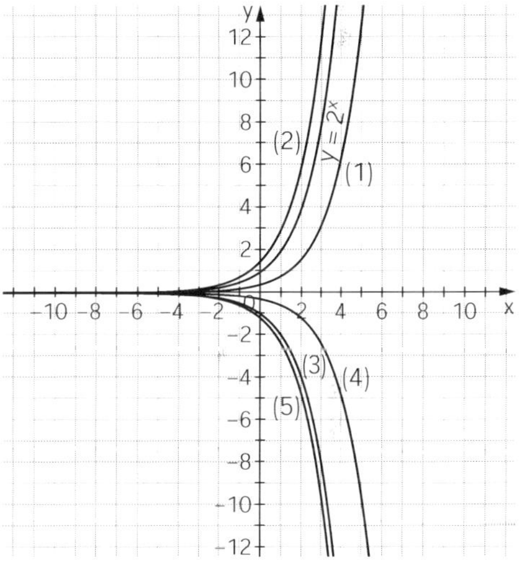

(5) Der Graph zu $y = -1{,}2 \cdot 2^x$ entsteht durch Strecken in Richtung der y-Achse mit dem Streckfaktor 1,2 und anschließender Spiegelung an der x-Achse. Der Graph zu $y = 2^x$ wird also insgesamt mit dem negativen Streckfaktor −1,2 in Richtung der y-Achse gestreckt.

2 Für $a = 2;\ 3;\ 4$ wird jeder Funktionswert von $g(x) = 0{,}7^x$ mit 2, mit 3, mit 4 multipliziert. Alle Graphen gehen durch den Punkt $P(0\,|\,a)$. Für $a = 2$ fällt der Graph von links nach rechts stärker bzw. wird von rechts nach links steiler als der Graph für $a = 1$.
Für $a = 3$ fällt der Graph von links nach rechts stärker bzw. wird von rechts nach links steiler als der Graph für $a = 2$. Für $a = 4$ fällt der Graph von links nach rechts stärker bzw. wird von rechts nach links steiler als der Graph für $a = 3$.

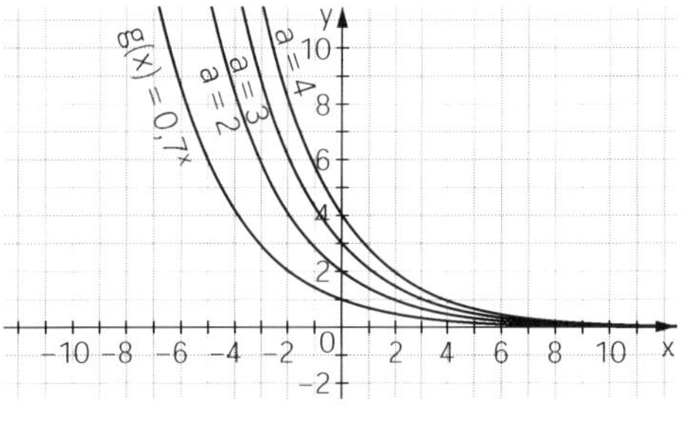

Seite 114

3 Der Graph zu $g(x) = a \cdot b^x$ entsteht aus dem Graphen zu $f(x) = b^x$ durch Strecken in Richtung der y-Achse mit dem Streckfaktor a.
Für $b > 1$ und $a > 1$ steigt der Graph zu g(x) stärker als der zu f(x).
Für $b > 1$ und $0 < a < 1$ steigt der Graph zu g(x) weniger stark als der zu f(x).
Für $b > 1$ und $-1 < a < 0$ fällt der Graph zu g(x) weniger stark als der zu f(x).
Für $b > 1$ und $a < -1$ fällt der Graph zu g(x) stärker als der zu f(x).
Für $0 < b < 1$ und $a > 1$ fällt der Graph zu g(x) stärker als der zu f(x).
Für $0 < b < 1$ und $0 < a < 1$ steigt der Graph zu g(x) weniger stark als der zu f(x).
Für $0 < b < 1$ und $-1 < a < 0$ steigt der Graph zu g(x) weniger stark als der zu f(x).
Für $0 < b < 1$ und $a < -1$ steigt der Graph zu g(x) stärker als der zu f(x).

4 $f_1(x) = 2 \cdot 1{,}2^x$ und Graph e. $f_2(x) = 3 \cdot 1{,}4^x$ und Graph g. $f_3(x) = 3 \cdot \left(\frac{3}{4}\right)^x$ und Graph d.
$f_4(x) = 2 \cdot 1{,}6^x$ und Graph h. $f_5(x) = 2 \cdot 0{,}4^x$ und Graph b. $f_6(x) = -1{,}8^x$ und Graph c.
$f_7(x) = -2 \cdot 0{,}25^x$ und Graph a. $f_8(x) = -2 \cdot 1{,}5^x$ und Graph f.
Begründungen:
Die Graphen zu f_1, f_4 und f_5 schneiden die y-Achse bei $y = 2$. Der Graph zu f_5 fällt, dazu gehört also der Graph b. Wegen $1{,}2 < 1{,}6$ verläuft der Graph von f_1 flacher als der Graph zu f_4. Zu f_1 gehört also der Graph e und zu f_4 der Graph h.
Die Graphen zu f_2 und f_3 schneiden die y-Achse bei $y = 3$. Der Graph zu f_2 steigt und der Graph zu f_3 fällt. Zu f_2 gehört also der Graph g und zu f_3 der Graph d.
Der Graph zu f_6 schneidet die y Achse bei $y = -1$ und fällt. Dazu gehört der Graph c.
Die Graphen zu f_7 und f_8 schneiden die y-Achse bei $y = -2$. Der Graph zu f_7 steigt und der Graph zu f_8 fällt. Zu f_7 gehört also der Graph a und zu f_8 der Graph f.

Weiterüben

5 **a)** Bei größer werdendem c wird der Graph nach links verschoben. Bei kleiner werdendem c wird der Graph nach rechts verschoben.
b) Hier muss man verschiedene Fälle unterscheiden.
Für $b > 1$ und $a > 0$ steigt der Graph bei größer werdendem a immer stärker.
Für $b > 1$ und $a < 0$ fällt der Graph bei kleiner werdendem a immer stärker.
Für $0 < b < 1$ und $a > 0$ fällt der Graph bei größer werdendem a immer stärker.
Für $0 < b < 1$ und $a < 0$ steigt der Graph bei kleiner werdendem a immer stärker.

6 $g(x) = b^{x+c} = b^x \cdot b^c = b^c \cdot b^x$
Die Verschiebung des Graphen zu $f(x) = b^x$ um c in Richtung der x-Achse ist gleich der Streckung des Graphen zu $f(x) = b^x$ in Richtung dery-Achse mit dem Faktor b^c.
Rechts sind zum Beispiel die Graphen zu $f(x) = 2^x$ und zu $g(x) = 2^{x+3} = 2^3 \cdot 2^x = 8 \cdot 2^x$ dargestellt.

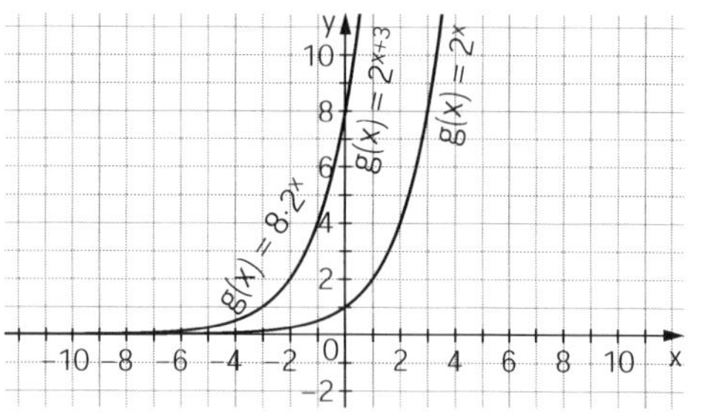

7 **a)** (1) $y = -2^x$ (2) $y = 2^{-x} = \left(\frac{1}{2}\right)^x$
b) (1) $y = 2^{x+3}$ (2) $y = 2^{x-3}$
c) (1) $y = 2^x + 1$ (2) $y = 2^x - 1$
d) $y = -2^{x+1} + 3$

Seite 114

8 **a)** Der Graph zu $f(x) = 3^x$ wird mit dem Faktor 2 in Richtung der y-Achse gestreckt und dann an der x-Achse gespiegelt. Der Graph schmiegt sich von unten dem negativen Teil der x-Achse an. Er liegt unterhalb der x-Achse und fällt von links nach rechts. Er geht durch die Punkte $P(0|-2)$ und $Q(1|-6)$.

b) Der Graph zu $f(x) = 1{,}5^x$ wird mit dem Faktor $\frac{1}{2}$ in Richtung der y-Achse gestreckt und um 2 Einheiten in Richtung der x-Achse nach rechts verschoben. Der Graph schmiegt sich von oben dem negativen Teil der x-Achse an. Er liegt oberhalb der x-Achse und steigt von links nach rechts. Er geht durch die Punkte $P\left(2\middle|\frac{1}{2}\right)$ und $Q(3|0{,}75)$.

c) Der Graph zu $f(x) = 0{,}5^x$ wird mit dem Faktor 3 in Richtung der y-Achse gestreckt und um 3 Einheiten in Richtung der y-Achse nach unten verschoben. Der Graph fällt von links nach rechts und schmiegt sich der Geraden zu $y = -3$ an. Er geht durch die Punkte $P(0|0)$. und $Q(1|-1{,}5)$.

d) Der Graph zu $f(x) = \left(\frac{1}{4}\right)^x$ wird mit dem Faktor $\frac{1}{2}$ in Richtung der y-Achse gestreckt, an der x-Achse gespiegelt, um 0,5 Einheiten in Richtung der x-Achse nach links und um 2 Einheiten in Richtung der y-Achse nach oben verschoben. Der Graph schmiegt sich an die Gerade zu $y = 2$ an. Er liegt unterhalb dieser Geraden und steigt von links nach rechts. Er geht durch die Punkte $P(-1|1)$ und $Q(-2|-2)$.

9 Die Graphen sind rechts im Bild dargestellt.
Der Graph zu $a_1(x) = -3 \cdot 0{,}5^x + 4$ steigt.
Der Graph zu $a_2(x) = 3 \cdot 0{,}5^{-x} + 4$ steigt.
Der Graph zu $a_3(x) = 3 \cdot 0{,}5^x - 4$ fällt.
Der Graph zu $a_4(x) = -3 \cdot 0{,}5^{-x} + 4$ fällt.
Der Graph zu $a_5(x) = -3 \cdot 0{,}5^x - 4$ steigt.
Der Graph zu $a_6(x) = 3 \cdot 0{,}5^{-x} - 4$ steigt.
Der Graph zu $a_5(x) = -3 \cdot 0{,}5^{-x} - 4$ fällt
Alexanders Aussage stimmt nicht.

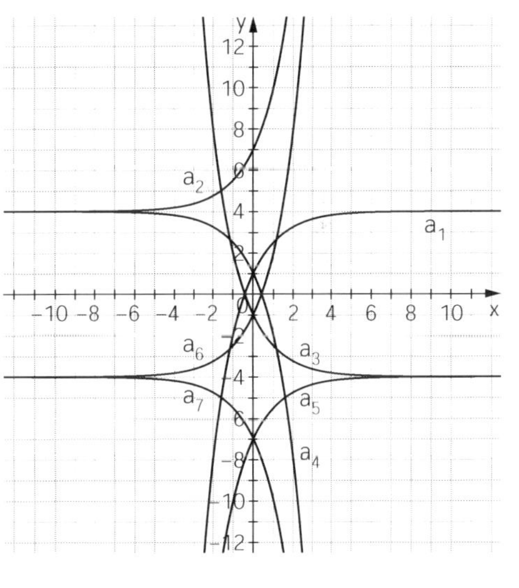

10 Die Graphen zu $y = b^x + c$ und $y = b^x + d$ sind für $c \neq d$ verschieden, können aber durch Verschieben in Richtung der x-Achse aufeinander abgebildet werden. Die beiden Graphen haben den gleichen Verlauf und können sich daher nicht schneiden.
Man kann das auch rechnerisch überprüfen, indem man eventuelle Schnittpunkte durch Gleichsetzen der Funktionsterme bestimmt.

$$b^x + c = b^x + d \quad |-b^x$$
$$c = d$$

Wegen $c \neq d$ gibt es keinen Schnittpunkt der beiden Graphen.

Auf den Punkt gebracht: Darstellungen von Funktionen

Seite 115

1 Ein DIN-A4-Blatt hat das Format $21\,cm \times 29{,}7\,cm$. Da die Funktionswerte alle größer 0 sind, wird man die x-Achse unten auf das Blatt zeichnen. Für die Beschriftung der x-Achse benötigt man etwa 1 cm.

a) Da der Graph schnell steigt, wird man das Blatt im Hochformat verwenden. Wenn man unten 1 cm für die Beschriftung der x-Achse berücksichtgt, stehen auf der y-Achse bis oben ungefähr 28,7 cm zur Verfügung, also ungefähr bis zum Funktionswert 28,7.
Durch Probieren erhält man $x \approx 3{,}0$, denn:
$f(3{,}0) = 3{,}0^3 = 27{,}00$, $f(3{,}1) = 3{,}1^3 = 29{,}791$ und $f(3{,}05) = 3{,}05^3 \approx 29{,}373$

b) Wenn man die y-Achse auf Mitte des Blattes legt, verläuft die x-Achse von $x = -9$ bis $x = 9$. Der höchste Funktionswert liegt bei $x = 9$: $f(9) = 3^9 = 19683$
Das Blatt müsste dann fast 197 m hoch sein.

2 Die Graphen zu f und zu g liegen symmetrisch zur x-Achse.
Es gilt also: $g(x) = -f(x)$
Begründung:

$$g(x) = -2{,}5^{-x} = -(2{,}5^{-1})^x = -\left(\frac{1}{2{,}5}\right)^x = -0{,}4^x = -f(x)$$

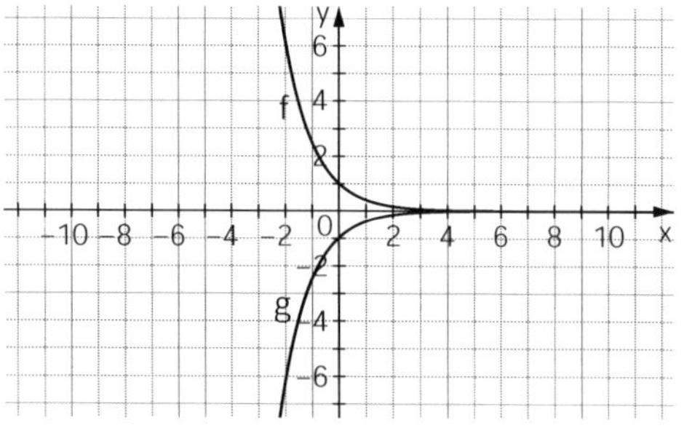

3 Ein Schachfeld hat 64 Felder. Das Verdoppeln der Anzahl der Reiskörner kann man durch die Funktion $f(x) = 2^{x-1}$ beschreiben.
Auf dem 64. Feld liegen dann $f(64) = 2^{64-1} = 2^{63} \approx 9{,}223 \cdot 10^{18} \approx 9{,}2$ Trillionen Reiskörner.
Die Summe der Reiskörner kann man durch die Funktion $f(x) = 2^x - 1$ beschreiben.
Auf allen 4 Feldern liegen dann bei $f(x) = 2^x - 1 \approx 18{,}447 \cdot 10^{18} = 18{,}447$ Trillionen Reiskörnern.

4.6 Anwenden von Exponentialfunktionen

Seite 116
Einstieg

Für alle Überlegungen wird hier $x = 0$ für das Jahr 2022 gewählt.
Die Weltbevölkerung wächst laut der Prognose um den Faktor $\frac{10,35}{7,98}$ innerhalb von 78 Jahren (von 2022 bis 2100). Es ergibt sich die jährliche Wachstumsrate
$\sqrt[78]{\frac{10,35}{7,98}} \approx 1,00334$.
Nach den Angaben in dem Artikel wächst die Weltbevölkerung jährlich um rund 0,334 %.
Für den Anfangsbestand von 7,98 Mrd. im Jahr 2022 erhält man die Funktionsgleichung $f(x) = 7,98 \cdot 1,00334^x$ (Angaben in Mrd.).
Die Bevölkerung in Afrika wächst laut der Prognose um den Faktor $\frac{4}{1,4}$ innerhalb von 78 Jahren. Es ergibt sich die jährliche Wachstumsrate $\sqrt[78]{\frac{4}{1,4}} \approx 1,01355$.
Nach den Angaben in dem Artikel wächst die Bevölkerung in Afrika jährlich um rund 1,355 %. Für den Anfangsbestand von 1,4 Mrd. im Jahr 2022 erhält man die Funktionsgleichung $g(x) = 1,4 \cdot 1,01355^x$ (Angaben in Mrd.)
Die Bevölkerung in Europa nimmt laut der Prognose um den Faktor $\frac{416,07}{446,83}$ innerhalb von 78 Jahren ab. Es ergibt sich die jährliche Wachstumsrate $\sqrt[78]{\frac{416,07}{446,83}} \approx 0,999086$.
Nach den Angaben in dem Artikel nimmt die Bevölkerung in Europa jährlich um rund 0,0914 % ab.
Für den Anfangsbestand von 446,83 Mio. im Jahr 2022 erhält man die Funktionsgleichung $h(x) = 446,83 \cdot 0,999086^x$ (Angaben in Mrd.)
Rechts die beiden Graphen.

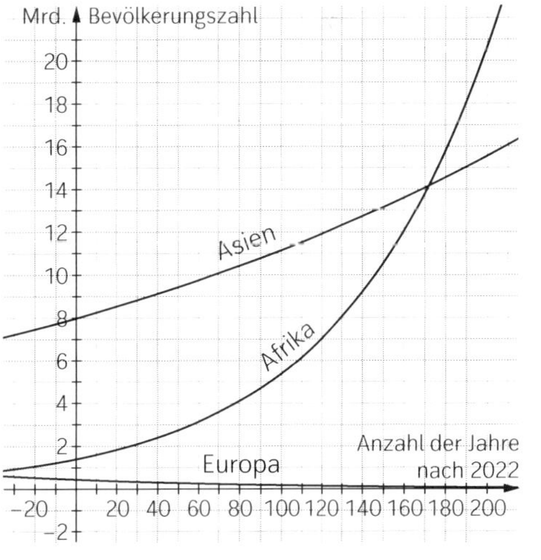

Bevölkerungszahlen für das Jahr 2000 (mit $x = -22$):
Weltbevölkerung (in Mrd.):
$f(-22) = 7,98 \cdot 1,00334^{-22} \approx 7,42$
Bevölkerung in Afrika (in Mrd.):
$g(-22) = 1,4 \cdot 1,01355^{22} \approx 1,04$
Bevolkerung in Europa (in Mio.):
$h(-22) = 446,83 \cdot 0,999086^{-22} \approx 455,910$
Bevölkerungszahlen für das Jahr 2050 (mit $x = 28$):
Weltbevölkerung (in Mrd.):
$f(28) = 7,98 \cdot 1,00334^{28} \approx 8,76$
Bevölkerung in Afrika (in Mrd.):
$g(28) = 1,4 \cdot 1,01355^{28} \approx 2,04$
Bevölkerung in Europa (in Mio.):
$h(28) = 446,83 \cdot 0,999086^{28} \approx 435,535$
Bei den Rechnungen hat man vorausgesetzt, dass sich die Bevölkerungszahlen von 2000 bis 2100 mit dem gleichen jährlichen Faktor verändern. Man berücksichtigt auch keine anderen Einflüsse.

Seite 117
Üben

1 Für die Zeit x (in Wochen) und die Höhe f(x) (in cm) erhält man:
P(2|20) und Q(4|80) liegen auf dem Graphen der Exponentialfunktion mit $f(x) = a \cdot b^x$.
Einsetzen der Koordinaten von P und Q in die Gleichung: $20 = a \cdot b^2$ und $80 = a \cdot b^4$
Dividieren beider Seiten der Gleichungen: $\frac{80}{20} = \frac{a \cdot b^4}{a \cdot b^2}$, also $4 = b^2$ ergibt $b = \sqrt{4} = 2$.
$20 = a \cdot b^2 = a \cdot 4$ ergibt $a = 5$.
Funktionsgleichung: $f(x) = 5 \cdot 2^x$
Höhe der Alge in $5\frac{1}{2}$ Wochen (in cm): $f\left(5\frac{1}{2}\right) = 5 \cdot 2^{5,5} \approx 226$

2 Für die Zeit x (in Wochen) und die Höhe f(x) (in cm) erhält man für die ersten 6 Wochen:
$f(x) = 10 \cdot 1,1^x$ für $x \le 6$.
Höhe der Pflanze (in cm) nach 6 Wochen: $f(6) = 10 \cdot 1,1^6 \approx 17,7$
Dieses ist der Anfangsbestand für die Zeit danach mit dem Wachstumsfaktor 1,06.
Damit ergibt sich für die Zeit x ab 6 Wochen:
$f(x) = 17,7 \cdot 1,06^{x-6}$ für $x \ge 6$.
Höhe der Pflanze (in cm) nach 10 Wochen: $f(10) = 17,7 \cdot 1,06^{10-6} = 17,7 \cdot 1,06^4 \approx 22,3$

Seite 118

3 Für die Zeit x (in Wochen) und der Iod-Menge f(x) (in mg) erhält man:
P(1|0,8) und Q(5|0,05) liegen auf dem Graphen der Exponentialfunktion mit $f(x) = a \cdot b^x$.
Einsetzen der Koordinaten von P und Q in die Gleichung: $0,8 = a \cdot b^1$ und $0,05 = a \cdot b^5$
Dividieren beider Seiten der Gleichungen: $\frac{0,05}{0,8} = \frac{a \cdot b^5}{a \cdot b^1}$, also $0,0625 = b^4$
Man erhält damit $b = \sqrt[4]{0,0625} = 0,5$.
$0,8 = a \cdot 0,5^1$ ergibt $a = 0,8 : 0,5 = 1,6$.
Funktionsgleichung: $f(x) = 1,6 \cdot 0,5^x$
Iod-Menge nach 8 Wochen (in mg): $f(8) = 1,6 \cdot 0,5^8 = 0,00625$

4 **a)** Einsetzen der Koordinaten von P und Q in die Gleichung: $6 = a \cdot b^1$ und $18 = a \cdot b^2$.
Dividieren beider Seiten der Gleichungen: $\frac{18}{6} = \frac{a \cdot b^2}{a \cdot b^1}$, also $3 = b$.
$6 = a \cdot b^1 = a \cdot 3$ ergibt $a = 2$.
Funktionsgleichung: $y = 2 \cdot 3^x$
b) Einsetzen der Koordinaten von P und Q in die Gleichung: $0,3 = a \cdot b^{-1}$ und $37,5 = a \cdot b^2$.
Dividieren beider Seiten der Gleichungen: $\frac{37,5}{0,3} = \frac{a \cdot b^2}{a \cdot b^{-1}}$, also $125 = b^3$ ergibt $b = 5$.
$0,3 = a \cdot b^{-1} = a \cdot \frac{1}{5}$ ergibt $a = 1,5$.
Funktionsgleichung: $y = 1,5 \cdot 5^x$
c) Einsetzen der Koordinaten von P und Q in die Gleichung: $40 = a \cdot b^{-2}$ und $160 = a \cdot b^{-4}$.
Dividieren beider Seiten der Gleichungen: $\frac{40}{160} = \frac{a \cdot b^{-2}}{a \cdot b^{-4}}$, also $\frac{1}{4} = b^2$ ergibt
$b = \sqrt{\frac{1}{4}} = \frac{1}{2} = 0,5$.
$40 = a \cdot \left(\frac{1}{2}\right)^{-2} = a \cdot 2^2 = a \cdot 4$ ergibt $a = 10$.
Funktionsgleichung: $y = 10 \cdot \left(\frac{1}{2}\right)^x = 10 \cdot 0,5^x$

Seite 118

4 d) Einsetzen der Koordinaten von P in die Gleichung ergibt: $r = a \cdot b^0 = a$
Einsetzen der Koordinaten von Q und des Wertes für a in die Gleichung ergibt:
$t = a \cdot b^s = r \cdot b^s$, also $b^s = \frac{t}{r}$ ergibt $b = \sqrt[s]{\frac{t}{r}}$.
Funktionsgleichung: $y = r \cdot \left(\sqrt[s]{\frac{t}{r}}\right)^x$

5 Tobias hat beim Einsetzen die x- und y-Koordinaten von Q vertauscht.
Richtig ist:
$1 = a \cdot b^1$
$3 = a \cdot b^2 = a \cdot b \cdot b$
$3 = 1 \cdot b$
$b = 3$
$a = \frac{1}{3}$
$y = \frac{1}{3} \cdot 3^x = 3^{-1} \cdot 3^x = 3^{x-1}$

6 Die Bakterien vermehren sich in 4 Tagen mt dem Faktor 3. Der Wachstumsfaktor pro Tag ist dann $\sqrt[4]{3} \approx 1{,}316$, die prozentuale Wachstumsrate pro Tag also ungefähr 31,6 %. Damit erhält man für x (in Tagen) und für die Anzahl f(x) der Bakterien den Funktionsterm $f(x) = 60 \cdot \left(\sqrt[4]{3}\right)^x$ und kann die Werte berechnen (gerundet auf ganze Anzahlen).
Anzahl der Bakterien nach 8 Tagen: $f(8) = 60 \cdot \left(\sqrt[4]{3}\right)^8 = 540$
Anzahl der Bakterien nach 10 Tagen: $f(10) = 60 \cdot \left(\sqrt[4]{3}\right)^{10} \approx 935$
Anzahl der Bakterien nach 3 Wochen, also 21 Tagen: $f(21) = 60 \cdot \left(\sqrt[4]{3}\right)^{21} \approx 19188$

7

Beschreibung des Prozesses	Anfangsbestand	Zeiteinheit	Wachstumsfaktor pro Zeiteinheit	prozentuale Wachstumsrate pro Zeiteinheit	Bestand nach x Zeiteinheiten
Vergrößerung einer Länge auf das 2,3-Fache alle 7 Wochen	350 cm	1 Woche	$\sqrt[7]{2{,}3} - 1$ $\approx 0{,}1264$ $= 12{,}64\,\%$	$\sqrt[7]{2{,}3} - 1$ $\approx 0{,}1264$ $= 12{,}64\,\%$	$350\,\text{cm} \cdot 1{,}1264^x$
Zunahme pro Jahr	600 €	1 Jahr	1,03	3 %	$600\,€ \cdot 1{,}03^x$
Zunahme einer Hefekultur auf das 1,7-Fache der Menge pro Minute	30 g	1 Minute	$\sqrt[6]{1{,}7}$ $\approx 1{,}0925$	$\sqrt[6]{1{,}7} - 1$ $\approx 0{,}0925$	$30\,\text{g} \cdot \left(\sqrt[6]{1{,}7}\right)^x$

Seite 119

8 a) $y = 30 \cdot 4^{\frac{x}{3}} = 30 \cdot \left(\sqrt[3]{4}\right)^x$
b) $y = 2 \cdot \left(\frac{1}{3}\right)^{\frac{x}{5}} = 2 \cdot \left(\sqrt[5]{\frac{1}{3}}\right)^x$
c) $y = 0{,}65 \cdot 1{,}5^{\frac{x}{2{,}5}} = 0{,}65 \cdot 1{,}5^{0{,}4x} = 0{,}65 \cdot 1{,}5^{\frac{2x}{5}} = 0{,}65 \cdot \left((1{,}5)^2\right)^{\frac{x}{5}} = 0{,}65 \cdot \left(\sqrt[5]{2{,}25}\right)^x$
d) $y = 4 \cdot \left((0{,}88)^2\right)^x = 4 \cdot 0{,}7744^x = 4 \cdot 0{,}88^{2x}$

Regression

Seite 119

9 **a)** Man kann erwarten, dass hier lineares Wachstum vorliegt. Das kann man prüfen, indem man zum Beispiel die Durchschnittsgeschwindigkeiten für die Strecken berechnet oder die Wertepaare in einem Kordinatensystem darstellt. Auf kürzeren Strecken wird sich der Start mit den niedrigeren Anfangsgeschwindigkeiten stärker auswirken. Bei längeren Strecken wird sich die fehlende Ausdauer auswirken. Man kann erwarten, dass die Durchschnittsgeschwindigkeit bei den mittleren Strecken am größten ist.

Durchschnittsgeschwindigkeit für 100 m: $\frac{100\,\text{m}}{10{,}21\,\text{s}} \approx 9{,}79\,\frac{\text{m}}{\text{s}}$

Durchschnittsgeschwindigkeit für 500 m: $\frac{500\,\text{m}}{36{,}36\,\text{s}} \approx 13{,}75\,\frac{\text{m}}{\text{s}}$

Durchschnittsgeschwindigkeit für 1 000 m: $\frac{1\,000\,\text{m}}{71{,}61\,\text{s}} \approx 13{,}96\,\frac{\text{m}}{\text{s}}$

Durchschnittsgeschwindigkeit für 1 500 m: $\frac{1\,500\,\text{m}}{109{,}84\,\text{s}} \approx 13{,}66\,\frac{\text{m}}{\text{s}}$

Durchschnittsgeschwindigkeit für 3 000 m: $\frac{3\,000\,\text{m}}{232{,}02\,\text{s}} \approx 12{,}93\,\frac{\text{m}}{\text{s}}$

Durchschnittsgeschwindigkeit für 5 000 m: $\frac{5\,000\,\text{m}}{399{,}02\,\text{s}} \approx 12{,}53\,\frac{\text{m}}{\text{s}}$

Durchschnittsgeschwindigkeit für 10 000 m: $\frac{10\,000\,\text{m}}{828{,}33\,\text{s}} \approx 12{,}07\,\frac{\text{m}}{\text{s}}$

Es bestätigt sich, dass die Durchschnittsgeschwindigkeiten bei den mittleren Laufstrecken am größten sind.

Rechts sind die Werte in einer Grafik dargestellt.

Die Werte der Durchschnittsgeschwindigkeiten ab der 500-m-Strecke liegen nahezu auf einer Geraden. Man kann die Werte daher angenähert durch eine lineare Funktion annähern. Es liegt also nahezu lineares Wachstum vor.

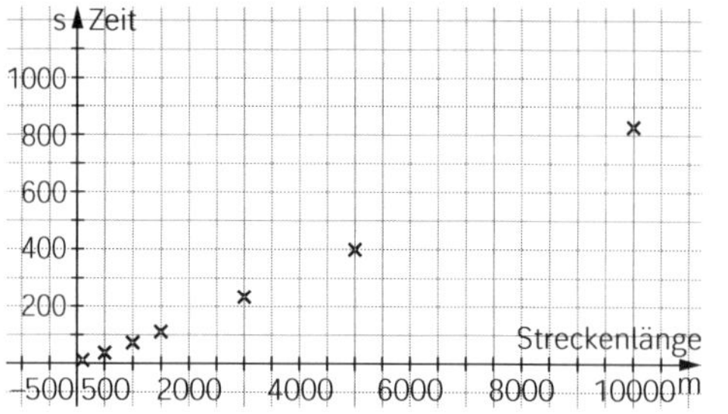

Bezeichnet man mit x die Länge der Laufstrecke (in m) und mit f(x) bzw. g(x) die gelaufenen Zeiten (in s), so kann man mit dem Rechner die Gleichung der Regressionsgeraden bestimmen:

Mit Berücksichtigung der 100-m-Strecke erhält man mit dem Rechner ungefähr den Funktionsterm: $f(x) = 0{,}0831264\,x - 9{,}5110855$

Ohne Berücksichtigung der 100-m-Strecke erhält man mit dem Rechner ungefähr den Funktionsterm: $g(x) = 0{,}0837325\,x - 13{,}53375$

Beide Funktionen sind für Kurzstrecken nicht geeignet, da sie für ganz kurze Strecken negative Werte liefern.

b) Der Funktionsterm g(x) ist geeigneter, um die Zeiten für die Langstrecken zu berechnen.

15 000-m-Strecke: $g(15\,000) \approx 20:42{,}45$

Marathonstrecke (42 195 m): $g(42\,000) \approx 58:23{,}23$

Die Durchschnittsgeschwindigkeiten sind aber über so lange Distanzen nicht durchzuhalten, sodass die Werte darüber liegen werden.

Seite 119

10 Beginnt man bei 1972 als Jahr 0 und bezeichnet mit x die Anzahl der Jahre ab 1972, können die Daten durch eine lineare Funktion f oder eine exponentielle Funktion g beschrieben werden. Die Terme f(x) bzw. g(x) geben dann die Laufzeiten in Sekunden an. Mit dem Rechner erhält man folgende Funktionsterme:

Lineare Regression: $f(x) = -0{,}0073192x + 11{,}0167762$

Exponentielle Regression: $g(x) = 11{,}0173704 \cdot 0{,}9993273215^x$

Hier die Werte für den Endlauf der Frauen:

Jahr	1972	1976	1980	1984	1988	1992	1996
x	0	4	8	12	16	20	24
Zeiten	11,07	11,01	11,06	10,97	10,54	10,82	10,94
f(x)	11,02	10,99	10,96	10,93	10,90	10,87	10,84
g(x)	11,02	10,99	10,96	10,93	10,90	10,87	10,84

Jahr	2000	2004	2008	2012	2016	2021
x	28	32	36	40	44	49
Zeiten	10,75	10,93	10,78	10,75	10,71	10,61
f(x)	10,81	10,78	10,75	10,72	10,69	10,66
g(x)	10,81	10,78	10,75	10,72	10,70	10,66

Beide Funktionen liefern in den angegebenen Jahren nahezu identische Werte. Die lineare Funktion wird allerdings irgendwann negative Zeiten liefern, sodass die exponentielle Funktion besser geeignet ist.

11 **a)** Bezeichnet x das Jahr mit $x = 0$ für das Jahr 1960 und f(x) bzw. g(x) den CO -Gehalt (in ppm), so erhält man mit einem Rechner den Funktionsterm f(x) für eine lineare Regression und g(x) für eine exponentielle Regression.

Lineare Regression: $f(x) = 1{,}6153463x + 312{,}1285529$

Exponentielle Regression: $g(x) = 314{,}5218012 \cdot 1{,}0044502x$

Beide Funktionen stellen die Werte im angegebenen Bereich ganz gut dar.

Bei der linearen Funktion waren die Werte früher negativ. Bei der exponentiellen Funktion steigen zukünftige Werte sehr stark an.

b) Für Zukunftsprognosen gibt die lineare Funktion die Werte wahrscheinlich besser an, da eine Reduzierung dieser Werte angestrebt wird. Eine exponentielle Zunahme der Werte hätte noch größere Auswirkungen auf die Umwelt.

4.7 Logarithmen

Seite 120
Einstieg

a) $x = 4$, denn $2^4 = 16$.

b) $x = -2$, denn $3^{-2} = \frac{1}{3^2} = \frac{1}{9}$.

c) $x = 2$, denn $3^2 = 9$.

d) $x = 1$, denn $2^1 = 2^{3 \cdot \frac{1}{3}} = (2^3)^{\frac{1}{3}} = 8^{\frac{1}{3}} = \sqrt[3]{8}$

Man benutzt die Potenzgesetze.

Seite 121
Üben

1 **a)** $\log_2(64) = 6$ denn $2^6 = 64$.

b) $\log_2(1\,024) = 10$ denn $2^{10} = 1\,024$.

c) $\log_2(1) = 0$ denn $2^0 = 1$.

d) $\log_2\left(\frac{1}{8}\right) = -3$ denn $2^{-3} = \frac{1}{2^3} = \frac{1}{8}$.

e) $\log_2\left(\frac{1}{16}\right) = -4$ denn $2^{-4} = \frac{1}{2^4} = \frac{1}{16}$.

f) $\log_2(\sqrt{2}) = \frac{1}{2}$ denn $2^{\frac{1}{2}} = \sqrt{2}$.

g) $\log_3(9) = 2$ denn $3^2 = 9$.

h) $\log_3(1) = 0$ denn $3^0 = 1$.

i) $\log_3(243) = 5$ denn $3^5 = 243$.

j) $\log_3\left(\frac{1}{9}\right) = -2$ denn $3^{-2} = \frac{1}{3^2} = \frac{1}{9}$.

k) $\log_3(3^7) = \log_3(2\,187) = 7$ denn $3^7 = 2\,187$.

l) $\log_3(\sqrt{3}) = \frac{1}{2}$ denn $3^{\frac{1}{2}} = \sqrt{3}$.

m) $\log_4(4) = 1$ denn $4^1 = 4$.

n) $\log_4(16) = 2$ denn $4^2 = 16$.

o) $\log_4(1) = 0$ denn $4^0 = 1$.

p) $\log_4(0{,}25) = -1$ denn $4^{-1} = \frac{1}{4} = 0{,}25$.

q) $\log_2(512) = 9$ denn $2^9 = 512$.

r) $\log_4(1\,024) = 5$ denn $4^5 = 1\,024$.

s) $\log_6(36) = 2$ denn $6^2 = 36$.

t) $\log_8(64) = 2$ denn $8^2 = 64$.

2 $1 < \log_4(13) < 2$, denn $4^1 = 4$ und $4^2 = 16$.

3 **a)** $\log_2(2^m) = m$

b) $\log_b\left(\frac{1}{b}\right) = -1$

c) $\log_a\left(a^{\frac{1}{n}}\right) = \frac{1}{n}$

d) $\log_c(\sqrt{c}) = \frac{1}{2}$

e) $\log_b\left(\frac{1}{b^2}\right) = -2$

4 **a)** $y = 32$, denn $2^5 = 32$

b) $y = \sqrt[3]{4}$, denn $2^{\frac{2}{3}} = \sqrt[3]{2^2} = \sqrt[3]{4}$

c) $y = \frac{1}{32}$, denn $2^{-5} = \frac{1}{2^5} = \frac{1}{32}$

d) $y = 2$, denn $4^{\frac{1}{2}} = \sqrt{4} = 2$

e) $y = 1$, denn $4^0 = 1$.

Seite 122

5 **a)** Zum Lösen der Gleichung $x^4 = 25$ muss man die 4. Wurzel ziehen und nicht Logarithmieren. Richtig ist: $x = \sqrt[4]{25} = \sqrt[2 \cdot 2]{25} = \sqrt{\sqrt{25}} = \sqrt{5}$

b) Zum Lösen der Gleichung $3^x = 101$ muss man Logarithmieren und nicht die Wurzel ziehen. Richtig ist: $x = \log_3(101) \approx 4{,}2$

c) Zum Lösen der Gleichung muss man Terumformungen durchführen. Richtig ist: $3x - 7 = 20$, also $3x = 27$ und damit $x = 9$.

d) Die 6. Potenz einer reellen Zahl ist nie negativ. Es gibt keine Lösung, $L = \{\ \}$.

Zusammenhang zwischen Potenzieren und Logarithmieren

Seite 122

6 a) $\log_2$ → 2 hoch

8	3	8
16	4	16
$\frac{1}{2}$	-1	$\frac{1}{2}$
$\sqrt{2}$	$\frac{1}{2}$	$\sqrt{2}$
$8\sqrt{2}$	$3\frac{1}{2}$	$8\sqrt{2}$

Die erste und die dritte Spalte sind gleich.

b) 2 hoch → $\log_2$

4	16	4
5	32	5
-2	$\frac{1}{4}$	-2
$\frac{3}{2}$	$2\sqrt{2}$	$\frac{3}{2}$
$-0{,}5$	$\frac{1}{2}\sqrt{2}$	$-0{,}5$

Die erste und die dritte Spalte sind gleich.

7 Das Potenzieren der Basis b ist die Umkehrung des Logarithmierens zur Basis b, und umgekehrt.
a) 7 b) u^2 c) $\sqrt{12}$ d) 2 e) 9 f) $\sqrt{2}$ g) -7 h) 7,2

Weiterüben

8 a) Logarithmieren: $x = \log_4(16) = 2$
b) Wurzelziehen: $x^3 = 64$, also $x = \sqrt[3]{64} = 4$
c) Wurzelziehen: $x^3 = 8$, also $x = \sqrt[3]{8} = 2$
d) Logarithmieren: $x = \log(0{,}1) = \log\left(\frac{1}{10}\right) = \log(10^{-1}) = -1$

4.8 Lösen von Exponentialgleichungen

Seite 123
Einstieg

Für die Zeit x in Wochen und f(x) in m wird das Wachstum der Alge durch den Funktionsterm $f(x) = 0{,}6 \cdot 2^x$ angegeben. Da die Oberfläche des 6,30 m tiefen Sees erreicht werden soll, kann man eine Gleichung aufstellen, um die Zeit x zu berechnen. Man kann diese Gleichung umformen und dann durch Logarithmieren lösen.

$0{,}6 \cdot 2^x = 6{,}30 \quad | \cdot 0{,}6$
$2^x = 10{,}5 \quad | \log_2(\ )$
$x \approx 3{,}39$

Die Pflanze erreicht in etwa 3,39 Wochen die Oberfläche des Sees, das sind etwas weniger als 3 Wochen und 3 Tage.

Seite 124
Üben

1 a) $\log_5(7) \approx 1{,}209$
b) $\log_{1,2}(5) \approx 8{,}827$
c) $\log_8\left(\frac{12}{6}\right) = \log_8(2) = \frac{1}{3} \approx 0{,}333$
d) $\log_{0,7}\left(\frac{1{,}1}{0{,}4}\right) = \log_{0,7}(2{,}75) \approx -2{,}836$

2 (1) Für die Zeit x in Jahren erhält man:
$4000\,€ \cdot 1{,}005^x = 8000\,€ \quad |:4000\,€$
$1{,}005^x = 2 \quad |\log_{1,005}(\ )$
$x \approx 138{,}98$
Das Kapital verdoppelt sich in etwa 139 Jahren.

(2) Für die Zeit x in Jahren erhält man:
$4000\,€ \cdot 1{,}005^x = 16000\,€ \quad |:4000\,€$
$1{,}005^x = 4 \quad |\log_{1,005}(\ )$
$x \approx 277{,}95$
Das Kapital vervierfacht sich in etwa 278 Jahren.

Seite 124

3 Für die Zeit x in Tagen erhält man:

$1{,}3\,\text{kg} \cdot 1{,}13^x = 4{,}6\,\text{kg} \quad |:1{,}3\,\text{kg}$

$1{,}13^x = \frac{4{,}6}{1{,}3} \quad |\log_{1{,}13}(\ )$

$x \approx 10{,}34$

Die Melone wiegt zwischen 10 Tagen und 11 Tagen 4,6 kg.

4 **a)** Halbwertszeit: $x_{HW} = \log_{\frac{1}{8}}(0{,}5) = \frac{1}{3}$ Die Halbwertszeit ist $x_{HW} = \frac{1}{3}$.

b) Halbwertszeit: $x_{HW} = \log_{0{,}94}(0{,}5) \approx 11{,}2$ Die Halbwertszeit beträgt etwa 11,2 Tage.

c) Halbwertszeit: $x_{HW} = \log_{0{,}7}(0{,}5) \approx 1{,}94$ Die Halbwertszeit ist etwa $x_{HW} = 1{,}94$.

d) Halbwertszeit: $x_{HW} = \log_{0{,}65}(0{,}5) \approx 1{,}609$ Die Halbwertszeit beträgt etwa1 h 37 min.

5 Aus der Grafik kann man ablesen, dass sich die Masse von 30 g nach 6 bis 7 Tagen halbiert hat auf 15 g. Die Halbwertszeit beträgt also etwa 6,5 Tage. Man kann auch ablesen, dass nach etwa 20 Tagen noch eine Masse von 3 g übrig ist.
Zum Berechnen der genauen Werte benötigt man für x (in Tagen) und die Masse y (in g) die Funktionsgleichung $y = a \cdot b^x$ mit dem Anfangswert a in g und dem Abnahmefaktor pro Tag b.
Zu Beginn beträgt die Masse 30 g, also $a = 30$ und damit $y = 30 \cdot b^x$.
Man kann dem Graphen entnehmen, dass der Punkt P(10 | 10) auf dem Graphen liegt.
Durch Einsetzen der Koordinaten in die Funktionsgleichung erhält man:

$10 = 30 \cdot b^{10} \quad |:30$

$\frac{1}{3} = b^{10} \quad |\sqrt[10]{\ }$

$0{,}896 \approx b$

Man erhält die Funktionsgleichung $y = 30 \cdot 0{,}896^x$.
Halbwertszeit: $x_{HW} = \log_{0{,}896}(0{,}5) \approx 6{,}3$
Die Halbwertszeit beträgt etwa 6 Tage 7 Stunden.
Masse von 3 g: $3 = 30 \cdot 0{,}896^x$, also $x = \log_{0{,}896}(0{,}1) \approx 21$
Nach etwa 21 Tagen ist noch eine Masse von 3 g übrig.

Weiterüben

6 Man kann die ungefähren Koordinaten des Schnittpunktes der Grafik entnehmen: S(≈0,7 | ≈2,6).
Man kann die Koordnaten des Schnittpunktes S auch berechnen. Man benötigt dazu die Funktionsterme f(x) für den roten Graphen und g(x) für den blauen Graphen.
Der rote Graph geht durch die Punkte P(−2 | 1) und Q(2 | 4)
Einsetzen der Koordinaten von P und Q in die Gleichung: $1 = a \cdot b^{-2}$ und $4 = a \cdot b^2$
Dividieren beider Seiten der Gleichungen: $\frac{4}{1} = \frac{a \cdot b^2}{a \cdot b^{-2}}$, also $4 = b^4$ und damit $b = \sqrt[4]{4} = \sqrt{2}$
$4 = a \cdot b^2 = a \cdot (\sqrt{2})^2 = a \cdot 2$ ergibt $a = 2$.
Funktionsterm für den roten Graphen: $f(x) = 2 \cdot (\sqrt{2})^x = 2 \cdot \left(2^{\frac{1}{2}}\right)^x$
Der blaue Graph geht durch die Punkte R(−1 | 5) und T(3 | 1)
Einsetzen der Koordinaten von R und T in die Gleichung: $5 = a \cdot b^{-1}$ und $1 = a \cdot b^3$

Seite 124

6 Fortsetzung

Dividieren beider Seiten der Gleichungen: $\frac{1}{5} = \frac{a \cdot b^3}{a \cdot b^{-1}}$, also $\frac{1}{5} = b^4$ und damit

$b = \frac{1}{\sqrt[4]{5}} = 5^{-\frac{1}{4}} \approx 0{,}66874$

$1 = a \cdot b^3 = a \cdot \frac{1}{(\sqrt[4]{5})^3}$ ergibt $a = (\sqrt[4]{5})^3 = 5^{\frac{3}{4}} \approx 3{,}3437$

Funktionsgleichung: $g(x) = (\sqrt[4]{5})^3 \cdot \left(\frac{1}{\sqrt[4]{5}}\right)^x = 5^{\frac{3}{4}} \cdot \left(5^{-\frac{1}{4}}\right)^x \approx 3{,}3467 \cdot 0{,}66874^x$

Beim Schnittpunkt S gilt $f(x) = g(x)$. (Rechnung siehe rechts.)

Für $x \approx 0{,}68622$ kann man den Funktionswert von f oder von g berechnen.

$f(0{,}68622) = 2 \cdot (\sqrt{2})^{0{,}68622} \approx 2{,}53698$

Damit erhält man die ungefähren Koordinaten des Schnittpunktes S von f und g: (0,69 | 2,54)

$f(x) = g(x)$

$2 \cdot \left(2^{\frac{1}{2}}\right)^x = 5^{\frac{3}{4}} \cdot \left(5^{\frac{1}{4}}\right)^x \quad | : 2 \quad | : \left(5^{\frac{1}{4}}\right)^x$

$\left(2^{\frac{1}{2}} : 5^{\frac{1}{4}}\right)^x = \frac{1}{2} \cdot 5^{\frac{3}{4}}$

$2{,}11474^x \approx 1{,}67185 \quad | \log_{2{,}11474}(\ )$

$x \approx 0{,}68622$

7 Für den Schnittpunkt S gilt $f(x) = g(x)$.

a) $80 \cdot 2^x = 5 \cdot 4^x \quad | : 5 \quad | : 2^x$

$80 : 5 = (4 : 2)^x$

$16 = 2^x \quad | \log_2(\ )$

$4 = x$

$f(4) = 80 \cdot 2^2 = 1\,280$

Schnittpunkt S(4 | 1 280).

b) $\left(\frac{1}{9}\right)^x = 81 \cdot \left(\frac{1}{3}\right)^x \quad | : \left(\frac{1}{3}\right)^x$

$\left(\frac{1}{9} : \frac{1}{3}\right)^x = 81$

$\left(\frac{1}{3}\right)^x = 81 \quad | \log_{\frac{1}{3}}(\ )$

$x = -4$

$f(-4) = \left(\frac{1}{9}\right)^{-4} = 6\,561$

Schnittpunkt S(−4 | 6 561).

c) $5 \cdot 2^x = 6 \cdot 0{,}3^x \quad | : 6 \quad | : 2^x$

$5 : 6 - (0{,}3 : 2)^x$

$\frac{5}{6} = 0{,}15^x \quad | \log_{0{,}15}(\ )$

$0{,}0961 \approx x$

$f(0{,}0961) = 6 \cdot 0{,}3^{0{,}0961} \approx 5{,}3444$

Schnittpunkt S(≈ 0,1 | ≈ 5,34).

5. Daten und Zufall

Seite 127
Einstiegsseite

Die himbeerproduzierenden Länder liegen hauptsächlich auf der Nordhalbkugel der Erde. Russland und die USA sind die größten Himbeerproduzenten. Da diese Länder aber auch flächenmäßig groß sind, werden sie nicht so viel größer dargestellt. Viele ost- und südeuropäische Länder produzieren im Verhältnis zu ihrer Flächengröße sehr viele Himbeeren und sind daher auch wesentlich größer dargestellt.

5.1 Darstellen von Daten mit Flächen

Seite 128
Einstieg

Der 40-€-Schein ist doppelt so lang und doppelt so breit wie der 20-€-Schein. Es passen dann vier 20-€-Scheine in einen 40-€-Schein. Die Darstellung vermittelt dadurch den Eindruck, als ob der Erdölpreis vervierfacht wurde.

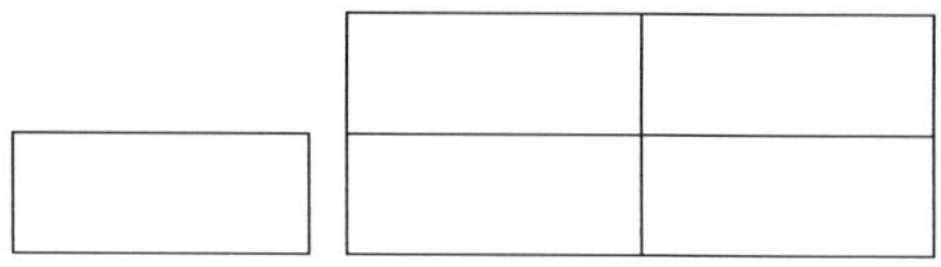

Seite 129
Üben

1 In den USA gab es etwa viermal so viele Downloads. Die Fahne der USA ist aber 4-mal so lang und 4-mal so breit wie die Fahne von Kanada. Der Flächeninhalt der Fahne der USA ist damit 16-mal so groß wie der Flächeninhalt der kanadischen Fahne und die Darstellung vermittelt einen falschen Eindruck.
Für eine angemessene Darstellung sollte die USA-Fahne nur doppelt so lang und doppelt so breit sein wie die kanadische Fahne. Die USA-Fahne wäre dann viermal so groß wie die kanadische Fahne.

Seite 130

2 Die Seitenlängen des großen Dreiecks sind 4-mal so lang wie die Seitenlängen des kleinen Dreiecks. Der Flächeninhalt des großen Dreiecks ist daher 16-mal so groß wie der Flächeninhalt des kleinen Dreiecks (siehe oberes Bild rechts). Die Darstellung ist also nicht korrekt.
Für eine korrekte Darstellung muss die Seitenlänge des kleinen Dreiecks halb so lang sein wie die Seitenlänge des großen Dreiecks. Dann ist der Flächeninhalt des großen Dreiecks 4-mal so groß wie der Flächeninhalt des kleinen Dreiecks (siehe unteres Bild rechts).

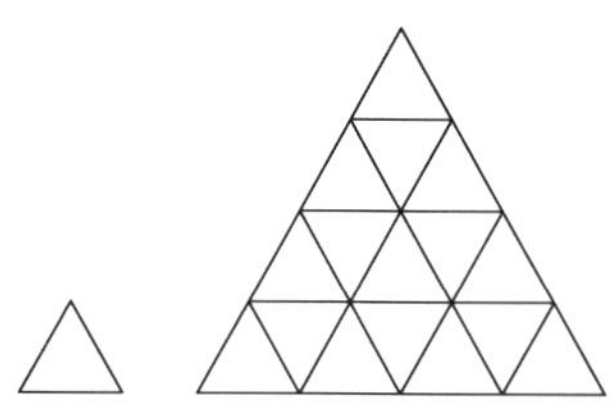

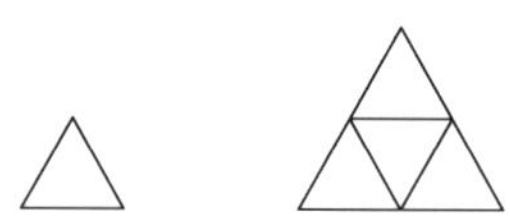

3 Der Anteil der mehr oder weniger stark gefährdeten Säugetierarten ist doppelt so groß wie der Anteil der nicht gefährdeten Arten. Der Flächeninhalt des großen Dreiecks ist aber 4-mal so groß wie der Flächeninhalt des kleinen Dreiecks. Für eine korrekte Darstellung muss die Seitenlänge des großen Dreiecks nur $\sqrt{2}$-mal so lang sein wie die Seitenlänge des kleinen Dreiecks. Dann ist der Flächeninhalt des großen Dreiecks doppelt so groß wie der Flächeninhalt des kleinen Dreiecks.

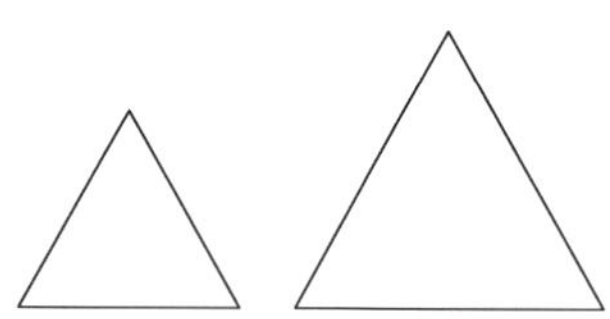

Seite 130

4 Die Anzahl der Neuanmeldungen 2020 ist 17-mal so groß wie die Anzahl der Neuanmeldungen 2016, also etwa 16-mal so groß. Wenn man beim Verkehrsschild für 2020 die Seitenlängen 4-mal so lang macht wie die Seitenlängen beim Verkehrsschild für 2016, dann ist der Flächeninhalt des großen Schildes 16-mal so groß wie der Flächeninhalt des kleinen Schildes (siehe Vorschlag rechts).

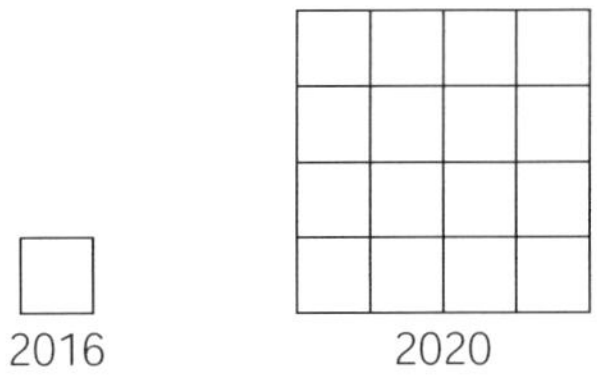

Wenn man die Verkehrsschilder so zeichnen möchte, dass das große Verkehrsschild 17-mal so groß ist wie das kleine Verkehrsschild, muss man die Seitenlängen des kleinen Verkehrsschildes für die Seitenlängen des großen Verkehrsschildes mit dem Faktor $\sqrt{17}$ vervielfachen.

5 Im Vergleich zu 2010 waren es 2015 etwa 5,4-mal und 2020 etwa 7,2-mal so viele Smartphones. Für eine korrekte Darstellung muss man die Seitenlängen der Figur von 2010 für 2015 mit dem Faktor $\sqrt{5,4}$ vervielfachen und für 2020 mit dem Faktor $\sqrt{7,2}$.
Wenn man für die Seitenlängen des Rechtecks des für 2010 zum Beispiel wie im Bild 1,0 cm und 2,0 cm wählt, dann hat das Rechteck für 2015 die Seitenlängen $\sqrt{5,4}\,\text{cm} \approx 2,3\,\text{cm}$ und $2 \cdot \sqrt{5,4}\,\text{cm} \approx 4,6\,\text{cm}$, das Rechteck für 2020 die Seitenlängen $\sqrt{7,2}\,\text{cm} \approx 2,7\,\text{cm}$ und $2 \cdot \sqrt{7,2}\,\text{cm} \approx 5,4\,\text{cm}$.

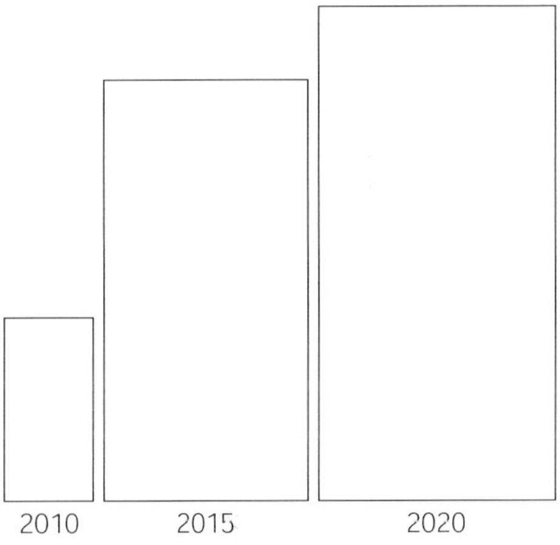

6 Man kann maßstabsgerechte Quadrate für die Größe des Raumes zeichnen, zum Beispiel 1 cm^2 für 0,1 m^2.

7 Die Anzahl der Abonnenten ist auf das 2,6-Fache gestiegen. Man muss die Seitenlängen des Fotos mit dem Faktor $\sqrt{2,6} \approx 1,6$ multiplizieren. Dann ist das neue Foto flächenmäßig 2,6-mal so groß.

5.2 Darstellen von Daten mit Quadern

Seite 132
Üben

1 **a)** Die Verdopplung ist in der Grafik nicht richtig wiedergegeben. Die Fläche hat sich vervierfacht, das Volumen verachtfacht. Bei einer Verdopplung des Absatzes dürfen die Kantenlängen des Quaders nur mit dem Faktor $\sqrt[3]{2} \approx 1,26$ verlängert werden.
b) Zwei Rechteckte, deren Seitenlängen mit dem Faktor $k = \sqrt{1,64} \approx 1,28$ verlängert werden. Der Flächeninhalt wird dann mit dem Faktor $k = 1,64$ vergrößert.
Bei einer räumlichen Darstellung mit Quadern, müssen die Kantenlängen des Quaders mit dem Faktor $k = \sqrt[3]{1,64} \approx 1,18$ verlängert werden. Das Volumen des Quaders wird dann mit dem Faktor $k = 1,64$ vergrößert.
c) Keine Lösungen

Seite 132

2 Der Wasserverbrauch liegt 2020 im Vergleich zu 1990 bei $\frac{129\,l}{147\,l} \approx 0{,}88 = 88\,\%$. Da die Badewanne räumlich gezeichnet wird, muss der Grafiker für die Badewanne für 2020 die Kantenlängen der Badewanne für 1990 mit dem Faktor $\sqrt[3]{0{,}88} \approx 0{,}96$ verkürzen.

3 In der ersten oberen Grafik wurden alle Kantenlängen verdoppelt, das Volumen also verachtfacht. Die Grafik ist nicht angemessen.
In der zweiten oberen Grafik wurden alle Kantenlängen mit dem Faktor $\sqrt[3]{2}$ vervielfacht, das Volumen also verdoppelt. Die Grafik ist angemessen.
In der ersten unteren Grafik wurde die Anzahl der Bücher verdoppelt, das Volumen also auch verdoppelt. Die Grafik ist angemessen.
In der zweiten unteren Grafik wurden alle Kantenlängen mit dem Faktor $\sqrt[3]{2}$ vervielfacht, das Volumen also verdoppelt. Die Grafik ist angemessen.

4 Man kann für 1999, für 2009 und für 2019 jeweils eine Mülltonne zeichnen und daran die Verwertung der Abfälle kennzeichnen. Für die Größe der Mülltonnen berechnet man die Vervielfachung des Gesamtaufkommens von 1999 bis 2009 und von 1999 bis 2019.
Von 1999 bis 2009: $\frac{4{,}790}{2{,}090} \approx 2{,}29$ Von 1999 bis 2019: $\frac{4{,}790}{2{,}090} \approx 2{,}99$
Die Kantenlängen der Mülltonne für 1999 müssen bei der Mülltonne für 2009 mit dem Faktor $\sqrt[3]{2{,}29} \approx 1{,}32$ verlängert werden und bei der Mülltonne für 2019 mit dem Faktor $\sqrt[3]{2{,}99} \approx 1{,}44$.
Hier ist ein Beispiel für eine Grafik.

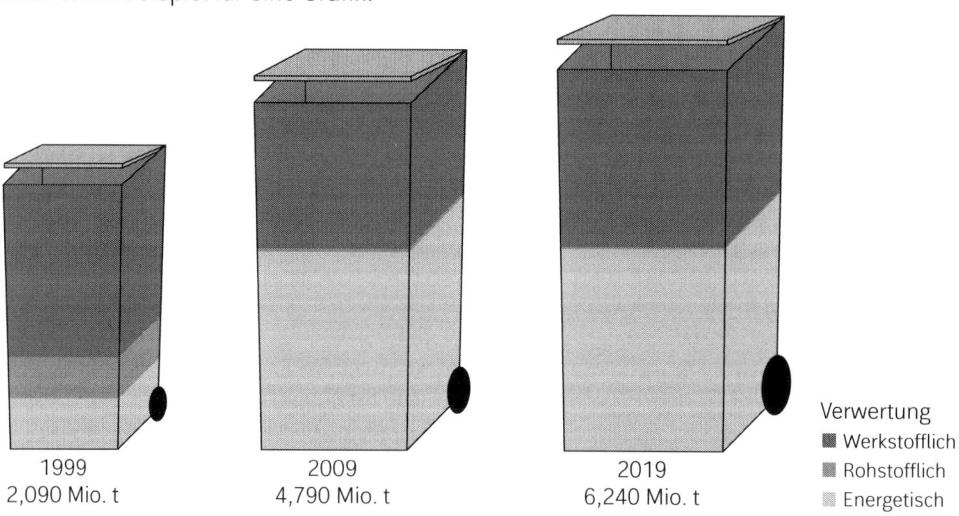

Auf den Punkt gebracht: Aufgepasst beim Verwenden von recherchierten Daten

Seite 133

1 Wenn man die Armut und Armutsgefährdung der Bevölkerung deutlich hervorheben möchte, wird man die obere Darstellung wählen. Wenn man die Armut und Armutsgefährdung der Bevölkerung eher herunterspielen möchte, wird man die untere Darstellung wählen.

5.3 Analyse von grafischen Darstellungen

Seite 134
Einstieg

Die Hochachse beginnt nicht bei 0 und die Jahre 2014 bis 2019 wurden weggelassen. Dadurch wird der Anstieg der Mitgliederzahlen wesentlich stärker dargestellt.

Seite 135
Das kann ich noch!

A Die Länge der Seite b kann man mit dem Pythagoras berechnen.

$b = \sqrt{a^2 + c^2} = \sqrt{5{,}4^2 + 4{,}3^2}\,\text{cm} = \sqrt{47{,}65}\,\text{cm} \approx 6{,}9\,\text{cm}$

Die Größe der Winkel kann man mithilfe des Tangens berechnen.

$\tan(\alpha) = \frac{a}{c} = \frac{5{,}4\,\text{cm}}{4{,}3\,\text{cm}}$, also $\alpha = \tan^{-1}\left(\frac{5{,}4}{4{,}3}\right) \approx 51{,}5°$

$\tan(\gamma) = \frac{c}{a} = \frac{4{,}3\,\text{cm}}{5{,}4\,\text{cm}}$, also $\gamma = \tan^{-1}\left(\frac{4{,}3}{5{,}4}\right) \approx 38{,}5°$

Den dritten Winkel kann man auch mithilfe des Innenwinkelsatzes berechnen.

Flächeninhalt A: $A = \frac{a \cdot c}{2} = \frac{5{,}4\,\text{cm} \cdot 4{,}3\,\text{cm}}{2} = 11{,}61\,\text{cm}^2$

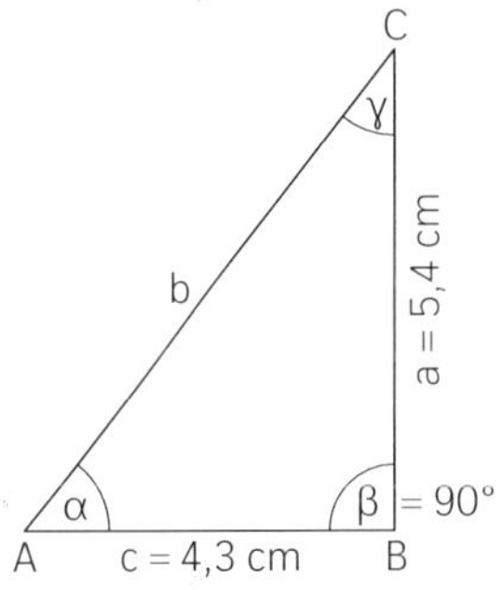

Seite 136
Üben

1 **a)** Bei allen drei Grafiken wird der Eindruck erweckt, dass das Unternehmen im Vergleich zur Firmengründung eine enorme Umsatzsteigerung erreicht hat, besonders in den letzten beiden Jahren. Im Vergleich dazu erscheint der Umsatz bei der Ausgangsstatistik relativ konstant mit leichter Tendenz nach oben.

b) In allen drei Grafiken beginnt die Hochachse nicht bei 0. Änderungen werden dadurch verstärkt dargestellt. In der dritten Grafik fehlen sogar alle Achsenbeschriftungen.

c) Keine Lösungen

Seite 136

2 a) *Koordinatensystem:* Da die die Hochachse nicht bei 0 beginnt, sieht es so aus, als hätte sich das Kindergeld von 1998 bis 2000 verdreifacht und von 1998 bis 2002 sogar etwa verfünffacht. Der Kindergeldbetrag ist von 1998 bis 2000 ungefähr auf das 1,23-Fache und von 1998 bis 2002 ungefähr auf das 1,37-Fache gestiegen. Diese falsche Vorstellung entsteht durch den fehlenden Sockelbetrag. Die Hochachse beginnt erst bei 100 €.

Illustration: Der Kinderwagen für 1998 ist 0,6 cm hoch, der für 2000 ist 1,9 cm hoch und der für 2002 ist 2,7 cm hoch. Wenn man den räumlichen Eindruck berücksichtigt, ergibt das eine Steigerung von 1998 bis 2000 um den Faktor $1{,}9^3 \approx 6{,}9$, also etwa das 7-Fache, und von 1998 bis 2002 um den Faktor $2{,}7^3 \approx 19{,}7$, also etwa das 20-Fache, Der Anstieg wird so sehr stark vergrößert dargestellt.

b) Hier das Liniendiagramm zur Entwicklung der Höhe des Kindergeldes.

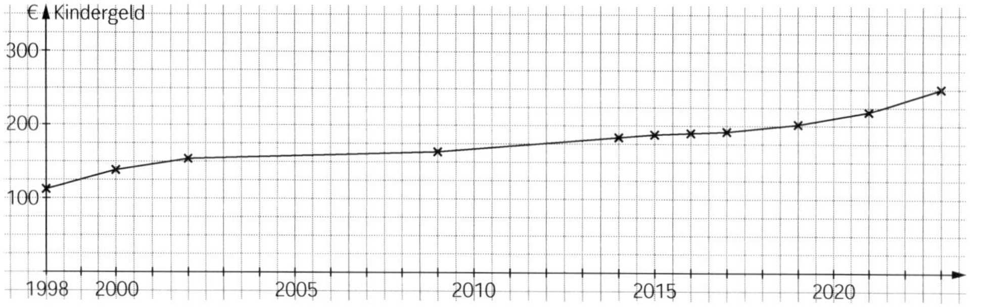

Seite 137

3 a) Die Verringerung des Energiebedarfs wird durch den Sockelbetrag (Hochachse beginnt erst bei 11 000 Petajoule) verstärkt dargestellt.

b) Hier ein Liniendiagramm ohne Sockelbetrag.

Energieverbrauch in Deutschland
Angaben in Petajoule

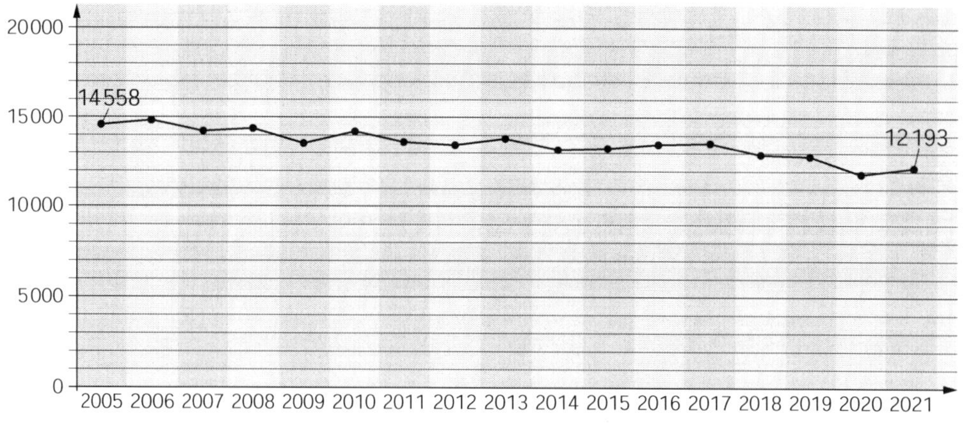

4 In der linken Grafik wird durch den räumlichen Eindruck die Anzahl der Fluggäste an den großen Flughäfen zu groß dargestellt.
Die rechte Grafik gibt einen angemessenen Eindruck.

Seite 137

5 Der Mindestlohn in Deutschland ist etwa viermal so hoch wie der Mindestlohn in Lettland. Da die Geldmünzen flächenhaft dargestellt sind, muss der Durchmesser der Münze für Deutschland doppelt so groß sein wie der Durchmesser der Münze für Lettland. Der Durchmesser ist aber etwa 2,5-mal so groß. Die Größe der Münzen stimmt nicht ganz genau, aber die Abweichung wirkt sich optisch fast nicht aus.

Seite 138

6 Ein Kreisdiagramm ist als Darstellungsart nur geeignet, wenn die Summe der Anteile 100 % beträgt.

7 Die Darstellung ist nicht angemessen. Zum Beispiel ist die Marke der Schuhe mit 72 % für die meisten Kunden am Wichtigsten, doch die Darstellung der Schuhe ist am kleinsten. Das ändert sich auch nicht durch die räumliche Darstellung.

8 Da die Hochachse erst bei 30 % beginnt, wird hier der Eindruck erweckt, als ob die Mehrwegquote stark gefallen ist und sich sehr weit von dem Grenzwert entfernt. Wenn man die Grafik ohne Sockelbetrag zeichnet, ändert sich der Eindruck (siehe folgende Grafik).

Mehrweg-Quote

Mehrweg-Anteil in Prozent aller Getränkeverpackungen

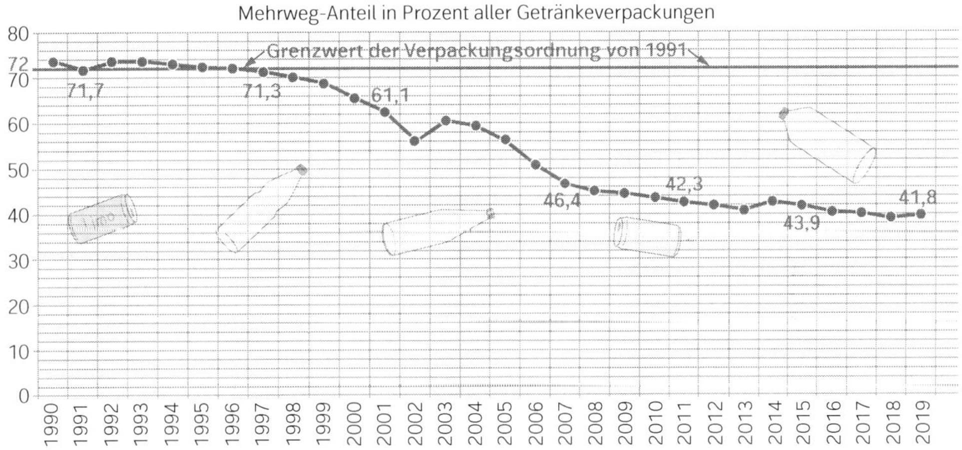

9 Die linke Grafik erweckt den Eindruck, dass Deutschland mit Abstand die meisten Asylbewerber aufnimmt in Europa. Absolut stimmt das auch, aber relativ auf die Einwohnerzahl gerechnet (rechtes Diagramm) ist Deutschland erst an 7. Stelle.

Seite 139

10 **a)** Druckfehler in der ersten Auflage des Schulbuchss: Die Hochachse beginnt bei 5 %. Die Arbeitslosenquote ist von 2005 bis 2022 auf etwas weniger als die Hälfte gesunken. Durch den Sockelbetrag sieht die Abnahme viel stärker aus.
b) Hier beginnt die Hochachse bei 0.

c) Die Arbeitslosenquote ist von 2021 bis 2022 um 0,4 Prozentpunkte gefallen, nicht um 0,4 %.
Rückgang der Arbeitslosenquote in Prozent: $\frac{5{,}3\,\%}{5{,}7\,\%} = \frac{5{,}3}{5{,}7} \approx 0{,}93 = 93\,\%$
Die Arbeitslosenquote ist um ungefähr 7 % gesunken.

11 **a)** Die Länge der Balken in der linken Darstellung ist korrekt.
b) Durch die Darstellung der Rauchwolken als Flächen, erscheinen die Wolken größer als in der Skala der Hochachse angegeben.

12 **a)** Die Wochentage sind gleichmäßig kreisförmig angeordnet. Die Achse mit den Werten für Montag wird durch Kreise auf die anderen Wochentage übertragen und so die Werte für die einzelnen Wochentage eingetragen. Man benötigt mindestens 3 Angaben mit Werten, damit ein Netz entsteht.
b) Jedem Monat wird ein Kreisteil zugeordnet und die Werte dann in diesen Kreisteilen aneinander gesetzt.

Das kann ich noch!

A 1) $\sqrt{3} \cdot \sqrt{27} = \sqrt{3 \cdot 27} = \sqrt{81} = 9$
2) $\sqrt{1\,000} \cdot \sqrt{1{,}6} = \sqrt{1\,000 \cdot 1{,}6} = \sqrt{1\,600} = 40$
3) $\sqrt{360} : \sqrt{10} = \sqrt{360 : 10} = \sqrt{36} = 6$
4) $\sqrt{0{,}8} : \sqrt{0{,}2} = \sqrt{0{,}8 : 0{,}2} = \sqrt{4} = 2$

Auf den Punkt gebracht: Planen, Durchführen und Auswerten einer statistischen Erhebung

Seite 141

1 Keine Lösungen

5.4 Kombinatorik – Bestimmen von Anzahlen

Seite 142
Einstieg

Beim Brot kann man 5 verschiedene Sorten wählen, hat also 5 verschiedene Möglichkeiten. Für den Belag gibt es dann für jede Brotsorte jeweils 6 verschiedene Möglichkeiten und bei der Sauce für jede Brotsorte mit den verschiedenen Belägen jeweils noch 4 weitere Möglichkeiten. Insgesamt gibt es somit $5 \cdot 6 \cdot 4 = 120$ Möglichkeiten, ein Sandwich zusammenzustellen.

Seite 143
Üben

1 **a)** Jeder der 10 Läufer kann das Ziel als Erster erreichen, von den anderen 9 Läufern kann dann jeder als Zweiter das Ziel erreichen, usw.
Es gibt $10 \cdot 9 \cdot 8 \cdot 7 \cdot 6 \cdot 5 \cdot 4 \cdot 3 \cdot 2 \cdot 1 = 3628800$ verschiedene Reihenfolgen.
b) Wenn Luis als Erster durchs Ziel läuft, können die anderen 9 Läufer nur noch die Plätze 2 bis 10 erreichen.
Es gibt dann noch $9 \cdot 8 \cdot 7 \cdot 6 \cdot 5 \cdot 4 \cdot 3 \cdot 2 \cdot 1 = 362880$ verschiedene Reihenfolgen.

2 **a)** Das Produkt aus der Anzahl der Vorspeisen, der Anzahl der Hauptgerichte und der Anzahl der Nachspeisen ergibt 120. Als Hilfe für die Angabe von möglichen Anzahlen kann man die Primfaktorzerlegung von 120 betrachten: $120 = 2 \cdot 2 \cdot 2 \cdot 3 \cdot 5$.
Hier 3 Möglichkeiten für die Anzahlen der Vorspeisen, der Hauptgerichte und der Nachspeisen:
4 Vorspeisen, 10 Hauptgerichte, 3 Nachspeisen
3 Vorspeisen, 8 Hauptgerichte, 5 Nachspeisen
2 Vorspeisen, 12 Hauptgerichte, 5 Nachspeisen
b) Hier 3 Möglichkeiten für die Anzahlen der Vorspeisen und der Nachspeisen bei 5 Hauptgerichten:
8 Vorspeisen, 5 Hauptgerichte, 3 Nachspeisen
4 Vorspeisen, 5 Hauptgerichte, 6 Nachspeisen
6 Vorspeisen, 5 Hauptgerichte, 4 Nachspeisen

3 Das Verfahren ist nur geeignet, wenn man die gezogene Kugel wieder zurücklegt, denn sonst könnte man keine Losnummer ziehen, in denen gleiche Ziffern doppelt oder dreifach vorkommen.

Seite 143

4 Zahlenschloss: Wie viele Möglichkeiten gibt es, an dem Zahlenschloss eine vierstellige Ziffer als Code zu wählen? Man kann an jedem einzelnen Zahlenrad 10 Ziffern von 0 bis 9 einstellen. Insgesamt sind das $10 \cdot 10 \cdot 10 \cdot 10 = 10^4 = 10\,000$ Möglichkeiten.
Bücherregal: Wie viele Möglichkeiten gibt es, die 14 Bücher im Regal in unterschiedlicher Reihenfolge anzuordnen?
Jedes Buch kann man als erstes Buch hinstellen und hat dafür 14 Möglichkeiten. Für das nächste Buch hat man noch 13 Möglichkeiten, usw. Insgesamt gibt es
$14 \cdot 13 \cdot 12 \cdot 11 \cdot 10 \cdot 9 \cdot 8 \cdot 7 \cdot 6 \cdot 5 \cdot 4 \cdot 3 \cdot 2 \cdot 1 = 87\,178\,291\,200$ Möglichkeiten
Passwort: Ein Passwort kann man unterschiedlich erstellen: Nur Kleinbuchstaben (ohne Umlaute), zusätzlich Großbuchstaben, Ziffern und Sonderzeichen, die sich alle wiederholen können. Meistens geben Anbieter hierfür bestimmte Bedingungen vor. Für jedes Feld kann man also alle Möglichkeiten nutzen, die zugelassen sind. Zum Beispiel hat man bei x möglichen Zeichen für ein Passwort mit der Länge 8 insgesamt x^8 Möglichkeiten.
Fußball: Hier kann man die Anzahl der schwarzen regelmäßigen Fünfecke und der weißen regelmäßigen Sechsecke abzählen. Es sind 12 zueinander kongruente Fünfecke und 20 zueinander kongruente Sechsecke.

5 **a)** Es sind 22 Bücher. Die Anzahl der Möglichkeiten beträgt dann:
$22 \cdot 21 \cdot 20 \cdot \ldots \cdot 3 \cdot 2 \cdot 1 = 1\,124\,000\,727\,777\,607\,680\,000$
b) Die Anzahl der Möglichkeiten für die 14 Romane beträgt dann:
$14 \cdot 13 \cdot 12 \cdot 11 \cdot 10 \cdot 9 \cdot 8 \cdot 7 \cdot 6 \cdot 5 \cdot 4 \cdot 3 \cdot 2 \cdot 1 = 87\,178\,291\,200$
Die Anzahl der Möglichkeiten für die 5 Sachbücher beträgt dann:
$5 \cdot 4 \cdot 3 \cdot 2 \cdot 1 = 120$
Die Anzahl der Möglichkeiten für die 3 Fotobücher beträgt dann:
$3 \cdot 2 \cdot 1 = 6$
Insgesamt sind es dann $87\,178\,291\,200 \cdot 120 \cdot 6 = 62\,768\,369\,664\,000$ Möglichkeiten

6 Es gibt insgesamt $3 \cdot 5 = 15$ Möglichkeiten, wenn man die Kugeln im ersten Gefäß von den Kugeln im zweiten Gefäß unterscheidet. Die Möglichkeiten sind:
(Blau | Weiß); (Blau | Schwarz); (Blau | Rot); (Blau | Blau); (Blau | Gelb);
(Schwarz | Weiß); (Schwarz | Schwarz); (Schwarz | Rot); (Schwarz | Blau); (Schwarz | Gelb);
(Rot | Weiß); (Rot | Schwarz); (Rot | Rot); (Rot | Blau); (Rot | Gelb)
Lars unterscheidet nicht zwischen den beiden Gefäßen. Für Lars sind (Blau | Schwarz) und (Schwarz | Blau) identisch. ebenso (Blau | Rot) und (Rot | Blau) sowie (Schwarz | Rot) und (Rot | Schwarz). Damit erhält er nur 12 Möglichkeiten, aber Mia hat mit 15 Möglichkeiten recht.

7 **a)** In Klasse 8a gibt es 10 Möglichkeiten, eines der 10 Mädchen auszuwählen, in Klasse 8b sind es 14 Möglichkeiten und in Klasse 8c sind es 9 Möglichkeiten. Damit erhält man für die Auswahl dreier Mädchen insgesamt $10 \cdot 14 \cdot 9 = 1\,260$ Möglichkeiten.
b) In Klasse 8a gibt es 9 Möglichkeiten, einen der 9 Jungen auszuwählen, in Klasse 8b sind es 8 Möglichkeiten und in Klasse 8c sind es 11 Möglichkeiten. Damit erhält man für die Auswahl dreier Jungen insgesamt $9 \cdot 8 \cdot 11 = 792$ Möglichkeiten.

Seite 143

7 c) In Klasse 8a gibt es 19 Möglichkeiten, eine der 19 Kinder auszuwählen, in Klasse 8b sind es 22 Möglichkeiten und in Klasse 8c sind es 20 Möglichkeiten. Damit erhält man für die Auswahl dreier Kinder insgesamt $19 \cdot 22 \cdot 20 = 8\,360$ Möglichkeiten.

Bleib fit: Baumdiagramme und Pfadregeln

Seite 144
Aktivieren

1 a)

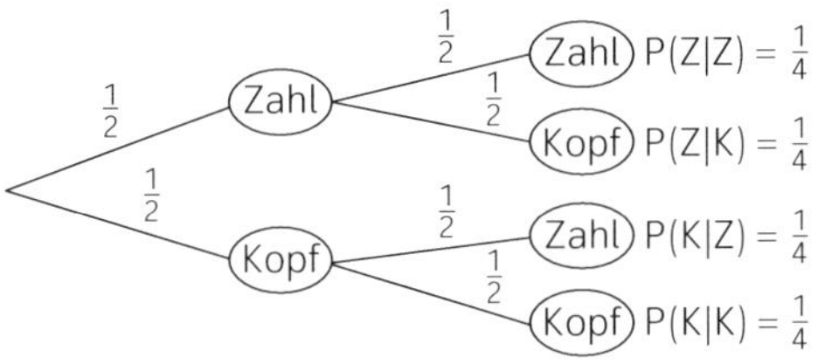

b) Die Wahrscheinlichkeit hierfür beträgt $P(K\,|\,K) = \frac{1}{2} \cdot \frac{1}{2} = \frac{1}{4}$.

c) Hierfür kommen nur die Ergebnisse (Z | Z) und (K | K) infrage. Durch zweimaliges Anwenden der Pfadadditionsregel und anschließendes Anwenden der Pfadmultiplikationsregel ergibt sich:

$P(\text{zweimal das gleiche Symbol}) = P(Z\,|\,Z) + P(K\,|\,K) = \frac{1}{2} \cdot \frac{1}{2} + \frac{1}{2} \cdot \frac{1}{2} = \frac{1}{4} + \frac{1}{4} = \frac{1}{2}$.

Seite 145
Üben

2 a)

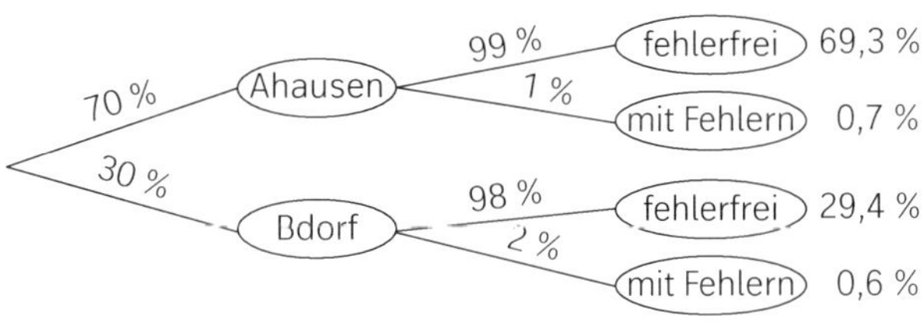

b) Die Wahrscheinlichkeit hierfür beträgt:

$0{,}7 \cdot 0{,}99 + 0{,}3 \cdot 0{,}98 = 0{,}693 + 0{,}294 = 0{,}987 = 98{,}7\,\%$

Seite 145

3

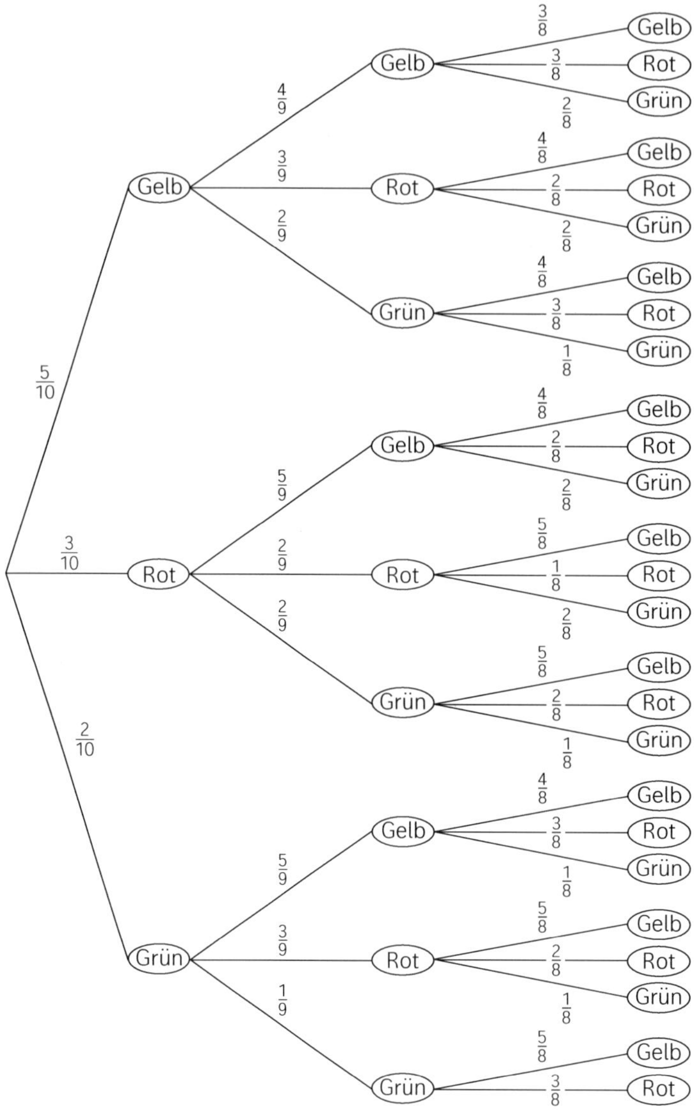

$P(\text{Gelb} \mid \text{Gelb} \mid \text{Gelb}) = \frac{1}{12}$
$P(\text{Gelb} \mid \text{Gelb} \mid \text{Rot}) = \frac{1}{12}$
$P(\text{Gelb} \mid \text{Gelb} \mid \text{Grün}) = \frac{1}{18}$
$P(\text{Gelb} \mid \text{Rot} \mid \text{Gelb}) = \frac{1}{12}$
$P(\text{Gelb} \mid \text{Rot} \mid \text{Rot}) = \frac{1}{24}$
$P(\text{Gelb} \mid \text{Rot} \mid \text{Grün}) = \frac{1}{24}$
$P(\text{Gelb} \mid \text{Grün} \mid \text{Gelb}) = \frac{1}{18}$
$P(\text{Gelb} \mid \text{Grün} \mid \text{Rot}) = \frac{1}{24}$
$P(\text{Gelb} \mid \text{Grün} \mid \text{Grün}) = \frac{1}{72}$
$P(\text{Rot} \mid \text{Gelb} \mid \text{Gelb}) = \frac{1}{12}$
$P(\text{Rot} \mid \text{Gelb} \mid \text{Rot}) = \frac{1}{24}$
$P(\text{Rot} \mid \text{Gelb} \mid \text{Grün}) = \frac{1}{24}$
$P(\text{Rot} \mid \text{Rot} \mid \text{Gelb}) = \frac{1}{24}$
$P(\text{Rot} \mid \text{Rot} \mid \text{Rot}) = \frac{1}{120}$
$P(\text{Rot} \mid \text{Rot} \mid \text{Grün}) = \frac{1}{60}$
$P(\text{Rot} \mid \text{Grün} \mid \text{Gelb}) = \frac{1}{24}$
$P(\text{Rot} \mid \text{Grün} \mid \text{Rot}) = \frac{1}{60}$
$P(\text{Rot} \mid \text{Grün} \mid \text{Grün}) = \frac{1}{120}$
$P(\text{Grün} \mid \text{Gelb} \mid \text{Gelb}) = \frac{1}{18}$
$P(\text{Grün} \mid \text{Gelb} \mid \text{Rot}) = \frac{1}{24}$
$P(\text{Grün} \mid \text{Gelb} \mid \text{Grün}) = \frac{1}{72}$
$P(\text{Grün} \mid \text{Rot} \mid \text{Gelb}) = \frac{1}{24}$
$P(\text{Grün} \mid \text{Rot} \mid \text{Rot}) = \frac{1}{60}$
$P(\text{Grün} \mid \text{Rot} \mid \text{Grün}) = \frac{1}{120}$
$P(\text{Grün} \mid \text{Grün} \mid \text{Gelb}) = \frac{1}{72}$
$P(\text{Grün} \mid \text{Grün} \mid \text{Rot}) = \frac{1}{120}$

a) $P(\text{Rot}|\text{Rot}|\text{Rot}) = \frac{3}{10} \cdot \frac{2}{9} \cdot \frac{1}{8} = \frac{1}{120} \approx 0{,}0083 = 0{,}83\,\%$

b) $P(\text{Rot}|\text{Gelb}|\text{Grün}) = \frac{3}{10} \cdot \frac{5}{9} \cdot \frac{2}{8} = \frac{1}{24} \approx 0{,}0417 = 4{,}17\,\%$

c) $P(\text{zweimal Grün}) = \frac{5}{10} \cdot \frac{2}{9} \cdot \frac{1}{8} + \frac{3}{10} \cdot \frac{2}{9} \cdot \frac{1}{8} + \frac{2}{10} \cdot \frac{5}{9} \cdot \frac{1}{8} + \frac{2}{10} \cdot \frac{3}{9} \cdot \frac{1}{8} + \frac{2}{10} \cdot \frac{1}{9} = \frac{1}{15}$
$\approx 0{,}0667 \approx 6{,}67\,\%$

d) P (von jeder Farbe einen Bären)
$= \frac{5}{10} \cdot \frac{3}{9} \cdot \frac{2}{8} + \frac{5}{10} \cdot \frac{2}{9} \cdot \frac{3}{8} + \frac{3}{10} \cdot \frac{5}{9} \cdot \frac{2}{8} + \frac{3}{10} \cdot \frac{2}{9} \cdot \frac{5}{8} + \frac{2}{10} \cdot \frac{5}{9} \cdot \frac{3}{8} + \frac{2}{10} \cdot \frac{3}{9} \cdot \frac{5}{8} = 6 \cdot \frac{5 \cdot 3 \cdot 2}{10 \cdot 9 \cdot 8}$
$= \frac{1}{4} = 0{,}25 = 25\,\%$

4 **a)** $P(\text{zweimal Schwarz}) = \frac{2}{14} \cdot \frac{2}{14} = \frac{1}{49} \approx 0{,}020 = 2{,}0\,\%$

b) $P(\text{zweimal Schwarz}) = \frac{2}{14} \cdot \frac{1}{13} = \frac{1}{91} \approx 0{,}011 = 1{,}1\,\%$

Seite 145

5 Es gilt: $P(1) = \frac{1}{12}$; $P(2) = \frac{2}{12} = \frac{1}{6}$; $P(3) = \frac{1}{12}$; $P(4) = \frac{3}{12} = \frac{1}{4}$; $P(5) = \frac{4}{12} = \frac{1}{3}$; $P(6) = \frac{1}{12}$;
$P(\text{Gelb}) = \frac{4}{12} = \frac{1}{3}$; $P(\text{Rot}) = \frac{3}{12} = \frac{1}{4}$; $P(\text{Blau}) = \frac{3}{12} = \frac{1}{4}$; $P(\text{Grün}) = \frac{2}{12} = \frac{1}{6}$

a) P(zweimal die Zahl 5) $= P(5|5) = \frac{4}{12} \cdot \frac{4}{12} = \frac{1}{9} \approx 0{,}111 = 11{,}1\,\%$

b) P(zweimal unterschiedliche Zahlen)
= 1 − P(zwei gleiche Zahlen)
$= 1 - (P(1|1) + P(2|2) + P(3|3) + P(4|4) + P(5|5) + P(6|6))$
$= 1 - \left(\left(\frac{1}{12}\right)^2 + \left(\frac{1}{6}\right)^2 + \left(\frac{1}{12}\right)^2 + \left(\frac{1}{4}\right)^2 + \left(\frac{1}{3}\right)^2 + \left(\frac{1}{12}\right)^2\right)$
$= 1 - \frac{2}{9} = \frac{7}{9} \approx 0{,}778 = 77{,}8\,\%$

c) P(zweimal die gleiche Farbe)
$= P(\text{Gelb}|\text{Gelb}) + P(\text{Rot}|\text{Rot}) + P(\text{Blau}|\text{Blau}) + P(\text{Grün}|\text{Grün})$
$= \left(\frac{1}{3}\right)^2 + \left(\frac{1}{4}\right)^2 + \left(\frac{1}{4}\right)^2 + \left(\frac{1}{6}\right)^2 = \frac{19}{72} \approx 0{,}264 = 26{,}4\,\%$

d) $P(\text{Gelb}|\text{Rot}) = \frac{1}{3} \cdot \frac{1}{4} = \frac{1}{12} \approx 0{,}083 = 8{,}3\,\%$

6 **a)** Man kann dazu ein Baumdiagramm zeichnen. Die Spielerin S1 hat eine Gewinnwahrscheinlichkeit von 60 %, die Spielerin S2 von 40 %. Damit Spielerin S1 das Match gewinnt, muss sie mindestens zwei der drei Spiele gewinnen. Es gibt eine Möglichkeit, alle drei Spiele zu gewinnen. Wenn sie zwei Spiele gewinnen will, darf sie nur ein Spiel verlieren. Das kann sie im 1. Spiel oder im 2. Spiel oder im 3. Spiel. Es gibt dafür also 3 Möglichkeiten.

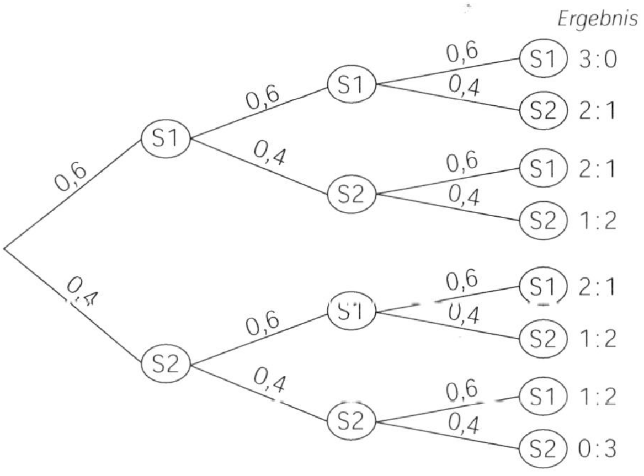

Damit kann man die Wahrscheinlichkeit dafür, dass Spielerin S1 gewinnt, berechnen. Man kann sie natürlich auch dem Baumdiagramm entnehmen.
P(S1 wird eingeladen) $= 0{,}6^3 + 3 \cdot 0{,}6^2 \cdot 0{,}4 = 0{,}648 = 64{,}8\,\%$

Seite 145

6 b) Hier ist das Zeichnen eines Baumdiagramms zu aufwendig, denn es gibt 32 Ergebnisse. Man kann die Möglichkeiten aber auch überlegen.
Damit Spielerin S1 das Match gewinnt, muss sie mindestens drei der fünf Spiele gewinnen, darf also höchstens zwei Spiele verlieren.
Es gibt eine Möglichkeit, alle fünf Spiele zu gewinnen.
Wenn sie vier Spiele gewinnen will, darf sie nur ein Spiel verlieren. Das kann sie im 1. Spiel, im 2. Spiel, im 3. Spiel, im 4. Spiel oder im 5. Spiel. Es gibt dafür also 5 Möglichkeiten.
Wenn sie drei Spiele gewinnen will, darf sie nur zwei Spiele verlieren.
Wenn sie das 1. Spiel verliert, darf sie nur noch ein weiteres Spiel verlieren. Das kann sie dann noch im 2. Spiel, im 3. Spiel, im 4. Spiel oder im 5. Spiel. Es gibt dafür also 4 Möglichkeiten.
Wenn sie das 1. Spiel gewinnt und das 2. Spiel verliert, darf sie nur noch ein weiteres Spiel verlieren. Das kann sie dann noch im 3. Spiel, im 4. Spiel oder im 5. Spiel. Es gibt dafür also 3 Möglichkeiten.
Wenn sie das 1. Spiel sowie das 2. Spiel gewinnt und das 3. Spiel verliert, darf sie nur noch ein weiteres Spiel verlieren. Das kann sie dann noch im 4. Spiel oder im 5. Spiel. Es gibt dafür also 2 Möglichkeiten.
Wenn sie die ersten drei Spiele gewinnt und das 4. Spiel verliert, darf sie nur noch ein weiteres Spiel verlieren. Das kann sie dann nur noch im 5. Spiel. Es gibt dafür also nur 1 Möglichkeit.
Um drei Spiele zu gewinnen, gibt es also $4 + 3 + 2 + 1 = 10$ Möglichkeiten
Damit kann man nun die Wahrscheinlichkeit dafür, dass Spielerin S1 gewinnt, berechnen: $P(\text{S1 wird eingeladen}) = 0{,}6^5 + 5 \cdot 0{,}6^4 \cdot 0{,}4 + 10 \cdot 0{,}6^3 \cdot 0{,}4^2 = 0{,}68256 \approx 68{,}3\,\%$

5.5 Bedingte Wahrscheinlichkeit und stochastische Unabhängigkeit

Seite 146
Einstieg

Man kann ein Baumdiagramm zeichnen und die gegebenen Wahrscheinlichkeiten eintragen. Um Rundungen zu vermeiden, kann man diese als Brüche eintragen (siehe linkes Baumdiagramm).

Mit Haustier $19\,\% = \frac{19}{100}$, also ohne Haustier $100\,\% - 19\,\% = 81\,\% = \frac{81}{100}$.

Mit Haustier und Asthma $2\,\% = \frac{2}{100}$, also ohne Haustier und mit Asthma:

$30\,\% - 2\,\% = 28\,\% = \frac{28}{100}$

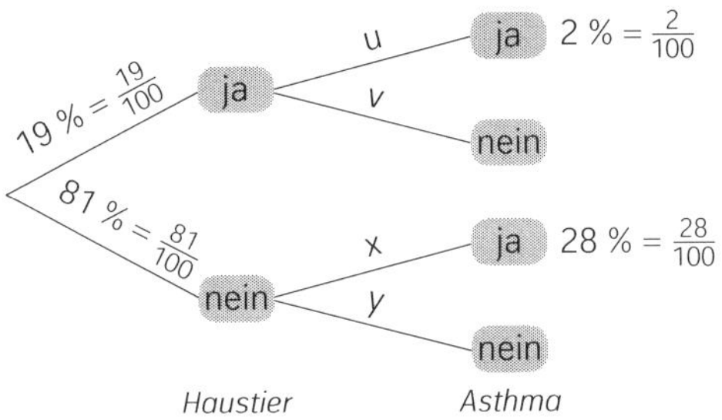

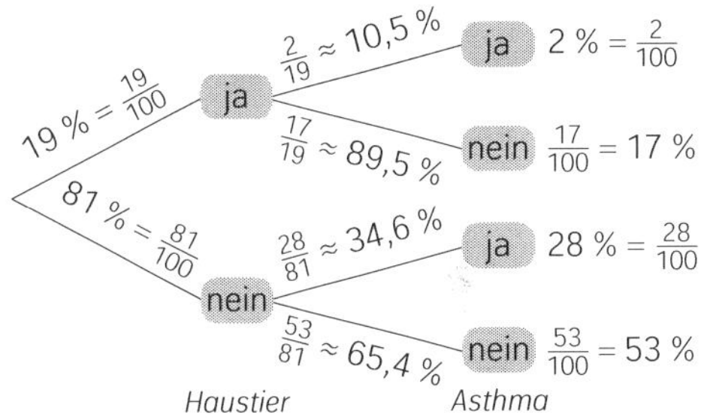

Die fehlenden Wahrscheinlichkeiten kann man nun berechnen.
Die Wahrscheinlichkeit u, dass jemand Asthma hat, wenn er ein Haustier besitzt, ergibt sich mithilfe der Pfadmultiplikationsregel:

$\frac{19}{100} \cdot u = \frac{2}{100}$, also $u = \frac{2}{100} : \frac{19}{100} = \frac{2}{19} \approx 0{,}105 = 10{,}5\,\%$.

Daraus ergibt sich die Wahrscheinlichkeit v, dass jemand kein Asthma hat, wenn er ein Haustier besitzt: $v = 1 - u = 1 - \frac{2}{19} = \frac{17}{19} \approx 0{,}895 = 89{,}5\,\%$

Die Wahrscheinlichkeit x, dass jemand Asthma hat, wenn er kein Haustier besitzt, ergibt sich mithilfe der Pfadmultiplikationsregel:

$\frac{81}{100} \cdot x = \frac{28}{100}$, also $x = \frac{28}{100} : \frac{81}{100} = \frac{28}{81} \approx 0{,}346 = 34{,}6\,\%$.

Daraus ergibt sich die Wahrscheinlichkeit y, dass jemand kein Asthma hat, wenn er ein Haustier besitzt: $y = 1 - x = 1 - \frac{28}{81} = \frac{53}{81} \approx 0{,}654 = 65{,}4\,\%$

Mithilfe der Pfadmultiplikationsregeln kann man die beiden fehlenden Pfadwahrscheinlichkeiten berechnen:

$P(\text{Haustier} \mid \text{kein Asthma}) = \frac{19}{100} \cdot \frac{17}{19} = \frac{17}{100} = 17\,\%$

$P(\text{kein Haustier} \mid \text{kein Asthma}) = \frac{81}{100} \cdot \frac{53}{81} = \frac{53}{100} = 53\,\%$

Dem Baumdiagramm kann man nun entnehmen: Die Wahrscheinlichkeit, dass ein Kind mit Haustier an Asthma erkrankt, beträgt etwa 10,5 %. Die Wahrscheinlichkeit, dass ein Kind ohne Haustier an Asthma erkrankt, beträgt etwa 34,6 %.

Seite 148
Üben

1 Die Ergebnismenge des Zufallsexperiments besitzt 36 Elemente:
$S = \{(1|1), \ldots, (1|6), (2|1), \ldots, (2|6), \ldots, (6|1), \ldots, (6|6)\}$
Hier die Ereignismengen und ihre Wahrscheinlichkeiten::
$A = \{(1|1), (2|2), (3|3), (4|4), (5|5), (6|6)\}$ $\quad P(A) = \frac{6}{36} = \frac{1}{6}$
$B = \{(1|1), (1|2), (1|3), (2|1), (2|2), (3|1)\}$ $\quad P(B) = \frac{6}{36} = \frac{1}{6}$
$C = \{(1|6), (2|6), (3|6), (4|6), (5|6), (6|6), (6|1), (6|2), (6|3), (6|4), (6|5)\}$
$P(C) = \frac{11}{36}$
$A \cap B = \{(1|1), (2|2)\}$ $\quad P(A \cap B) = \frac{2}{36} = \frac{1}{18}$
$A \cap C = \{(6|6)\}$ $\quad P(A \cap C) = \frac{1}{36}$
$B \cap C = \{\ \}$ $\quad P(B \cap C) = 0$
Damit erhält man:
$P(A \cap B) = \frac{1}{18} \neq P(A) \cdot P(B) = \frac{1}{6} \cdot \frac{1}{6} = \frac{1}{36}$ B ist stochastisch abhängig von A.
$P(A \cap C) = \frac{1}{36} \neq P(A) \cdot P(C) = \frac{1}{6} \cdot \frac{11}{36} = \frac{1}{216}$ C ist stochastisch abhängig von B.
$P(B \cap C) = 0 \neq P(B) \cdot P(C) = \frac{1}{6} \cdot \frac{11}{36} = \frac{1}{216}$ C ist stochastisch abhängig von B.

2 $P_A(B) = \frac{P(A \cap B)}{P(A)} = \frac{0{,}12}{0{,}36} = \frac{1}{3}$
$P_A(\overline{B}) = \frac{P(A \cap \overline{B})}{P(A)} = \frac{0{,}24}{0{,}36} = \frac{2}{3}$
$P_{\overline{A}}(B) = \frac{P(\overline{A} \cap B)}{P(\overline{A})} = \frac{0{,}48}{0{,}64} = \frac{3}{4}$
$P_{\overline{A}}(\overline{B}) = \frac{P(\overline{A} \cap \overline{B})}{P(\overline{A})} = \frac{0{,}16}{0{,}64} = \frac{1}{4}$

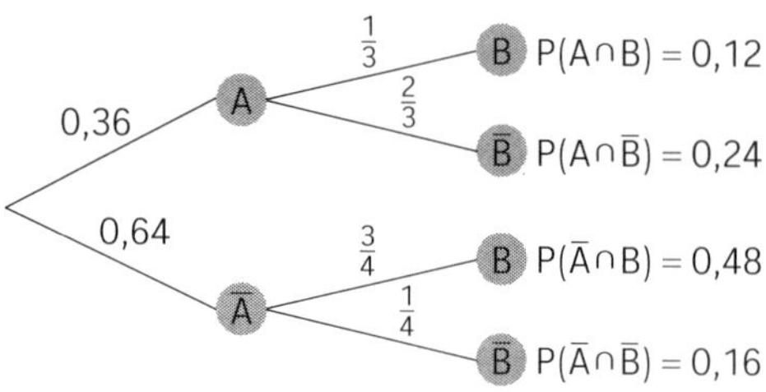

$P_A(B) = \frac{1}{3} \neq P_{\overline{A}}(B) = \frac{3}{4}$, also ist B stochastisch abhängig von A.
Eine andere Möglichkeit ist, $P(B)$ zu bestimmen und damit die Abhängigkeit zu zeigen.
$P(B) = P(A \cap B) + P(\overline{A} \cap B) = 0{,}12 + 0{,}48 = 0{,}6$
Dann gilt: $P(A \cap B) = 0{,}12 \neq P(A) \cdot P(B) = 0{,}36 \cdot 0{,}6 = 0{,}216$
B ist stochastisch abhängig von A.

3 A: Pflanze hat eingerollte Blätter B: Pflanze hat scheckige Blüten
Folgende Wahrscheinlichkeiten sind gegeben:
$P(A) = 5\,\% = 0{,}05$ und $P(A \cap B) = 2\,\% = 0{,}02$.
Mithilfe der Pfadregeln erhält man die Wahrscheinlichkeit, dass eine Pflanze mit eingerollten Blättern scheckige Blüten hervorbringt: $P_A(B) = \frac{P(A \cap B)}{P(A)} = \frac{0{,}02}{0{,}05} = \frac{2}{5} = 0{,}4$

4 Die roten Kugeln sind mit Primzahlen beschriftet. Auf den grünen Kugeln stehen keine Primzahlen.
Die Wahrscheinlichkeiten $P_A(\text{Primzahl})$ und $P_G(\text{Primzahl})$ sind verschieden, also sind das Ereignis Primzahl und das Ereignis Farbe stochastisch abhängig.

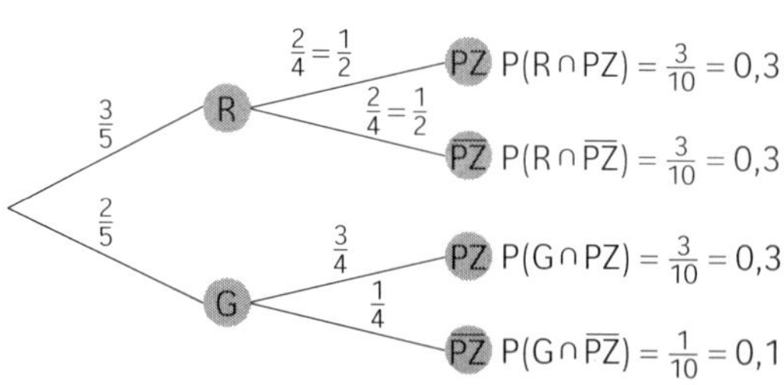

Seite 148

5 Der Ausfall einer Bremsanlage oder einer Bedienungseinrichtung darf die andere Bremsanlage oder Bedienungseinrichtung nicht beeinflussen und z. B. die Wahrscheinlichkeit erhöhen, dass diese eher ausfällt, wenn die andere ausgefallen ist. Der Ausfall einer Bremsanlage ist somit ein unabhängiges Ereignis von dem Ausfall der anderen Bremsanlage.

6 Die Ereignisse sind stochastisch unabhängig voneinander. Man kann auch ein Baumdiagramm zeichnen und die Wahrscheinlichkeiten eintragen und berechnen.

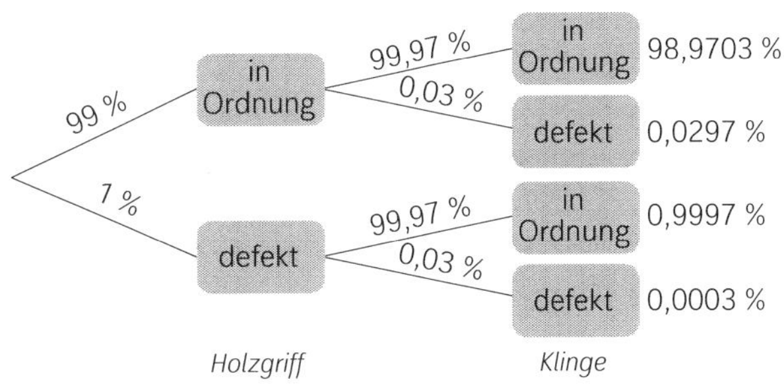

a) P(einwandfreies Messer) $= 0{,}99 \cdot 0{,}9997 = 0{,}989703 = 98{,}97\,\%$

b) P(hat beide Mängel) $= 0{,}01 \cdot 0{,}0003 = 0{,}000003 = 0{,}0003\,\%$

c) P(Messer mit nur einem mangelhaften Teil)
= P(Holzgriff mangelhaft | Klinge einwandfrei)
+ P(Holzgriff einwandfrei | Klinge mangelhaft)
$= 0{,}01 \cdot 0{,}9997 + 0{,}99 \cdot 0{,}0003 = 0{,}009997 + 0{,}000297 = 0{,}010294 = 1{,}0294\,\%$

Seite 149

7 Man trägt zunächst die bekannten Wahrscheinlichkeiten in das Baumdiagramm ein. 44 Jugendliche sind mediensüchtig, davon 24 nicht männliche Jugendliche und damit 20 männliche Jugendliche.

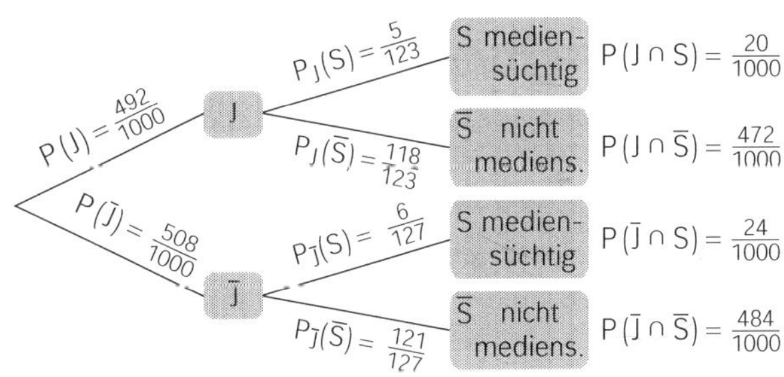

$P(\bar{J} \cap S) = \frac{24}{1000} = 0{,}024$

$P(J \cap S) = \frac{20}{1000} = 0{,}02$

472 männliche Jugendliche sind nicht mediensüchtig, also $P(J \cap \bar{S}) = \frac{472}{1000} = 0{,}472$.

472 männliche Jugendliche sind nicht mediensüchtig und 20 männliche Jugendliche mediensüchtig. Insgesamt sind es also 492 männliche Jugendliche und 508 nicht männliche Jugendliche, also $P(J) = \frac{492}{1000} = 0{,}492$ und $P(\bar{J}) = \frac{508}{1000} = 0{,}508$.

Von den 508 nicht männlichen Jugendlichen sind 24 mediensüchtig, also 484 nicht mediensüchtig und damit $P(\bar{J} \cap \bar{S}) = \frac{484}{1000} = 0{,}484$.

Die noch fehlenden Wahrscheinlichkeiten kann man nun mithilfe der Pfadregeln berechnen.

$P_J(S) = \frac{20}{1000} : \frac{492}{1000} = \frac{20}{492} = \frac{5}{123} \approx 0{,}041$ $\qquad P_J(\bar{S}) = \frac{472}{1000} : \frac{492}{1000} = \frac{472}{492} = \frac{118}{123} \approx 0{,}959$

$P_{\bar{J}}(S) = \frac{22}{1000} : \frac{508}{1000} = \frac{22}{508} = \frac{6}{127} \approx 0{,}047$ $\qquad P_{\bar{J}}(\bar{S}) = \frac{484}{1000} : \frac{508}{1000} = \frac{484}{508} = \frac{121}{127} \approx 0{,}953$

Da $P_J(S) = \frac{5}{123} \neq P_{\bar{J}}(S) = \frac{6}{127}$ ist, sind Mediensucht und Geschlecht stochastisch abhängig.

Seite 149

8 Zur Tabelle kann man ein Baumdiagramm zeichnen und die Wahrscheinlichkeiten eintragen. Die bedingten Wahrscheinlichkeiten kann man daraus berechnen.

$P_{\overline{M}}(Ku) = P(\overline{M} \cap Ku) : P(\overline{M})$

$= \frac{28}{65} : \frac{8}{13} = \frac{7}{10}$

$P_{\overline{M}}(Mu) = P(\overline{M} \cap Mu) : P(\overline{M})$

$= \frac{12}{65} : \frac{8}{13} = \frac{3}{10}$

$P_M(Ku) = P(M \cap Ku) : P(M)$

$= \frac{7}{26} : \frac{5}{13} = \frac{7}{10}$

$P_M(Mu) = P(M \cap Mu) : P(M)$

$= \frac{3}{26} : \frac{5}{13} = \frac{3}{10}$

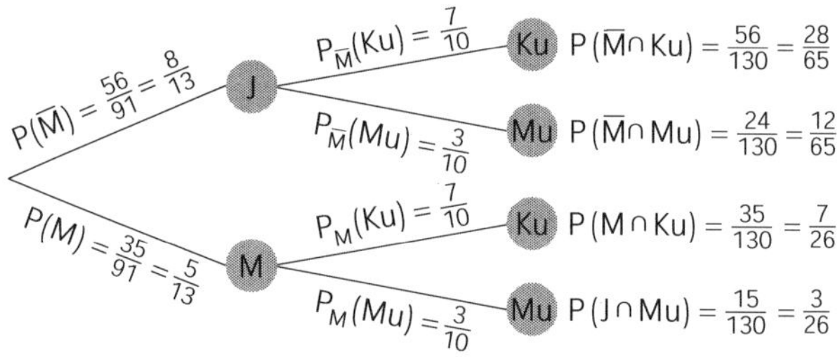

Damit erhält man: $P_J(Ku) = \frac{7}{10} = P_M(Ku)$ beziehungsweise

$P(\overline{M} \cap Ku) = \frac{28}{65} = P(\overline{M}) \cdot P(Ku) = \frac{8}{13} \cdot \frac{7}{10} = \frac{28}{65}$.

Die Wahl des Faches ist stochastisch unabhängig vom Geschlecht.

9 Zur Tabelle kann man ein Baumdiagramm zeichnen und die Wahrscheinlichkeiten eintragen. Die bedingten Wahrscheinlichkeiten kann man daraus berechnen.

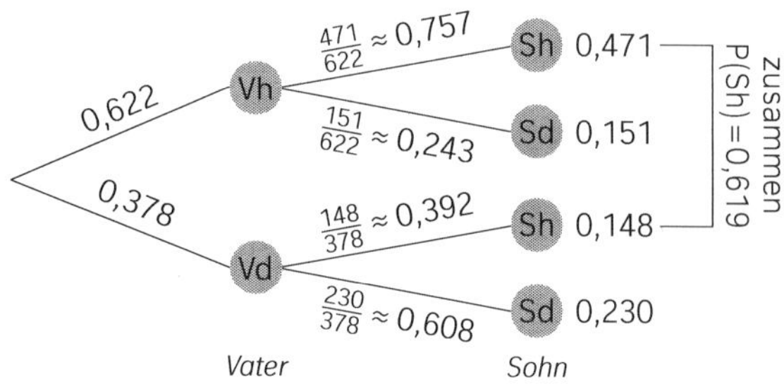

Vh: Vater hellhäutig
Vh:Vater dunkelhäutig
Sh: Sohn hellhäutig
Sh: Sohn dunkelhäutig

$P_{Vh}(Sh) = \frac{P(Vh \cap Sh)}{P(Vh)} = \frac{0,471}{0,622} = \frac{471}{622} \approx 0,757$

$P_{Vh}(Sd) = \frac{P(Vh \cap Sd)}{P(Vh)} = \frac{0,151}{0,622} = \frac{151}{622} \approx 0,243$

$P_{Vd}(Sh) = \frac{P(Vd \cap Sh)}{P(Vd)} = \frac{0,148}{0,378} = \frac{148}{378} \approx 0,392$

$P_{Vd}(Sd) = \frac{P(Vd \cap Sd)}{P(Vd)} = \frac{0,230}{0,378} = \frac{230}{378} \approx 0,608$

Damit erhält man: $P_{Vh}(Sh) = \frac{471}{622} \neq P_{Vd}(Sh) = \frac{148}{378}$ beziehungsweise

$P(Vh \cap Sh) = 0,471 \neq P(Vh) \cdot P(Sh) = 0,622 \cdot 0,619 \approx 0,385$.

Die Augenfarbe des Sohns ist stochastisch abhängig von der Augenfarbe des Vaters.

Seite 149

10 (1) Die Aussage ist richtig denn P(männliche Person ist Raucher) ist die bedingte Wahrscheinlichkeit $P_m(R) = 0{,}351 = 35{,}1\,\%$.
(2) Die Aussage ist falsch, denn die Wahrscheinlichkeit, dass eine Person männlich ist und Raucher ist, ist die Pfadwahrscheinlichkeit
$P(m \cap R) = 0{,}464 \cdot 0{,}351 \approx 0{,}1629 = 16{,}29\,\%$.
(3) Die Aussage ist so nicht richtig. Man müsste die Aussage ähnlich wie in (2) formulieren: Die Wahrscheinlichkeit, dass eine Person nicht männlich ist und Raucher ist: Man erhält dann die Pfadwahrscheinlichkeit
$P(w \cap R) = 0{,}536 \cdot 0{,}206 \approx 0{,}1104 = 11{,}04\,\%$.

11 Zu den Angaben kann man ein Baumdiagramm zeichnen und die Wahrscheinlichkeiten eintragen bzw. berechnen.

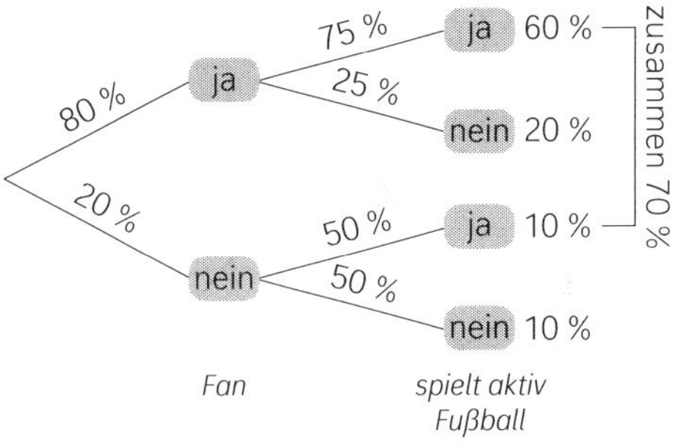

80 % aller Befragten sind Fans, also sind 20 % keine Fans.
75 % der Fans spielen aktiv Fußball, also spielen 25 % nicht aktiv Fußball.
$80\,\% \cdot 75\,\% = 60\,\%$ aller Befragten sind Fans und spielen aktiv Fußball. Insgesamt spielen 70 % aller Befragten aktiv Fußball, also sind $70\,\% - 60\,\% = 10\,\%$ keine Fans und spielen aber aktiv Fußball.
Von denen, die keine Fans sind, spielen dann $10\,\% : 20\,\% = 50\,\%$ aktiv Fußball und 50 % spielen nicht aktiv Fußball. Dann sind $20\,\% \cdot 50\,\% = 10\,\%$ keine Fans und spielen auch nicht aktiv Fußball.
Da P(Fan | spielt aktiv Fußball) = 75 % und P(kein Fan | spielt aktiv Fußball) = 50 % besteht eine stochastische Abhängigkeit zwischen „Fan“ und „aktiver Fußballer“.

5.6 Vierfeldertafel und Baumdiagramme

Seite 150
Einstieg

Man kann zu der Tabelle zwei verschiedene Baumdiagramme zeichnen, indem man einmal die Reihenfolge erst Fahrzeugklasse und dann Geschlecht oder umgekehrt erst Geschlecht und dann Fahrzeugklasse betrachtet.

Baumdiagramm für die Reihenfolge erst Fahrzeugklasse und dann Geschlecht:

Bei den Fahrzeugklassen haben 59,7 % eine Erlaubnis für ein Kraftrad und 40,3 % die Erlaubnis für einen Pkw. 32,9 % haben die Erlaubnis für ein Kraftrad und sind männlich. 14,3 % haben die Erlaubnis für einen Pkw und sind männlich. 26,8 % haben die Erlaubnis für ein Kraftrad und sind nicht männlich. 14,3 % haben die Erlaubnis für einen Pkw und sind nicht männlich.

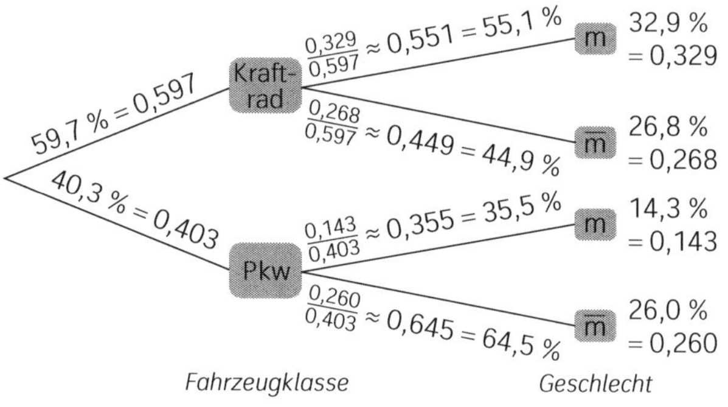

Die fehlenden bedingten Wahrscheinlichkeiten kann man mit der Pfadmultiplikationsregel bestimmen.

Baumdiagramm für die Reihenfolge erst Geschlecht und dann Fahrzeugklasse:

47,2 % sind männlich und 52,8 % nicht männlich. 32,9 % sind männlich und haben die Erlaubnis für ein Kraftrad. 14,3 % sind männlich und haben die Erlaubnis für einen Pkw. 26,8 % sind nicht männlich und haben die Erlaubnis für ein Kraftrad. 26,0 % sind nicht männlich und haben die Erlaubnis für einen Pkw.

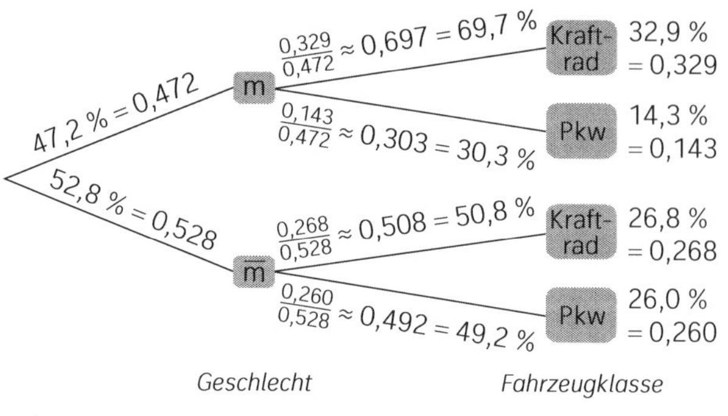

Die fehlenden bedingten Wahrscheinlichkeiten kann man mit der Pfadmultiplikationsregel bestimmen.

Seite 151
Üben

1 a) Im ersten Baumdiagramm wird zuerst das Beschäftigungsverhältnis betrachtet und dann das Geschlecht im zweiten Baumdiagramm zuerst das Geschlecht und dann das Beschäftigungsverhältnis. Die Wahrscheinlichkeiten für das erste Merkmal und die Pfadwahrscheinlichkeiten kann man jeweils der Tabelle entnehmen. Die restlichen Wahrscheinlichkeiten kann man mithilfe der Pfadmultiplikationsregel bestimmen.

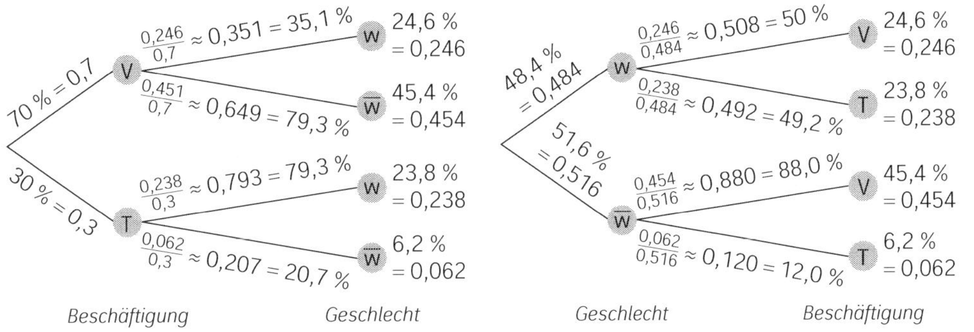

b) Zeitungsartikel, zum Beispiel:
Die absolute Häufigkeit aller Beschäftigten lag im Jahr 2021 bei etwa 11,4 Millionen. Die relative Häufigkeit der Beschäftigten in Teilzeit lag noch immer bei 30 %. Der Anteil der männlichen Teilzeit-Beschäftigten lag nur bei etwa 21 %, während der Anteil an der nicht männlichen Teilzeit-Beschäftigten fast viermal so hoch war, nämlich bei etwa 79 %.

Seite 152

2 Für die Vierfeldertafel benötigt man die Pfadwahrscheinlichkeiten.
$P(\text{öff.} \cap m) = 0{,}845 \cdot 0{,}383 = 0{,}323635 \approx 32{,}4\,\%$
$P(\text{öff.} \cap \overline{m}) = 0{,}845 \cdot 0{,}617 = 0{,}521365 \approx 52{,}1\,\%$
$P(\text{privat} \cap m) = 0{,}155 \cdot 0{,}405 = 0{,}062775 \approx 6{,}3\,\%$
$P(\text{privat} \cap \overline{m}) = 0{,}155 \cdot 0{,}595 = 0{,}092225 \approx 9{,}2\,\%$
Damit erhält man folgende Vierfeldertafel.

	männlich	nicht männlich	gesamt
öffentliches Gymnasium	32,4 %	52,1 %	84,5 %
privates Gymnasium	6,3 %	9,2 %	15,5 %
gesamt	38,7 %	61,3 %	100,0 %

3 A: männliche Fruchtfliegen — $\overline{A}$: weibliche Fruchtfliegen
B: rote Augen — $\overline{B}$: weiße Augen
$P_A(B) = P(A \cap B) : P(A) = \frac{42}{198} : \frac{96}{198} = \frac{42}{96} = \frac{7}{16} = 0{,}4375$
$P_{\overline{A}}(B) = P(\overline{A} \cap B) : P(\overline{A}) = \frac{81}{198} : \frac{102}{198} = \frac{81}{102} = \frac{27}{34} \approx 0{,}7941$
$P_A(B) \neq P_{\overline{A}}(B)$, also sind Geschlecht und Augenfarbe stochastisch abhängig.

Seite 152

4 (1) Die Aussage ist falsch. Insgesamt haben 12,0 % Partei A gewählt; 4,5 % unter 30 Jahre und 7,5 % 30 Jahre und älter. Unter 30 Jahre waren es $\frac{4{,}5\,\%}{12{,}0\,\%} = \frac{3}{8} = 0{,}375 = 37{,}5\,\%$ der Wähler, die Partei A gewählt haben, also mehr als jeder dritte Wähler.

(2) Die Aussage ist richtig.. Insgesamt waren 18,0 % aller Wähler unter 30 Jahre. 4,5 % aller Wähler waren unter 30 Jahre und haben Partei A gewählt.
$\frac{4{,}5\,\%}{18{,}0\,\%} = \frac{1}{4}$ waren unter 30 Jahre und haben Partei A gewählt, also jeder vierte Wähler.

5 Hier sind nur die bedingten Wahrscheinlichkeiten angegeben. Da man weder die Wahrscheinlichkeit für die Anzahl der männlichen Personen (m) noch die Anzahl der nicht männlichen Personen ($\overline{m}$) noch die Wahrscheinlichkeit für die Raucher (R) bzw. Nichtraucher (N) kennt, kann man nicht beurteilen, ob die Aussagen so in Ordnung sind.

Wenn man allerdings annimmt, dass es gleich viele männliche und nicht männliche Personen sind, kann man mithilfe der Wahrscheinlichkeit $P(m) = P(\overline{m}) = 0{,}5$ eine Vierfeldertafel erstellen und daran dann mit dieser Annahme sogar die Wahrscheinlichkeiten für die Raucher und Nichtraucher ablesen.

Hier die Berechnungen für die Vierfeldertafel unter der Annahme $P(m) = P(\overline{m}) = 0{,}5$.

Mithilfe der Angabe „31 % aller Männer rauchen" erhält man:

$P(m \cap R) = P(m) \cdot P_m(R) = 0{,}5 \cdot 0{,}31 = 0{,}155 = 15{,}5\,\%$

Mithilfe der Angabe „26 % aller nicht männlichen Personen rauchen" erhält man:

$P(\overline{m} \cap R) = P(\overline{m}) \cdot P_m(R) = 0{,}5 \cdot 0{,}26 = 0{,}13 = 13{,}0\,\%$

Die restlichen Werte in der Vierfeldertafel findet man als Summe bzw. Differenz.

	Raucher	Nichtraucher	gesamt
männlich	15,5 %	34,5 %	50 %
nicht männlich	13,0 %	37,0 %	50 %
gesamt	28,5 %	71,5 %	100 %

Nun kann man prüfen ob die anderen beiden Aussagen hiermit ungefähr übereinstimmen.

Für die Überprüfung der Angabe „ 56 % aller Raucher sind Männer" erhält man:

$P_R(m) = 15{,}5\,\% : 28{,}5\,\% \approx 54{,}4\,\%$

Für die Überprüfung der Angabe „ 53 % aller Nichtraucher sind nicht männlich" erhält man: $P_N(\overline{m}) = 37{,}0\,\% : 71{,}5\,\% \approx 51{,}7\,\%$

Da die Annahme $P(m) = P(\overline{m}) = 0{,}5$ nicht ganz genau stimmt, können die Angaben in dem Zeitungsartikel stimmen.

Seite 152

6 **a)** Die fehlenden Wahrscheinlichkeiten kann man berechnen.

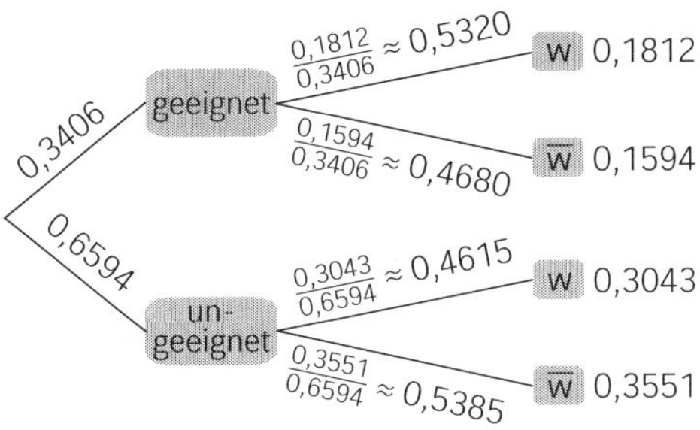

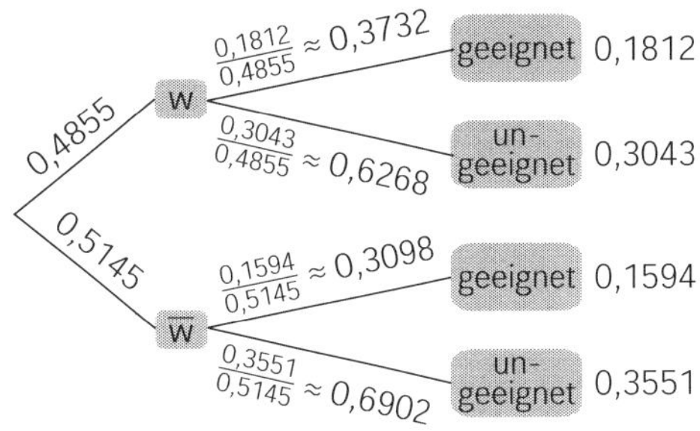

b) Von allen geeigneten Bewerbern waren ungefähr 53,2 % weiblich und ungefähr 46,8 % nicht weiblich.
Von allen ungeeigneten Bewerbern waren ungefähr 46,15 % weiblich und ungefähr 53,85 % nicht weiblich.
Von allen weiblichen Bewerbern waren ungefähr 37,32 % geeignet und ungefähr 62,68 % ungeeignet.
Von allen nicht weiblichen Bewerbern waren ungefähr 30,98 % geeignet und ungefähr 69,02 % ungeeignet.

7 **a)** Die fehlenden Wahrscheinlichkeiten kann man berechnen.

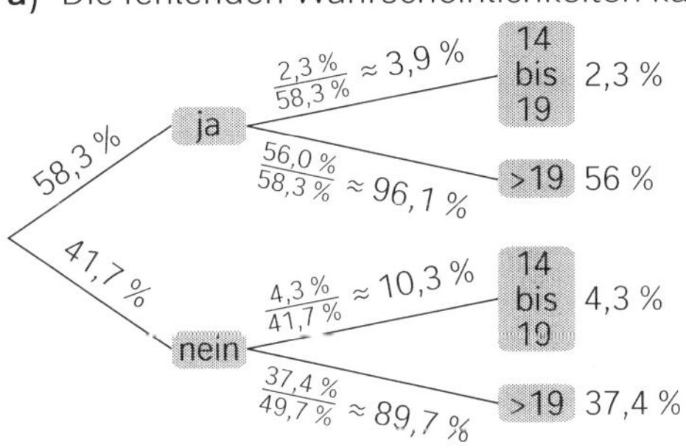

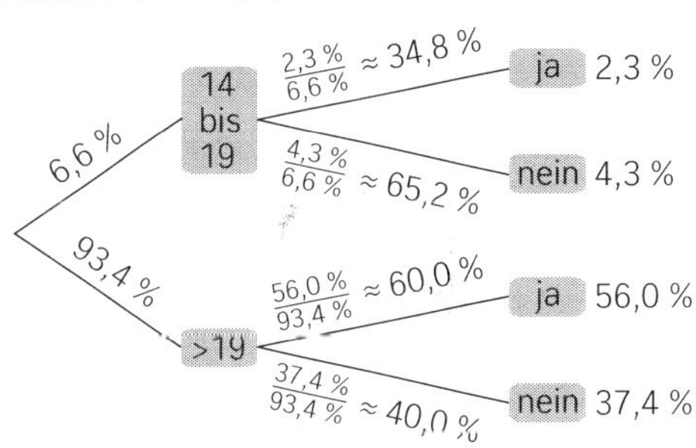

b) (1) Auch bei den Jugendlichen wird Zeitung gelesen. Etwa 34,8 % aller Jugendlichen von 14 bis 19 Jahren lesen Zeitung.
(2) Die Zeitungsleser altern. 96,1 % der Zeitungsleser sind älter als 19 Jahre.

8

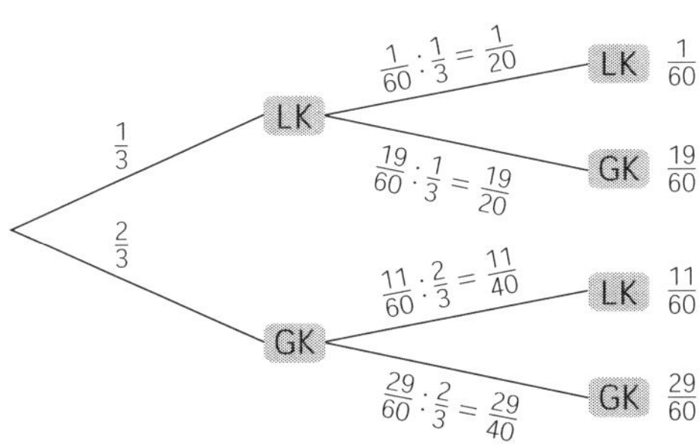

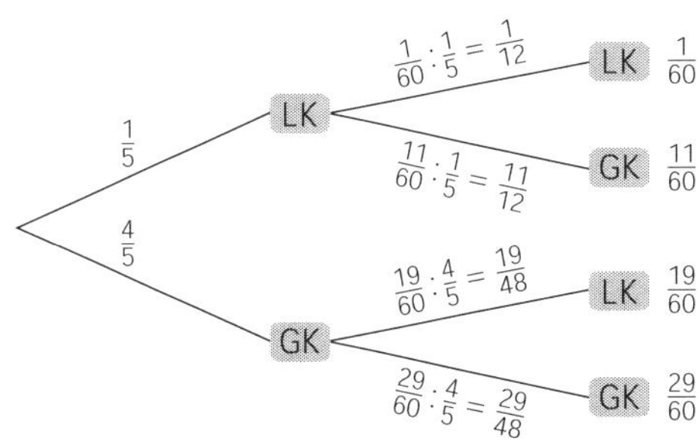

Seite 152

9 a)

	in Orten mit Einwohnern		gesamt
	< 500 000	≥ 500 000	
vegetarische Ernährung	0,055	0,045	0,1
Ernährung mit Fleischanteilen	0,645	0,255	0,9
gesamt	0,7	0,3	1

b) Die Wahrscheinlichkeit beträgt $\frac{0{,}045}{0{,}3} = \frac{3}{20} = 0{,}15 = 15\,\%$.

c)

	in Orten mit Einwohnern		gesamt
	< 500 000	≥ 500 000	
vegetarische Ernährung	4 510 000	3 690 000	8 200 000
Ernährung mit Fleischanteilen	52 890 000	20 910 000	73 800 000
gesamt	57 400 000	24 600 000	82 000 000

d) Beispiel: Insgesamt ernähren sich noch 90 % mit Fleischanteilen und 10 % ernähren sich vegetarisch. In Orten mit 500 000 Einwohner und mehr liegt das Verhältnis bei 85 % zu 15 % und in Orten unter 500 000 Einwohnern bei 92,1 % zu 7,9 %.

10 a)

	Führerscheinentzug		gesamt
	ja	nein	
männlich (m)	20,5 %	61,5 %	82 %
nicht männlich ($\overline{m}$)	2,52 %	15,48 %	18 %
gesamt	23,02 %	76,98 %	100 %

b)

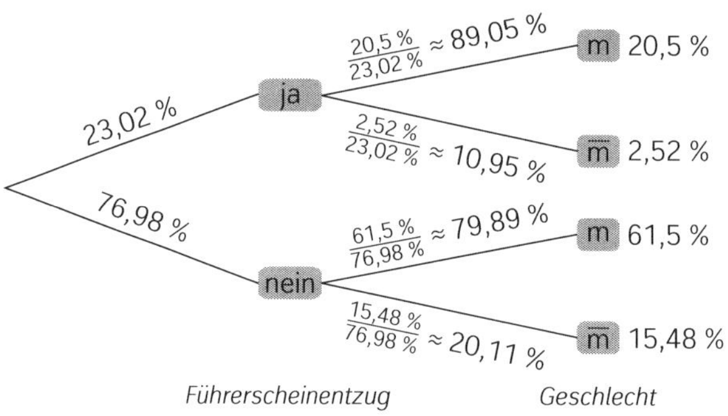

c) Keine Lösungen

5.7 Umkehren von Baumdiagrammen zum Abschätzen von Chancen und Risiken

Seite 154
Einstieg

Das Vorliegen der Erkrankung an Diabetes und das Durchführen des Glukose-Toleranztests können wir als zweistufiges Zufallsexperiment auffassen. Man kann im Baumdiagramm die gegebenen Wahrscheinlichkeiten eintragen, die Pfadwahrscheinlichkeiten berechnen und in eine Vierfeldertafel mit Angaben in Prozent übertragen.

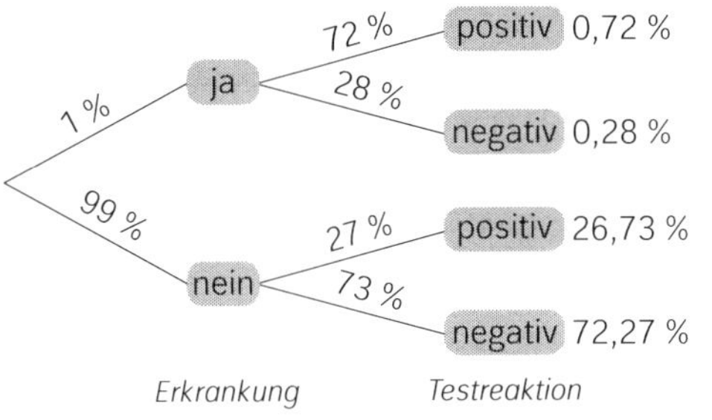

	Diabetes		gesamt
	ja	nein	
Test positiv	0,72 %	26,73 %	27,45 %
Test negativ	0,28 %	72,27 %	72,55 %
gesamt	1 %	99 %	100 %

Mithilfe der Tabelle kann man nun die Fragen beantworten.
Bei 27,45 % der Patienten wird der Test positiv ausgehen. Von diesen sind aber tatsächlich nur gerade einmal $\frac{0{,}72\,\%}{27{,}45\,\%} \approx 0{,}026 = 2{,}6\,\%$ erkrankt.

Andererseits sind immerhin $\frac{72{,}27\,\%}{72{,}55\,\%} \approx 0{,}996 = 99{,}6\,\%$ der Patienten mit negativem Testergebnis nicht an Diabetes erkrankt.

Der Glukose-Toleranztest ist also in einer Hinsicht brauchbar: Wenn das Testergebnis negativ ist, kann man fast sicher davon ausgehen, dass die Person nicht an Diabetes erkrankt ist.

Die berechnete Wahrscheinlichkeit von 2,6 % steht nur im scheinbaren Widerspruch zur „Sicherheit" des Testverfahrens. Die große Anzahl von falschen Testergebnissen (26,73 %) bei einer großen Anzahl von nichterkrankten Personen (99 %) führt zu diesem paradox erscheinenden Ergebnis, weil die Anzahl der erkrankten Personen (glücklicherweise) vergleichsweise klein ist (nur 1 %).

Seite 156
Üben

1 a) Nur in ein Fünftel aller Verdachtsfälle, also in 20 % aller Verdachtsfälle, liegt tatsächlich ein Herzinfarkt vor.

Baumdiagramm:

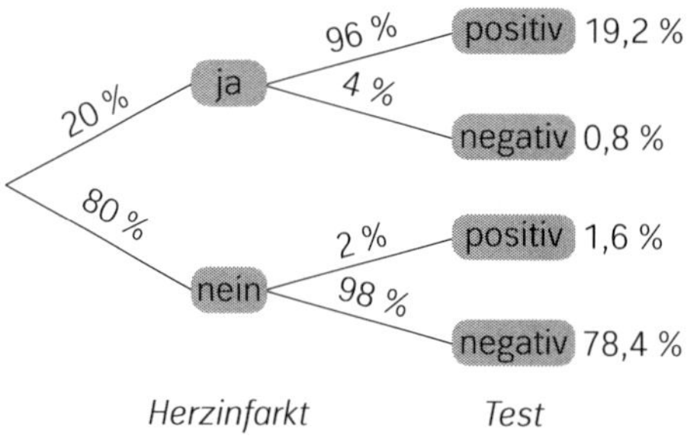

Umgekehrtes Baumdiagramm:

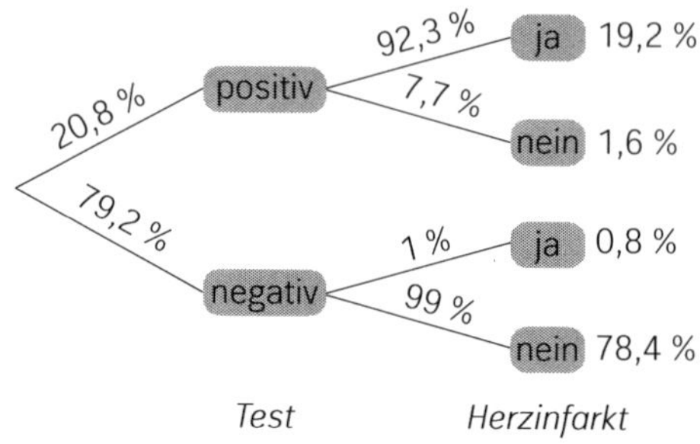

Zugehörige Vierfeldertafel:

		Test		gesamt
		positiv	negativ	
Herzinfarkt	ja	19,2 %	0,8 %	20,0 %
	nein	1,6 %	78,4 %	80,0 %
gesamt		20,8 %	79,2 %	100,0 %

b) Am umgekehrten Baumdiagramm erkennt man: $P_{\text{Test positiv}}(\text{Infarkt}) \approx 92{,}3\,\%$

c) Am umgekehrten Baumdiagramm erkennt man: $P_{\text{Test negativ}}(\text{kein Infarkt}) = 99\,\%$

Seite 157

2 a) Baumdiagramm:

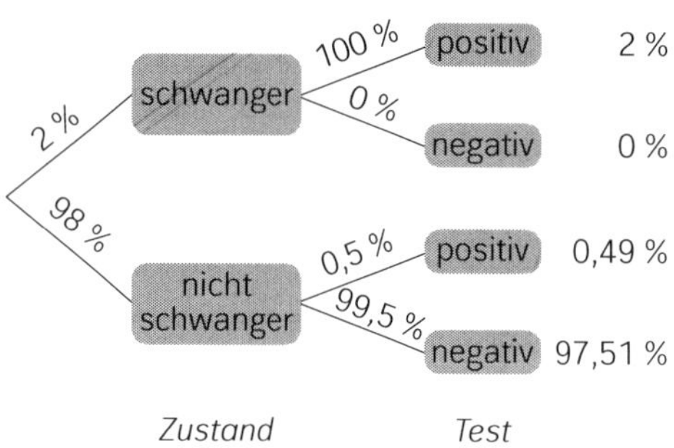

Umgekehrtes Baumdiagramm:

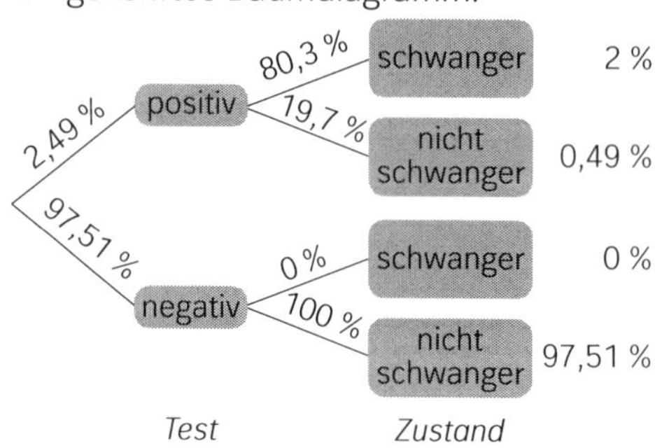

b) Am umgekehrten Baumdiagramm erkennt man: $P_{\text{Test positiv}}(\text{schwanger}) \approx 80{,}3\,\%$

3 a) Baumdiagramm:

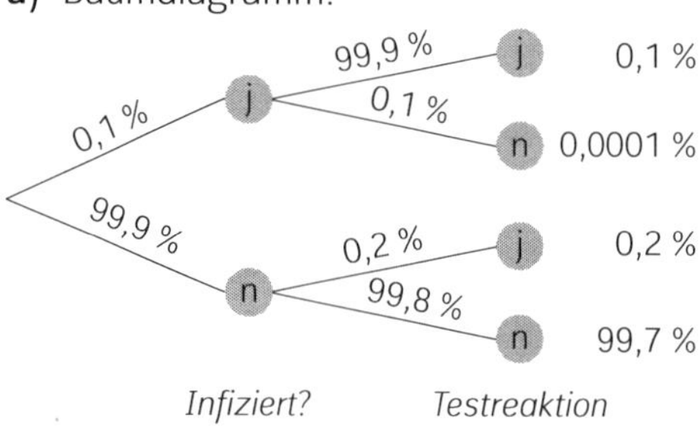

Umgekehrtes Baumdiagramm:

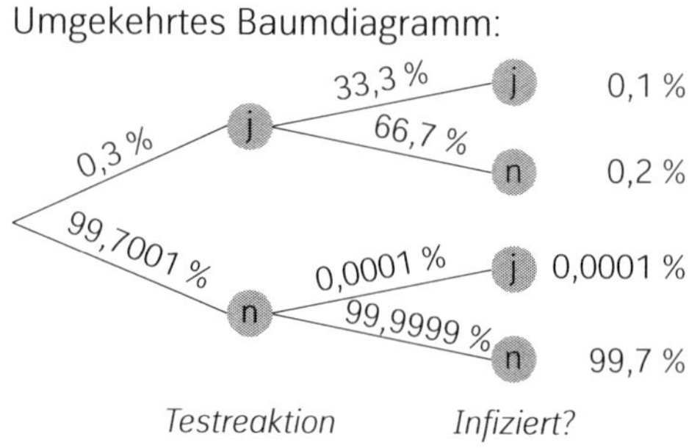

Dem umgekehrten Baumdiagramm kann man entnehmen: 33,3 % der getesteten Personen mit positivem Befund haben eine HIV-Infektion. Personen mit einem negativen Testergebnis haben eine Sicherheit von fast 100 %, dass sie gesund sind.

Seite 157

3 b) Baumdiagramm:

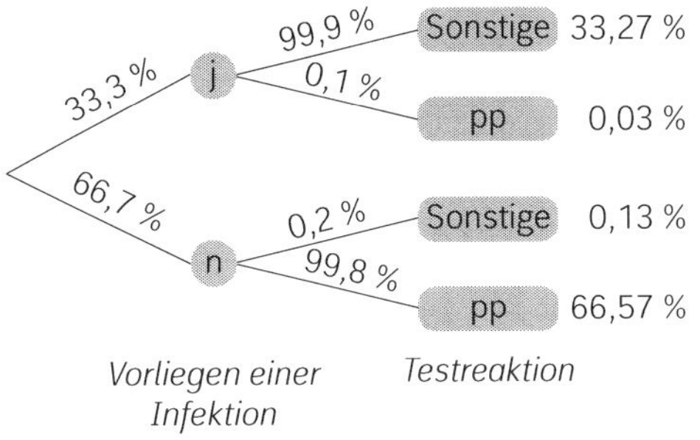

Umgekehrtes Baumdiagramm:

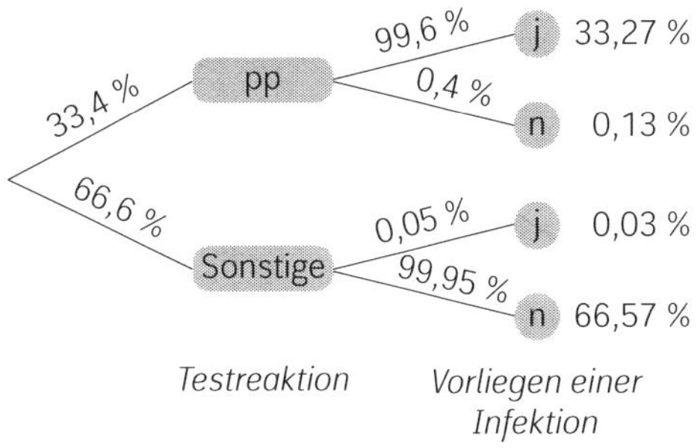

33,3 % der positiv getesteten Personen sind infiziert. Dem umgekehrten Baumdiagramm entnimmt man, dass 99,6 % der zweimal positiv getesteten Personen HIV-infiziert sind.

4 Baumdiagramm:

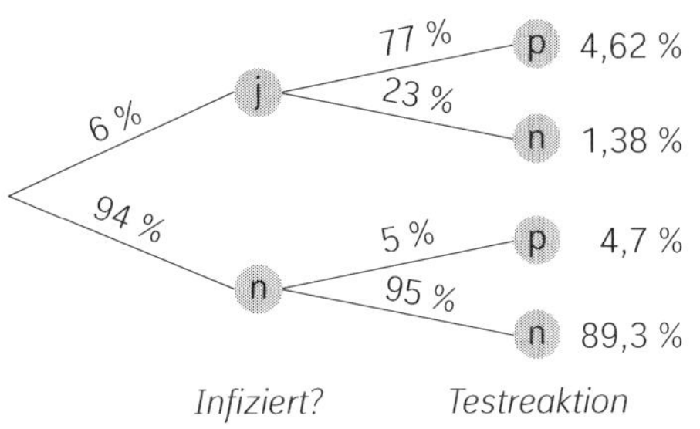

Umgekehrtes Baumdiagramm:

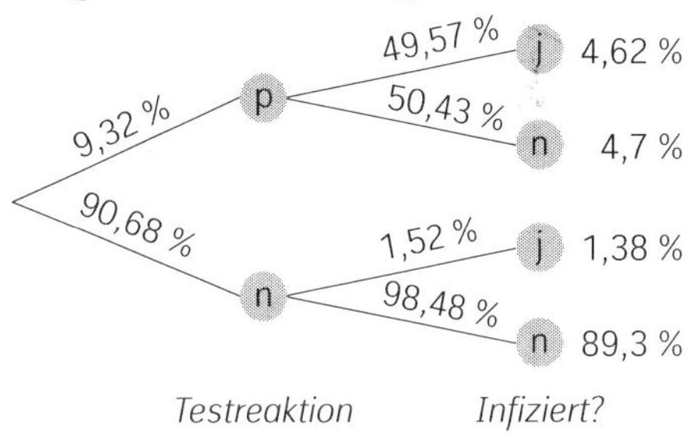

Dem umgekehrten Baumdiagramm kann man entnehmen: Die Wahrscheinlichkeit, dass eine Person mit einem positiven Testergebnis an Malaria erkrankt ist, beträgt 49,57 %, also ungefähr 50 %.

Seite 158

5 a) 30 % falsch-negative Befunde bedeutet, dass von den Tuberkulose-Kranken 30 % bei der Reihenuntersuchung einen negativen Befund erhalten, d. h. ihre Krankheit wird nicht entdeckt.
2 % falsch-positive Befunde bedeutet, dass 2 % der Untersuchten trotz eines positiven Befundes gesund sind.

b) Baumdiagramm:

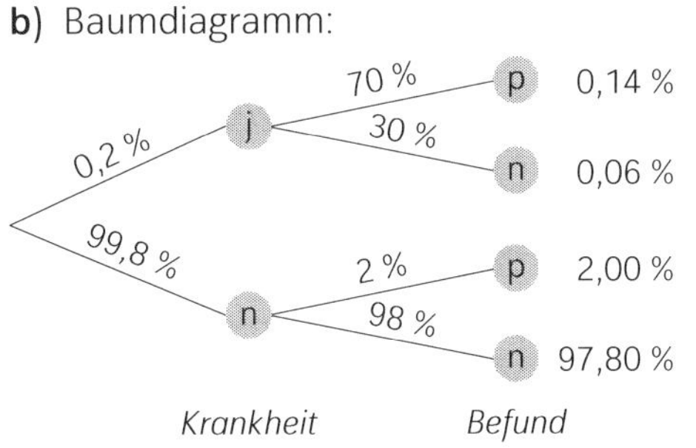

Umgekehrtes Baumdiagramm:

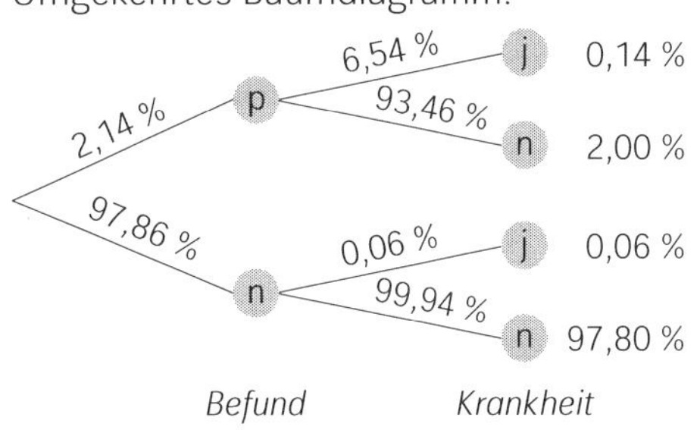

Dem umgekehrten Baumdiagramm kann man entnehmen, dass eine Person mit auffälligem Röntgenbefund mit einer Wahrscheinlichkeit von 6,54 % tatsächlich an Tuberkulose erkrankt ist.

Seite 158

5 **c)** Dem umgekehrten Baumdiagramm kann man entnehmen, dass eine Person, bei der auf der Röntgenaufnahme nichts Auffälliges bemerkt wird, mit einer Wahrscheinlichkeit von 0,06 % tatsächlich an Tuberkulose erkrankt ist.

d) Hier Baumdiagramme und Wahrscheinlichkeiten wie in den Aufgaben b) und c).

(1) Baumdiagramm:

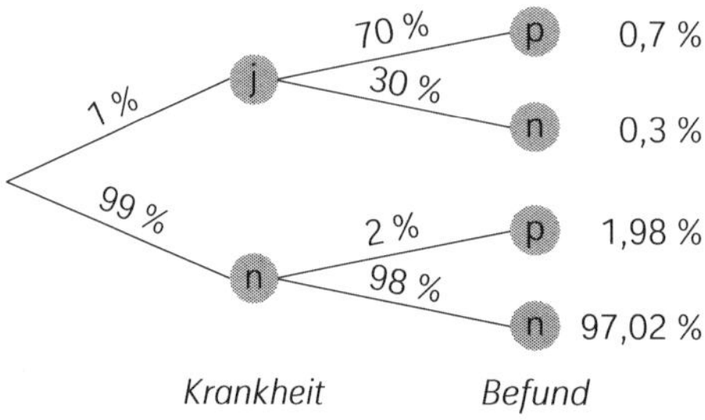

Umgekehrtes Baumdiagramm:

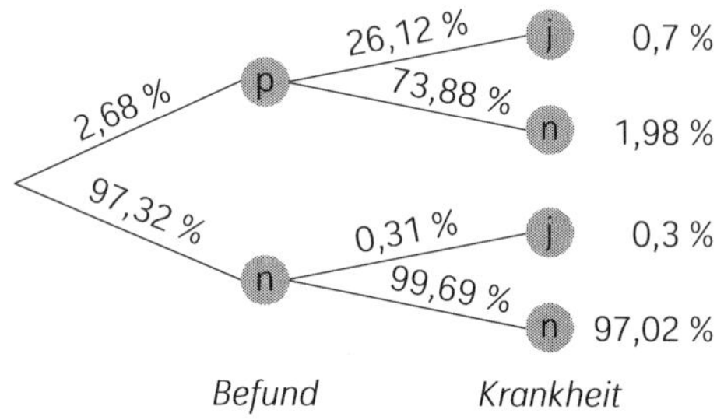

Für einen Erkrankungsgrad von 1 % kann man dem umgekehrten Baumdiagramm entnehmen, dass eine Person mit auffälligem Röntgenbefund mit einer Wahrscheinlichkeit von 26,12 % tatsächlich an Tuberkulose erkrankt ist, und dass eine Person, bei der auf der Röntgenaufnahme nichts Auffälliges bemerkt wird, mit einer Wahrscheinlichkeit von 0,31 % tatsächlich an Tuberkulose erkrankt ist.

(2) Baumdiagramm:

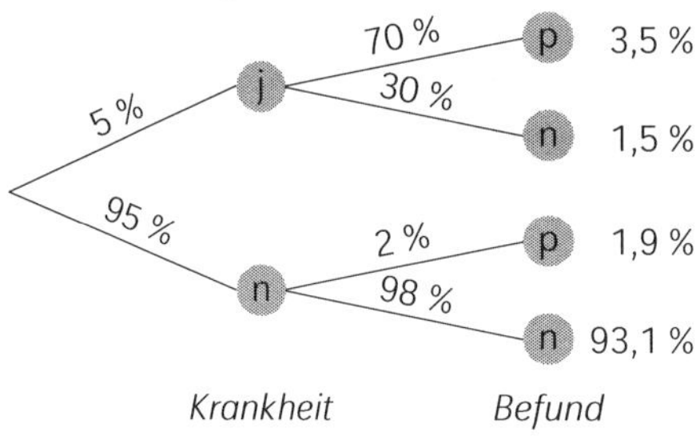

Umgekehrtes Baumdiagramm:

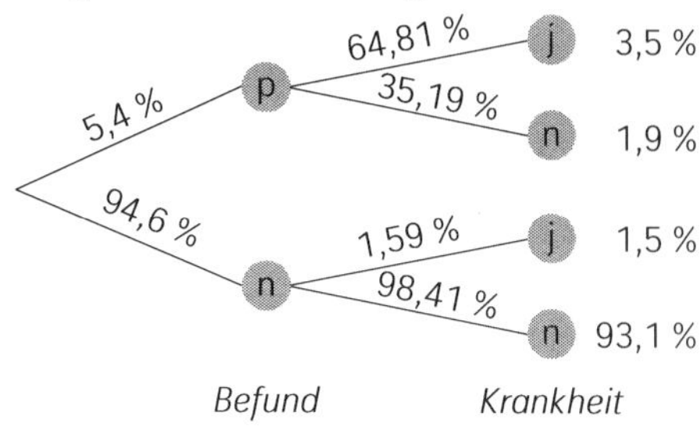

Für einen Erkrankungsgrad von 5 % kann man dem umgekehrten Baumdiagramm entnehmen, dass eine Person mit auffälligem Röntgenbefund mit einer Wahrscheinlichkeit von 64,81 % tatsächlich an Tuberkulose erkrankt ist, und dass eine Person, bei der auf der Röntgenaufnahme nichts Auffälliges bemerkt wird, mit einer Wahrscheinlichkeit von 1,59 % tatsächlich an Tuberkulose erkrankt ist.

(3) Baumdiagramm:

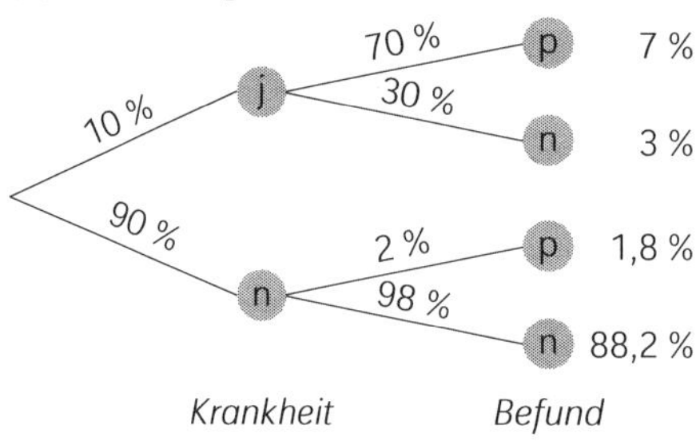

Umgekehrtes Baumdiagramm:

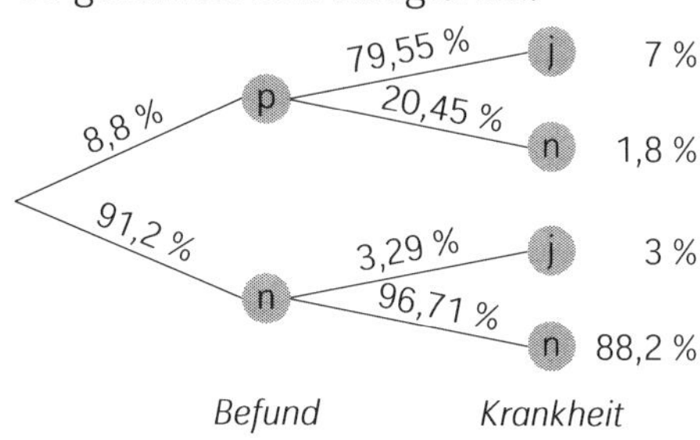

Für einen Erkrankungsgrad von 10 % kann man dem umgekehrten Baumdiagramm entnehmen, dass eine Person mit auffälligem Röntgenbefund mit einer Wahrscheinlichkeit von 79,55 % tatsächlich an Tuberkulose erkrankt ist, und dass eine Person, bei der auf der Röntgenaufnahme nichts Auffälliges bemerkt wird, mit einer Wahrscheinlichkeit von 3,29 % tatsächlich an Tuberkulose erkrankt ist.

Seite 158

5 **d)** (4) Baumdiagramm:

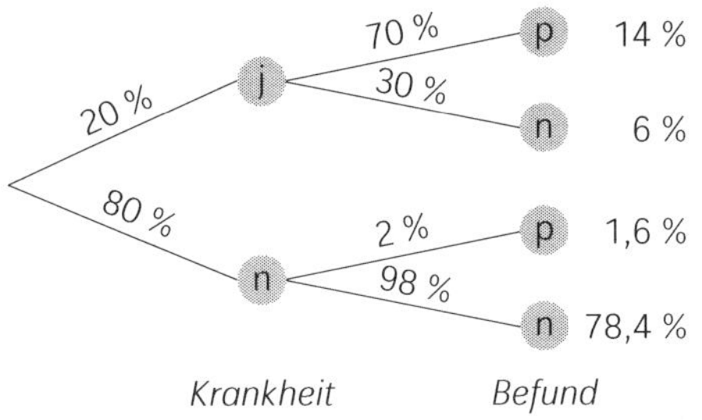

Umgekehrtes Baumdiagramm:

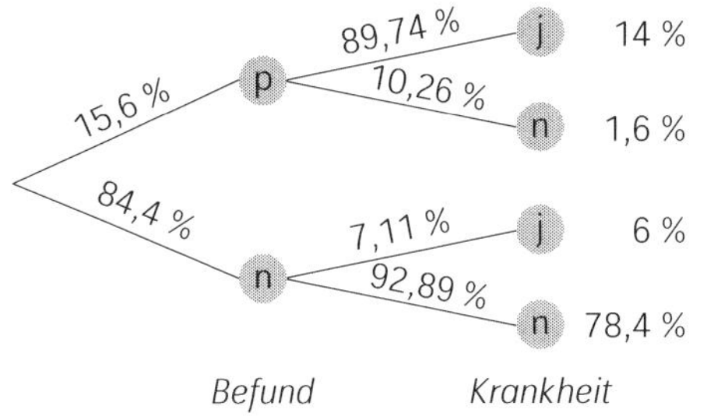

Für einen Erkrankungsgrad von 20 % kann man dem umgekehrten Baumdiagramm entnehmen, dass eine Person mit auffälligem Röntgenbefund mit einer Wahrscheinlichkeit von 89,74 % tatsächlich an Tuberkulose erkrankt ist, und dass eine Person, bei der auf der Röntgenaufnahme nichts Auffälliges bemerkt wird, mit einer Wahrscheinlichkeit von 7,11 % tatsächlich an Tuberkulose erkrankt ist.

Hier die Diagramme für die beiden Werte

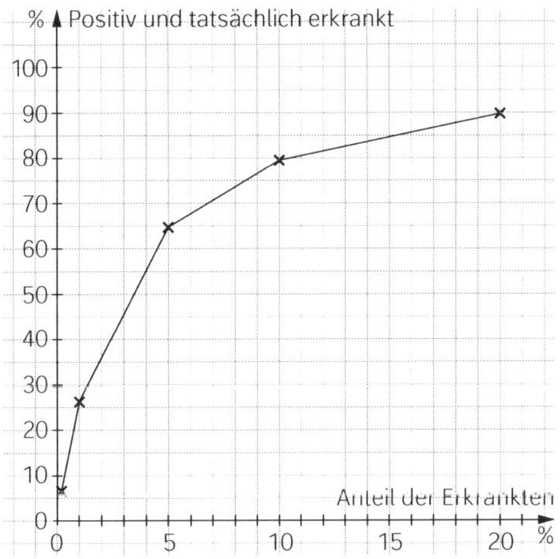

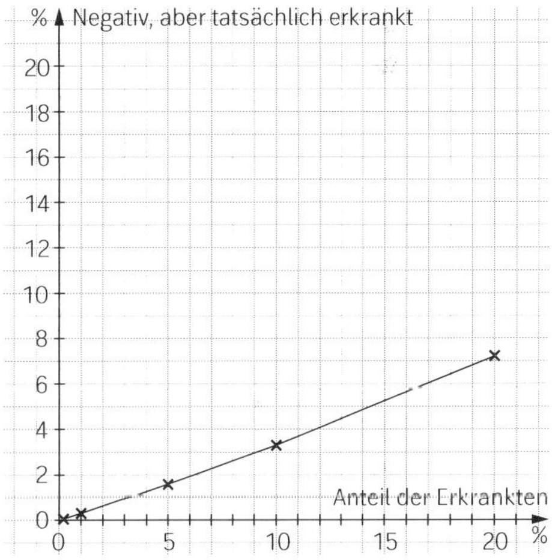

Die Werte für die Zuordnung *Anteil der Erkrankten → Positiv und tatsächlich erkrankt* steigen zunächst stark an. Da sie aber nicht über 100 % liegen können, nähern sie sich dann immer mehr der Grenze von 100 % an.

Die Werte für die Zuordnung *Anteil der Erkrankten → Negativ, aber tatsächlich erkrankt* liegen ungefähr auf einer Geraden.

Seite 158

6 **a)** Man kann für den Fall, dass beide Kurierdienste gleich viele Fahrzeuge im Einsatz hatten, das zugehörige Baumdiagramm und das umgekehrte Baumdiagramm zeichnen, wobei man die Merkmale Kurierdienst und mögliches Tatfahrzeug betrachtet.

Baumdiagramm:

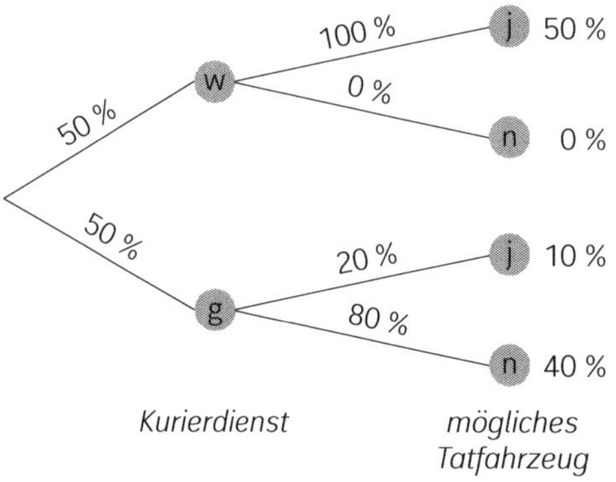

Umgekehrtes Baumdiagramm:

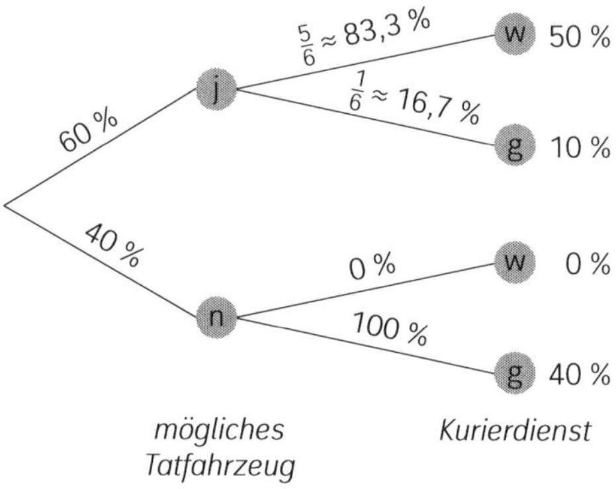

Am umgekehrten Baumdiagramm erkennt man, dass 60 % der eingesetzten Fahrzeuge den Unfall verursacht haben könnten. Die Wahrscheinlichkeit, dass das tatverdächtige Fahrzeug vom Kurierdienst „Der weiße Blitz" kommt, beträgt etwa 83,3 %. Die Wahrscheinlichkeit, dass das tatverdächtige Fahrzeug vom Kurierdienst „Der graue Express" kommt, beträgt etwa 16,7 %.

Die Wahrscheinlichkeit, dass das tatverdächtige Fahrzeug vom Kurierdienst „Der weiße Blitz" kommt, ist fünfmal so hoch.

b) Man kann wieder das zugehörige Baumdiagramm und das umgekehrte Baumdiagramm zeichnen.

Baumdiagramm:

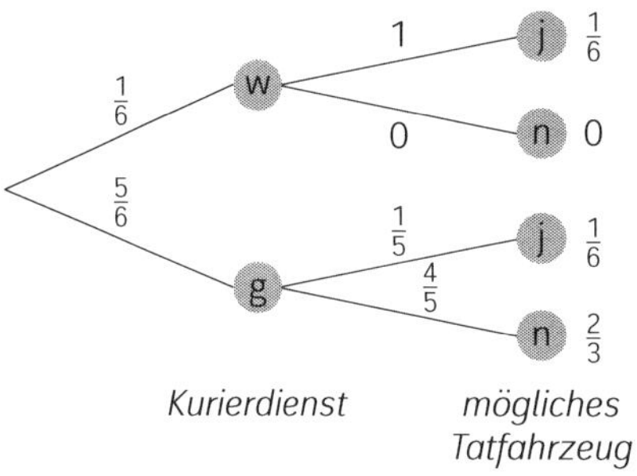

Umgekehrtes Baumdiagramm:

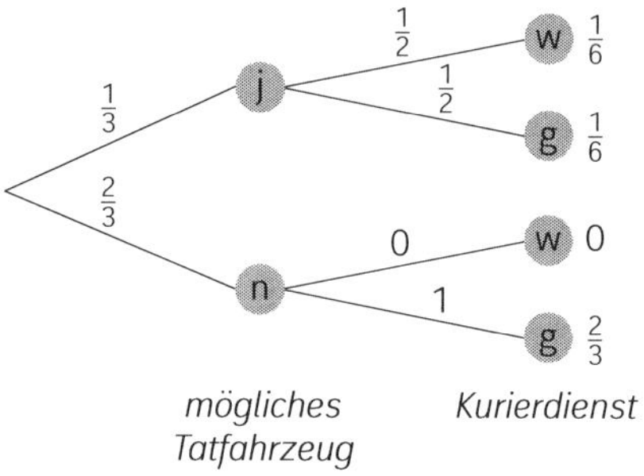

Am umgekehrten Baumdiagramm erkennt man, dass ein Drittel der eingesetzten Fahrzeuge den Unfall verursacht haben könnten, das sind 20 Fahrzeuge. Die Wahrscheinlichkeit, dass das tatverdächtige Fahrzeug vom Kurierdienst „Der weiße Blitz" kommt, beträgt 50 %. Die Wahrscheinlichkeit, dass das tatverdächtige Fahrzeug vom Kurierdienst „Der graue Express" kommt, beträgt ebenfalls 50 %.

Die Wahrscheinlichkeit, dass das tatverdächtige Fahrzeug vom Kurierdienst „Der weiße Blitz" kommt, ist also genauso hoch, wie die Wahrscheinlichkeit, dass das tatverdächtige Fahrzeug vom Kurierdienst „Der graue Express" kommt.

Seite 158

6 c) Wenn der Kurierdienst „Der graue Express“ wesentlich mehr Fahrzeuge einsetzt als der Kurierdienst „Der weiße Blitz“, dann bleiben die Fahrzeuge vom Kurierdienst „Der weiße Blitz“ zwar weiterhin tatverdächtig, aber die Anzahl der nicht eindeutig erkannten Fahrzeuge vom Kurierdienst „Der graue Express“ wird immer größer und damit sinkt die Wahrscheinlichkeit, dass das Unfallfahrzeug vom Kurierdienst „Der weiße Blitz“ war.

Das kann ich noch!

A Der Quader hat die Kantenlängen a, b, c, (alle in cm) und das Volumen V (in cm^3).
$V = a \cdot b \cdot c$ mit Volumen $V = 168$, Länge $a = 14$, Breite $b = c + 1$, Höhe c.
Man kann nun die Werte in die Gleichung einsetzen und die Gleichung lösen.

$V = a \cdot b \cdot c$

$168 = 14 \cdot (c+1) \cdot c \quad |\text{Ausmultiplizieren}$

$168 = 14c^2 + 14c \quad |-168$

$0 = 14c^2 + 14c - 168 \quad |:14$

$0 = c^2 + c - 12 \quad |\text{pq-Formel mit } p = 1 \text{ und } q = -12$

$$c_1 = -\frac{1}{2} + \sqrt{\left(\frac{1}{2}\right)^2 - (-12)} = -0{,}5 + \sqrt{12{,}25} = -0{,}5 + 3{,}5 = 3$$

$$c_2 = -\frac{1}{2} - \sqrt{\left(\frac{1}{2}\right)^2 - (-12)} = -0{,}5 - \sqrt{12{,}25} = -0{,}5 - 3{,}5 = -4$$

Die negative Lösung entfällt, da die Kantenlängen größer als 0 sind.
Man erhält die Kantenlängen $a = 14\,cm$, $b = 3\,cm + 1\,cm = 4\,cm$ und $c = 3\,cm$.
Probe am Sachverhalt: $V = 14\,cm \cdot 4\,cm \cdot 3\,cm = 168\,cm^3$

B Alter von Lina (in Jahren). x   Alter von Helen (in Jahren): $x - 4$
Gleichung: $x \cdot (x-4) = 221$, also $x^2 - 4x - 221 = 0$
Die Gleichung kann man mit der pq-Formel lösen mit $p = -4$, also $\frac{p}{2} = -2$, und $q = -221$.

$$x_1 = -(-2) + \sqrt{(-2)^2 - (-221)}\ 2 + \sqrt{4 + 221}\ 2 + \sqrt{225}\ 2 + 15 = 17$$

$$x_2 = -(-2) - \sqrt{(-2)^2 - (-221)} = 2 - \sqrt{4 + 221} = 2 - \sqrt{225} = 2 - 15 = -13$$

Die negative Lösung entfällt, da ein Alter immer positiv ist.
Man erhält: Lina ist 17 Jahre alt und Helen 13 Jahre alt.
Probe: $17 \cdot 13 = 221$

C Erste Zahl: x   Zweite Zahl: $x + 1$
Gleichung: $x \cdot (x+1) = 156$, also $x^2 + x - 156 = 0$
Die Gleichung kann man mit der pq-Formel lösen mit $p = 1$, und $q = -156$.

$$x_1 = -0{,}5 + \sqrt{0{,}5^2 - (-156)} = -0{,}5 + \sqrt{0{,}25 + 156} = -0{,}5 + \sqrt{156{,}25} = -0{,}5 + 12{,}5 = 12$$

$$x_2 = -0{,}5 - \sqrt{0{,}5^2 - (-156)} = -0{,}5 - \sqrt{0{,}25 + 156} = -0{,}5 - \sqrt{156{,}25} = -0{,}5 - 12{,}5 = -13$$

Ergebnis: Die Zahlen sind 12 und 13 oder -13 und -12.
Probe: $12 \cdot 13 = 156$ und $(-13) \cdot (-12) = 156$

Seite 159

7 **a)** Hier die Baumdiagramme, wenn 0,5 % der Sportler gedopt haben.

Baumdiagramm:

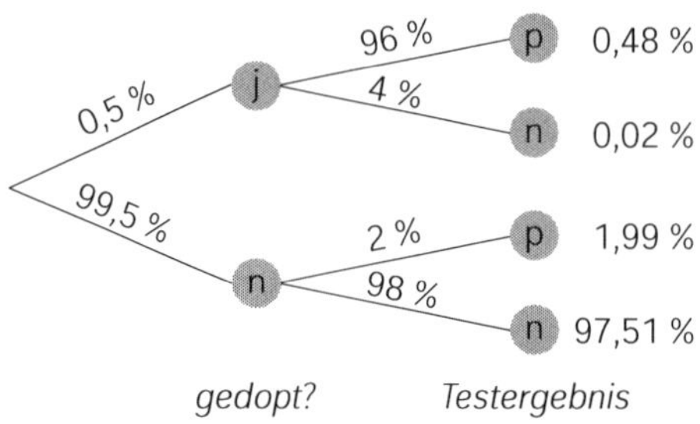

Umgekehrtes Baumdiagramm:

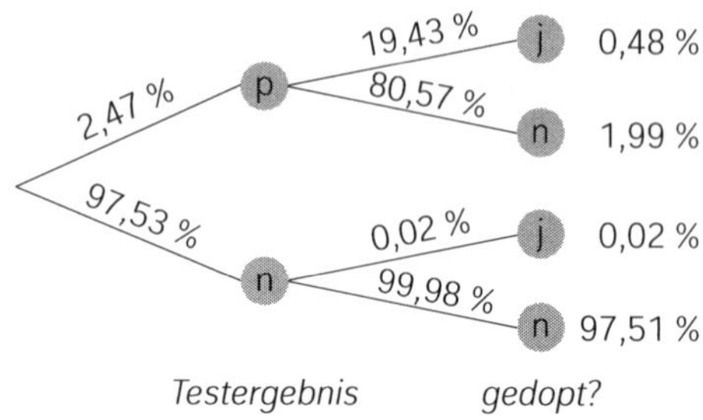

Für die 5000 Sportler kann man eine Vierfeldertafel anlegen, wobei hier nicht auf volle Anzahlen gerundet wurde.

		Doping		gesamt
		ja	nein	
Test	positiv	24	99,5	123,5
	negativ	1	4875,5	4876,5
gesamt		25	4975	5000

(1) Von den nichtgedopten Sportlern werden $99{,}5 \approx 100$ Sportler falsch als positiv beurteilt und von den gedopten Sportlern wird 1 Sportler falsch als negativ beurteilt. Insgesamt sind es bei 5000 Sportlern $101{,}5 \approx 102$ Fehlurteile. Aus dem Baumdiagramm kann man die Wahrscheinlichkeit ablesen: $1{,}99\,\% + 0{,}02\,\% = 2{,}01\,\%$.
(2) Dem umgekehrten Baumdiagramm kann man entnehmen, dass 80,57 % zu Unrecht des Dopings bezichtigt werden. Die Wahrscheinlichkeit ist so hoch, weil sie sich auf die kleine Gruppe der gedopten Sportler bezieht.
(3) Dem Baumdiagramm kann man entnehmen, dass zu 98 % ein nichtgedopter Sportler ein negatives Ergebnis erhält.

b) (1) Die Wahrscheinlichkeiten bei der B-Probe sind genauso groß wie die Wahrscheinlichkeiten bei der A-Probe.
(2) Die Wahrscheinlichkeit beträgt 92,16 %.

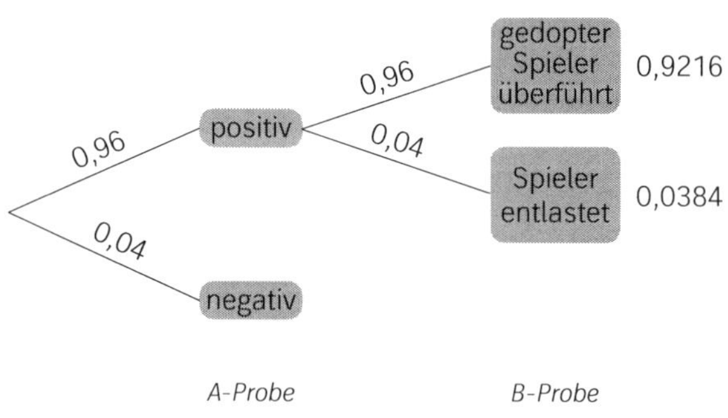

(3) Beispiel: Wie groß ist die Wahrscheinlichkeit, dass ein bei der A-Probe des Dopings belasteter Sportler bei der B-Probe entlastet wird?
Antwort: Die Wahrscheinlichkeit liegt bei 3,84 %.

6. Pyramide, Kegel, Kugel

Seite 163
Einstiegsseite

Von links nach rechts:
Die erste Kerze hat die Form einer Pyramide mit quadratischer Grundfläche.
Die zweite Kerze hat die Form einer Kugel.
Die dritte Kerze hat die Form eines Zylinders.
Die vierte Kerze hat die Form eines Quaders.

6.1 Netz und Oberflächeninhalt einer Pyramide

Seite 164
Einstieg

Die Teeverpackung ist eine Pyramide mit einer quadratischen Grundfläche. Die Seitenflächen sind vier zueinander kongruente gleichschenklige Dreiecke. Die Grundseite der Dreiecke ist gleich der Seitenlänge der Grundfläche.
Die Tasse hat unten etwa einen Durchmesser von 5 cm und ist etwa 8 cm hoch.
Die quadratische Grundfläche der Teeverpackung ist dann etwa $a = 3\,cm$ lang und die dreieckigen Seitenflächen haben eine Höhe von etwa $h_a = 7\,cm$.
Damit kann man nun den Kartonbedarf O für eine Teeverpackung berechnen.

$$O = a^2 + 4 \cdot \frac{a \cdot h_a}{2} = (3\,cm)^2 + 4 \cdot \frac{3\,cm \cdot 7\,cm}{2} = 9\,cm^2 + 2 \cdot 21\,cm^2 = 51\,cm^2$$

Man benötigt etwa $51\,cm^2$ Kartonpapier, wobei man die Verbindungslaschen zum Zusammensetzen der Teeverpackung vernachlässigt hat.
Es werden also eher etwa $55\,cm^2$ bis $60\,cm^2$ Kartonpapier benötigt.

Seite 165
Üben

1 a) Keine Pyramide. Der Körper hat keine Spitze und zwei Seitenflächen sind Trapeze.
b) Pyramide mit rechteckiger Grundfläche.
c) Keine Pyramide, sondern ein Kegel. Die Grundfläche ist ein Kreis und die Mantelfläche ist kein Dreieck.
d) Keine Pyramide. Der Körper hat keine Spitze und die Seitenflächen sind Rechtecke.
e) Pyramide mit vierseitiger Grundfläche.
f) Keine Pyramide. Der Körper hat keine Spitze und zwei Seitenflächen sind Trapeze.
g) Keine Pyramide, sondern ein Pyramidenstumpf. Der Körper hat keine Spitze und die Seitenflächen sind Trapeze.
h) Pyramide mit rechteckiger Grundfläche.

2 Keine Lösungen

Seite 166

3 Das erste Netz ergibt eine Pyramide mit rechteckiger Grundfläche.
Das zweite Netz ergibt keine Pyramide, da drei Flächen Rechtecke sind.
Das dritte Netz ergibt eine dreiseitige Pyramide, dessen Seitenflächen aus zueinander kongruenten gleichseitigen Dreiecken bestehen (Tetraeder). Alle Kanten sind gleich lang.
Das vierte Netz ergibt eine Pyramide mit einem regelmäßigen Fünfeck als Grundflache.

Seite 166

4 Die Oberfläche besteht aus der quadratischen Grundfläche und vier zueinander kongruenten gleichschenkligen Dreiecken.

$O = 60\,\text{cm} \cdot 60\,\text{cm} + 4 \cdot \frac{60\,\text{cm} \cdot 36\,\text{cm}}{2} = 7\,920\,\text{cm}^2$

Schrägbild einer quadratischen Pyramide

5 Konstruktionsbeschreibung (die Längen sind hier verkürzt.):

(1) Zeichne das Schrägbild der quadratischen Grundfläche mit der Seitenlänge $a = 6\,\text{cm}$. Die Seite nach hinten wird mit dem Winkel $\alpha = 45°$ verschrägt und mit dem Faktor $q = \frac{1}{2}$ auf $\frac{1}{2} \cdot 6\,\text{cm} = 3\,\text{cm}$ verkürzt.

(2) Zeichne die Diagonalen der Grundfläche. Der Diagonalenschnittpunkt ist der Fußpunkt der Höhe h, die in Originallänge mit $h = 7\,\text{cm}$ orthogonal zur Grundfläche eingezeichnet wird, sodass man die Spitze S der Pyramide erhält.

(3) Verbinde die Ecken der Grundfläche mit der Spitze der Pyramide.

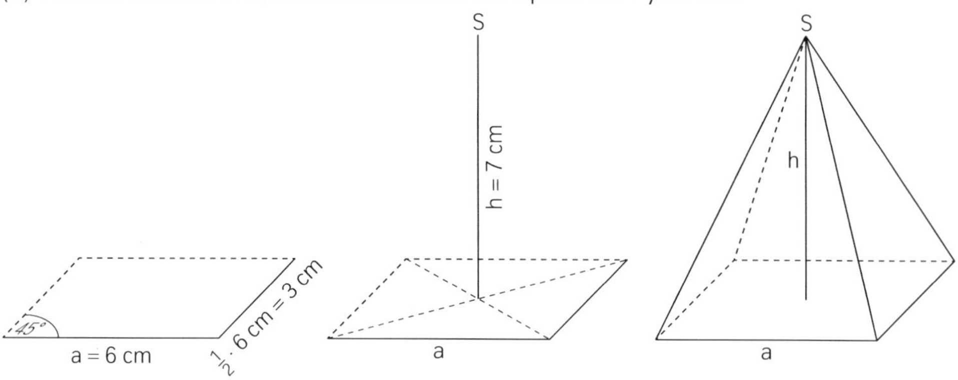

6 a) Die Mantelfläche besteht aus 4 zueinander kongruenten gleichschenkligen Dreiecken mit der Grundseite a und den Schenkeln s.

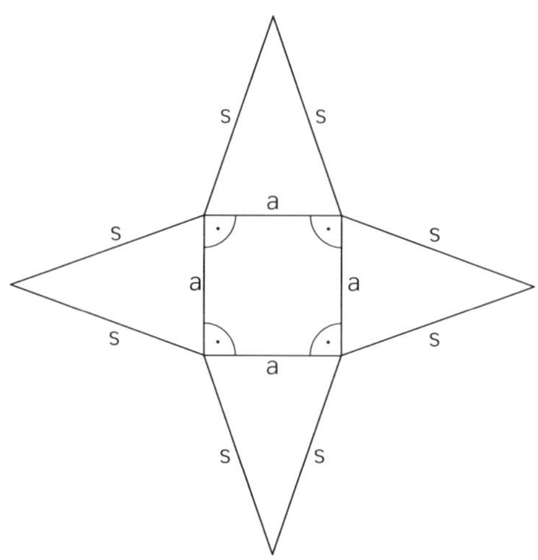

Seite 166

6 b) Höhe h_s der Seitenflächen:

$h_s = \sqrt{s^2 - \left(\frac{a}{2}\right)^2} = \sqrt{36 - 4}\,cm = \sqrt{32}\,cm \approx 5{,}7\,cm$

Mantelflächeninhalt:

$M = 4 \cdot \frac{1}{2} \cdot a \cdot h_s = 2 \cdot 4\,cm \cdot \sqrt{32}\,cm \approx 45{,}25\,cm$

Zur Oberfläche gehört die Grundfläche und die Mantelfläche.

$O = G + M \approx (4\,cm)^2 + 45{,}25\,cm^2 = 16\,cm^2 + 45{,}25\,cm^2$
$= 61{,}25\,cm^2$

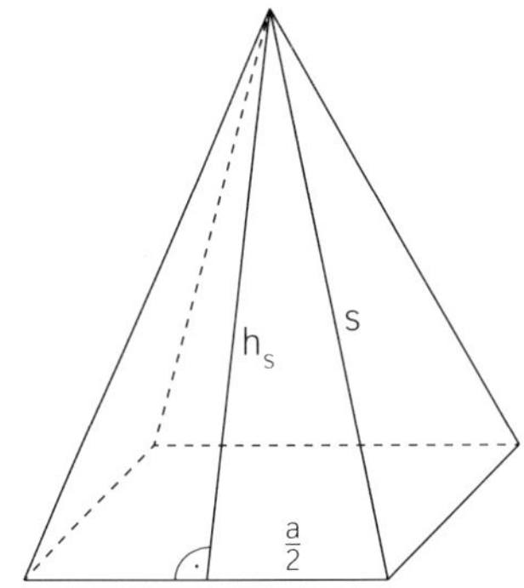

c) Körperhöhe h:

$h = \sqrt{h_s^2 - \left(\frac{a}{2}\right)^2}$
$= \sqrt{\left(\sqrt{32}\right)^2 - 2^2}\,cm$
$= \sqrt{32 - 4}\,cm$
$= \sqrt{28}\,cm \approx 5{,}3\,cm$

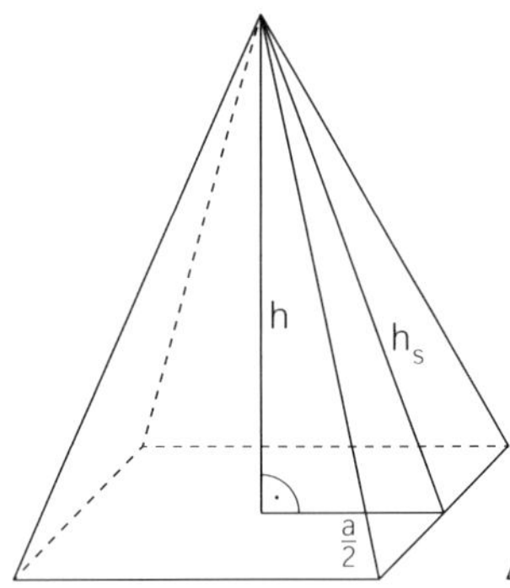

Schrägbild:

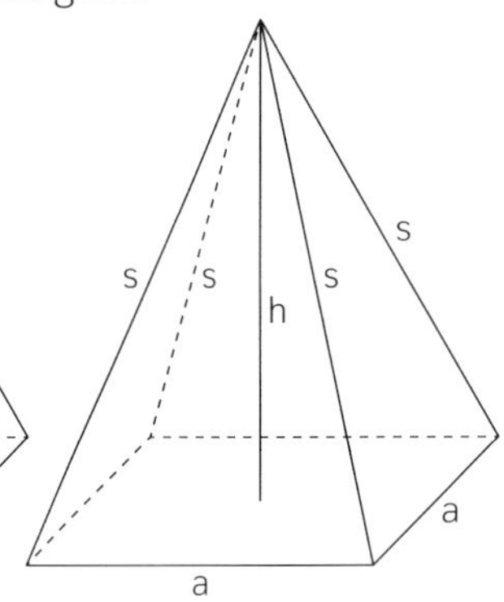

7 Höhe h_s der Seitenflächen:

$h_s = \sqrt{h^2 + \left(\frac{a}{2}\right)^2} = \sqrt{21{,}6^2 + 17{,}7^2}\,m = \sqrt{779{,}85}\,m \approx 27{,}93\,m$

Größe der Außenfläche (Mantelflächeninhalt):

$M = 4 \cdot \frac{1}{2} \cdot 35{,}4\,m \cdot \sqrt{779{,}85}\,m \approx 1\,977{,}146\,m^2 \approx 1\,977\,m^2$

Die Außenfläche ist ungefähr 1 977 m^2 groß.

Seite 167

8 Höhe h_s der Seitenflächen der Pyramiden:

$h_s = \sqrt{s^2 - \left(\frac{a}{2}\right)^2} = \sqrt{1{,}5^2 - 0{,}75^2}\,m = \sqrt{1{,}6875}\,m \approx 1{,}3\,m$

Glasfläche M aller 9 Pyramiden: $M = 9 \cdot 4 \cdot \frac{1}{2} \cdot 1{,}5\,m \cdot \sqrt{1{,}6875}\,m \approx 35{,}074\,m^2$

Volumen V des Fensterglases:

$V = M \cdot 1\,cm \approx 35{,}074\,m^2 \cdot 0{,}01\,m = 0{,}35074\,m^3 = 350\,740\,cm^3$

Masse m des Fensterglases:

$m = V \cdot 2{,}5\,\frac{g}{cm^3} = 350\,740\,cm^3 \cdot 2{,}5\,\frac{g}{cm^3} = 876\,850\,g \approx 877\,kg$

Das Dach wiegt fast 880 kg.

Seite 167

9 $O = a^2 + 4 \cdot \frac{1}{2} \cdot a \cdot h_s = a^2 + 2 \cdot a \cdot h_s$

Auflösen nach h_s:

$O = a^2 + 2 \cdot a \cdot h_s \quad |-a^2$

$O - a^2 = 2 \cdot a \cdot h_s \quad |:(2 \cdot a)$

$\frac{O - a^2}{2 \cdot a} = h_s$

Auflösen nach a:

$O = a^2 + 2 \cdot a \cdot h_s \quad |-O$

$a^2 + 2 \cdot h_s \cdot a - O = 0$

Man erhält eine quadratische Gleichung der Form $a^2 + p \cdot a + q = 0$ mit $p = 2 \cdot h_s$,

also $\frac{p}{2} = h_s$, und $q = O$, die man mit der p-q-Formel $a_{1/2} = -\frac{p}{2} \pm \sqrt{\left(\frac{p}{2}\right)^2 - q}$ lösen kann.

$a_1 = -h_s + \sqrt{h_s^2 - O}$ und $a_2 = -h_s - \sqrt{h_s^2 - O}$

Da O, h_s und a positiv sind, entfällt die zweite Lösung. Man erhält also $a = \sqrt{h_s^2 - O} - h_s$

.

10 a) Höhe h des gleichseitigen Dreiecks: $h = \sqrt{a^2 - \left(\frac{a}{2}\right)^2} = \sqrt{\frac{3}{4}a^2} = \frac{a}{2} \cdot \sqrt{3}$

Formel für den Oberflächeninhalt O eines regelmäßigen Tetraeders mit der Kantenlänge a: $O = 4 \cdot \frac{1}{2} \cdot a \cdot \frac{a}{2} \cdot \sqrt{3} = a^2 \cdot \sqrt{3}$

Für $a = 4\,\text{cm}$ erhält man: $O = (4\,\text{cm})^2 \cdot \sqrt{3} \approx 27{,}71\,\text{cm}^2$

b)

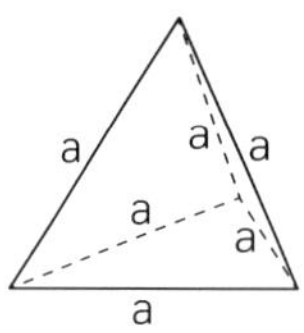

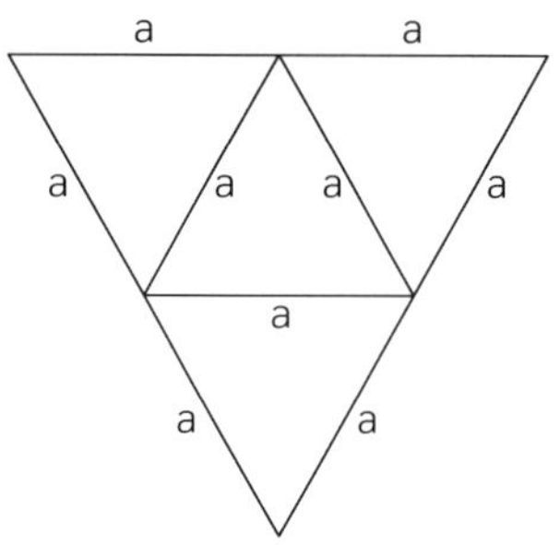

c) Keine Lösungen

11 a)

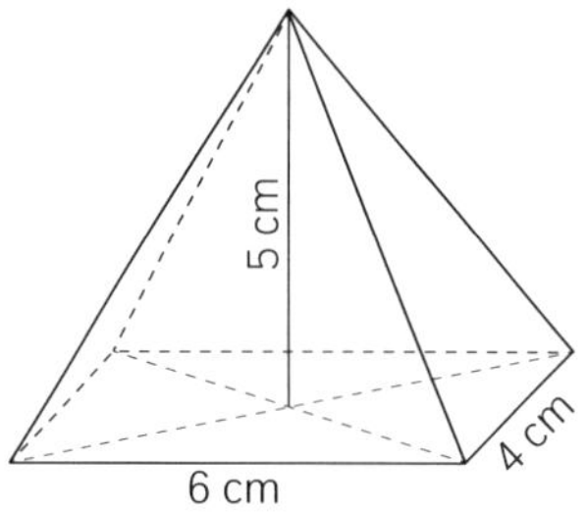

Seite 167

11 **b)** Berechnung der Seitenhöhen siehe Lösung zu Teilaufgabe c).

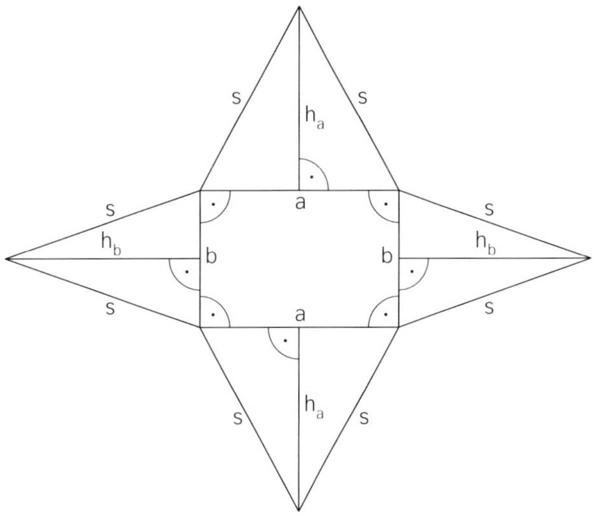

c) Formel für den Oberflächeninhalt O:

$$O = a \cdot b + 2 \cdot \frac{a \cdot h_a}{2} \cdot 2 \cdot \frac{b \cdot h_b}{2}$$
$$= a \cdot b + a \cdot h_a + b \cdot h_b$$

Seitenhöhen h_a und h_b:

$h_a = \sqrt{\left(\frac{b}{2}\right)^2 + h^2}$ und $h_b = \sqrt{\left(\frac{a}{2}\right)^2 + h^2}$ Damit erhält man für $a = 6\,cm$ $b = 4\,cm$ und $h = 5\,cm$:

$$O = a \cdot b + a \cdot \sqrt{\left(\frac{b}{2}\right)^2 + h^2} + b \cdot \sqrt{\left(\frac{a}{2}\right)^2 + h^2}$$
$$= 6\,cm \cdot 4\,cm$$
$$+ 6\,cm \cdot \sqrt{2^2 + 5^2}\,cm$$
$$+ 4\,cm \cdot \sqrt{3^2 + 5^2}\,cm$$
$$\approx 79{,}635\,cm^2$$

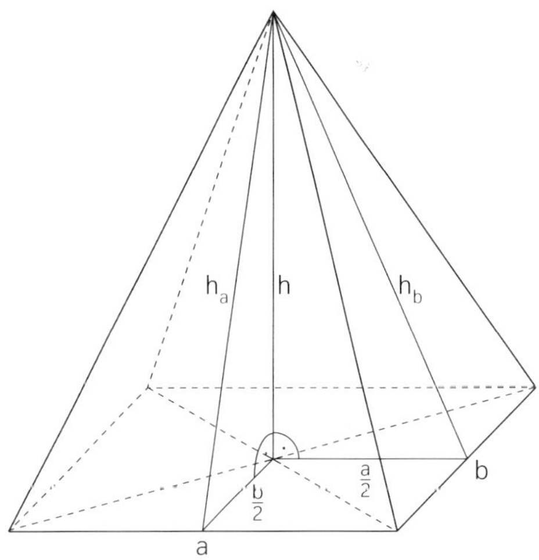

Seite 167

12 a)

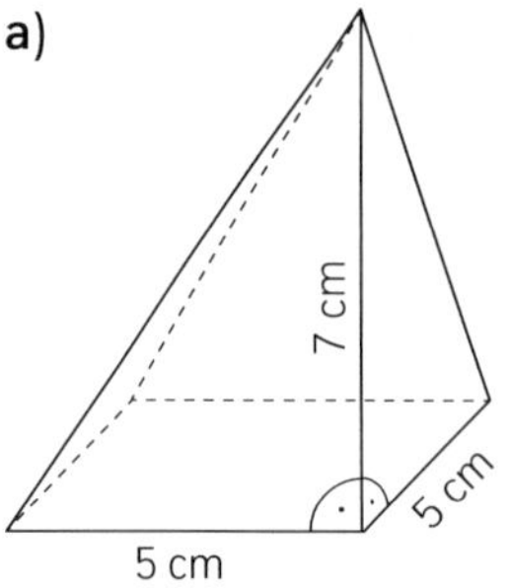

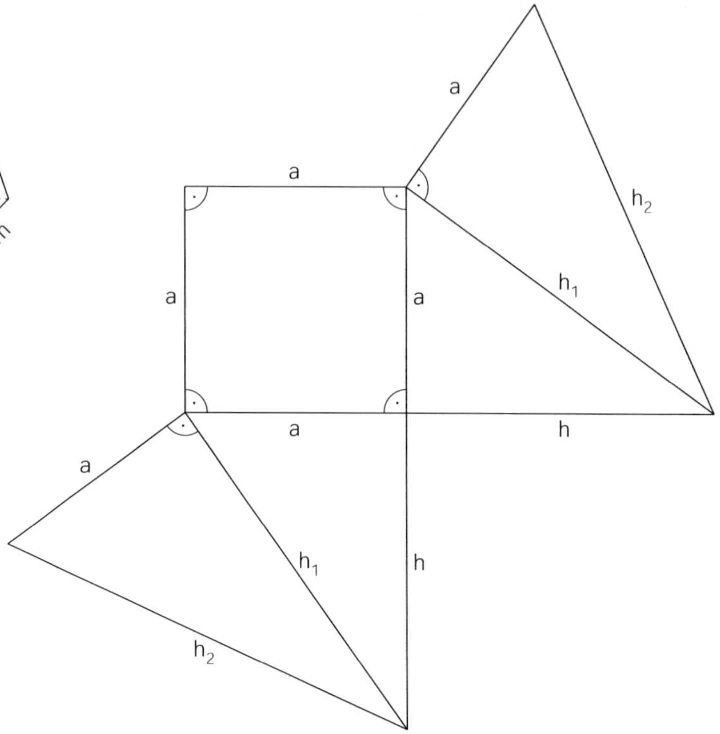

b) Grundfläche und Seitenflächen der Pyramide kann man dem Netz in der Lösung zu Teilaufgabe a) entnehmen. Fehlende Seitenlängen kann man mit dem Satz des Pythagoras berechnen.

$h_1 = \sqrt{a^2 + h^2} = \sqrt{5^2 + 7^2}\,\text{cm} = \sqrt{74}\,\text{cm} \approx 8{,}6\,\text{cm}$

$h_2 = \sqrt{a^2 + h_1^2} = \sqrt{5^2 + \left(\sqrt{74}\right)^2}\,\text{cm} = \sqrt{25 + 74}\,\text{cm} = \sqrt{99}\,\text{cm} \approx 9{,}95\,\text{cm}$

Oberflächeninhalt O der Pyramide:

$O = a^2 + 2 \cdot \frac{1}{2} \cdot a \cdot h + 2 \cdot \frac{1}{2} \cdot a \cdot h_1 = a^2 + a \cdot h + a \cdot h_1$

$= 5^2\,\text{cm}^2 + 5 \cdot 7\,\text{cm}^2 + 5 \cdot \sqrt{74}\,\text{cm}^2 \approx 103{,}01\,\text{cm}^2 \approx 103\,\text{cm}^2$

c) Keine Lösungen

Seite 168
Weiterüben

13 Größe M des Daches: $M = 4 \cdot \frac{12\,\text{m} \cdot 14\,\text{m}}{2} = 336\,\text{m}^2$

Kosten ohne Mehrwertsteuer: $336\,\text{m}^2 \cdot 105\frac{€}{\text{m}^2} = 35\,280{,}00\,€$

Rechnungsbetrag mit Mehrwertsteuer: $35\,280{,}00\,€ \cdot 1{,}19 = 41\,983{,}20\,€$

Rechnungsbetrag mit 3 % Skonto: $41\,983{,}20\,€ \cdot 0{,}97 = 40\,723{,}70\,€$

Seite 168

14 **a)** Linke Pyramide: $O = 4\,cm \cdot 4\,cm + 4 \cdot \frac{4\,cm \cdot 3\,cm}{2} = 40\,cm^2$

Rechte Pyramide: $O = 3\,cm \cdot 3\,cm + 4 \cdot \frac{3\,cm \cdot 4\,cm}{2} = 33\,cm^2$

b) Linke Pyramide:

Länge der Grundkante 3,48 cm statt 4 cm:

$O = 3{,}48\,cm \cdot 3{,}48\,cm + 4 \cdot \frac{3{,}48\,cm \cdot 3\,cm}{2} = 32{,}9504\,cm^2 \approx 33\,cm^2$

Länge der Seitenhöhe 2,125 cm statt 3 cm:

$O = 4\,cm \cdot 4\,cm + 4 \cdot \frac{4\,cm \cdot 2{,}125\,cm}{2} = 33\,cm^2$

Rechte Pyramide:

Länge der Grundkante 3,48 cm statt 3 cm:

$O = 3{,}48\,cm \cdot 3{,}48\,cm + 4 \cdot \frac{3{,}48\,cm \cdot 4\,cm}{2} = 39{,}9504\,cm^2 \approx 40\,cm^2$

Länge der Seitenhöhe 5,17 cm statt 4 cm:

$O = 3\,cm \cdot 3\,cm + 4 \cdot \frac{3\,cm \cdot 5{,}17\,cm}{2} = 40{,}02\,cm^2 \approx 40\,cm^2$

15 **a)**

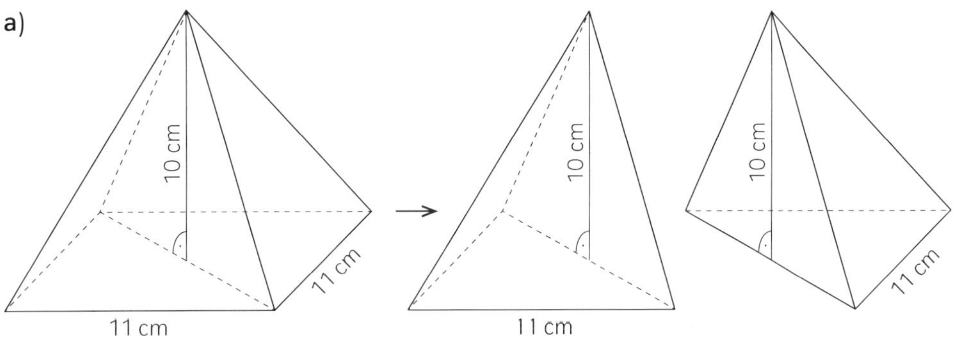

b) Man kann fehlende Längen mit dem Satz des Pythagoras berechnen.

$d = \sqrt{a^2 + a^2} = \sqrt{2a^2} = \sqrt{2 \cdot 121}\,m$

$= \sqrt{242}\,m \approx 15{,}56\,m$

$h_a = \sqrt{\left(\frac{a}{2}\right)^2 + h^2} = \sqrt{5{,}5^2 + 10^2}\,m$

$= \sqrt{130{,}25}\,m \approx 11{,}41\,m$

$s = \sqrt{h_a^2 + \left(\frac{a}{2}\right)^2} = \sqrt{\left(\sqrt{130{,}25}\right)^2 + 5{,}5^2}\,m$

$= \sqrt{160{,}5}\,m \approx 12{,}67\,m$

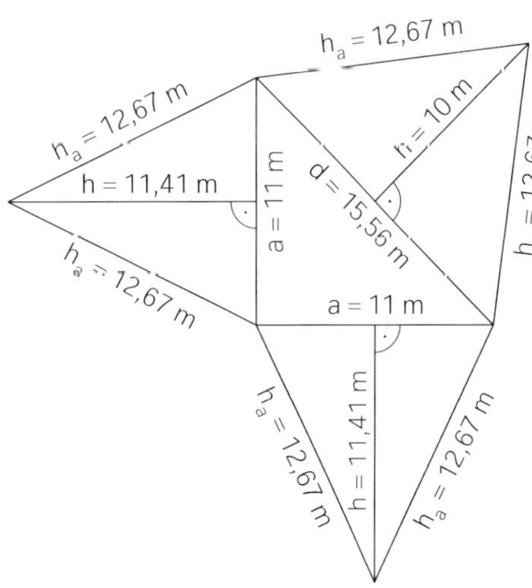

Seite 168

15 **c)** Die Glasfläche besteht aus der Mantelfläche der ursprünglichen Pyramide und aus den beiden dreieckigen Teilflächen, die bei der Teilung entlang der Diagonalen entstanden sind. Die Streckenlängen kann man dem Netz bzw. den Rechnungen in den Lösungen zu Teilaufgabe b) entnehmen.
Da der Boden nicht aus Glas besteht, erhält man für die Mantelfläche M einer Teilpyramide: $M = \frac{d \cdot h}{2} + 2 \cdot \frac{a \cdot h_a}{2} = \frac{\sqrt{242}\,m \cdot 10\,m}{2} + 2 \cdot \frac{11\,m \cdot \sqrt{130{,}25}\,m}{2} \approx 263{,}82\,m^2$
Für beide Pyramiden wurden ungefähr $2 \cdot 263{,}82\,m^2 = 527{,}64\,m^2$, also fast $530\,m^2$ Glas benötigt.

16 Nur der Mantel der Zuckertüten ist aus Pappe.
Höhe h_s einer Seitenfläche: $h_s = \sqrt{s^2 - \left(\frac{a}{2}\right)^2} = \sqrt{86^2 - 6{,}3^2}\,cm = \sqrt{7\,356{,}31}\,cm \approx 85{,}8\,cm$
Mantelflächeninhalt einer Zuckertüte: $M = 6 \cdot \frac{a \cdot h_s}{2} = 6 \cdot \frac{12{,}6\,cm \cdot \sqrt{7\,356{,}31}\,cm}{2} \approx 3242\,cm^2$
Verbrauch mit 7 % für Verschnitt: $3\,242\,cm^2 \cdot 1{,}07 \approx 3\,469\,cm^2$
Verbrauch für 250 Zuckertüten: $469\,cm^2 \cdot 250 = 867\,250\,cm^2 = 8\,672{,}5\,dm^2 \approx 86{,}7\,m^2$
Man benötigt ungefähr $87\,m^2$ Pappe.

Pyramidenstumpf

Seite 169

17 Die Verpackung hat die Form einer Pyramide, deren Spitze parallel zur Grundfläche abgeschnitten wurde. Grund- und Deckfläche sind Quadrate, die parallel zueinander sind. Die Mantelfläche besteht aus vier Trapezen. die kongruent zueinander sind, also auch gleich groß.

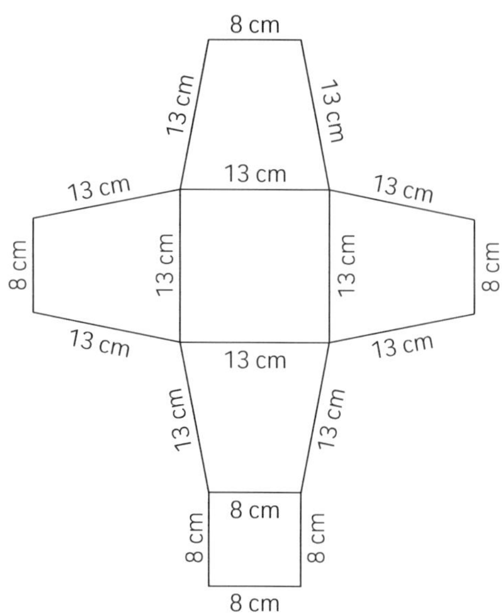

18 **a)** Kein Pyramidenstumpf. Es gibt keine Deckfläche und die Mantelflächen bestehen aus Dreiecken und Trapezen.
b) Pyramidenstumpf mit fünfeckiger Grund- und Deckfläche.
c) Kein Pyramidenstumpf. Grund- und Deckfläche sind nicht parallel zueinander.
d) Der Körper besteht aus aufeinandergestapelten Schichten. Jede Schicht und der ganze Körper sind vierseitige Pyramidenstümpfe, mit Quadraten als Grund- und Deckflächen.

Seite 169

19 Der Lampenschirm besteht aus vier zueinander kongruenten Trapezen.
Mantelflächeninhalt M:
$M = 4 \cdot \frac{30\,cm + 8\,cm}{2} \cdot 15\,cm = 1\,140\,cm^2$
Der Materialverbrauch für den Lampenschirm beträgt $1\,140\,cm^2$.

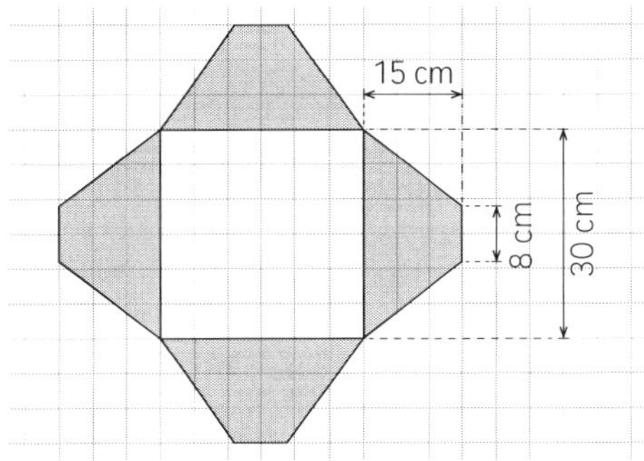

20 **a)** Die Höhe h_a der trapezförmigen Seitenflächen muss man noch berechnen.
Das rechtwinklige Dreieck HBC hat die Hypotenuse h_a und die Kathetenlängen $h = 90\,cm$ und $d = (160\,cm - 60\,cm) : 2 = 50\,cm$.
$h_a = \sqrt{d^2 + h^2} = \sqrt{50^2 + 90^2}\,cm = \sqrt{10\,600}\,cm \approx 103{,}0\,cm$
Hier ist das Netz im Maßstab 1 : 50 gezeichnet.

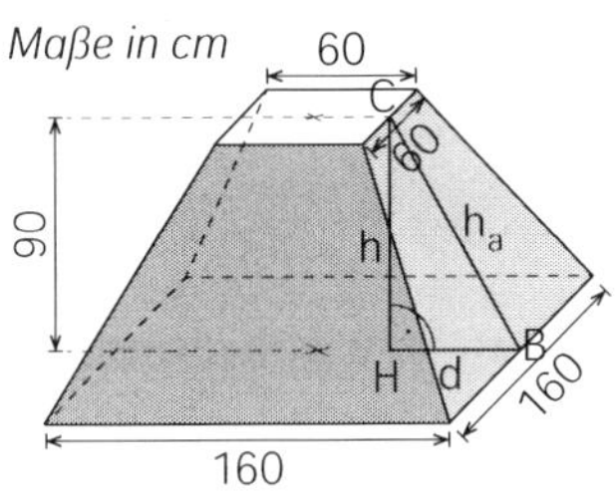

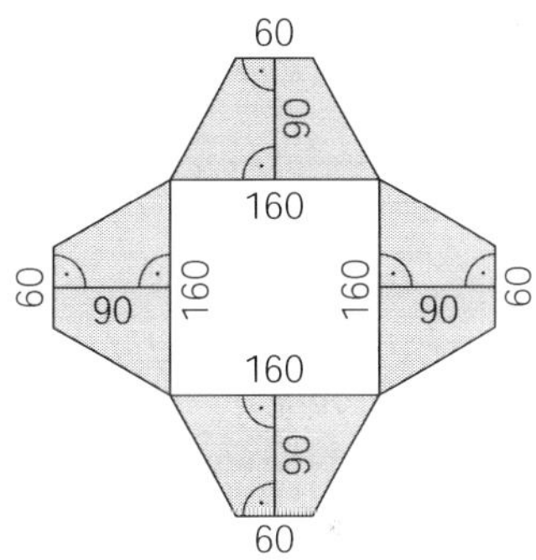

b) $M = 4 \cdot \frac{160\,cm + 60\,cm}{2} \cdot \sqrt{10\,600}\,cm \approx 45\,301\,cm^2 \approx 453\,dm^2 \approx 4{,}5\,m^2$
Der Materialverbrauch liegt bei gut $4{,}5\,m^2$.

6.2 Netz und Oberflächeninhalt eines Kegels

Seite 170
Einstieg

Das Verpackungspapier besteht aus einem Kreisausschnitt mit dem Mittelpunktswinkel $\alpha = 65°$ und einem rechteckigen Streifen als Klebestück (16,5 cm lang und 2,5 cm breit) sowie dem kreisförmigen Deckel mit dem Radius 3,0 cm und dem 0,25 cm breiten Klebering. Man erhält so für die Größe O der Verpackung der Eistüte:
$O = \pi \cdot \frac{65°}{360°} \cdot (16{,}5\,cm)^2 + 16{,}5\,cm \cdot 2{,}5\,cm + \pi \cdot (3{,}25\,cm)^2 \approx 228{,}86\,cm^2 \approx 230\,cm^2$
Man benötigt etwa $2{,}3\,dm^2$ Verpackungspapier.

Seite 172
Üben

1 (1) Der Körper ist kein Kegel, da die Grundfläche kein Kreis ist. Die Grundfläche ist ein regelmäßiges Achteck und der Körper ist eine Pyramide mit achteckiger Grundfläche.
(2) Der Körper ist kein Kegel, da er keine Spitze hat. Die Spitze wurde parallel zur Grundfläche abgeschnitten und der Körper ist ein Kegelstumpf.
(3) Der Körper ist ein Kegel, der auf der Seite liegt.
(4) Der Körper ist kein Kegel, da er keine Spitze hat.

Seite 172

2 Keine Lösungen

3 Wir gehen davon aus, dass die Schultüte oben offen ist, zumindest nicht mit Pappe verschlossen ist.
Mantelflächeninhalt der Schultüte: $M = \pi \cdot 15\,\text{cm} \cdot 80\,\text{cm} \approx 3769{,}91\,\text{cm}^2 \approx 3370\,\text{cm}^2$
Ungefährer Bedarf für Pappe einschließlich 9 % Verschnitt:
$3769{,}91\,\text{cm}^2 \cdot 1{,}09 \approx 4109{,}2\,\text{cm}^2 \approx 41{,}1\,\text{dm}^2$
Für die Schultüte benötigt man gut 41 dm^2 Pappe.

4 **a)** $M = \pi \cdot r \cdot s = \pi \cdot 4\,\text{cm} \cdot 6\,\text{cm} \approx 75{,}40\,\text{cm}^2$
$O = \pi \cdot r^2 + \pi \cdot r \cdot s = \pi \cdot (4\,\text{cm})^2 + \pi \cdot 4\,\text{cm} \cdot 6\,\text{cm} \approx 125{,}66\,\text{cm}^2$
b) $r = 23\,\text{dm};\ s = 150\,\text{dm};$
$M = \pi \cdot r \cdot s = \pi \cdot 23\,\text{dm} \cdot 150\,\text{dm} \approx 10838{,}495\,\text{dm}^2 \approx 108{,}38\,\text{m}^2$
$O = \pi \cdot r^2 + \pi \cdot r \cdot s = \pi \cdot (23\,\text{dm})^2 + \pi \cdot 23\,\text{dm} \cdot 150\,\text{dm} \approx 12500{,}40\,\text{dm}^2 \approx 125\,\text{m}^2$
c) $s = \sqrt{r^2 + h^2} = \sqrt{2{,}7^2 + 2{,}3^2}\,\text{m} = \sqrt{12{,}58}\,\text{m} \approx 3{,}55\,\text{m}$
$M = \pi \cdot r \cdot s = \pi \cdot 2{,}7\,\text{m} \cdot \sqrt{12{,}58}\,\text{m} \approx 30{,}09\,\text{m}^2$
$O = \pi \cdot r^2 + \pi \cdot r \cdot s = \pi \cdot (2{,}7\,\text{m})^2 + \pi \cdot 2{,}7\,\text{m} \cdot \sqrt{12{,}58}\,\text{m} \approx 52{,}99\,\text{m}^2$
d) $r = \sqrt{s^2 - h^2} = \sqrt{9{,}75^2 - 7{,}25^2}\,\text{m} = \sqrt{42{,}5}\,\text{m} \approx 6{,}52\,\text{m}$
$M = \pi \cdot r \cdot s = \pi \cdot \sqrt{42{,}5}\,\text{m} \cdot 9{,}75\,\text{m} \approx 199{,}69\,\text{m}^2$
$O = \pi \cdot r^2 + \pi \cdot r \cdot s = \pi \cdot \left(\sqrt{42{,}5}\,\text{m}\right)^2 + \pi \cdot \sqrt{42{,}5}\,\text{m} \cdot 9{,}75\,\text{m} \approx 333{,}20\,\text{m}^2$

5 **a)** Für die Bogenlänge b eines Kreisausschnitts mit dem Radius s und dem Mittelpunktswinkel φ gilt $b = 2 \cdot \pi \cdot s \cdot \frac{\varphi}{360°}$.
Mit $b = 2 \cdot \pi \cdot r$ kann man den Radius des Kegels berechnen:
$2 \cdot \pi \cdot r = 2 \cdot \pi \cdot s \cdot \frac{\varphi}{360°}$, also $r = s \cdot \frac{\varphi}{360°}$.
(1) $r = 4\,\text{cm} \cdot \frac{180°}{360°} = 2\,\text{cm};\ h = \sqrt{s^2 - r^2} = \sqrt{4^2 - 2^2}\,\text{cm} = \sqrt{12}\,\text{cm} \approx 3{,}46\,\text{cm};$
$G = \pi \cdot r^2 = \pi \cdot (2\,\text{cm})^2 \approx 12{,}57\,\text{cm}^2;$
$O = \pi \cdot r^2 + \pi \cdot r \cdot s = \pi \cdot (2\,\text{cm})^2 + \pi \cdot 2\,\text{cm} \cdot 4\,\text{cm} \approx 37{,}70\,\text{cm}^2$
(2) $r = 4\,\text{cm} \cdot \frac{90°}{360°} = 1\,\text{cm};\ h = \sqrt{s^2 - r^2} = \sqrt{4^2 - 1^2}\,\text{cm} = \sqrt{15}\,\text{cm} \approx 3{,}87\,\text{cm};$
$G = \pi \cdot r^2 = \pi \cdot (1\,\text{cm})^2 \approx 3{,}14\,\text{cm}^2;$
$O = \pi \cdot r^2 + \pi \cdot r \cdot s = \pi \cdot (1\,\text{cm})^2 + \pi \cdot 1\,\text{cm} \cdot 4\,\text{cm} \approx 15{,}71\,\text{cm}^2$
(3) $r = 4\,\text{cm} \cdot \frac{270°}{360°} = 3\,\text{cm};\ h = \sqrt{s^2 - r^2} = \sqrt{4^2 - 3^2}\,\text{cm} = \sqrt{7}\,\text{cm} \approx 2{,}65\,\text{cm};$
$G = \pi \cdot r^2 = \pi \cdot (3\,\text{cm})^2 \approx 28{,}27\,\text{cm}^2;$
$O = \pi \cdot r^2 + \pi \cdot r \cdot s = \pi \cdot (3\,\text{cm})^2 + \pi \cdot 3\,\text{cm} \cdot 4\,\text{cm} \approx 65{,}97\,\text{cm}^2$
b) Die Formel für r in der Lösung zu Teilaufgabe a) kann man nach φ auflösen:
$r = s \cdot \frac{\varphi}{360°}$, also $\varphi = \frac{360° \cdot r}{s}$.

Seite 172

6 a) $s = \sqrt{r^2 + h^2} = \sqrt{3^2 + 5^2}\,cm = \sqrt{34}\,cm \approx 5{,}83\,cm$

$O = \pi \cdot r^2 + \pi \cdot r \cdot s = \pi \cdot (3\,cm)^2 + \pi \cdot 3\,cm \cdot \sqrt{34}\,cm \approx 83{,}23\,cm^2$

b) Zum Zeichnen des Netzes benötigt man die Größe des Mittelpunktwinkels φ:

$\varphi = \frac{360° \cdot r}{s} = \frac{360 \cdot 3\,cm}{\sqrt{34}\,cm} \approx 185°$

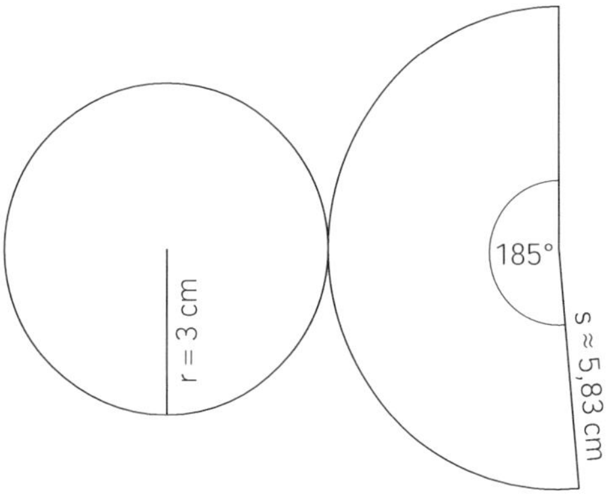

c) Die Größe der Winkel kann man mit dem Tangens berechnen.

$\tan(\alpha) = \frac{h}{r} = \frac{5\,cm}{3\,cm} = \frac{5}{3} \approx 1{,}667$, also

$\alpha = \tan^{-1}\left(\frac{5}{3}\right) \approx 59°$.

$\tan\left(\frac{\gamma}{2}\right) = \frac{r}{h} = \frac{3\,cm}{5\,cm} = 0{,}6$, also

$\gamma = 2 \cdot \tan^{-1}(0{,}6) \approx 62°$.

7 Mithilfe der Formel für den Mantelflächeninhalt kann man den Kegelradius r berechnen: $M = \pi \cdot r \cdot s$, also $r = \frac{M}{\pi \cdot s} = \frac{345\,cm^2}{\pi \cdot 18\,cm} \approx 6{,}1\,cm$

$O \approx \pi \cdot r^2 + \pi \cdot r \cdot s \approx \pi \cdot (6{,}1\,cm)^2 + \pi \cdot 6{,}1\,cm \cdot 18\,cm \approx 462\,cm^2$

Seite 173

8 a) Den Radius des Kegels kann man aus dem Umfang berechnen:

$U = 2 \cdot \pi \cdot r$, also $r = \frac{U}{2 \cdot \pi} = \frac{27{,}75\,m}{2 \cdot \pi} \approx 4{,}42\,m$

Länge s der Mantellinie des Kegels:

$s = \sqrt{r^2 + h^2} = \sqrt{\left(\frac{27{,}75}{2 \cdot \pi}\right)^2 + 13{,}8^2}\,m \approx \sqrt{209{,}95}\,m \approx 14{,}49\,m$

Größe M der Dachfläche: $M = \pi \cdot r \cdot s \approx \pi \cdot 4{,}42\,m \cdot 14{,}49\,m \approx 201{,}21\,m^2$

Kosten ohne Mehrwertsteuer: $201{,}21\,m^2 \cdot 93\,\frac{€}{m^2} = 18\,712{,}53\,€$

Kosten mit Mehrwertsteuer: $18\,712{,}53\,€ \cdot 1{,}19 = 22\,267{,}91\,€$

Das Decken des Daches kostet ungefähr 22 300 €.

b) Die weiße Mantelfläche ist etwa um ein Fünftel höher als die Höhe des Turmdaches, also etwa 16,50 m hoch.

Größe der Mantelfläche: $M = 2 \cdot \pi \cdot r \cdot h = 2 \cdot \pi \cdot 4{,}42\,m \cdot 16{,}50\,m \approx 458{,}23\,m^2$

Kosten einschließlich Mehrwertsteuer: $458{,}23\,m^2 \cdot 11{,}50\,\frac{€}{m^2} \cdot 1{,}19 = 6\,270{,}88\,€$

Man muss ungefähr 6 300 € einkalkulieren.

9 Die fehlenden Längen kann man mithilfe des Satzes des Pythagoras oder mithilfe der Trigonometrie berechnen.

a) $s = \sqrt{r^2 + h^2} = \sqrt{3^2 + 7^2}\,cm = \sqrt{58}\,cm \approx 7{,}62\,cm$

$O \approx \pi \cdot r^2 + \pi \cdot r \cdot s \approx \pi \cdot (3\,cm)^2 + \pi \cdot 3\,cm \cdot \sqrt{58}\,cm \approx 100{,}05\,cm^2$

b) Berechnung von r: $\sin\left(\frac{\gamma}{2}\right) = \frac{r}{s}$, also $r = s \cdot \sin\left(\frac{\gamma}{2}\right) = 9\,cm \cdot \sin(30°) = 4{,}5\,cm$

$O \approx \pi \cdot r^2 + \pi \cdot r \cdot s \approx \pi \cdot (4{,}5\,cm)^2 + \pi \cdot 4{,}5\,cm \cdot 9\,cm \approx 190{,}85\,cm^2$

c) Berechnung von s: $\sin\left(\frac{\gamma}{2}\right) = \frac{r}{s}$, also $s = \frac{r}{\sin\left(\frac{\gamma}{2}\right)} = \frac{4\,cm}{\sin(45°)} \approx 5{,}66\,cm$

$O \approx \pi \cdot r^2 + \pi \cdot r \cdot s \approx \pi \cdot (4\,cm)^2 + \pi \cdot 4\,cm \cdot \frac{4\,cm}{\sin(45°)} \approx 121{,}35\,cm^2$

Seite 173

9 d) Berechnung von r: $\tan(\alpha) = \frac{h}{r}$, also $r = \frac{h}{\tan(\alpha)} = \frac{5\,cm}{\tan(50°)} \approx 4{,}20\,cm$

Berechnung von s: $\sin(\alpha) = \frac{h}{s}$, also $s = \frac{h}{\sin(\alpha)} = \frac{5\,cm}{\sin(50°)} \approx 6{,}53\,cm$

$O \approx \pi \cdot r^2 + \pi \cdot r \cdot s \approx \pi \cdot \left(\frac{5\,cm}{\tan(50°)}\right)^2 + \pi \cdot \frac{5\,cm}{\tan(50°)} \cdot \frac{5\,cm}{\sin(50°)} \approx 141{,}33\,cm^2$

Weiterüben

10 Keine Lösungen

11 Man kann den Kegelstumpf zu einen Kegel ergänzen. Der Ergänzungskegel hat den Radius r_1 und die unbekannte Länge x der Mantellinie. Der ganze Kegel (Kegelstumpf und Ergänzungskegel) hat den Radius r_2 und die Länge $s + x$ der Mantellinie.

Den Mantelflächeninhalt des Kegelstumpfes erhält man, indem man vom Mantelflächeninhalt des ganzen Kegels den Mantelflächeninhalt des Ergänzungskegels subtrahiert.

$M = \pi \cdot r_2 \cdot (s + x) - \pi \cdot r_1 \cdot x = \pi \cdot r_2 \cdot s + \pi \cdot r_2 \cdot x - \pi \cdot r_1 \cdot x$

Mithilfe der Strahlensätze erhält man folgenden Zusammenhang zwischen r_1 und r_2:

$\frac{r_1}{r_2} = \frac{x}{s + x}$ also $r_2 \cdot x = r_1 \cdot s + r_1 \cdot x$

Damit kann man die obige Formel für den Mantelflächeninhalt noch vereinfachen und erhält die Formel in der Formelsammlung:

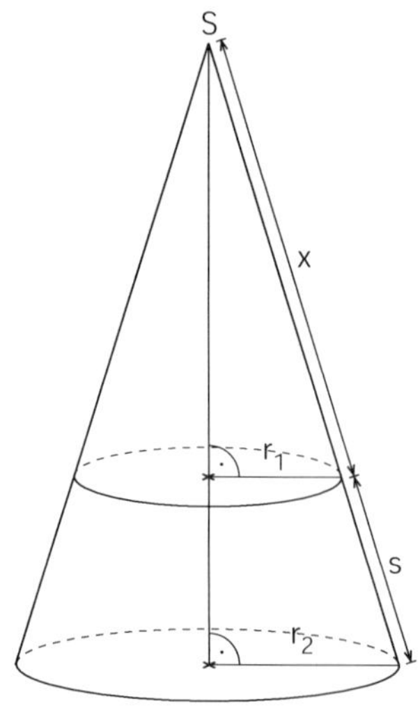

$M = \pi \cdot r_2 \cdot s + \pi \cdot r_2 \cdot x - \pi \cdot r_1 \cdot x$

$= \pi \cdot (r_2 \cdot s + r_2 \cdot x - r_1 \cdot x)$ $\quad | r_2 \cdot x = r_1 \cdot s + r_1 \cdot x$

$= \pi \cdot (r_2 \cdot s + r_1 \cdot s + r_1 \cdot x - r_1 \cdot x)$

$= \pi \cdot (r_2 \cdot s + r_1 \cdot s)$

$= \pi \cdot (r_2 + r_1) \cdot s$

12 Man kann die Schachtel als Kegelstumpf modellieren.

Mit der Formel aus Aufgabe 11 für den Mantelflächeninhalt erhält man für den Oberflächeninhalt: $O = \pi \cdot (4{,}8\,cm)^2 + \pi \cdot (4{,}8\,cm + 3{,}1\,cm) \cdot 6{,}5\,cm + \pi \cdot (3{,}1\,cm)^2 \approx 263{,}89\,cm^2$

Der Materialverbrauch beträgt ungefähr $2{,}6\,dm^2$.

6.3 Satz des Cavalieri

Seite 174
Einstieg

Das Volumen ändert sich im Vergleich zu einem geraden Gebäude mit derselben Grundfläche nicht. Man kann das Volumen also wie bei einem geraden Gebäude berechnen: $V = G \cdot h = 400\,m^2 \cdot 190\,m = 76\,000\,m^3$

Seite 175
Üben

1 Volumen des Quaders: $V = 8\,cm \cdot 4\,cm \cdot 6\,cm = 192\,cm^3$

Volumen des schiefen Prismas: $V = 4\,cm \cdot 2\,cm \cdot 6\,cm = 48\,cm^3$

Das Volumen des Quaders ist viermal so groß wie das Volumen des schiefen Prismas.

Seite 175

2 Fassungsvermögen der Tasse: $V = \pi \cdot (33\,\text{mm})^2 \cdot 80\,\text{mm} \approx 273\,696\,\text{mm}^3 \approx 273{,}7\,\text{cm}^3$

Volumenvergleich zweier Pyramiden

3 Man kann zur Begründung folgende Überlegungen durchführen:

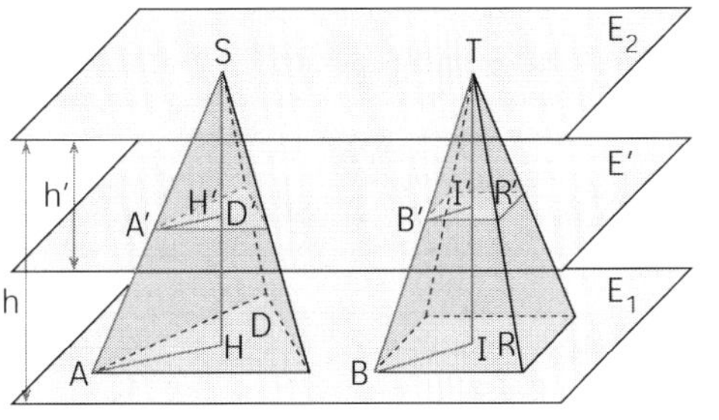

(1) Die beiden gleich großen Grundflächen D und R der beiden Pyramiden liegen in derselben Ebene E_1. Die Spitzen S bzw. T liegen in derselben zu E_1 parallelen Ebene E_2, da die Höhen übereinstimmen.
(2) Eine zu E_1 parallele Ebene E' schneidet die Pyramiden in den Flächen D' bzw. R'. Den Abstand von E' zu E ist h'.
(3) Man kann nun zeigen, dass D' zu D und R' zu R ähnlich ist: Die Dreiecke SAH und SA'H' sind ähnlich zueinander. Daher gilt: $\frac{|SA'|}{|SA|} = \frac{h'}{h} = k$.
Entsprechende Beziehungen gelten auch für die restlichen Seitenkanten, also werden alle Seitenkanten beider Pyramiden durch E' im selben Verhältnis geteilt. Daraus folgt nun, dass sich die Seitenlängen der Flächen D und D' bzw. R und R' wie die zugehörigen Seitenkantenlängen der Pyramide verhalten. Daraus ergibt sich wegen der Gleichheit der Winkel die Ähnlichkeit von D' zu D bzw. R' zu R.
(4) Für die Flächeninhalte $G_{D'}$, G_D, $G_{R'}$, G_R der Figuren D' D R', R gilt:
$G_{D'} = k^2 \cdot G_D$ und $G_{R'} = k^2 \cdot G_R$
(5) Nach Voraussetzung ist $G_D = G_R$, also auch $G_{D'} = G_{R'}$. Damit sind die Bedingungen des Satzes des Cavalieri erfüllt und die Pyramiden haben das gleiche Volumen.

4 Die Pyramiden haben alle eine gleich große Grundfläche und sind alle 3 cm hoch. Sie haben daher alle das gleiche Volumen.

Seite 175
Das kann ich noch!

A 1) $x^2 - 3 = 0 \quad |+3$

$x^2 = 3 \quad |\sqrt{\ }$

$x = \sqrt{3}$ oder $x = -\sqrt{3}$

Nullstellen bei $x = \sqrt{3}$ und $x = -\sqrt{3}$.

2) $x^2 + 5x = 0 \quad |$x ausklammern

$x \cdot (x + 5) = 0$

$x = 0$ oder $x + 5 = 0$

$x = 0$ oder $x = -5$

Nullstellen bei $x = -5$ und $x = 0$.

3) $(x - 3) \cdot (8 - x)$

$x - 3 = 0$ oder $8 - x = 0$

$x = 3$ oder $x = 8$

Nullstellen bei $x = 3$ und $x = 8$.

4) $(x - 4)^2 = 0 \quad |\sqrt{\ }$

$x - 4 = 0$

$x = 4$

Nullstelle bei $x = 4$.

5) $2x^2 - 2x - 4 = 0 \quad |:2$

$x^2 - x - 2 = 0 \quad |p = -1$ und $q = -2$

$$x_1 = -\left(-\frac{1}{2}\right) + \sqrt{\left(-\frac{1}{2}\right)^2 - (-2)} = \frac{1}{2} + \sqrt{\frac{9}{4}} = \frac{1}{2} + \frac{3}{2} = \frac{4}{2} = 2$$

$$x_2 = -\left(-\frac{1}{2}\right) - \sqrt{\left(-\frac{1}{2}\right)^2 - (-2)} = \frac{1}{2} - \sqrt{\frac{9}{4}} = \frac{1}{2} - \frac{3}{2} = -\frac{2}{2} = -1$$

Nullstellen bei $x = -1$ und $x = 2$.

6) $\frac{1}{2}x^2 + 2x + 2 = 0 \quad |\cdot 2$

$x^2 + 4x + 4 = 0$

$(x + 2)^2 = 0 \quad |\sqrt{\ }$

$x + 2 = 0$

$x = -2$

Nullstelle bei $x = -2$.

B Der Graph der Funktion zu $y = x^2$ ist die Normalparabel.

1) Man verschiebt die Normalparabel zunächst in Richtung der x-Achse um 3 Einheiten nach links und erhält den Graphen zu $g(x) = (x + 3)^2$.

Dann verschiebt man den Graphen zu g in Richtung der y-Achse um 4 Einheiten nach unten und erhält den Graphen zu $f(x) = (x + 3)^2 - 4$.

Insgesamt verschiebt man die Normalparabel in Richtung der x-Achse um 3 Einheiten nach links und in Richtung der y-Achse um 4 Einheiten nach unten.

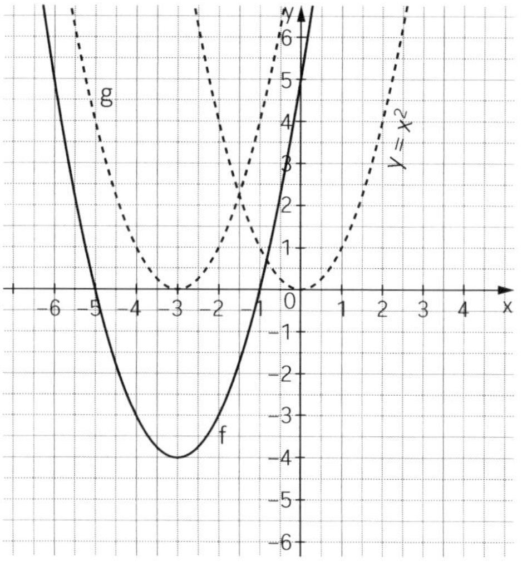

Seite 175
Das kann ich noch!

B 2) Man streckt die Normalparabel zunächst in Richtung der y-Achse mit dem Faktor −1,2 und erhält den Graphen zu $g(x) = -1{,}2x^2$ (Streckung in Richtung der y-Achse mit dem Faktor 1,2 und anschließendes Spiegeln an der x-Achse). Dann verschiebt man den Graphen zu g in Richtung der y-Achse um 6 Einheiten nach oben und erhält den Graphen zu $f(x) = -1{,}2x^2 + 6$.
Insgesamt streckt man die Normalparabel zunächst in Richtung der y-Achse mit dem Faktor −1,2 und verschiebt den Graphen in Richtung der y-Achse um 6 Einheiten nach oben.

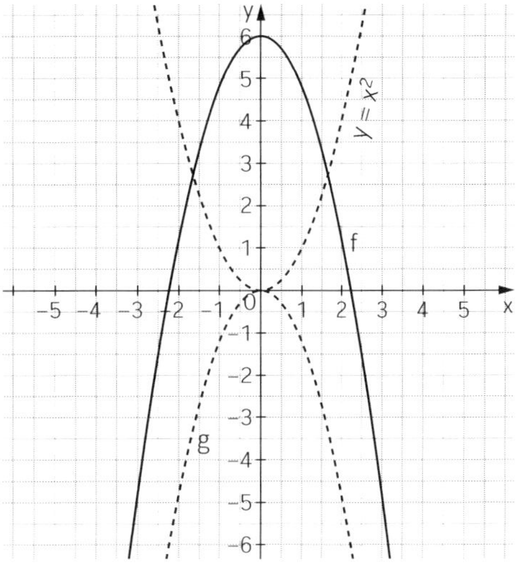

3) Man verschiebt die Normalparabel zunächst in Richtung der x-Achse um 1 Einheit nach rechts und erhält den Graphen zu $g(x) = (x-1)^2$.
Man streckt dann den Graphen zu g in Richtung der y-Achse mit dem Faktor −2 (Streckung mit dem Faktor 2 und anschließendes Spiegeln an der x-Achse) und erhält den Graphen zu $h(x) = -2(x-1)^2$.
Dann verschiebt man den Graphen zu h in Richtung der y-Achse um 2 Einheiten nach oben und erhält den Graphen zu $f(x) = -2(x-1)^2 + 2$.
Insgesamt verschiebt man die Normalparabel in Richtung der x-Achse um 1 Einheit nach rechts, streckt dann den Graphen dann in Richtung der y-Achse mit dem Faktor −2 und verschiebt den Graphen in Richtung der y-Achse um 2 Einheiten nach oben.

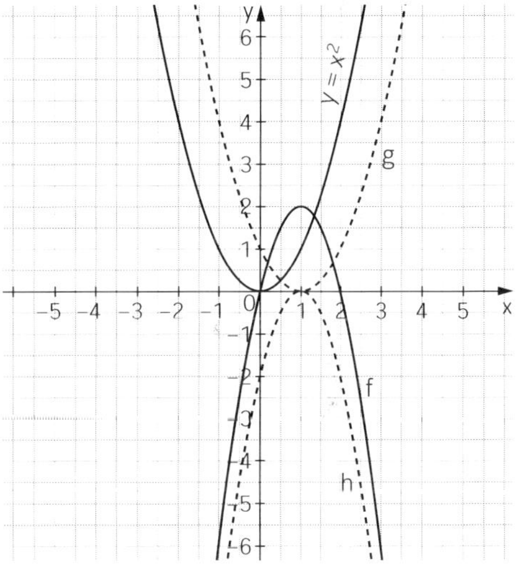

6.4 Volumen einer Pyramide

Seite 176
Einstieg

Für das Volumen V einer Pyramide mit der Grundflächengröße G und der Höhe h vermutet man aufgrund der Umfüllversuche die Formel $V = \frac{1}{3} \cdot G \cdot h$.

Seite 178
Üben

1 **a)** $V = \frac{1}{3}a^2 \cdot h = \frac{1}{3} \cdot (6{,}3\,\text{cm})^2 \cdot 9{,}8\,\text{cm} = 129{,}654\,\text{cm}^3$

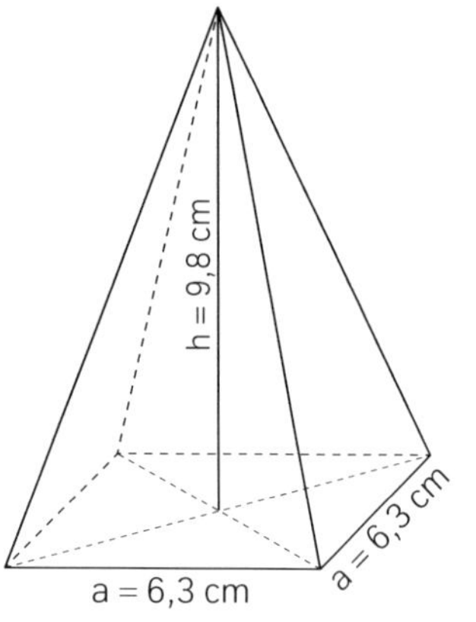

b) $V = \frac{1}{3}a \cdot b \cdot h$
$= \frac{1}{3} \cdot 11{,}3\,\text{cm} \cdot 7{,}2\,\text{cm} \cdot 9{,}8\,\text{cm}$
$= 265{,}776\,\text{cm}^3$

Schrägbild:

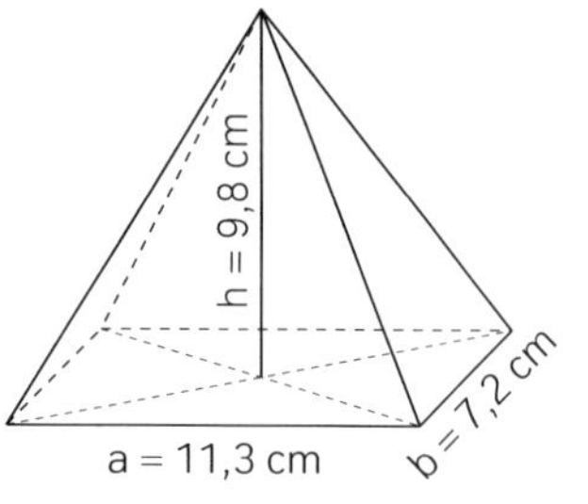

c) Höhe h_c des gleichschenkligen Dreiecks:

$h_c = \sqrt{a^2 - \left(\frac{c}{2}\right)^2}$
$= \sqrt{5{,}9^2 - 4{,}65^2}\,\text{cm}$
$= \sqrt{13{,}1875}\,\text{cm} \approx 3{,}6\,\text{cm}$

$V = \frac{1}{3} \cdot \frac{c \cdot h_c}{2} \cdot h$
$= \frac{1}{6} \cdot 9{,}3\,\text{cm} \cdot \sqrt{13{,}1875}\,\text{cm} \cdot 9{,}8\,\text{cm}$
$\approx 55{,}162\,\text{cm}^3$

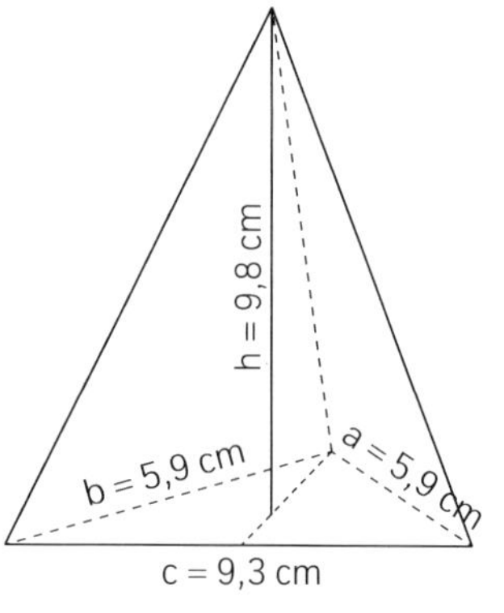

Seite 178

1 **d)** Höhe h_a des gleichseitigen Dreiecks:

$h_a = \sqrt{a^2 - \left(\frac{a}{2}\right)^2} = \sqrt{10{,}8^2 - 5{,}4^2}\,\text{cm} = \sqrt{87{,}48}\,\text{cm} \approx 9{,}35\,\text{cm}$

$V = \frac{1}{3} \cdot \frac{a \cdot h_a}{2} \cdot h = \frac{1}{6} \cdot 10{,}8\,\text{cm} \cdot \sqrt{87{,}48}\,\text{cm} \cdot 9{,}8\,\text{cm}$

$\approx 164{,}988\,\text{cm}^3$

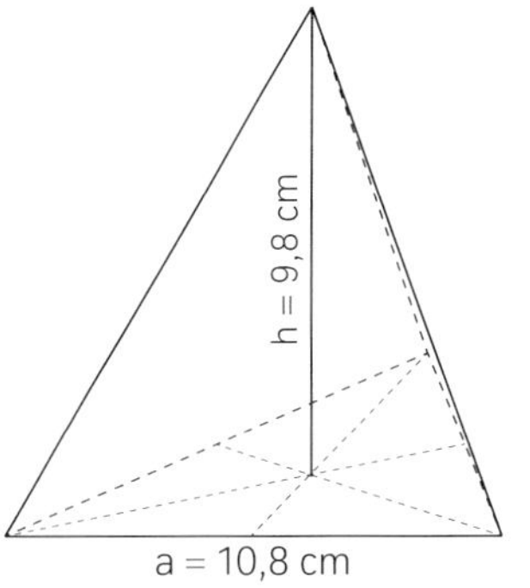

e) $V = \frac{1}{3} \cdot \frac{a + c}{2} \cdot h_a \cdot h$

$= \frac{1}{6} \cdot (6{,}8\,\text{cm} + 4{,}2\,\text{cm}) \cdot 5{,}3\,\text{cm} \cdot 9{,}8\,\text{cm} \approx 95{,}223\,\text{cm}^3$

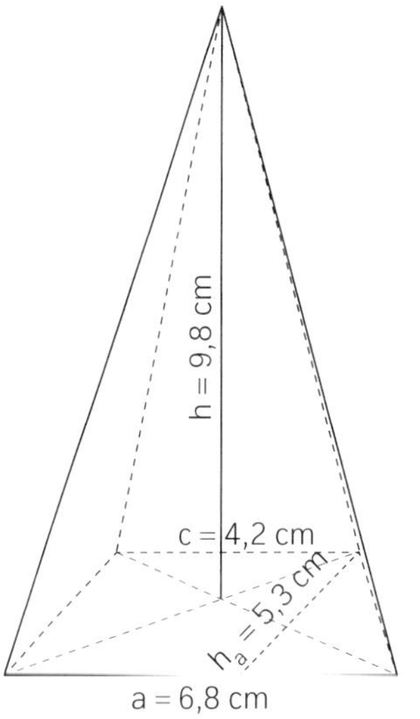

2 Volumen V des Denkmals:

$V = V_{\text{Prisma}} + V_{\text{Pyramide}} = (90\,\text{cm})^2 \cdot 120\,\text{cm} + \frac{1}{3} \cdot (90\,\text{cm})^2 \cdot 150\,\text{cm}$

$= 972\,000\,\text{cm}^3 + 405\,000\,\text{cm}^3 = 1\,377\,000\,\text{cm}^3 = 1\,377\,\text{dm}^3$

Masse m des Denkmals: $m = 1\,377\,000\,\text{cm}^3 \cdot 2{,}6\,\frac{\text{g}}{\text{cm}^3} = 3\,580\,200\,\text{g} = 3\,580{,}2\,\text{kg}$

Das Denkmal wiegt fast 3600 kg, also fast 3,6 t.

3 **a)** $V = \frac{1}{3} \cdot (233\,\text{m})^2 \cdot 146\,\text{m} \approx 2\,642\,065\,\text{m}^3$

b) $V_{\text{heute}} = \frac{1}{3} \cdot (227\,\text{m})^2 \cdot 137\,\text{m} \approx 2\,353\,158\,\text{m}^3$

Es sind 288 907 m³ Stein verwittert, also $\frac{288\,907\,\text{m}^3}{2\,642\,065\,\text{m}^3} \approx 0{,}109 = 10{,}9\,\% \approx 11\,\%$.

c) Man könnte zum Beispiel den Maßstab 1 : 100 wählen. Dann sind die Grundkanten der Pyramide 22,7 cm lang und die Pyramide 13,7 cm hoch.

Seitenhöhe h_a der Pyramide:

$h_a = \sqrt{\left(\frac{a}{2}\right)^2 + h^2} = \sqrt{11{,}35^2 + 13{,}7^2}\,\text{cm} = \sqrt{316{,}5125}\,\text{cm} \approx 17{,}8\,\text{cm}$

Materialverbrauch (einschließlich Grundfläche):

$O = a^2 + 4 \cdot \frac{1}{2} a \cdot h_a \approx (22{,}7\,\text{cm})^2 + 2 \cdot 22{,}7\,\text{cm} \cdot 17{,}8\,\text{cm} = 1\,323{,}41\,\text{cm}^2$

Seite 178

3 **d)** (1) Man muss die Größe des Winkels α zwischen der Diagonalen der Grundfläche und der Seitenkante im rechtwinkligen Dreieck ASH berechnen.
Dafür benötigt man die Länge der Diagonalen (oder der Seitenkante).

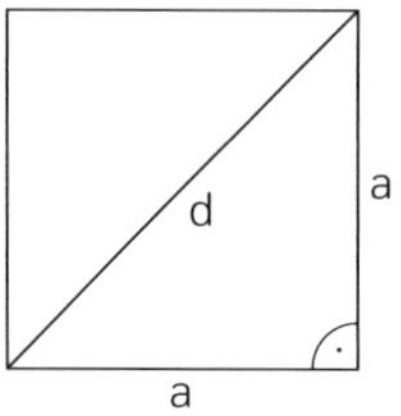

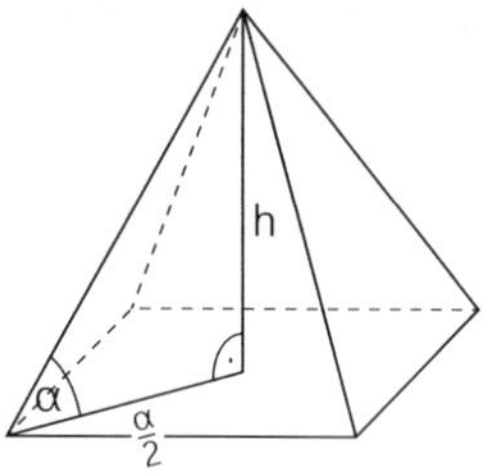

$d = \sqrt{a^2 + a^2} = \sqrt{22{,}7^2 \cdot 22{,}7^2}\,\text{cm} \approx 32{,}1\,\text{cm}$

$\tan(\alpha) = \frac{h}{\frac{d}{2}} = \frac{13{,}7\,\text{cm}}{16{,}05\,\text{cm}} \approx 0{,}8536$, also

$\alpha = \tan^{-1}\left(\frac{13{,}7}{16{,}05}\right) \approx 40{,}5°$

Der Neigungswinkel der Seitenkante beträgt 40,5°.

(2) Man muss den Winkel β zwischen der Seitenhöhe h_a und der Grundfläche berechnen. Im Dreieck H_aSH gilt:

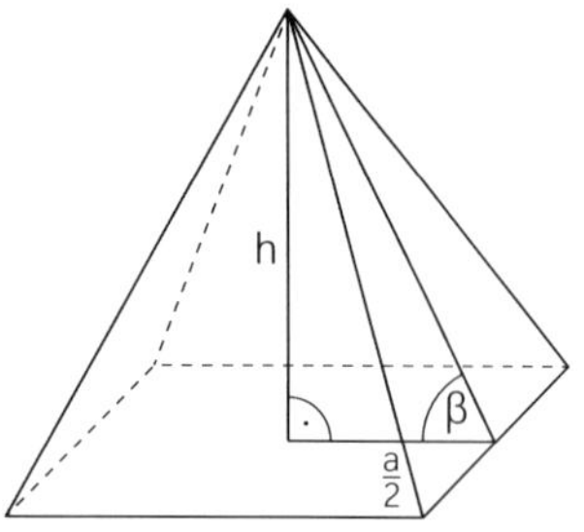

$\tan(\beta) = \frac{h}{\frac{a}{2}} = \frac{13{,}7\,\text{cm}}{11{,}35\,\text{cm}} \approx 1{,}2070$ also

$\beta = \tan^{-1}\left(\frac{13{,}7}{11{,}35}\right) \approx 50{,}4°$

Der Neigungswinkel der Seitenfläche zur Grundfläche beträgt 50,4°.

4 Volumenformel der quadratischen Pyramide mit der Höhe h nach der Grundkante a auflösen und die Werte einsetzen:

$V = \frac{1}{3} \cdot a^2 \cdot h$, also $a = \sqrt{\frac{3 \cdot V}{h}} = \sqrt{\frac{3 \cdot 216}{8}}\,\text{cm} = \sqrt{81}\,\text{cm} = 9\,\text{cm}$.

5 **a)** Berechnen der Kantenlänge a mithilfe der Volumenformeln:

$V = a^2 \cdot h_1 + \frac{1}{3}a^2 \cdot h_2 = a^2 \cdot \left(h_1 + \frac{1}{3}h_2\right)$, also $a = \sqrt{\frac{V}{h_1 + \frac{1}{3}h_2}} = \sqrt{\frac{348}{37 + \frac{5}{3}}}\,\text{cm} = 3\,\text{cm}$.

$V_{Quader} = (3\,\text{cm})^2 \cdot 37\,\text{cm} = 333\,\text{cm}^3$

$V_{Pyramide} = \frac{1}{3} \cdot (3\,\text{cm})^2 \cdot 5\,\text{cm} = 15\,\text{cm}^3$

b) $\tan(\alpha) = \frac{5\,\text{cm}}{1{,}5\,\text{cm}}$, also $\alpha = \tan^{-1}\left(\frac{5}{1{,}5}\right) \approx 73{,}3°$

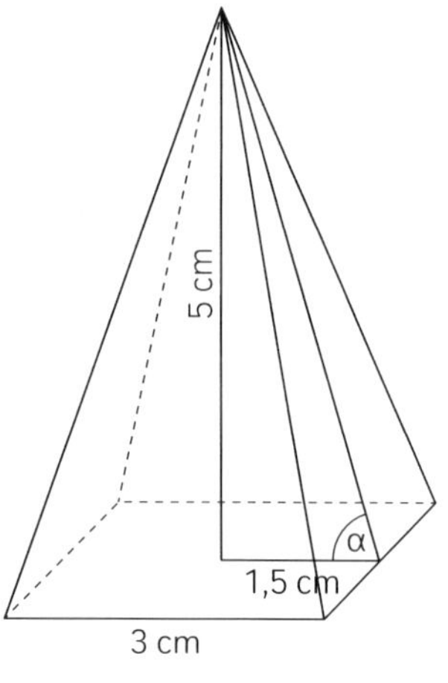

Seite 179

6 **a)** Volumen: $V = \frac{1}{3} \cdot (6\,\text{cm})^2 \cdot 13\,\text{cm} = 156\,\text{cm}^2$

Seitenhöhe h_a einer Seitenfläche: $h_a = \sqrt{h^2 + \left(\frac{a}{2}\right)^2} = \sqrt{13^2 + 3^2}\,\text{cm} = \sqrt{178}\,\text{cm} \approx 13{,}3\,\text{cm}$

Oberflächeninhalt: $O = (6\,\text{cm})^2 + 4 \cdot \frac{1}{2} \cdot 6\,\text{cm} \cdot \sqrt{178}\,\text{cm} \approx 196{,}1\,\text{cm}^2$

Neigungswinkel α: $\tan(\alpha) = \frac{h}{\frac{a}{2}} = \frac{13\,\text{cm}}{3\,\text{cm}} \approx 4{,}3333$ also $\alpha = \tan^{-1}\left(\frac{13}{3}\right) \approx 77{,}0°$.

b) Seitenhöhe h_a einer Seitenfläche:

$h_a = \sqrt{s^2 - \left(\frac{a}{2}\right)^2} = \sqrt{13^2 - 3^2}\,\text{cm} = \sqrt{160}\,\text{cm} \approx 12{,}65\,\text{cm}$

Höhe h der Pyramide: $h = \sqrt{h_a^2 - \left(\frac{a}{2}\right)^2} = \sqrt{160 - 3^2}\,\text{cm} = \sqrt{151}\,\text{cm} \approx 12{,}3\,\text{cm}$

Volumen: $V = \frac{1}{3} \cdot (6\,\text{cm})^2 \cdot \sqrt{151}\,\text{cm} = 147{,}458\,\text{cm}^3$

Oberflächeninhalt: $O = (6\,\text{cm})^2 + 4 \cdot \frac{1}{2} \cdot 6\,\text{cm} \cdot \sqrt{160}\,\text{cm} \approx 187{,}79\,\text{cm}^2$

Neigungswinkel α: $\tan(\alpha) = \frac{h}{\frac{a}{2}} = \frac{\sqrt{151}\,\text{cm}}{3\,\text{cm}} \approx 4{,}0960$ also $\alpha = \tan^{-1}\left(\frac{\sqrt{151}}{3}\right) \approx 76{,}3°$.

c) Höhe h der Pyramide: $h = \sqrt{h_a^2 - \left(\frac{a}{2}\right)^2} = \sqrt{13^2 - 3^2}\,\text{cm} = \sqrt{160}\,\text{cm} \approx 12{,}65\,\text{cm}$

Volumen: $V = \frac{1}{3} \cdot (6\,\text{cm})^2 \cdot \sqrt{160}\,\text{cm} = 151{,}789\,\text{cm}^3$

Oberflächeninhalt: $O = (6\,\text{cm})^2 + 4 \cdot \frac{1}{2} \cdot 6\,\text{cm} \cdot 13\,\text{cm} = 192\,\text{cm}^2$

Neigungswinkel α: $\cos(\alpha) = \frac{\frac{a}{2}}{h_a} = \frac{3\,\text{cm}}{13\,\text{cm}} \approx 0{,}2308$ also $\alpha = \cos^{-1}\left(\frac{3}{13}\right) \approx 76{,}7°$.

d) Die beiden Teilpyramiden haben das gleiche Volumen.

Volumen beider Teilpyramiden zusammen: $V = 2 \cdot \frac{1}{3} \cdot (6\,\text{cm})^2 \cdot 11\,\text{cm} = 264\,\text{cm}^3$

Seitenhöhe h_a: $h_a = \sqrt{h^2 + \left(\frac{a}{2}\right)^2} = \sqrt{11^2 + 3^2}\,\text{cm} = \sqrt{130}\,\text{cm} \approx 11{,}4\,\text{cm}$

Oberflächeninhalt: $O = 8 \cdot \frac{1}{2} \cdot 6\,\text{cm} \cdot \sqrt{130}\,\text{cm} \approx 273{,}64\,\text{cm}^2$

Neigungswinkel α: $\tan(\alpha) = \frac{h}{\frac{a}{2}} = \frac{11\,\text{cm}}{3\,\text{cm}} \approx 3{,}6667$ also $\alpha = \tan^{-1}\left(\frac{11}{3}\right) \approx 74{,}7°$.

7 (1) Die Aussage ist wahr. Die Zuordnung *Größe der Grundfläche → Volumen bei gleicher Höhe* ist proportional.

(2) Die Aussage ist falsch. Wenn alle Grundkanten halbiert werden, dann wird die Größe der Grundfläche geviertelt. Wenn die Höhe dann verdoppelt wird, ist das Volumen nur halb so groß.

(3) Die Aussage ist wahr. Die Zuordnung *Höhe → Volumen bei gleichgroßer Grundfläche* ist proportional.

(4) Die Aussage ist falsch, denn es können auch die Längen der Grundkanten verändert werden.

(5) Die Aussage ist falsch. Wenn alle Kantenlängen um 10 % verkürzt werden, dann wird auch die Höhe um 10 % verkürzt. Zusätzlich wird die Grundfläche auf das 0,81-Fache verkleinert, denn $0{,}9^2 = 0{,}81$. Das Volumen wird also auf das 0,729-Fache verkleinert, denn $0{,}9^3 = 0{,}729$.

8 **a)** Man geht davon aus, dass das Zelt genau wie ein regelmäßiges Sechseck aufgebaut wurde und dass die Seitenwände straff gespannt sind und nicht durchhängen.

Seite 179

8 **b)** Das Zelt hat die Form einer Pyramide mit sechseckiger Grundfläche.
(1) Man kann davon ausgehen, dass nur das Innenzelt einen Zeltboden hat. Die Grundfläche besteht aus sechs gleichseitigen Dreiecken. Die Seitenlänge a des Dreiecks ist halb so lang wie der Zeltdurchmesser: $a = 137{,}5\,\text{cm}$.
Seitenlinie s: $s = \sqrt{h^2 + a^2} = \sqrt{155^2 + 137{,}5^2}\,\text{cm} = \sqrt{42\,931{,}25}\,\text{cm} \approx 207{,}2\,\text{cm}$
Seitenhöhe h_a einer Seitenfläche:
$h_a = \sqrt{s^2 - \left(\frac{a}{2}\right)^2} = \sqrt{207{,}2^2 - 68{,}75^2}\,\text{cm} = \sqrt{38\,205{,}2775}\,\text{cm} \approx 195{,}5\,\text{cm}$
Materialbedarf B: $B = M \approx 6 \cdot \frac{1}{2} \cdot 137{,}5\,\text{cm} \cdot \sqrt{38\,205{,}2775}\,\text{cm} \approx 80\,627{,}95\,\text{cm}^2 \approx 8{,}06\,\text{m}^2$
(2) Man kann davon ausgehen, dass der Durchmesser des Innenzeltes 255 cm und die Höhe 145 cm beträgt. Die Grundfläche besteht aus sechs gleichseitigen Dreiecken. Die Seitenlänge a des Dreiecks ist halb so lang wie der Zeltdurchmesser: $a = 127{,}5\,\text{cm}$.
Höhe h_g des gleichseitigen Dreiecks der Grundfläche:
$h_g = \sqrt{a^2 + \left(\frac{a}{2}\right)^2} = \sqrt{127{,}5^2 - 63{,}75^2}\,\text{cm} = \sqrt{12\,192{,}1875}\,\text{cm} \approx 110{,}4\,\text{cm}$
Größe G des Zeltbodens: $G \approx 6 \cdot \frac{1}{2} \cdot 127{,}5\,\text{cm} \cdot \sqrt{12\,192{,}1875}\,\text{cm} = 42\,234{,}98\,\text{cm}^2$
Seitenlinie s: $s = \sqrt{h^2 + a^2} = \sqrt{145^2 + 127{,}5^2}\,\text{cm} = \sqrt{37\,281{,}25\,\text{cm}} \approx 193{,}1\,\text{cm}$
Seitenhöhe h_a einer Seitenfläche:
$h_a = \sqrt{s^2 - \left(\frac{a}{2}\right)^2} = \sqrt{193{,}1^2 - 63{,}75^2}\,\text{cm} = \sqrt{33\,223{,}5475}\,\text{cm} \approx 182{,}3\,\text{cm}$
Mantelfläche M: $M \approx 6 \cdot \frac{1}{2} \cdot 127{,}5\,\text{cm} \cdot \sqrt{33\,223{,}5475}\,\text{cm} \approx 69\,719{,}53\,\text{cm}^2$
Materialbedarf B:
$B = G + M \approx 42\,234{,}98\,\text{cm}^2 + 69\,719{,}53\,\text{cm}^2 = 111\,954{,}51\,\text{cm}^2 \approx 11{,}2\,\text{m}^2$
c) Volumen des Innenzeltes:
$V = G \cdot h \approx \frac{1}{3} \cdot 42\,234{,}98\,\text{cm}^2 \cdot 145\,\text{cm} = 2\,041\,357{,}367\,\text{cm}^3 \approx 2{,}04\,\text{m}^3$

9 **a)** (1) Oberflächeninhalt O: $O = 8\,\text{m} \cdot 8\,\text{m} + 4 \cdot 8\,\text{m} \cdot 6\,\text{m} + 4 \cdot \frac{1}{2} \cdot 8\,\text{m} \cdot 5{,}40\,\text{m} = 342{,}4\,\text{m}^2$
(2) Höhe h der Pyramide: $h = \sqrt{5{,}40^2 - 4^2}\,\text{m} = \sqrt{13{,}16}\,\text{m} \approx 3{,}63\,\text{m}$
Volumen V: $V = 8\,\text{m} \cdot 8\,\text{m} \cdot 6\,\text{m} + \frac{1}{3} \cdot 8\,\text{m} \cdot 8\,\text{m} \cdot \sqrt{13{,}16}\,\text{m} \approx 461{,}390\,\text{m}^3$
(3) Neigungswinkel α: $\cos(\alpha) = \frac{4\,\text{m}}{5{,}40\,\text{m}} \approx 0{,}7407$ also $\alpha = \cos^{-1}\left(\frac{4}{5{,}4}\right) \approx 42{,}2°$
b) (1) Die Mantelfläche besteht aus zwei gleichschenkligen Trapezen und zwei gleichschenkligen Dreiecken.
Abstand d der parallelen Trapezseiten: $d = \sqrt{4^2 + 4{,}5^2}\,\text{m} = \sqrt{36{,}25}\,\text{m} \approx 6{,}02\,\text{m}$
Höhe h_b der Dreiecke: $h_b = \sqrt{4^2 + 3^2}\,\text{m} = \sqrt{25}\,\text{m} = 5\,\text{m}$
Oberflächeninhalt O: $O = 15\,\text{m} \cdot 9\,\text{m} + 2 \cdot \frac{15\,\text{m} + 9\,\text{m}}{2} \cdot \sqrt{36{,}25}\,\text{m} + 2 \cdot \frac{9\,\text{m} \cdot 5\,\text{m}}{2} \approx 324{,}50\,\text{m}^2$
(2) Die beiden schrägen Körper links und rechts kann man zu einer Pyramide mit einer rechteckigen Grundfläche mit den Seitenlängen 6 cm und 9 m sowie der Höhe 4 m zusammensetzen. Der Restkörper in der Mitte ist ein 9 m hohes Prisma mit einer dreieckigen Grundfläche mit einer 9 m langen Grundseite und der Höhe 4 m.
Volumen V: $V = \frac{1}{3} \cdot 6\,\text{m} \cdot 9\,\text{m} \cdot 4\,\text{m} + \frac{1}{2} \cdot 9\,\text{m} \cdot 4\,\text{m} \cdot 9\,\text{m} = 72\,\text{m}^3 + 162\,\text{m}^3 = 234\,\text{m}^3$
(3) Neigungswinkel α der Enddreiecke: $\tan(\alpha) = \frac{4\,\text{m}}{3\,\text{m}} \approx 1{,}3333$ also $\alpha = \tan^{-1}\left(\frac{4}{3}\right) \approx 53{,}1°$
Neigungswinkel β der Seitentrapeze:
$\tan(\beta) = \frac{4\,\text{m}}{4{,}50\,\text{m}} \approx 0{,}8889$, also $\beta = \cos^{-1}\left(\frac{4}{4{,}5}\right) \approx 41{,}6°$

Seite 180

10 Die Grundfläche besteht aus sechs gleichseitigen Dreiecken mit der Seitenlänge $a = 3.0\,\text{cm}$ und der zugehörigen Höhe h_a mit

$h_a = \sqrt{a^2 - \left(\frac{a}{2}\right)^2} = \sqrt{3^2 - 1{,}5^2}\,\text{cm} = \sqrt{6{,}75}\,\text{cm} \approx 2{,}6\,\text{cm}.$

Grundflächeninhalt: $G = 6 \cdot \frac{1}{2} \cdot 3{,}0\,\text{cm} \cdot \sqrt{6{,}75}\,\text{cm} = 9 \cdot \sqrt{6{,}75}\,\text{cm}^2 \approx 23{,}38\,\text{cm}^2$

Volumen des Kristalls:

$V = G \cdot 5{,}0\,\text{cm} + 2 \cdot \frac{1}{3} \cdot G \cdot 2{,}5\,\text{cm} = 9 \cdot \sqrt{6{,}75}\,\text{cm}^2 \cdot 5{,}0\,\text{cm} + \frac{2}{3} \cdot 9 \cdot \sqrt{6{,}75}\,\text{cm}^2 \cdot 2{,}5\,\text{cm}$

$= 45 \cdot \sqrt{6{,}75}\,\text{cm}^3 + 15 \cdot \sqrt{6{,}75}\,\text{cm}^3 = 60 \cdot \sqrt{6{,}75}\,\text{cm}^3 \approx 155{,}884\,\text{cm}^3$

Die Oberfläche besteht aus dem Mantel der beiden gleichgroßen Pyramiden und dem Mantel des sechsseitigen Prismas. Bei der Pyramide benötigt man die Höhe h_s der dreieckigen Seitenflächen.

$h_s = \sqrt{h^2 + h_a^2} = \sqrt{2{,}5^2 + \left(\sqrt{6{,}75}\right)^2}\,\text{cm} = \sqrt{6{,}25 + 6{,}75}\,\text{cm} = \sqrt{13}\,\text{cm} \approx 3{,}6\,\text{cm}$

Oberfläche des Kristalls: $O = 6 \cdot 3{,}0\,\text{cm} \cdot 5{,}0\,\text{cm} + 12 \cdot \frac{1}{2} \cdot 3{,}0\,\text{cm} \cdot \sqrt{13}\,\text{cm} \approx 154{,}9\,\text{cm}^2$

11 Erste Pyramide:

Man kann die Länge der Grundkante a_1 der Pyramide mit $V_1 = 1\,\text{dm}^3$ und $h_1 = 1\,\text{dm}$ berechnen: $V_1 = \frac{1}{3} \cdot a_1^2 \cdot h_1$, also $a_1 = \sqrt{\frac{3 \cdot V_1}{h_1}} = \sqrt{\frac{3 \cdot 1}{1}}\,\text{dm} = \sqrt{3}\,\text{dm}$

Für die Seitenhöhe h_{a_1} erhält man: $h_{a_1} = \sqrt{h_1^2 + \left(\frac{a_1}{2}\right)^2} = \sqrt{1^2 + \frac{3}{4}}\,\text{dm} = \sqrt{1{,}75}\,\text{dm} \approx 1{,}32\,\text{dm}$

Oberflächeninhalt der ersten Pyramide:

$O_1 = a_1^2 + 4 \cdot \frac{1}{2} \cdot a_1 \cdot h_{a_1} = 3\,\text{dm}^2 + 2 \cdot \sqrt{3} \cdot \sqrt{1{,}75}\,\text{dm}^2 \approx 7{,}58\,\text{dm}^2$

Zweite Pyramide:

Man kann die Höhe h_2 der Pyramide mit $V_2 = 1\,\text{dm}^3$ und $a_2 = 1\,\text{dm}$ berechnen:

$V_2 = \frac{1}{3} \cdot a_2^2 \cdot h_2$, also $h_2 = \frac{3 \cdot V_2}{a_2^2} = \frac{3 \cdot 1}{1^2}\,\text{dm} = 3\,\text{dm}$

Für die Seitenhöhe h_{a_2} erhält man: $h_{a_2} = \sqrt{h_2^2 + \left(\frac{a_2}{2}\right)^2} = \sqrt{3^2 + \frac{1}{4}}\,\text{dm} = \sqrt{9{,}25}\,\text{dm} \approx 3{,}04\,\text{dm}$

Oberflächeninhalt der zweiten Pyramide:

$O_2 = a_2^2 + 4 \cdot \frac{1}{2} \cdot a_2 \cdot h_{a_2} = 1\,\text{dm}^2 + 2 \cdot 1 \cdot \sqrt{9{,}25}\,\text{dm}^2 \approx 7{,}08\,\text{dm}^2$

Die Oberfläche der ersten Pyramide ist um ungefähr $0{,}5\,\text{dm}^2$ größer, also um ungefähr etwa $\frac{0{,}5}{7{,}08} \approx 0{,}07 = 7\,\%$.

Weiterüben

12 **a)** $h_a = \sqrt{a^2 - \left(\frac{a}{2}\right)^2} = \sqrt{a^2 - \frac{a^2}{4}} = \sqrt{\frac{3}{4}a^2} = \frac{a}{2}\sqrt{3}$

$h = \sqrt{a^2 - \left(\frac{2}{3}h_a\right)^2} = \sqrt{a^2 - \frac{4}{9} \cdot \frac{a^2}{4} \cdot 3} = \sqrt{a^2 - \frac{1}{3}a^2} = \sqrt{\frac{2}{3}a^2} = \frac{a}{3}\sqrt{6}$

b) Mit den Formeln aus Teilaufgabe a) erhält man:

Höhe h der Pyramide: $h = \frac{1}{3}a \cdot \sqrt{6} = \frac{1}{3} \cdot 4\,\text{cm} \cdot \sqrt{6} = \frac{4}{3}\sqrt{6}\,\text{cm} \approx 3{,}3\,\text{cm}$ und

Höhe einer Seitenfläche: $h_a = \frac{a}{2}\sqrt{3} = \frac{4\,\text{cm}}{2} \cdot \sqrt{3} \approx 3{,}5\,\text{cm}$

Größe der Oberfläche: $O = 4 \cdot \frac{1}{2} \cdot a \cdot h_a = 2 \cdot a \cdot \frac{a}{2}\sqrt{3} = a^2\sqrt{3} = 4^2 \cdot \sqrt{3}\,\text{cm}^2 \approx 27{,}71\,\text{cm}^2$

c) Mit den Formeln aus Teilaufgabe a) erhält man:

Kantenlänge a: $h = \frac{a}{3}\sqrt{6}$, also $a = \frac{3 \cdot h}{\sqrt{6}} = \frac{3 \cdot 6\,\text{cm}}{\sqrt{6}} \approx 7{,}35\,\text{cm}$

Höhe einer Seitenfläche: $h_a = \frac{a}{2}\sqrt{3} = \frac{3 \cdot 6\,\text{cm}}{2 \cdot \sqrt{6}} \cdot \sqrt{3} \approx 6{,}36\,\text{cm}$

Seite 180

13 Die Verpackung hat die Form einer rechteckigen Pyramide. Man kann die Schachtel so modellieren, dass die Spitze senkrecht über dem Schnittpunkt der Diagonalen der rechteckigen Grundfläche liegt. Man kann folgende Maße annehmen: Grundfläche $a = 11\,cm$ und $b = 6\,cm$, Höhe $h = 10\,cm$.

Seitenhöhe h_a: $h_a = \sqrt{h^2 + \left(\frac{b}{2}\right)^2} = \sqrt{10^2 + 3^2}\,cm = \sqrt{109}\,cm \approx 10{,}4\,cm$

Seitenhöhe h_b: $h_b = \sqrt{h^2 + \left(\frac{a}{2}\right)^2} = \sqrt{10^2 + 5{,}5^2}\,cm = \sqrt{130{,}25}\,cm \approx 11{,}4\,cm$

Oberflächeninhalt O:

$$O = 11\,cm \cdot 6\,cm + 2 \cdot \frac{11\,cm \cdot \sqrt{109}\,cm}{2} + 2 \cdot \frac{6\,cm \cdot \sqrt{130{,}25}\,cm}{2} \approx 249{,}32\,cm^2$$

Volumen: $V = \frac{1}{3} \cdot 11\,cm \cdot 6\,cm \cdot 10\,cm = 220\,cm^3$

Der Materialverbrauch beträgt etwa $250\,cm^2$, das Volumen etwa $220\,cm^3$, also etwa $\frac{1}{4}$ Liter.

Das kann ich noch!

A 1) Baumdiagramm siehe rechts.

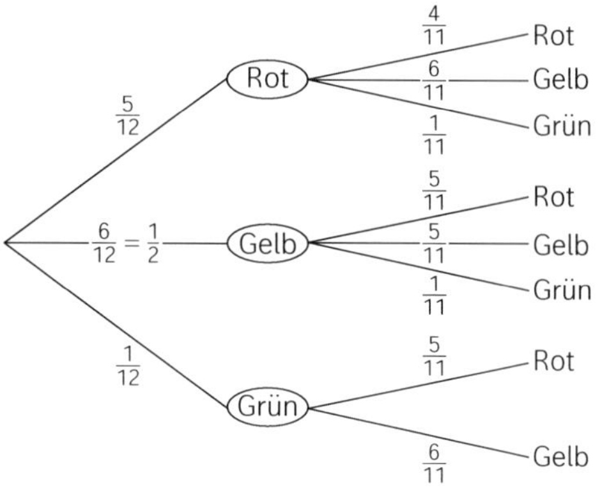

A: $P(\text{Gelb}\,|\,\text{Gelb}) = \frac{1}{2} \cdot \frac{5}{11} = \frac{5}{22}$

B: Zwei grüne Kugeln können nicht gezogen werden, da nur eine grüne Kugel in der Urne gibt.

$P(\text{zwei gleichfarbige Kugeln})$
$= P(\text{Rot}\,|\,\text{Rot}) + P(\text{Gelb}\,|\,\text{Gelb})$
$= \frac{5}{12} \cdot \frac{4}{11} + \frac{6}{12} \cdot \frac{5}{11} = \frac{20 + 30}{132} = \frac{50}{132} = \frac{25}{66}$

C: $P(\text{eine gelbe und eine rote Kugel})$
$= P(\text{Rot}\,|\,\text{Gelb}) + P(\text{Gelb}\,|\,\text{Rot})$
$= \frac{5}{12} \cdot \frac{6}{11} + \frac{6}{12} \cdot \frac{5}{11} = \frac{30 + 30}{132} = \frac{60}{132} = \frac{5}{11}$

D: $P(\text{im ersten Zug die grüne Kugel}) = \frac{1}{12}$

2) Baumdiagramm siehe rechts.

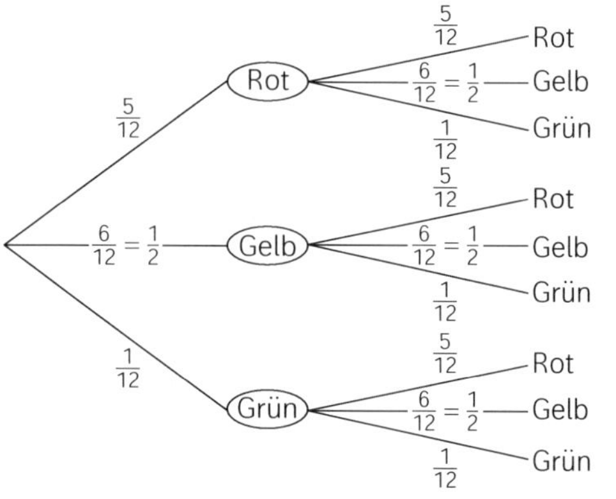

A: $P(\text{Gelb}\,|\,\text{Gelb}) = \frac{1}{2} \cdot \frac{1}{2} = \frac{1}{4}$

B: $P(\text{zwei gleichfarbige Kugeln})$
$= P(\text{Rot}\,|\,\text{Rot}) + P(\text{Gelb}\,|\,\text{Gelb})$
$+ P(\text{Grün}\,|\,\text{Grün})$
$= \frac{5}{12} \cdot \frac{5}{12} + \frac{6}{12} \cdot \frac{6}{12} + \frac{1}{12} \cdot \frac{1}{12}$
$= \frac{25 + 36 + 1}{144} = \frac{62}{144} = \frac{31}{72}$

C: $P(\text{eine gelbe und eine rote Kugel})$
$= P(\text{Rot}\,|\,\text{Gelb}) + P(\text{Gelb}\,|\,\text{Rot})$
$= \frac{5}{12} \cdot \frac{1}{2} + \frac{1}{2} \cdot \frac{5}{12} = \frac{5 + 5}{24} = \frac{10}{24} = \frac{5}{12}$

D: $P(\text{im ersten Zug die grüne Kugel}) = \frac{1}{12}$

Seite 181

14 Die quadratische Pyramide mit der Grundflächengröße $G_1 = 64\,\text{cm}^2$. Die Seitenkante a ist dann $a = \sqrt{64}\,\text{cm} = 8\,\text{cm}$ lang.
Mithilfe der Strahlensätze sowie $a_1 = \frac{a}{2} = 4\,\text{cm}$, $h = 10\,\text{cm}$, $h^* = 4\,\text{cm}$ und $\overline{h} = h + h^* = 14\,\text{cm}$ kann man die Länge von a_2 berechnen:
$\frac{a_2}{a_1} = \frac{h^*}{\overline{h}}$, also $a_2 = \frac{a_1 \cdot h^*}{\overline{h}} = \frac{4\,\text{cm} \cdot 4\,\text{cm}}{14\,\text{cm}} = \frac{8}{7}\,\text{cm} \approx 1{,}14\,\text{cm}$
Volumen V des Pyramidenstumpfes:
$V = V_{\text{gesamt}} - V_{\text{Spitze}} = \frac{1}{3} \cdot (8\,\text{cm})^2 \cdot 14\,\text{cm} - \frac{1}{3} \cdot \left(\frac{16}{7}\,\text{cm}\right)^2 \cdot 4\,\text{cm} \approx 291{,}7\,\text{cm}^3$

15 Man ergänzt den quadratischen Pyramidenstumpf mit der Höhe h zu einer Pyramide mit der Höhe $\overline{h}$. Die Ergänzungspyramide hat die Höhe h^*.
Für die Kantenlängen a_1 und a_2 an den Grundflächen G_1 und G_2 gilt nach den Strahlensätzen:

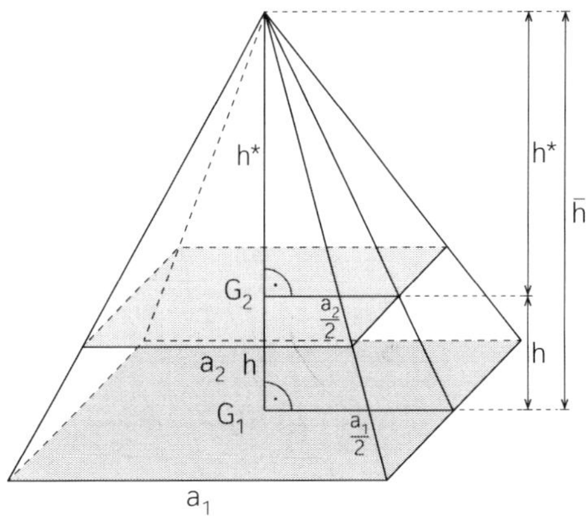

$\frac{\frac{a_1}{2}}{\frac{a_2}{2}} = \frac{a_1}{a_2} = \frac{\overline{h}}{h^*}$,
also $\overline{h} = h^* \cdot \frac{a_1}{a_2}$ und $h^* = \overline{h} \cdot \frac{a_2}{a_1}$.
Mit $\overline{h} = h^* + h$ folgt daraus $\overline{h} = \overline{h} \cdot \frac{a_2}{a_1} + h$
und mit $h^* = \overline{h} - h$ folgt $h^* = h^* \cdot \frac{a_1}{a_2} - h$.
Für das Volumen V des Pyramidenstumpfes gilt:
$V = V_{\text{gesamt}} - V_{\text{Ergänzung}} = \frac{1}{3} G_1 \cdot \overline{h} - \frac{1}{3} G_2 \cdot h^*$
Mit $G_1 = a_1^2$ und $G_2 = a_2^2$ sowie den obigen Umformungen erhält man:

$V = \frac{1}{3} a_1^2 \cdot \overline{h} - \frac{1}{3} a_2^2 \cdot h^*$ $\quad \left| \overline{h} = \overline{h} \cdot \frac{a_2}{a_1} + h \text{ und } h^* = h^* \cdot \frac{a_1}{a_2} - h \right.$

$= \frac{1}{3} a_1^2 \cdot \left(\overline{h} \cdot \frac{a_2}{a_1} + h\right) - \frac{1}{3} a_2^2 \cdot \left(h^* \cdot \frac{a_1}{a_2} - h\right)$

$= \frac{1}{3} a_1^2 \cdot \overline{h} \cdot \frac{a_2}{a_1} + \frac{1}{3} a_1^2 \cdot h - \frac{1}{3} a_2^2 \cdot h^* \cdot \frac{a_1}{a_2} + \frac{1}{3} a_2^2 \cdot h$

$= \frac{1}{3} a_1 \cdot a_2 \cdot \overline{h} + \frac{1}{3} a_1^2 \cdot h - \frac{1}{3} a_1 \cdot a_2 \cdot h^* + \frac{1}{3} a_2^2 \cdot h$

$= \frac{1}{3} a_1 \cdot a_2 \cdot (\overline{h} - h^*) + \frac{1}{3} a_1^2 \cdot h + \frac{1}{3} a_2^2 \cdot h$ $\quad \left| \overline{h} - h^* = h \right.$

$= \frac{1}{3} a_1 \cdot a_2 \cdot h + \frac{1}{3} a_1^2 \cdot h + \frac{1}{3} a_2^2 \cdot h$

$= \frac{1}{3} h \cdot \left(a_1^2 + a_1 \cdot a_2 + a_2^2\right)$ $\quad \left| a_1^2 = G_1;\ a_2^2 = G_2;\ a_1 = \sqrt{G_1};\ a_2 = \sqrt{G_2} \right.$

$= \frac{1}{3} h \cdot \left(G_1 + \sqrt{G_1 G_2} + G_2\right)$

16 $h = 7\,\text{cm}$; $G_1 = 30\,\text{cm} \cdot 11\,\text{cm} = 330\,\text{cm}^2$; $G_2 = 28\,\text{cm} \cdot 9\,\text{cm} = 252\,\text{cm}^2$
$V = \frac{1}{3} \cdot 7\,\text{cm} \cdot \left(330\,\text{cm}^2 + \sqrt{330 \cdot 252}\,\text{cm}^2 + 252\,\text{cm}^2\right) \approx 2030{,}874\,\text{cm}^2 \approx 2\,\text{dm}^3$

Seite 181

17 a) Das Glas endet nicht am Blechprofil sondern dahinter. Die Maße für das Glas sind also ungefähr wie angegeben.

Höhe h_T der trapezförmigen Glasfläche:

$h_T = \sqrt{10^2 + 60^2}\,\text{cm} = \sqrt{3700}\,\text{cm} \approx 60{,}83\,\text{cm}$

Höhe h_D der dreieckigen Glasfläche:

$h_D = \sqrt{10^2 + 10^2}\,\text{cm} = \sqrt{200}\,\text{cm} \approx 14{,}14\,\text{cm}$

Größe der Glasfläche:

$A_{Glas} = 4 \cdot \frac{40\,\text{cm} + 20\,\text{cm}}{2} \cdot \sqrt{3700}\,\text{cm}$

$+ 4 \cdot \frac{1}{2} \cdot 20\,\text{cm} \cdot \sqrt{200}\,\text{cm} \approx 7\,865\,\text{cm}^2$

Schenkellänge des Trapezes:

$s_T = \sqrt{h_T^2 + (10\,\text{cm})^2} = \sqrt{3700 + 100}\,\text{cm}$

$= \sqrt{3800}\,\text{cm} \approx 61{,}4\,\text{cm}$

Schenkellänge des Dreiecks:

$s_T = \sqrt{h_D^2 + (10\,\text{cm})^2} = \sqrt{200 + 100}\,\text{cm}$

$= \sqrt{300}\,\text{cm} \approx 17{,}3\,\text{cm}$

Größe der Blechprofile:

$A_{Blech} = \left(4 \cdot 40 + 8\sqrt{3800}\,\text{cm} + 4 \cdot 20\,\text{cm}\right.$

$\left. + 4 \cdot 20\,\text{cm} + 8\sqrt{300}\,\text{cm}\right) \cdot 2\,\text{cm}$

$\approx 1\,903\,\text{cm}^2$

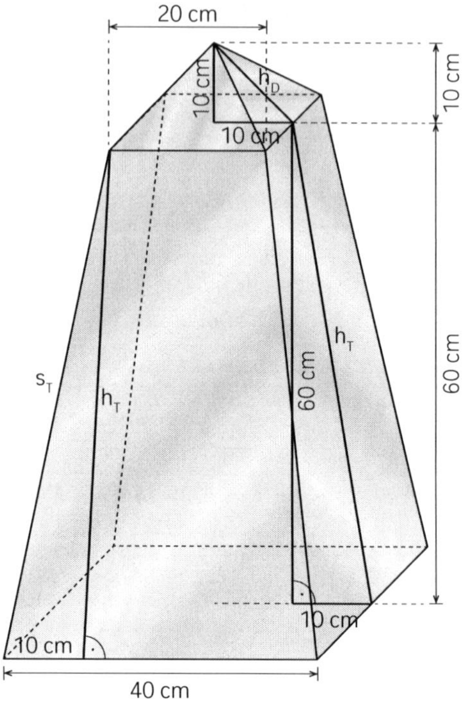

b) Volumen des Pyramidenstumpfes:

$V_1 = \frac{1}{3}h \cdot \left(G_1 + \sqrt{G_1 G_2} + G_2\right) = \frac{1}{3} \cdot 60\,\text{cm} \cdot \left((40\,\text{cm})^2 + \sqrt{40^2 \cdot 20^2} + (20\,\text{cm})^2\right) = 56\,000\,\text{cm}^3$

Volumen der Pyramide: $V_2 = \frac{1}{3}G_2 \cdot h = \frac{1}{3} \cdot (20\,\text{cm})^2 \cdot 10\,\text{cm} = 1\,333\frac{1}{3}\,\text{cm}^3$

Volumen des Windlichtes: $V = V_1 + V_2 = 57\,000\frac{1}{3}\,\text{cm}^3 \approx 57\,000\,\text{cm}^3$

Vorhandener Sauerstoff (21 % des Volumens). $57\,333\,\text{cm}^3 \cdot 0{,}21 \approx 12\,040\,\text{cm}^3 \approx 12\,\text{dm}^3$

Es ist noch ungefähr 12 l Sauerstoff im Windlicht.

18 Lara und Sophie haben Recht. Max' Aussage ist falsch. Wenn man die Pyramide zerschneidet, kommt die Schnittfläche zur Oberfläche der unteren Pyramide und auch zur Oberfläche der oberen Pyramide dazu.

6.5 Volumen eines Kegels

Seite 182
Einstieg

Für das Volumen V eines Kegels mit der Grundflächengröße G und der Höhe h vermutet man aufgrund der Umfüllversuche die Formel $V = \frac{1}{3} \cdot G \cdot h = \frac{1}{3}\pi \cdot r^2 \cdot h$.

Seite 183

1 $V = \frac{1}{3}\pi \cdot r^2 \cdot h = \frac{1}{3}\pi \cdot (2{,}9\,\text{cm})^2 \cdot 11{,}6\,\text{cm} \approx 102{,}160\,\text{cm}^3$

Seite 183

2 a) $V = \frac{1}{3}\pi \cdot r^2 \cdot h = \frac{1}{3}\pi \cdot (5\,cm)^2 \cdot 9\,cm \approx 235{,}619\,cm^3$

b) $r = \frac{d}{2} = 3{,}8\,dm$; $V = \frac{1}{3}\pi \cdot r^2 \cdot h = \frac{1}{3}\pi \cdot (3{,}8\,dm)^2 \cdot 9{,}3\,dm \approx 140{,}630\,dm^3$

c) $V = \frac{1}{3}\pi \cdot r^2 \cdot h = \frac{1}{3}\pi \cdot (3{,}9\,dm)^2 \cdot 1{,}2\,m = \frac{1}{3}\pi \cdot (3{,}9\,dm)^2 \cdot 12\,dm \approx 191{,}1345\,dm^3$
$\approx 0{,}191\,m^3$

3 $r = \frac{d}{2} = 76{,}5\,mm$; $h = \sqrt{s^2 - r^2} = \sqrt{193^2 - 76{,}5^2}\,mm = \sqrt{31\,396{,}75}\,mm \approx 177{,}2\,mm$

$V = \frac{1}{3}\pi \cdot r^2 \cdot h = \frac{1}{3}\pi \cdot (76{,}5\,mm)^2 \cdot \sqrt{31\,396{,}75}\,mm \approx 1\,085\,910\,mm^3 \approx 1\,085{,}91\,cm^3$

Masse des Werkstücks: $m \approx 1\,085{,}91\,cm^3 \cdot 7{,}3\frac{g}{cm^3} = 7\,927{,}143\,g \approx 7{,}927\,kg$

Das Werkstück wiegt fast 8 kg.

4 a) $r = \frac{U}{2 \cdot \pi} = \frac{20{,}50\,m}{2 \cdot \pi} = \frac{10{,}25\,m}{\pi} \approx 3{,}263\,m$

$h = \sqrt{s^2 - r^2} = \sqrt{3{,}90^2 - \left(\frac{10{,}25}{\pi}\right)^2}\,m \approx \sqrt{4{,}56494}\,m \approx 2{,}137\,m$

$V = \frac{1}{3}\pi \cdot r^2 \cdot h \approx \frac{1}{3}\pi \cdot (3{,}263\,m)^2 \cdot 2{,}137\,m \approx 23{,}827\,m^3 \approx 24\,m^3$

Kantenlänge a eines Würfels mit gleichem Volumen: $a = \sqrt[3]{23{,}827}\,m \approx 2{,}88\,m$

b) $r = \frac{U}{2 \cdot \pi} = \frac{4{,}7\,km}{2 \cdot \pi} = \frac{2350\,m}{\pi} \approx 748\,m$

$V = \frac{1}{3}\pi \cdot r^2 \cdot h \approx \frac{1}{3}\pi \cdot (748\,m)^2 \cdot 300\,m \approx 175\,773\,366\,m^3$

Kantenlänge a eines Würfels mit gleichem Volumen: $a = \sqrt[3]{17\,577\,366}\,m \approx 560\,m$

5 a) Die Aussage ist falsch. Das Volumen V wird vervierfacht, denn für den Radius $r' = 2r$ gilt: $V' = \frac{1}{3}\pi \cdot (r')^2 \cdot h = \frac{1}{3}\pi \cdot (2r)^2 \cdot h = \frac{1}{3}\pi \cdot 4r^2 \cdot h = 4 \cdot \frac{1}{3}\pi \cdot r^2 \cdot h = 4 \cdot V$

b) Die Aussage ist falsch. Gegenbeispiel:

Für einen Kegel mit $r = 2\,cm$ und $s = 10\,cm$ ist $h = \sqrt{10^2 - 2^2}\,cm = \sqrt{96}\,cm \approx 9{,}8\,cm$ und $V = \frac{1}{3}\pi \cdot (2\,cm)^2 \cdot \sqrt{96}\,cm \approx 41{,}042\,cm^3$.

Für einen Kegel mit $r' = 4\,cm$ und $s' = 5\,cm$ ist $h' = \sqrt{5^2 - 4^2}\,cm = \sqrt{9}\,cm = 3\,cm$ und $V' = \frac{1}{3}\pi \cdot (4\,cm)^2 \cdot 3\,cm \approx 50{,}265\,cm^3$.

Das Volumen bleibt nicht gleich.

c) Die Aussage ist falsch. Man kann die Höhe auch unverändert lassen und dafür den Radius so vergrößern, dass man das doppelte Volumen erhält.

d) Die Aussage ist falsch. Gegenbeispiel:

Für einen Kegel mit $r = 6\,cm$ und $s = 10\,cm$ ist $h = \sqrt{10^2 - 6^2}\,cm = \sqrt{64}\,cm = 8\,cm$ und $V = \frac{1}{3}\pi \cdot (6\,cm)^2 \cdot 8\,cm \approx 301{,}593\,cm^3$.

Um 10 % größeres Volumen V_{10}: $V_{10} = V \cdot 110\,\% \approx 301{,}593\,cm^3 \cdot 1{,}1 = 331{,}7523\,cm^3$

Für einen Kegel mit $r' = 6\,cm$ und $s' = 10\,cm \cdot 1{,}1 = 11\,cm$ ist $h' = \sqrt{11^2 - 6^2}\,cm = \sqrt{85}\,cm \approx 9{,}2\,cm$ und $V' = \frac{1}{3}\pi \cdot (6\,cm)^2 \cdot \sqrt{85}\,cm \approx 347{,}569\,cm^3$.

V' ist größer als das um 10 % erhöhte Volumen V_{10}.

6 *Beispiel:* Verdoppelt man die Höhe des Kegels, so verdoppelt sich das Volumen des Kegels. $V_{2h} = \frac{1}{3}\pi \cdot r^2 \cdot 2h = 2 \cdot \frac{1}{3}\pi \cdot r^2 \cdot h = 2 \cdot V$

Seite 183

7 a) $V = \frac{1}{3} \cdot \pi \cdot r^2 \cdot h$, also $h = \frac{3 \cdot V}{\pi \cdot r^2} = \frac{3 \cdot 26{,}461\,\text{cm}^3}{\pi \cdot (3{,}4\,\text{cm})^2} \approx 2{,}19\,\text{cm} \approx 2{,}2\,\text{cm}$

b) $V = \frac{1}{3} \cdot \pi \cdot r^2 \cdot h$, also $r = \sqrt{\frac{3 \cdot V}{\pi \cdot h}} = \sqrt{\frac{3 \cdot 346{,}739}{\pi \cdot 6{,}7}}\,\text{dm} \approx 7{,}03\,\text{dm}$

Seite 184

8 a) $s = \sqrt{r^2 + h^2} = \sqrt{7{,}5^2 + 135^2}\,\text{cm} = \sqrt{18\,281{,}25}\,\text{cm} \approx 135{,}2\,\text{cm}$

$V = \frac{1}{3}\pi \cdot r^2 \cdot h = \frac{1}{3}\pi \cdot (7{,}5\,\text{cm})^2 \cdot 135\,\text{cm} \approx 7\,952{,}156\,\text{cm}^3$

$O = \pi \cdot r^2 + \pi \cdot r \cdot s = \pi \cdot (7{,}5\,\text{cm})^2 + \pi \cdot 7{,}5\,\text{cm} \cdot \sqrt{18\,281{,}25}\,\text{cm} \approx 3\,362{,}48\,\text{cm}^2$

b) $h = \sqrt{s^2 - r^2} = \sqrt{780^2 - 45^2}\,\text{cm} = \sqrt{606\,385}\,\text{cm} \approx 778{,}7\,\text{cm} \approx 77{,}9\,\text{dm}$

$V = \frac{1}{3}\pi \cdot r^2 \cdot h = \frac{1}{3}\pi \cdot (45\,\text{cm})^2 \cdot \sqrt{606\,385}\,\text{cm} \approx 1\,651\,307{,}184\,\text{cm}^3 \approx 1\,651{,}3\,\text{dm}^3$

$O = \pi \cdot r^2 + \pi \cdot r \cdot s = \pi \cdot (45\,\text{cm})^2 + \pi \cdot 45\,\text{cm} \cdot \sqrt{606\,385}\,\text{cm} \approx 116\,448{,}871\,\text{cm}^2$
$\approx 1\,164{,}45\,\text{dm}^2$

c) $V = \frac{1}{3} \cdot \pi \cdot r^2 \cdot h$, also $h = \frac{3 \cdot V}{\pi \cdot r^2} = \frac{3 \cdot 426{,}9\,\text{cm}^3}{\pi \cdot (5{,}6\,\text{cm})^2} \approx 13{,}0\,\text{cm}$

$s = \sqrt{r^2 + h^2} \approx \sqrt{5{,}6^2 + 13{,}0^2}\,\text{cm} = \sqrt{200{,}36}\,\text{cm} \approx 14{,}15\,\text{cm}$

$O = \pi \cdot r^2 + \pi \cdot r \cdot s \approx \pi \cdot (5{,}6\,\text{cm})^2 + \pi \cdot 5{,}6\,\text{cm} \cdot \sqrt{200{,}36}\,\text{cm} \approx 347{,}55\,\text{cm}^2$

d) $O = \pi \cdot r^2 + \pi \cdot r \cdot s$

Für O in cm^2 sowie r und s in cm erhält man eine quadratische Gleichung, die man mit der pq-Formel nach r auflösen kann.

$O = \pi \cdot r^2 + \pi \cdot r \cdot s$

$133{,}2 = \pi \cdot r^2 + \pi \cdot r \cdot 6{,}6$

$\pi \cdot r^2 + \pi \cdot r \cdot 6{,}6 - 133{,}2 \qquad |:\pi$

$r^2 + 6{,}6 \cdot r - \frac{133{,}2}{\pi} = 0 \qquad |\,p = 6{,}6$ als $\frac{p}{2} = 3{,}3$ und $q = -\frac{133{,}2}{\pi}$

$r_1 = -3{,}3 + \sqrt{3{,}3^2 - \left(-\frac{133{,}2}{\pi}\right)} \approx 4{,}0$

$r_2 = -3{,}3 - \sqrt{3{,}3^2 - \left(-\frac{133{,}2}{\pi}\right)} \approx -10{,}6$

r_2 entfällt als Lösung da Längen positiv sind. Der Radius r ist ungefähr 4,0 cm lang.

$h = \sqrt{s^2 - r^2} \approx \sqrt{6{,}6^2 - 4{,}0^2}\,\text{cm} = \sqrt{5{,}25}\,\text{cm}$

$V = \frac{1}{3}\pi \cdot r^2 \cdot h \approx \frac{1}{3}\pi \cdot (4{,}0\,\text{cm})^2 \cdot \sqrt{5{,}25}\,\text{cm} \approx 38{,}391\,\text{cm}^3$

$O = \pi \cdot r^2 + \pi \cdot r \cdot s \approx \pi \cdot (4{,}0\,\text{cm})^2 + \pi \cdot 4{,}0\,\text{cm} \cdot 6{,}6\,\text{cm} \approx 133{,}20\,\text{cm}^2$

9 Es gilt $r = \frac{d}{2}$, also $V = \frac{1}{3}\pi \cdot r^2 \cdot h = \frac{1}{3}\pi \cdot \left(\frac{d}{2}\right)^2 \cdot h = \frac{1}{3}\pi \cdot \frac{d^2}{4} \cdot h = \frac{1}{12}\pi \cdot d^2 \cdot h$

Weiterüben

10 Die Boje besteht aus einem Zylinder und zwei gleichen Kegeln.

$V = \pi \cdot r^2 \cdot h_Z + 2 \cdot \frac{1}{3}\pi \cdot r^2 \cdot h_K$

$= \pi \cdot (25\,\text{cm})^2 \cdot 8\,\text{cm} + \frac{2}{3}\pi \cdot (25\,\text{cm})^2 \cdot 21\,\text{cm} \approx 43\,196{,}899\,\text{cm}^3 \approx 43{,}2\,\text{dm}^3$

Mantellinie s des Kegels: $s = \sqrt{r^2 + h_K^2} = \sqrt{25^2 + 21^2}\,\text{cm} = \sqrt{1\,066}\,\text{cm} \approx 32{,}65\,\text{cm}$

$O = 2\pi \cdot r \cdot h_Z + 2 \cdot \pi \cdot r \cdot s_K$

$= 2\pi \cdot 25\,\text{cm} \cdot 8\,\text{cm} + 2\pi \cdot 25\,\text{cm} \cdot \sqrt{1\,066}\,\text{cm} \approx 6\,385{,}23\,\text{cm}^2 \approx 63{,}85\,\text{dm}^2$

Seite 184

11 Man kann zur Begründung folgende Überlegungen durchführen:

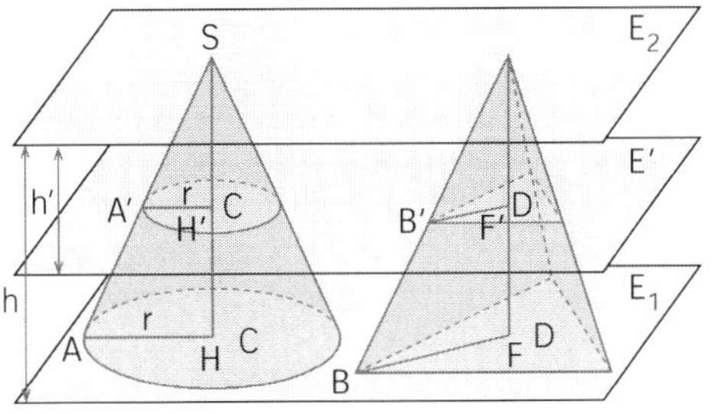

(1) Die beiden gleich großen Grundflächen C und D des Kegels und der Pyramide liegen in derselben Ebene E_1. Die Spitzen S bzw. T liegen in derselben zu E_1 parallelen Ebene E_2, da die Höhen übereinstimmen.

(2) Eine zu E_1 parallele Ebene E' schneidet Kegel und Pyramide in den Flächen C' bzw. D'. Der Abstand von E' zu E ist h'.

(3) Man kann nun zeigen, dass D' zu D ähnlich ist:

Die Dreiecke SAH und SA'H' sind ähnlich zueinander. Daher gilt: $\frac{|SA'|}{|SA|} = \frac{h'}{h} = k$.

Entsprechende Beziehungen gelten auch für die restlichen Seitenkanten der Pyramide und für die Mantellinie des Kegels, also werden die Mantellinie des Kegels und alle Seitenkanten der Pyramide durch E' im selben Verhältnis geteilt. Daraus folgt nun, dass sich die Seitenlängen der Flächen C und C' bzw. D und D' wie die Mantellinie des Kegels bzw. wie zugehörigen Seitenkantenlängen der Pyramide verhalten. Es ergibt sich die Ähnlichkeit von C' zu C bzw. D' zu D.

(4) Für die Flächeninhalte $G_{C'}$, G_C, $G_{D'}$, G_D gilt: $G_{C'} = k^2 \cdot G_C$ und $G_{D'} = k^2 \cdot G_D$.

(5) Nach Voraussetzung ist $G_C = G_D$, also auch $G_{C'} = G_{D'}$. Damit sind die Bedingungen des Satzes des Cavalieri erfüllt. Der Kegel hat das gleiche Volumen wie die Pyramide:

$V_K = V_P = \frac{1}{3} G \cdot h$

12 Volumen V des Glases:

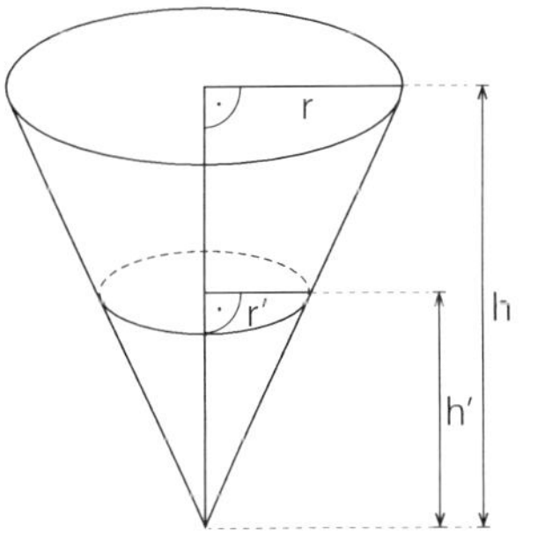

$V = \frac{1}{3}\pi \cdot (3{,}5\,\text{cm})^2 \cdot 9\,\text{cm} \approx 115{,}454\,\text{cm}^3$

Für eine geringere Füllhöhe h' gilt für den Radius r' mit den Strahlensätzen: $\frac{r'}{r} = \frac{h'}{h}$, also $r' = \frac{h'}{h} \cdot r$.

(1) $r' = \frac{h'}{h} \cdot r = \frac{6\,\text{cm}}{9\,\text{cm}} \cdot 3{,}5\,\text{cm} = \frac{7}{3}\text{cm} = 2\frac{1}{3}\text{cm} \approx 2{,}3\,\text{cm}$

$V' = \frac{1}{3}\pi \cdot \left(\frac{7}{3}\text{cm}\right)^2 \cdot 6\,\text{cm} \approx 34{,}208\,\text{cm}^3$ und $\frac{V'}{V} \approx \frac{34{,}208\,\text{cm}^3}{115{,}454\,\text{cm}^3}$
$\approx 0{,}2963 = 29{,}63\,\%$

Das Glas ist etwa zu 29,63 % gefüllt.

(2) $r' = \frac{h'}{h} \cdot r = \frac{4\,\text{cm}}{9\,\text{cm}} \cdot 3{,}5\,\text{cm} = \frac{14}{9}\text{cm} = 1\frac{5}{9}\text{cm} \approx 1{,}6\,\text{cm}$

$V' = \frac{1}{3}\pi \cdot \left(\frac{14}{9}\text{cm}\right)^2 \cdot 4\,\text{cm} \approx 10{,}136\,\text{cm}^3$ und $\frac{V'}{V} \approx \frac{10{,}136\,\text{cm}^3}{115{,}454\,\text{cm}^3} \approx 0{,}0878 = 8{,}78\,\%$

Das Glas ist etwa zu 8,78 % gefüllt.

(3) $r' = \frac{h'}{h} \cdot r = \frac{3\,\text{cm}}{9\,\text{cm}} \cdot 3{,}5\,\text{cm} = \frac{7}{6}\text{cm} = 1\frac{1}{6}\text{cm} \approx 1{,}2\,\text{cm}$

$V' = \frac{1}{3}\pi \cdot \left(\frac{7}{6}\text{cm}\right)^2 \cdot 3\,\text{cm} \approx 4{,}276\,\text{cm}^3$ und $\frac{V'}{V} \approx \frac{4{,}276\,\text{cm}^3}{115{,}454\,\text{cm}^3} \approx 0{,}0370 = 3{,}70\,\%$

Das Glas ist etwa zu 3,7 % gefüllt.

(4) $r' = \frac{h'}{h} \cdot r = \frac{8\,\text{cm}}{9\,\text{cm}} \cdot 3{,}5\,\text{cm} = \frac{28}{9}\text{cm} = 3\frac{1}{9}\text{cm} \approx 3{,}1\,\text{cm}$

$V' = \frac{1}{3}\pi \cdot \left(\frac{28}{9}\text{cm}\right)^2 \cdot 8\,\text{cm} \approx 81{,}087\,\text{cm}^3$ und $\frac{V'}{V} \approx \frac{81{,}087\,\text{cm}^3}{115{,}454\,\text{cm}^3} \approx 0{,}7023 = 70{,}23\,\%$

Das Glas ist etwa zu 70,23 % gefüllt.

Seite 184

13 (1) Man kann zum Beispiel in der Spalte A den Radius des Glases vorgeben und dann mit der Formel $h = \frac{3 \cdot V}{\pi \cdot r^2} = \frac{3 \cdot 120}{\pi \cdot r^2}$ die Höhe berechnen lassen damit das Volumen des Glases $120\,\text{ml} = 120\,\text{cm}^3$ beträgt. Aus der Tabelle kann man passende Werte entnehmen. Man könnte zum Beispiel den Radius $r = 3{,}9\,\text{cm}$ und die zugehörige Höhe $h = 7{,}5\,\text{cm}$ wählen.

	A	B
1	Radius r (in cm)	Höhe h (in cm)
2	3,5	9,354412982
3	3,6	8,841941283
4	3,7	8,370457197
5	3,8	7,935703534
6	3,9	7,533961803
7	4,0	7,161972439
8	4,1	6,816868473
9	4,2	6,496120126
10	4,3	6,197488319
11	4,4	5,918985487
12	4,5	5,658842421
13	4,6	5,415480105
14	4,7	5,187485696
15	4,8	4,973591972
16	4,9	4,772659685
17	5,0	4,583662361

(2) Man kann zum Beispiel die Werte aus Teilaufgabe a) nehmen und das Glas dann 1 cm höher machen. Man hat also für die Flüssigkeit im Glas die Maße $r = 3{,}9\,\text{cm}$ und die Höhe $h = 7{,}5\,\text{cm}$.
Die Höhe des Glases ist dann $h_1 = h + 1\,\text{cm} = 8{,}5\,\text{cm}$.
Den Radius r_1 des Glases kann man mithilfe der Strahlensätze berechnen.
$\frac{r_1}{r} = \frac{h_1}{h}$, also $r_1 = \frac{h_1 \cdot r}{h} = \frac{8{,}5\,\text{cm} \cdot 3{,}9\,\text{cm}}{7{,}5\,\text{cm}} \approx 4{,}4\,\text{cm}$
Der Kelch des Glases hat ungefähr den Radius 4,4 cm und die Höhe 8,5 cm.

Seite 185

14 Markierung für 1 l beim Zylinder: $h = \frac{V}{\pi \cdot r^2} = \frac{1\,000\,\text{cm}^3}{\pi \cdot (6\,\text{cm})^2} \approx 8{,}84\,\text{cm}$
Die Zuordnung *Höhe → Volumen* ist beim Zylinder proportional, sodass man die anderen Markierungen direkt berechnen kann.
Markierung für $\frac{1}{2}$ l beim Zylinder: $h' = \frac{1}{2} \cdot \frac{1\,000\,\text{cm}^3}{\pi \cdot (6\,\text{cm})^2} \approx 4{,}42\,\text{cm}$
Markierung für $\frac{1}{4}$ l beim Zylinder: $h' = \frac{1}{4} \cdot \frac{1\,000\,\text{cm}^3}{\pi \cdot (6\,\text{cm})^2} \approx 2{,}21\,\text{cm}$
Markierung für $\frac{1}{8}$ l beim Zylinder: $h' = \frac{1}{8} \cdot \frac{1\,000\,\text{cm}^3}{\pi \cdot (6\,\text{cm})^2} \approx 1{,}105\,\text{cm}$
Markierung für $\frac{3}{4}$ l beim Zylinder: $h' = \frac{3}{4} \cdot \frac{1\,000\,\text{cm}^3}{\pi \cdot (6\,\text{cm})^2} \approx 6{,}63\,\text{cm}$
Markierung für 1 l beim Kegel: $h = \frac{3 \cdot V}{\pi \cdot r^2} = \frac{3 \cdot 1\,000\,\text{cm}^3}{\pi \cdot (6\,\text{cm})^2} \approx 26{,}53\,\text{cm}$
Wenn das Volumen des Kegels mit dem Faktor k verändert wird, dann verändern sich Radius und Höhe des Kegels mit dem Faktor $\sqrt[3]{k}$. Damit kann man die Höhe h' für die Markierungen mit $h = \frac{3 \cdot 1\,000\,\text{cm}^3}{\pi \cdot (6\,\text{cm})^2}$ berechnen.
Markierung für $\frac{1}{2}$ l beim Kegel: $k = \frac{1}{2}$, also $h' = \sqrt[3]{\frac{1}{2}} \cdot \frac{3 \cdot 1\,000\,\text{cm}^3}{\pi \cdot (6\,\text{cm})^2}\,\text{cm} \approx 21{,}05\,\text{cm}$
Markierung für $\frac{1}{4}$ l beim Kegel: $k = \frac{1}{4}$, also $h' = \sqrt[3]{\frac{1}{4}} \cdot \frac{3 \cdot 1\,000\,\text{cm}^3}{\pi \cdot (6\,\text{cm})^2}\,\text{cm} \approx 16{,}71\,\text{cm}$
Markierung für $\frac{1}{8}$ l beim Kegel: $k = \frac{1}{8}$, also $h' = \sqrt[3]{\frac{1}{8}} \cdot \frac{3 \cdot 1\,000\,\text{cm}^3}{\pi \cdot (6\,\text{cm})^2}\,\text{cm} \approx 13{,}26\,\text{cm}$
Markierung für $\frac{3}{4}$ l beim Kegel: $k = \frac{3}{4}$, also $h' = \sqrt[3]{\frac{3}{4}} \cdot \frac{3 \cdot 1\,000\,\text{cm}^3}{\pi \cdot (6\,\text{cm})^2}\,\text{cm} \approx 24{,}10\,\text{cm}$

15 **a)** Der Kegel hat den Radius $r = 30\,\text{mm}$ und die Höhe $h = 60\,\text{mm}$. Für die Länge der Mantellinie s gilt $s = \sqrt{r^2 + h^2} = \sqrt{30^2 + 60^2}\,\text{mm} = \sqrt{4\,500}\,\text{mm} \approx 67{,}1\,\text{mm}$.
$V = (60\,\text{mm})^3 - \frac{1}{3}\pi \cdot (30\,\text{mm})^2 \cdot 60\,\text{mm} \approx 159\,451{,}332\,\text{mm}^3 \approx 159{,}451\,\text{cm}^3$
$O = 6 \cdot (60\,\text{mm})^2 - \pi \cdot (30\,\text{mm})^2 + \pi \cdot 30\,\text{mm} \cdot \sqrt{4\,500}\,\text{mm} \approx 25\,094{,}90\,\text{mm}^2 \approx 250{,}95\,\text{cm}^2$

Seite 185

15 **b)** Die beiden Kegel haben den Radius $r = 35\,\text{mm}$ und die Höhe $h = 35\,\text{mm}$. Für die Länge der Mantellinie s gilt $s = \sqrt{r^2 + h^2} = \sqrt{35^2 + 35^2}\,\text{mm} = \sqrt{2450}\,\text{mm} \approx 49{,}5\,\text{mm}$.

$V = (70\,\text{mm})^3 - 2 \cdot \frac{1}{3}\pi \cdot (35\,\text{mm})^2 \cdot 35\,\text{mm} \approx 253\,202{,}81\,\text{mm}^3 \approx 253{,}2\,\text{cm}^3$

$O = 6 \cdot (70\,\text{mm})^2 - 2 \cdot \pi \cdot (35\,\text{mm})^2 + 2 \cdot \pi \cdot 35\,\text{mm} \cdot \sqrt{2450}\,\text{mm} \approx 32\,588{,}16\,\text{mm}^2$
$\approx 325{,}88\,\text{cm}^2$

c) Der Kegel hat den Radius $r = 30\,\text{mm}$ und die Höhe $h = 70\,\text{mm}$. Für die Länge der Mantellinie s gilt $s = \sqrt{r^2 + h^2} = \sqrt{30^2 + 70^2}\,\text{mm} = \sqrt{5800}\,\text{mm} \approx 76{,}2\,\text{mm}$.

$V = \pi \cdot (30\,\text{mm})^2 \cdot 70\,\text{mm} - \frac{1}{3}\pi \cdot (30\,\text{mm})^2 \cdot 70\,\text{mm} \approx 131\,946{,}892\,\text{mm}^3 \approx 131{,}947\,\text{cm}^3$

$O = \pi \cdot (30\,\text{mm})^2 + 2 \cdot \pi \cdot 30\,\text{mm} \cdot 70\,\text{mm} + \pi \cdot 30\,\text{mm} \cdot \sqrt{5800}\,\text{mm} \approx 23\,199{,}82\,\text{mm}^2$
$\approx 232{,}00\,\text{cm}^2$

d) Die beiden Kegel haben den Radius $r = 40\,\text{mm}$ und die Höhe $h = 30\,\text{mm}$. Für die Länge der Mantellinie s gilt $s = \sqrt{r^2 + h^2} = \sqrt{40^2 + 30^2}\,\text{mm} = \sqrt{2500}\,\text{mm} = 50\,\text{mm}$.

$V = \pi \cdot (40\,\text{mm})^2 \cdot 60\,\text{mm} - 2 \cdot \frac{1}{3}\pi \cdot (40\,\text{mm})^2 \cdot 30\,\text{mm} \approx 201\,061{,}930\,\text{mm}^3 \approx 201{,}062\,\text{cm}^3$

$O = 2 \cdot \pi \cdot 40\,\text{mm} \cdot 60\,\text{mm} + 2 \cdot \pi \cdot 40\,\text{mm} \cdot 50\,\text{mm} \approx 27\,646{,}02\,\text{mm}^2 \approx 276{,}46\,\text{cm}^2$

16 **a)** Man schätzt den Gewichtsunterschied auf 10 % bis 20 %.

Volumen des Kegels: $V_K = \frac{1}{3} \cdot \pi \cdot (10\,\text{cm})^2 \cdot 25\,\text{cm} \approx 2617{,}994\,\text{cm}^3$

Gewicht des Kegels: $m_K \approx 2617{,}994\,\text{cm}^3 \cdot 8{,}4\,\frac{\text{g}}{\text{cm}^3} \approx 21\,991{,}15\,\text{g} \approx 22\,\text{kg}$

Die Grundfläche der Pyramide besteht aus sechs gleichseitigen Dreiecken mit der Seitenlänge $a = r = 10\,\text{cm}$ und der zugehörigen Höhe

$h_a = \sqrt{a^2 - \left(\frac{a}{2}\right)^2} = \sqrt{10^2 - 5^2}\,\text{cm} = \sqrt{75}\,\text{cm} \approx 8{,}7\,\text{cm}$

Grundflächeninhalt: $G = 6 \cdot \frac{1}{2} \cdot 10\,\text{cm} \cdot \sqrt{75}\,\text{cm} = 30 \cdot \sqrt{75}\,\text{cm}^2 \approx 259{,}81\,\text{cm}^2$

Volumen der Pyramide: $V = \frac{1}{3} \cdot G \cdot 25\,\text{cm} = \frac{1}{3} \cdot 30 \cdot \sqrt{75}\,\text{cm}^2 \cdot 25\,\text{cm} \approx 2165{,}064\,\text{cm}^3$

Gewicht der Pyramide: $m_P \approx 2165{,}064\,\text{cm}^3 \cdot 8{,}4\,\frac{\text{g}}{\text{cm}^3} \approx 18\,186{,}54\,\text{g} \approx 18{,}2\,\text{kg}$

Gewichtsunterschied d: $d \approx 21\,991{,}15\,\text{g} - 18\,186{,}54\,\text{g} = 3804{,}61\,\text{g} \approx 3{,}8\,\text{kg}$

Das Gewicht ist ungefähr um $3{,}8\,\text{kg} : 22\,\text{kg} \approx 0{,}173 = 17{,}3\,\%$ geringer.

b) Zur Berechnung des Oberflächeninhalts des Kegels benötigt man die Länge der Mantellinie s: $s = \sqrt{r^2 + h^2} = \sqrt{10^2 + 25^2}\,\text{cm} = \sqrt{725}\,\text{cm} \approx 26{,}9\,\text{cm}$

Oberflächeninhalt des Kegels: $O = \pi \cdot (10\,\text{cm})^2 + \pi \cdot 10\,\text{cm} \cdot \sqrt{725}\,\text{cm} \approx 1160{,}06\,\text{cm}^2$

Volumen des Bleches beim Kegel: $V \approx 1160{,}06\,\text{cm}^2 \cdot 0{,}1\,\text{cm} = 116{,}006\,\text{cm}^3$

Gewicht des Bleches beim Kegel: $m \approx 116{,}006\,\text{cm}^3 \cdot 7{,}6\,\frac{\text{g}}{\text{cm}^3} \approx 881{,}646\,\text{g}$

Bei der Pyramide benötigt man die Höhe h_s der dreieckigen Seitenflächen. Die Seitenlinien s sind genauso lang wie die Mantellinie s des Kegels. Für die Höhe h_s erhält man:

$h_s = \sqrt{s^2 - \left(\frac{a}{2}\right)^2} = \sqrt{\left(\sqrt{725}\right)^2 - 5^2}\,\text{cm} = \sqrt{725 + 25}\,\text{cm} = \sqrt{700}\,\text{cm} \approx 26{,}5\,\text{cm}$

Die Grundfläche ist $30 \cdot \sqrt{75}\,\text{cm}^2$ groß (siehe Teilaufgabe a).

Oberflächeninhalt: $O = 30 \cdot \sqrt{75}\,\text{cm}^2 + 6 \cdot \frac{1}{2} \cdot 10\,\text{cm} \cdot \sqrt{700}\,\text{cm} \approx 1053{,}53\,\text{cm}^2$

Volumen des Bleches bei der Pyramide: $V \approx 1053{,}53\,\text{cm}^2 \cdot 0{,}1\,\text{cm} = 105{,}353\,\text{cm}^3$

Gewicht des Bleches bei der Pyramide: $m \approx 105{,}353\,\text{cm}^3 \cdot 7{,}6\,\frac{\text{g}}{\text{cm}^3} \approx 800{,}683\,\text{g}$

Gewichtsunterschied d: $d \approx 881{,}646\,\text{g} - 800{,}683\,\text{g} = 80{,}983\,\text{g}$

Das Gewicht ist ungefähr um $80{,}983\,\text{g} : 881{,}646\,\text{g} \approx 0{,}092 = 9{,}2\,\%$ geringer.

Seite 185

17 **a)** $V = \pi \cdot (27{,}5\,\text{mm})^2 \cdot 210\,\text{mm} + \frac{1}{3}\pi \cdot (27{,}5\,\text{mm})^2 \cdot 30\,\text{mm} \approx 522\,682{,}478\,\text{mm}^3$
$\approx 522{,}682\,\text{cm}^3$

Mantellinie s des Kegels: $s = \sqrt{r^2 + h^2} = \sqrt{27{,}5^2 + 30^2}\,\text{mm} = \sqrt{1\,656{,}25}\,\text{mm} = 40{,}7\,\text{mm}$

$O = \pi \cdot (27{,}5\,\text{mm})^2 + 2\pi \cdot 27{,}5\,\text{mm} \cdot 210\,\text{mm} + \pi \cdot 27{,}5\,\text{mm} \cdot \sqrt{1\,656{,}25}\,\text{mm}$
$\approx 42\,177{,}20\,\text{mm}^2 \approx 421{,}77\,\text{cm}^2$

b) $V = (260\,\text{mm})^2 \cdot 300\,\text{mm} + \frac{1}{3} \cdot (260\,\text{mm})^2 \cdot 300\,\text{mm} = 27\,040\,000\,\text{mm}^3 = 27\,040\,\text{cm}^3$

Seitenhöhe h_a der Pyramide:

$h_a = \sqrt{\left(\frac{a}{2}\right)^2 + h^2} = \sqrt{130^2 + 300^2}\,\text{mm} = \sqrt{106\,900}\,\text{mm} \approx 327\,\text{mm}$

$O = (260\,\text{mm})^2 + 4 \cdot 260\,\text{mm} \cdot 300\,\text{mm} + 4 \cdot \frac{1}{2} \cdot 260\,\text{mm} \cdot \sqrt{106\,900}\,\text{mm}$
$\approx 549\,616{,}94\,\text{mm}^2 \approx 5\,496{,}17\,\text{cm}^2 \approx 55\,\text{dm}^2$

c) $V = \frac{1}{3}\pi \cdot (130\,\text{mm})^2 \cdot 260\,\text{mm} + \frac{1}{3} \cdot (260\,\text{mm})^2 \cdot 200\,\text{mm}$
$\approx 9\,108\,052{,}707\,\text{mm}^3 \approx 9\,108{,}053\,\text{cm}^3 \approx 9{,}1\,\text{dm}^3$

Seitenhöhe h_a der Pyramide:

$h_a = \sqrt{\left(\frac{a}{2}\right)^2 + h^2} = \sqrt{130^2 + 200^2}\,\text{mm} = \sqrt{56\,900}\,\text{mm} \approx 238{,}5\,\text{mm}$

Mantellinie s des Kegels: $s = \sqrt{r^2 + h^2} = \sqrt{130^2 + 260^2}\,\text{mm} = \sqrt{84\,500}\,\text{mm} = 290{,}7\,\text{mm}$

$O = \pi \cdot 130\,\text{mm} \cdot \sqrt{84\,500}\,\text{mm} + (260\,\text{mm})^2 - \pi \cdot (130\,\text{mm})^2 + 4 \cdot \frac{1}{2} \cdot 260\,\text{mm} \cdot \sqrt{56\,900}\,\text{mm}$
$\approx 257\,265{,}80\,\text{mm}^2 \approx 2\,572{,}66\,\text{cm}^2$

d) Der Radius r des Kegels ist gleich der halben Diagonalenlänge d der Pyramide.

$r = \frac{1}{2}d = \frac{1}{2}\sqrt{a^2 + a^2} = \frac{1}{2}\sqrt{2 \cdot 140^2}\,\text{mm} = \frac{1}{2}\sqrt{39\,200}\,\text{mm} \approx 99\,\text{mm}$

$V = \frac{1}{3} \cdot (140\,\text{mm})^2 \cdot 180\,\text{mm} + \frac{1}{3}\pi \cdot \left(\frac{1}{2}\sqrt{39\,200}\,\text{mm}\right)^2 \cdot 150\,\text{mm}$
$\approx 2\,715\,380{,}4\,\text{mm}^3 \approx 2\,715{,}38\,\text{cm}^3$

Seitenhöhe h_a der Pyramide:

$h_a = \sqrt{\left(\frac{a}{2}\right)^2 + h^2} = \sqrt{70^2 + 180^2}\,\text{mm} = \sqrt{37\,300}\,\text{mm} \approx 193{,}1\,\text{mm}$

Mantellinie s des Kegels:

$s = \sqrt{r^2 + h^2} = \sqrt{\left(\frac{1}{2}\sqrt{39\,200}\right)^2 + 150^2}\,\text{mm} = \sqrt{32\,300}\,\text{mm} = 179{,}7\,\text{mm}$

$O = 4 \cdot \frac{1}{2} \cdot 140\,\text{mm} \cdot \sqrt{37\,300}\,\text{mm} + \pi \cdot \left(\frac{1}{2}\sqrt{39\,200}\,\text{mm}\right)^2 - (140\,\text{mm})^2$
$+ \pi \cdot \frac{1}{2}\sqrt{39\,200}\,\text{mm} \cdot \sqrt{32\,300}\,\text{mm} \approx 121\,158{,}46\,\text{mm}^2 \approx 1\,211{,}58\,\text{cm}^2$

Seite 186

18 **a)** Man kann die Enden des Zeltes zu einem Kegel bzw. zu einem Zylinder zusammensetzen. Die Länge der Mantellinie s des Kegels ist auch die Höhe der rechteckigen Dachfläche.

$s = \sqrt{r^2 + h^2} = \sqrt{10^2 + 6^2}\,\text{m} = \sqrt{136}\,\text{m} \approx 11{,}66\,\text{m}$

Größe der Dachfläche: $A_{Dach} = \pi \cdot 10\,\text{m} \cdot \sqrt{136}\,\text{m} + 2 \cdot 15\,\text{m} \cdot \sqrt{136}\,\text{m} \approx 716{,}23\,\text{m}^2$

Größe der unteren Wandfläche: $A_{Wand} = \pi \cdot 20\,\text{m} \cdot 2\,\text{m} + 2 \cdot 15\,\text{m} \cdot 2\,\text{m} \approx 185{,}66\,\text{m}^2$

Benötigte Zeltplane: $A \approx 716{,}23\,\text{m}^2 + 185{,}66\,\text{m}^2 = 901{,}89\,\text{m}^2$

Es wird gut 900 m² Zeltplane benötigt, wobei Überlappungen zum Verbinden und Öffnungen nicht berücksichtigt sind.

Seite 186

18 b) Luftraum in beiden Zeltenden:

$V_{Enden} = \pi \cdot (10\,m)^2 \cdot 2\,m + \frac{1}{3}\pi \cdot (10\,m)^2 \cdot 6\,m \approx 1\,256{,}637\,m^3$

Luftraum in der Zeltmitte: $V_{Mitte} = 15\,m \cdot 20\,m \cdot 2\,m + \frac{20\,m \cdot 6\,m}{2} \cdot 15\,m = 1\,500\,m^3$

Luftraum insgesamt: $V \approx 1\,256{,}637\,m^3 + 1\,500\,m^3 = 2\,756{,}637\,m^3$

Der Innenraum des Zeltes fasst gut $2\,750\,m^3$ Luft.

19 Schätzung für den Kegel: $r \approx 200\,cm$ und $h \approx 200\,cm$.

Volumen des Kegels: $V = \frac{1}{3}\pi \cdot (200\,cm)^2 \cdot 200\,cm \approx 8\,377\,580\,cm^3 \approx 8{,}4\,m^3$

Wenn man annimmt dass etwa 10 Kerne einen Kubikzentimeter ausfüllen, dann erhält man für die Anzahl der Kerne ungefähr 84 Millionen Kerne.

20 Die Länge von r_2 kann man mit den Strahlensätzen berechnen.

$\frac{r_2}{r_1} = \frac{h^*}{\overline{h}}$, also $r_2 = r_1 \cdot \frac{h^*}{\overline{h}} = 8\,cm \cdot \frac{4\,cm}{12\,cm} = 2\frac{2}{3}\,cm \approx 2{,}7\,cm$

Volumen des Kegelstumpfes:

$V = \frac{1}{3}\pi \cdot (8\,cm)^2 \cdot 12\,cm - \frac{1}{3}\pi \cdot \left(2\frac{2}{3}\,cm\right)^2 \cdot 4\,cm \approx 774{,}461\,cm^3$

21 Mit den Strahlensätzen und $\overline{h} = h^* + h$ ergibt sich:

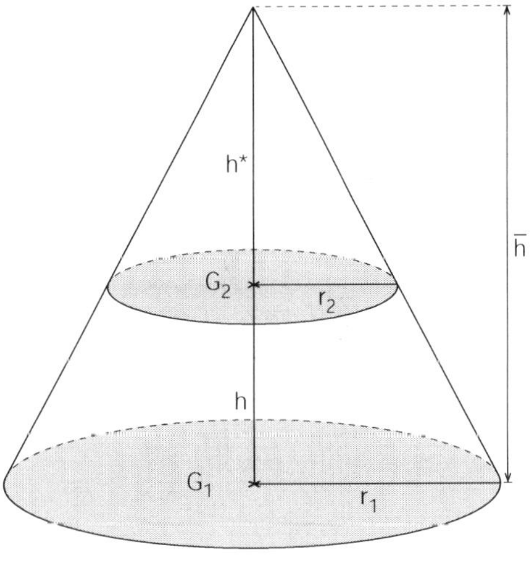

$\frac{r_1}{r_2} = \frac{\overline{h}}{h^*} \quad | \cdot h^* \cdot r_2$

$h^* \cdot r_1 = \overline{h} \cdot r_2 \quad | \overline{h} = h^* + h$

$h^* \cdot r_1 = h^* \cdot r_2 + h \cdot r_2 \quad | -h^* \cdot r_2$

$h^* \cdot (r_1 - r_2) = h \cdot r_2 \quad | : (r_1 - r_2)$

$h^* = h \cdot \frac{r_2}{r_1 - r_2}$

Ferner gilt $G_1 = \pi \cdot r_1^2$ und $G_2 = \pi \cdot r_2^2$ sowie $G_1 \cdot G_2 = \pi \cdot r_1^2 \cdot \pi \cdot r_2^2$ also $\sqrt{G_1 \cdot G_2} = \pi \cdot r_1 \cdot r_2$

$V = \frac{1}{3}\pi \cdot r_1^2 \cdot \overline{h} - \frac{1}{3}\pi \cdot r_2^2 \cdot h^* \quad | \overline{h} = h^* + h$

$= \frac{1}{3}\pi \cdot \left(\left(r_1^2 \cdot h^* + r_1^2 \cdot h\right) - r_2^2 \cdot h^*\right)$

$= \frac{1}{3}\pi \cdot \left(r_1^2 \cdot h + h^* \cdot \left(r_1^2 - r_2^2\right)\right)$

$= \frac{1}{3}\pi \cdot \left(r_1^2 \cdot h + h^* \cdot (r_1 + r_2) \cdot (r_1 - r_2)\right) \quad \left| h^* = h \cdot \frac{r_2}{r_1 - r_2}\right.$

$= \frac{1}{3}\pi \cdot \left(r_1^2 \cdot h + h \cdot \frac{r_2}{r_1 - r_2} \cdot (r_1 + r_2) \cdot (r_1 - r_2)\right)$

$= \frac{1}{3}\pi \cdot \left(r_1^2 \cdot h + h \cdot r_2 \cdot (r_1 + r_2)\right)$

$= \frac{1}{3} \cdot h \cdot \left(\pi \cdot r_1^2 + \pi \cdot r_1 \cdot r_2 + \pi \cdot r_2^2\right) \quad | G_1 = \pi \cdot r_1^2$ und $G_2 = \pi \cdot r_2^2$ und $\sqrt{G_1 \cdot G_2} = \pi \cdot r_1 \cdot r_2$

$= \frac{1}{3} \cdot h \cdot \left(G_1 + \sqrt{G_1 G_2} + G_2\right)$

$= \frac{1}{3} \cdot \pi h \cdot \left(r_1^2 + r_1 \cdot r_2 + r_2^2\right)$

Seite 186

22 Linker Eimer: $V = \frac{1}{3}\pi \cdot 19\,\text{cm} \cdot \left((11{,}5\,\text{cm})^2 + 11{,}5\,\text{cm} \cdot 8{,}5\,\text{cm} + (8{,}5\,\text{cm})^2\right) \approx 6014\,\text{cm}^3$
$= 6{,}014\,\text{dm}^3 = 6{,}014\,l$

Rechter Eimer: $V = \frac{1}{3}\pi \cdot 25\,\text{cm} \cdot \left((12{,}5\,\text{cm})^2 + 12{,}5\,\text{cm} \cdot 9{,}5\,\text{cm} + (8{,}5\,\text{cm})^2\right) \approx 9562\,\text{cm}^3$
$= 9{,}562\,\text{dm}^3 = 9{,}562\,l$

Der linke Eimer fasst etwa 6 Liter und der rechte Eimer etwa 9,5 Liter.

Seite 187

23 Die Trommel besteht aus zwei Kegelstümpfen an den Enden und einem Zylinder in der Mitte. Der vordere Teil der Trommel ist am längsten und der hintere Teil am kürzesten. Hier wird mit folgenden Höhen gerechnet:
Linker Kegelstumpf $h_1 = 1{,}60\,\text{m}$, Zylinder $h_2 = 1{,}40\,\text{m}$ und rechter Kegelstumpf $h_3 = 1{,}14\,\text{m}$.

a) Bei der Berechnung werden Anschlüsse usw. nicht berücksichtigt.
Mantellinie s_1 des linken Kegelstumpfs:
$s_1 = \sqrt{1{,}60^2 + (1{,}15\,\text{m} - 0{,}55\,\text{m})^2} = \sqrt{2{,}92}\,\text{m} \approx 1{,}71\,\text{m}$
Mantellinie s_2 des rechten Kegelstumpfs:
$s_2 = \sqrt{1{,}14^2 + (1{,}15\,\text{m} - 0{,}84\,\text{m})^2} = \sqrt{1{,}3957}\,\text{m} \approx 1{,}18\,\text{m}$
$O = \pi \cdot (0{,}55\,\text{m})^2 + \pi \cdot (0{,}55\,\text{m} + 1{,}15\,\text{m}) \cdot \sqrt{2{,}92}\,\text{m} + \pi \cdot 2{,}30\,\text{m} \cdot 1{,}40\,\text{m}$
$+ \pi \cdot (1{,}15\,\text{m} + 0{,}84\,\text{m}) \cdot \sqrt{1{,}3957}\,\text{m} + \pi \cdot (0{,}84\,\text{m})^2$
$\approx 29{,}795\,\text{m}^2 \approx 30\,\text{m}^2$

b) $V = \frac{1}{3}\pi \cdot 1{,}60\,\text{m} \cdot \left((0{,}55\,\text{m})^2 + 0{,}55\,\text{m} \cdot 1{,}15\,\text{m} + (1{,}15\,\text{m})^2\right) + \pi \cdot (1{,}15\,\text{m})^2 \cdot 1{,}40\,\text{m}$
$+ \frac{1}{3}\pi \cdot 1{,}14\,\text{m} \cdot \left((1{,}15\,\text{m})^2 + 1{,}15\,\text{m} \cdot 0{,}84\,\text{m} + (0{,}84\,\text{m})^2\right)$
$\approx 13{,}174\,\text{m}^3 \approx 13\,\text{m}^3$

Man wird die Trommel nicht vollständig füllen, damit der Beton auch nach der Befüllung noch gemischt werden kann. Man wird die Trommel gut halb voll füllen, also etwa mit $7\,\text{m}^3$.

Seite 187

24 **a)** Die Milchkanne besteht aus zwei Zylindern und dazwischen ist ein Kegelstumpf. Den Deckel kann man als Zylinder mit dem Durchmesser 9 cm und der Höhe 3 cm modellieren. Für die Berechnung des Materialbedarfs benötigt man die Länge s der Mantellinie des Kegelstumpfes.

$s = \sqrt{2{,}8^2 + 2{,}8^2}\,\text{cm} = \sqrt{15{,}68}\,\text{cm} \approx 3{,}96\,\text{cm}$

Für den Materialverbrauch erhält man:

Grundflächengröße des unterer Zylinders: $M_1 = \pi \cdot (7{,}3\,\text{cm})^2 \approx 167{,}42\,\text{cm}^2$

Mantelflächengröße des unterer Zylinders: $M_2 = 2\pi \cdot 7{,}3\,\text{cm} \cdot 18\,\text{cm} \approx 825{,}61\,\text{cm}^2$

Mantelflächengröße des Kegelstumpfes:

$M_3 = \pi \cdot (7{,}3\,\text{cm} + 4{,}5\,\text{cm}) \cdot \sqrt{15{,}68}\,\text{cm} \approx 146{,}79\,\text{cm}^2$

Mantelflächengröße des oberen Zylinders: $M_4 = 2\pi \cdot 4{,}5\,\text{cm} \cdot 5{,}4\,\text{cm} = 152{,}68\,\text{cm}^2$

Mantelflächengröße des Deckels: $M_5 = 2\pi \cdot 4{,}5\,\text{cm} \cdot 3\,\text{cm} = 84{,}82\,\text{cm}^2$

Grundflächengröße des Deckels: $M_6 = \pi \cdot (4{,}5\,\text{cm})^2 \approx 63{,}62\,\text{cm}^2$

Materialverbrauch: $M_G = M_1 + M_2 + M_3 + M_4 + M_5 + M_6 \approx 1\,440{,}94\,\text{cm}^2 \approx 14{,}41\,\text{dm}^2$

Der Deckelgriff ist nicht berücksichtigt. Man muss daher mit einem Materialverbrauch von fast 15 dm² rechnen.

Für das Fassungsvermögen muss man die Innenmaße der Kanne berücksichtigen. Wenn man davon ausgeht dass die Wandstärke der Kanne 3 mm beträgt, erhält man für den unteren Durchmesser 14 cm und für den oberen Durchmesser 8,4 cm. Die Höhe des unteren Zylinders verringert sich auf 17,7 cm. Damit erhält man für das Fassungsvermögen:

Volumen unterer Zylinder: $V_1 = \pi \cdot (7\,\text{cm})^2 \cdot 17{,}7\,\text{cm} \approx 2\,724{,}703\,\text{cm}^3$

Volumen Kegelstumpf: $V_2 = \frac{1}{3}\pi \cdot 2{,}8\,\text{cm} \cdot \left((7\,\text{cm})^2 + 7\,\text{cm} \cdot 4{,}2\,\text{cm} + (4{,}2\,\text{cm})^2\right)$

$\approx 281{,}604\,\text{cm}^3$

Volumen oberer Zylinder: $V_3 = \pi \cdot (4{,}2\,\text{cm})^2 \cdot 5{,}4\,\text{cm} \approx 299{,}256\,\text{cm}^3$

Fassungsvermögen: $V_g = V_1 + V_2 + V_3 \approx 3\,305{,}563\,\text{cm}^3 \approx 3{,}306\,\text{dm}^3$

Da man die Kanne nicht ganz füllen kann, wird sie gut 3 Liter fassen.

b) Der untere Zylinder und der Kegelstumpf sind innen 20,5 cm hoch. Der obere Zylinder ist also noch zu 0,5 cm gefüllt.

$V = V_1 + V_2 + \pi \cdot (4{,}2\,\text{cm})^2 \cdot 0{,}5\,\text{cm} \approx 2\,724{,}703\,\text{cm}^3 + 281{,}604\,\text{cm}^3 + 27{,}709\,\text{cm}^3$

$= 3\,034{,}016\,\text{cm}^3 \approx 3{,}034\,\text{dm}^3$

In der Kanne sind gut 3 Liter.

Seite 187

25 Die Boje ist insgesamt 80 cm hoch. Davon befinden sich $53\frac{1}{3}$ cm im Wasser. Vom oberen Kegel ist also ein $8\frac{1}{3}$ cm hoher Kegelstumpf im Wasser

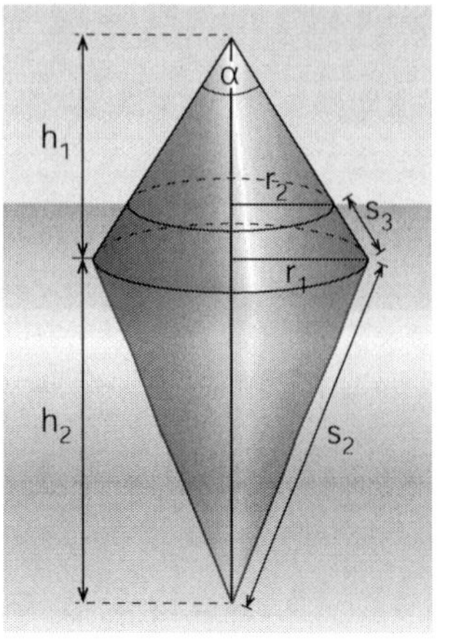

Mithilfe der Höhe h_1 und dem Winkel α kann man die Radien r_1 und r_2 der Grundkreise berechnen.

$r_1 = \tan(30°) \cdot 35\,\text{cm} = \frac{1}{3}\sqrt{3} \cdot 35\,\text{cm} \approx 20{,}2\,\text{cm}$

$r_2 = \tan(30°) \cdot \left(26\frac{2}{3}\,\text{cm}\right) = \frac{1}{3}\sqrt{3} \cdot 26\frac{2}{3}\,\text{cm} \approx 15{,}4\,\text{cm}$

Der Mantel des unteren Kegels und der Mantel des Kegelstumpfes befinden sich im Wasser: Die Länge der Mantellinien s_2 und s_3 kann man berechnen.

$s_2 = \sqrt{\left(\frac{1}{3}\sqrt{3} \cdot 35\right)^2 + 45^2}\,\text{cm} = \sqrt{2433\frac{1}{3}}\,\text{cm} \approx 49{,}3\,\text{cm}$

$s_3 = \sqrt{\left(\frac{1}{3}\sqrt{3} \cdot \left(35 - 26\frac{2}{3}\right)\right)^2 + \left(8\frac{1}{3}\right)^2}\,\text{cm} = \sqrt{\frac{2500}{27}}\,\text{cm} \approx 9{,}6\,\text{cm}$

$M \approx \pi \cdot 20{,}2\,\text{cm} \cdot 49{,}3\,\text{cm} + \pi \cdot (20{,}2\,\text{cm} + 15{,}4\,\text{cm}) \cdot 9{,}6\,\text{cm} \approx 4202{,}26\,\text{cm}^2 \approx 42\,\text{dm}^2$

Ungefähr $42\,\text{dm}^2$ der Oberfläche der Boje befinden sich im Wasser.

Das kann ich noch!

A Die Funktion f ist eine lineare Funktion. Der y-Achsenabschnitt ist $b = 2$ und die Steigung beträgt $m = -0{,}5$, also $f(x) = -0{,}5x + 2$.
Die Funktion g ist eine quadratische Funktion. Der Graph ist eine um 2 Einheiten nach rechts und 3 Einheiten nach unten verschobene Normalparabel. Der Funktionsterm ist $g(x) = (x - 2)^2 - 3$.
Die Funktion h ist eine trigonometrische Funktion. Die Nullstellen sind wie bei der Sinusfunktion. Der größte Funktionswert liegt bei 2, also $h(x) = 2 \cdot \sin(x)$.
Die Funktion i ist eine Exponentialfunktion. Bei $x = 0$ ist der Funktionswert -1. Der Graph der Exponentialfunktion wurde um 2 Einheiten nach unten verschoben. Für $x = 1$ ist der Funktionswert 0, wäre also bei dem nicht verschobenen Graphen bei $x = +2$. Die Basis der Exponentialfunktion ist 2. Der Funktionsterm ist $i(x) = 2^x - 2$.

6.6 Volumen einer Kugel

Seite 188 Einstieg

Vermutung für das Volumen V der Kugel mit dem Radius r gilt: $V \approx \frac{4}{3}\pi \cdot r^3$

Seite 189 Üben

1 **a)** $V \approx 240\,907{,}612\,\text{cm}^3 \approx 240{,}9\,\text{dm}^3$
b) $r = 8{,}45\,\text{dm}$; $V \approx 2517{,}311\,\text{dm}^3 \approx 2{,}517\,\text{m}^3$
c) $r = 4{,}5\,\text{cm}$; $V \approx 381{,}704\,\text{cm}^3$
d) $V \approx 41\,397\,847{,}674\,\text{dm}^3 \approx 41\,397{,}85\,\text{m}^3$

2 **a)** $V \approx 1{,}437 \cdot 10^{18}\,\text{km}^3$
b) $V \approx 9{,}984 \cdot 10^{11}\,\text{km}^3$
c) $V \approx 1{,}69 \cdot 10^{11}\,\text{km}^3$
d) $V \approx 1{,}087 \cdot 10^{12}\,\text{km}^3$

Seite 189

3 **a)** Volumen: $V \approx 904\,788{,}7\,\text{cm}^3$

Gewicht: $m \approx 904\,788{,}7\,\text{cm}^3 \cdot 2{,}8\frac{\text{g}}{\text{cm}^3} \approx 2\,533\,408\,\text{g} \approx 2533\,\text{kg} \approx 2{,}5\,\text{t}$

b) $r = 50\,\text{cm}$; $V \approx 523\,599\,\text{cm}^3$;

Gewicht: $m \approx 523\,599\,\text{cm}^3 \cdot 0{,}2\frac{\text{g}}{\text{cm}^3} \approx 104\,720\,\text{g} \approx 104{,}7\,\text{kg}$

c) $V = 104\,720\text{g} : \left(7{,}9\frac{\text{g}}{\text{cm}^3}\right) \approx 13\,256\,\text{cm}^3$

$V \approx \frac{4}{3}\pi \cdot r^3$, also $r = \sqrt[3]{\frac{3 \cdot V}{4 \cdot \pi}} \approx \sqrt[3]{\frac{3 \cdot 13\,256}{4 \cdot \pi}}\,\text{cm} \approx 14{,}7\,\text{cm}$

Seite 190

4 $\frac{4 \cdot r^3}{\frac{4}{3}\pi \cdot r^3} = \frac{3}{\pi} \approx 0{,}955 = 95{,}5\,\%$ Die Abweichung beträgt ungefähr 4,5 %.

5 $V \approx \frac{4}{3}\pi \cdot r^3$, also $r = \sqrt[3]{\frac{3 \cdot V}{4 \cdot \pi}} \approx \sqrt[3]{\frac{3 \cdot 647}{4 \cdot \pi}}\,\text{cm} \approx 5{,}4\,\text{cm}$

6 **a)** $V = \frac{4}{3}\pi \cdot r^3 = \frac{4}{3}\pi \cdot \left(\frac{d}{2}\right)^3 = \frac{4}{3}\pi \cdot \frac{d^3}{8} = \frac{1}{6}\pi \cdot d^3$

Volumen der Kugel mit $d = 8\,\text{mm}$: $V = \frac{1}{6}\pi \cdot d^3 = \frac{1}{6}\pi \cdot (8\,\text{mm})^3 \approx 268{,}083\,\text{mm}^3$

b) $V = \frac{1}{6}\pi \cdot d^3$, also $d = \sqrt[3]{\frac{6 \cdot V}{\pi}} = \sqrt[3]{\frac{6 \cdot 8}{\pi}}\,\text{dm} \approx 2{,}48\,\text{dm}$.

7 Im linken Beispiel hat Leonard nicht beachtet, dass er auf beiden Seiten bei allen Zahlen und Variablen die dritte Wurzel ziehen muss. Im rechten Beispiel hat Leonard bei $\frac{d}{2}$ für r den Nenner 2 nicht mit 3 potenziert. Dann hat er $\pi = 3$ genommen, um anschließend mit 3 zu kürzen.

Richtig ist jeweils:

$$V = \frac{4}{3}\pi r^3 \quad \left|\sqrt[3]{}\right.$$
$$\sqrt[3]{V} = \sqrt[3]{\frac{4}{3}\pi} \cdot r \quad \left|:\sqrt[3]{\frac{4}{3}\pi}\right.$$
$$\sqrt[3]{\frac{3 \cdot V}{4\pi}} = r$$

$$V = \frac{4}{3}\pi \cdot \frac{d^3}{8} = \frac{1}{6}\pi \cdot d^3$$

8 **a)** Das Volumen ist 8-mal, 27-mal, ... so groß, denn für $r' = k \cdot r$ gilt:

$V' = \frac{4}{3}\pi \cdot (r')^3 = \frac{4}{3}\pi \cdot (k \cdot r)^3 = \frac{4}{3}\pi \cdot k^3 \cdot r^3 = k^3 \cdot \frac{4}{3}\pi \cdot r^3 = k^3 \cdot V$

b) Man muss den Radius mit dem Faktor $\sqrt[3]{2}$ multiplizieren, denn:

$V' = \frac{4}{3}\pi \cdot \left(\sqrt[3]{2} \cdot r\right)^3 = \frac{4}{3}\pi \cdot 2 \cdot r^3 = 2 \cdot \frac{4}{3}\pi \cdot r^3 = 2 \cdot V$

Weiterüben

9 $V = \frac{4}{3}\pi \cdot r_2^3 - \frac{4}{3}\pi \cdot r_1^3 = \frac{4}{3}\pi \cdot \left(r_2^3 - r_1^3\right) = \frac{4}{3}\pi \cdot \left((10\,\text{cm})^3 - (8\,\text{cm})^3\right) \approx 2044{,}130\,\text{cm}^3$

$m \approx 2044{,}13\,\text{cm}^3 \cdot 7{,}3\frac{\text{g}}{\text{cm}^3} \approx 14\,922\,\text{g} \approx 14{,}9\,\text{kg}$

Seite 190

10 a) $r_2 = 12{,}5\,\text{cm}$ und $r_1 = 10{,}2\,\text{cm}$; $V = \frac{4}{3}\pi \cdot \left((12{,}5\,\text{cm})^3 - (10{,}2\,\text{cm})^3\right) \approx 3736{,}053\,\text{cm}^3$

$m \approx 3736{,}053\,\text{cm}^3 \cdot 8{,}6\,\frac{\text{g}}{\text{cm}^3} \approx 32\,130\,\text{g} \approx 32{,}1\,\text{kg}$

b) $V = 31{,}1\,\text{g} : \left(2{,}5\,\frac{\text{g}}{\text{cm}^3}\right) = 12{,}44\,\text{cm}^3$

$U = 2\pi \cdot r_2$, also $r_2 = \frac{U}{2\pi} = \frac{56{,}5\,\text{cm}}{2\pi} \approx 8{,}992\,\text{cm}$

Zum Berechnen des inneren Radius r_1 kann man die Formel für die Hohlkugel nach r_1 auflösen:

$$V = \frac{4}{3}\pi \cdot \left(r_2^3 - r_1^3\right) \quad \Big| : \left(\frac{4}{3}\pi\right)$$
$$\frac{3 \cdot V}{4\pi} = r_2^3 - r_1^3 \quad \Big| - r_2^3$$
$$\frac{3 \cdot V}{4\pi} - r_2^3 = -r_1^3 \quad \Big| \cdot (-1)$$
$$r_1^3 = r_2^3 - \frac{3V}{4\pi} \quad \Big| \sqrt[3]{}$$
$$r_1 = \sqrt[3]{r_2^3 - \frac{3 \cdot V}{4\pi}}$$
$$r_1 = \sqrt[3]{\left(\frac{56{,}5}{2\pi}\right)^3 - \frac{3 \cdot 12{,}44}{4 \cdot \pi}}\,\text{cm} \approx 8{,}98\,\text{cm}$$

$r_2 - r_1 \approx 0{,}012\,\text{cm} = 0{,}12\,\text{mm}$

Die Wandstärke beträgt ungefähr 0,12 mm.

11 Man kann wie in der Lösung zu Aufgabe 10 b) vorgehen.

6.7 Oberflächeninhalt einer Kugel

Seite 191
Einstieg

$V_{\text{Hohlkugel}} = \frac{4}{3}\pi\left((124\,\text{mm})^3 - (123{,}6\,\text{mm})^3\right) \approx 77\,039\,\text{mm}^3$

$V_{\text{Hohlkugel}} : h \approx 77\,039\,\text{mm}^3 : 0{,}4\,\text{mm} \approx 192\,598\,\text{mm}^2$

Man benutzt hier die Formel Volumen gleich Grundfläche mal Höhe. Die Grundfläche ist hier die Oberfläche der Kugel.

Wenn man den Wert $192\,598\,\text{mm}^2$ durch $r^2 = (124\,\text{mm})^2 = 15\,376\,\text{mm}^2$ dividiert, so erhält man ungefähr 12,5. Wenn man diesen Wert noch durch π dividiert, so erhält man etwa 4. Damit ergibt sich für die Oberfläche der Kugel: $O \approx 4\pi \cdot r^2$

Seite 192
Üben

1 a) $O_{\text{Dach}} = \frac{1}{2} \cdot O_{\text{Kugel}} = \frac{1}{2} \cdot 4\pi \cdot r^2 = 2\pi \cdot r^2 = 2\pi \cdot (60\,\text{m})^2 \approx 22\,619{,}47\,\text{m}^2$

b) Die Behauptung in dem Zeitungsartikel stimmt (siehe Formel in Teilaufgabe a).

2 a) $O \approx 4\pi \cdot r^2 = 4\pi \cdot \left(\frac{d}{2}\right)^2 = 4\pi \cdot \frac{d^2}{4} = \pi \cdot d^2$

b) $d = \sqrt{\frac{O}{\pi}} = \sqrt{\frac{8}{\pi}}\,\text{dm} \approx 1{,}6\,\text{dm}$

Seite 192

3 a) $O \approx 3631{,}68\,\text{cm}^2$

b) $O \approx 47{,}78\,\text{dm}^2$

c) $r = \sqrt[3]{\frac{3 \cdot V}{4 \cdot \pi}} = \sqrt[3]{\frac{3 \cdot 615}{4 \cdot \pi}}\,\text{mm} \approx 5{,}3\,\text{mm}$

$O = 4\pi \cdot r^2 = 4\pi \cdot \left(\sqrt[3]{\frac{3 \cdot 615}{4 \cdot \pi}}\,\text{mm}\right)^2 \approx 349{,}73\,\text{mm}^2$

d) $r = \sqrt[3]{\frac{3 \cdot V}{4 \cdot \pi}} = \sqrt[3]{\frac{3 \cdot 8{,}27}{4 \cdot \pi}}\,\text{dm} \approx 1{,}255\,\text{dm}$

$O = 4\pi \cdot r^2 = 4\pi \cdot \left(\sqrt[3]{\frac{3 \cdot 8{,}27}{4 \cdot \pi}}\,\text{dm}\right)^2 \approx 19{,}78\,\text{dm}^2$

Seite 193

4 $O = 4\pi \cdot r^2$, also $r = \sqrt{\frac{O}{4\pi}} = \sqrt{\frac{803{,}84}{4\pi}}\,\text{cm} \approx 8{,}0\,\text{cm}$.

5 a) $O = \pi \cdot (17{,}75\,\text{m})^2 \approx 989{,}80\,\text{m}^2$

b) $r = \sqrt{\frac{O}{4\pi}} = \sqrt{\frac{415}{4\pi}}\,\text{m} \approx 5{,}75\,\text{m}$ $\qquad V = \frac{4}{3}\pi \cdot \left(\sqrt{\frac{415}{4\pi}}\right)^3 \approx 794{,}961\,\text{m}^3$

6 a) $O = 4\pi \cdot r^2 = 4\pi \cdot (1\,\text{m})^2 \approx 12{,}57\,\text{m}^2$

b) $O = \pi \cdot d^2 = \pi \cdot (1\,\text{m})^2 \approx 3{,}14\,\text{m}^2$

c) $d = \frac{U}{\pi}$; $O = \pi \cdot d^2 = \pi \cdot \left(\frac{U}{\pi}\right)^2 = \frac{U^2}{\pi} = \frac{(1\,\text{m})^2}{\pi} \approx 0{,}32\,\text{m}^2$

d) $r = \sqrt[3]{\frac{3 \cdot V}{4 \cdot \pi}}$; $O = 4\pi \cdot \left(\sqrt[3]{\frac{3 \cdot V}{4 \cdot \pi}}\right)^2 = 4\pi \cdot \left(\sqrt[3]{\frac{3 \cdot 1}{4 \cdot \pi}}\right)^2\,\text{m}^2 \approx 4{,}84\,\text{m}^2$

e) $r = \sqrt{\frac{O}{4\pi}} = \sqrt{\frac{1}{4\pi}}\,\text{m} \approx 0{,}282\,\text{m}$

7 a) Länge l des Äquators: $l = 2\pi \cdot 6\,370\,\text{km} \approx 40\,024\,\text{km}$

b) Oberfläche der Erde: $O = 4\pi \cdot (6\,370\,\text{km})^2 \approx 5{,}099 \cdot 10^8\,\text{km}^2$

Wasserfläche: $A \approx 5{,}099 \cdot 10^8\,\text{km}^2 \cdot 0{,}708 \approx 3{,}61 \cdot 10^8\,\text{km}^2 = 3{,}61 \cdot 10^{14}\,\text{m}^2$

Wasservolumen:

$V_W \approx 3{,}61 \cdot 10^{14}\,\text{m}^2 \cdot 3\,500\,\text{m} = 1{,}2635 \cdot 10^{18}\,\text{m}^3 = 1{,}2635 \cdot 10^{21}\,\text{dm}^3 = 1{,}2635 \cdot 10^{21}\,l$

c) Volumen der Erde:

$V_{Erde} = \frac{4}{3}\pi \cdot (6\,370\,\text{km})^3 \approx 1{,}083 \cdot 10^{12}\,\text{km}^3 = 1{,}083 \cdot 10^{21}\,\text{m}^3 = 1{,}083 \cdot 10^{27}\,\text{cm}^3$

Masse der Erde:

$m = 1{,}083 \cdot 10^{27}\,\text{cm}^3 \cdot 5{,}56\,\frac{\text{g}}{\text{cm}^3} \approx 6{,}021 \cdot 10^{27}\,\text{g} = 6{,}021 \cdot 10^{24}\,\text{kg} = 6{,}021 \cdot 10^{21}\,\text{t}$

d) Sonne: $r = 696\,342\,\text{km}$ — Länge des Äquators: $l \approx 4\,375\,246\,\text{km}$

Dichte: $1{,}408\,\frac{\text{g}}{\text{cm}^3}$ — Masse: $1{,}99 \cdot 10^{27}\,\text{t}$

Mond: $r = 1\,738\,\text{km}$ — Länge des Äquators: $l \approx 10\,920\,\text{km}$

Dichte: $3{,}341\,\frac{\text{g}}{\text{cm}^3}$ — Masse: $7{,}35 \cdot 10^{19}\,\text{t}$

8 Volumen eines Wassertropfens: $V = \frac{4}{3}\pi \cdot (2\,\text{mm})^3 = \frac{32}{3}\pi\,\text{mm}^3 \approx 33{,}51\,\text{mm}^3$

Anzahl der Tropfen in 35 Tagen: $365 \cdot 24 \cdot 3600 : 3 = 10\,512\,000$

Wassermenge im Jahr:

$10\,512\,000 \cdot \frac{32}{3} \cdot \pi\,\text{mm}^3 \approx 35\,226\,0501\,\text{mm}^3 \approx 352{,}26\,\text{dm}^3 = 352{,}26\,l$

In einem Jahr werden etwa 350 Liter Wasser verschwendet.

Seite 193

9 a) $V = \frac{4}{3}\pi \cdot r^3 = \frac{4}{3}\pi \cdot (39\,cm)^3 \approx 248\,474{,}846\,cm^3 \approx 248{,}475\,dm^3$

$O = 4\pi \cdot r^2 = 4\pi(39\,cm)^2 \approx 19\,113{,}45\,cm^2 \approx 191{,}13\,dm^2$

b) $O = 4\pi \cdot r^2$, also $r = \sqrt{\frac{O}{4\pi}} = \sqrt{\frac{260}{4\pi}}\,cm \approx 4{,}55\,cm$.

$V = \frac{4}{3}\pi \cdot r^3 = \frac{4}{3}\pi \cdot \left(\sqrt{\frac{260}{4\pi}}\,cm\right)^3 \approx 394{,}216\,cm^3$

c) $V = \frac{4}{3}\pi \cdot r^3$, also $r = \sqrt[3]{\frac{3 \cdot V}{4\pi}} = \sqrt[3]{\frac{3 \cdot 980}{4\pi}}\,cm \approx 6{,}16\,cm$.

$O = 4\pi \cdot r^2 = 4\pi\left(\sqrt[3]{\frac{3 \cdot 980}{4\pi}}\,cm\right)^2 \approx 477{,}13\,cm^2$

d) $O = 4\pi \cdot r^2$, also $r = \sqrt{\frac{O}{4\pi}} = \sqrt{\frac{1\,985{,}96}{4\pi}}\,m \approx 12{,}57\,m$.

$V = \frac{4}{3}\pi \cdot r^3 = \frac{4}{3}\pi \cdot \left(\sqrt{\frac{1\,985{,}96}{4\pi}}\,m\right)^3 \approx 8\,322{,}035\,m^3$

e) $O = 4\pi \cdot r^2$, also $r = \sqrt{\frac{O}{4\pi}} = \sqrt{\frac{60\,000}{4\pi}}\,dm \approx 69{,}1\,dm$.

$V = \frac{4}{3}\pi \cdot r^3 = \frac{4}{3}\pi \cdot \left(\sqrt{\frac{60\,000}{4\pi}}\,dm\right)^3 \approx 1\,381\,976{,}598\,dm^3 \approx 1\,381{,}977\,m^3$

f) $V = \frac{4}{3}\pi \cdot r^3 = \frac{4}{3}\pi \cdot (0{,}71\,m)^3 \approx 1{,}499\,m^3 \approx 1{,}5\,m^3$

$O = 4\pi \cdot r^2 = 4\pi(0{,}71\,m)^2 \approx 6{,}335\,m^2$

g) $O = 4\pi \cdot r^2$, also $r = \sqrt{\frac{O}{4\pi}} = \sqrt{\frac{36}{4\pi}}\,m \approx 1{,}69\,m$.

$V = \frac{4}{3}\pi \cdot r^3 = \frac{4}{3}\pi \cdot \left(\sqrt{\frac{36}{4\pi}}\,m\right)^3 \approx 20{,}311\,m^3$

h) $V = \frac{4}{3}\pi \cdot r^3$, also $r = \sqrt[3]{\frac{3 \cdot V}{4\pi}} = \sqrt[3]{\frac{3 \cdot 36}{4\pi}}\,m \approx 2{,}05\,m$.

$O = 4\pi \cdot r^2 = 4\pi\left(\sqrt[3]{\frac{3 \cdot 36}{4\pi}}\,m\right)^2 \approx 52{,}73\,m^2$

Weiterüben

10 Der Schokokuss besteht aus einem 4 cm hohen Zylinder mit einer 2 cm hohen Halbkugel. Die Grundfläche enthält keine Schokoglasur.

Eiweißschaum: $V = \pi \cdot (2\,cm)^2 \cdot 4\,cm + \frac{1}{2} \cdot \frac{4}{3}\pi \cdot (2\,cm)^3 \approx 67{,}021\,cm^3 \approx 67\,cm^3$

Schokoglasur: $O = 2\pi \cdot 2\,cm \cdot 4\,cm + \frac{1}{2} \cdot 4\pi \cdot (2\,cm)^2 \approx 75{,}40\,cm^2 \approx 75\,cm^2$

Seite 194

11 a) $O = 4 \cdot 10^8 \cdot 4\pi \cdot (0{,}1\,mm)^2 \approx 50\,265\,482{,}46\,mm^2 \approx 502\,654{,}82\,cmm^2 \approx 5\,026{,}55\,dm^2 \approx 50{,}27\,m^2$

b) $O = \pi \cdot d^2$, also $d = \sqrt{\frac{O}{\pi}} = \sqrt{\frac{50\,265\,482{,}46}{\pi}}\,mm = 4\,000\,mm = 4\,m$

c) $V_{Bläschen} = 4 \cdot 10^8 \cdot \frac{4}{3}\pi \cdot (0{,}1\,mm)^3 \approx 1\,675\,516{,}082\,mm^3 \approx 1\,675{,}516\,cm^3 \approx 1{,}676\,dm^3$

$r_{Kugel} \approx \sqrt[3]{\frac{3 \cdot V}{4\pi}} = \sqrt[3]{\frac{3 \cdot 1675516{,}082}{4\pi}}\,mm \approx 73{,}68\,mm$

$O_{Kugel} \approx 4\pi \cdot \left(\sqrt[3]{\frac{3 \cdot 1\,675\,516{,}082}{4\pi}}\,mm\right)^2 \approx 68\,220{,}76\,mm^2 \approx 682{,}21\,cm^2 \approx 6{,}82\,dm^2$

12 Volumen des verdrängten Wassers: $V_W = \pi \cdot (4\,cm)^2 \cdot 5\,cm = \pi \cdot 80\,cm^3 \approx 251{,}327\,cm^3$

Volumen einer Kugel: $V_K = V_W : 8 = \pi \cdot 80\,cm^3 : 8 = \pi \cdot 10\,cm^3 \approx 31{,}416\,cm^3$

Gewicht einer Kugel: $m = \pi \cdot 10\,cm^3 \cdot 2{,}4\,\frac{g}{cm^3} \approx 75{,}4\,g$

Seite 194

13 **a)** $d = \frac{U}{\pi}$ also $V = \frac{1}{6}\pi \cdot d^3 = \frac{1}{6}\pi \cdot \left(\frac{U}{\pi}\right)^3 = \frac{1}{6}\pi \cdot \frac{U^3}{\pi^3} = \frac{U^3}{6\pi^2}$

$V_{68} = \frac{(68\,\text{cm})^3}{6\pi^2} \approx 5\,309{,}770\,\text{cm}^3 \approx 5\,310\,\text{cm}^3$

$V_{70} = \frac{(70\,\text{cm})^3}{6\pi^2} \approx 5\,792{,}194\,\text{cm}^3 \approx 5\,792\,\text{cm}^3$

$\frac{V_{68}}{V_{70}} \approx \frac{5\,310\,\text{cm}^3}{5\,792\,\text{cm}^3} \approx 0{,}917 = 91{,}7\,\%$

Der kleine Ball hat ein um etwa 8,3 % kleineres Volumen.

b) $O_{68} = \pi \cdot d^2 = \pi \cdot \frac{U^2}{\pi^2} = \frac{U^2}{\pi} = \frac{(68\,\text{cm})^2}{\pi} \approx 1\,471{,}865\,\text{cm}^2$

$O_{68} \cdot 1{,}25 \approx 1\,839{,}83\,\text{cm}^2$

$O_{70} = \pi \cdot d^2 = \pi \cdot \frac{U^2}{\pi^2} = \frac{U^2}{\pi} = \frac{(70\,\text{cm})^2}{\pi} \approx 1\,559{,}72\,\text{cm}^2$

$O_{70} \cdot 1{,}25 \approx 1\,979{,}65\,\text{cm}^2$

$1\,979{,}65\,\text{cm}^2 - 1\,839{,}83\,\text{cm}^2 = 109{,}82\,\text{cm}^2$

$400 \cdot 109{,}82\,\text{cm}^2 = 43\,928\,\text{cm}^2 = 439{,}28\,\text{dm}^2 \approx 4{,}4\,\text{m}^2$

Für 400 größere Bälle werden ungefähr 4,4 m³ Leder zusätzlich benötigt.

14 **a)** $O \approx 615{,}75\text{cm}^2$; $V \approx 1\,436{,}755\,\text{cm}^3$

b) $O \approx 3\,078{,}76\,\text{cm}^2$; $V \approx 7\,183{,}78\,\text{cm}^3$

c) $O \approx 15\,393{,}80\,\text{cm}^2$; $V \approx 179\,594{,}38\,\text{cm}^3$

d) $r = \sqrt{\frac{O}{4\pi}} \approx \sqrt{\frac{615{,}75 \cdot 5}{4\pi}}\,\text{cm} \approx 15{,}65\,\text{cn}$; $V = \frac{4}{3}\pi \cdot \left(\sqrt{\frac{615{,}75 \cdot 5}{4\pi}}\,\text{cm}\right)^3 \approx 16\,063{,}33\,\text{cm}^3$

e) $r \approx \sqrt[3]{\frac{3 \cdot V \cdot 5}{4\pi}} = \sqrt[3]{\frac{3 \cdot 1436{,}755 \cdot 5}{4\pi}}\,\text{cm} \approx 11{,}97\,\text{cm}$; $O = 4\pi \cdot \left(\sqrt{\frac{615{,}75 \cdot 5}{4\pi}}\,\text{cm}\right)^2 \approx 1\,800{,}47\,\text{cm}^2$

15 Volumen der 8 Kugeln zusammen $V = 8 \cdot \frac{4}{3}\pi \cdot (25\,\text{mm})^3 \approx 523\,598{,}776\,\text{mm}^3$:

Radius r_g der großen Kugel: $r_g = \sqrt[3]{\frac{3 \cdot V}{4\pi}} = \sqrt[3]{\frac{\frac{32}{3}\pi \cdot (25\,\text{mm})^3}{4\pi}}\,\text{mm} = \sqrt[3]{8 \cdot 25^3}\,\text{mm} = 50\,\text{mm}$

Oberflächeninhalt der 8 Kugeln:

$O = 8 \cdot \pi \cdot d^2 = 8 \cdot \pi \cdot (50\,\text{mm})^2 = 20\,000 \cdot \pi\,\text{mm}^2 \approx 62\,831{,}85\,\text{mm}^2$

Oberflächeninhalt der großen Kugel:

$O = 4\pi \cdot (50\,\text{mm})^2 = 10\,000 \cdot \pi\,\text{mm}^2 \approx 31\,415{,}93\,\text{mm}$

Der Oberflächeninhalt aller acht einzelnen Kugeln zusammen ist doppelt so groß wie der Oberflächeninhalt der umgeschmolzenen Kugel.

Seite 194
Das kann ich noch!

A 1) $\left|\begin{array}{l} 2x+3y=16 \\ 18x-6y=12 \end{array}\right|$ $|\cdot 2$

$\left|\begin{array}{l} 4x+6y=32 \\ 18x-6y=12 \end{array}\right|$ |addieren

$\left|\begin{array}{l} 4x+6y=32 \\ 22x \quad = 44 \end{array}\right|$ |x dann einsetzen |nach x auflösen

$\left|\begin{array}{l} 8+6y=32 \\ x \quad =2 \end{array}\right|$

$\left|\begin{array}{l} y=4 \\ x=2 \end{array}\right|$ $L=\{(2;4)\}$

3) $\left|\begin{array}{l} 2x+\ \ y=4 \\ -2y-4x=-8 \end{array}\right|$ |nach y auflösen und |y hier einsetzen

$\left|\begin{array}{l} y=-2x+4 \\ -2(-2x+4)-4x=-8 \end{array}\right|$

$\left|\begin{array}{l} y=-2x+4 \\ -8=-8 \end{array}\right|$

$-8=-8$ ist eine wahre Aussage, also
$L=\{(x|y)\,|\,y=-2x+4\}$.

2) $\left|\begin{array}{l} 10x+5y=15 \\ 4x+2y=8 \end{array}\right|$ $\begin{array}{l} |\cdot(-2) \\ |\cdot 5 \end{array}$

$\left|\begin{array}{l} -20x-10y=-30 \\ 20x+10y=40 \end{array}\right|$ |addieren

$\left|\begin{array}{l} -20x-10y=-30 \\ 0=40 \end{array}\right|$

$0=40$ ist eine falsche Aussage, also
$L=\{\ \}$.

Seite 195

16 Wir gehen davon aus, dass die Halbkugel den Quader nur in einem Punkt berührt also keinen Einfluss auf den Oberflächeninhalt hat.

$O=2\cdot(5{,}0\,\text{cm})^2+4\cdot 5{,}0\,\text{cm}\cdot 10{,}0\,\text{cm}+\frac{1}{2}\pi\cdot(7{,}4\,\text{cm})^2+\frac{1}{2}\pi\cdot(6{,}0\,\text{cm})^2$
$\quad +\pi\left((3{,}7\,\text{mm})^2-(3{,}0\,\text{mm})^2\right)$
$\quad \approx 407{,}3\,\text{cm}^2$

Volumen der Goldschicht:
$V\approx 407{,}3\,\text{cm}^2\cdot 10\,\mu\text{m}=407{,}3\,\text{cm}^2\cdot 10\cdot 10^{-6}\,\text{m}=407{,}3\,\text{cm}^2\cdot 10^{-3}\,\text{cm}=0{,}4073\,\text{cm}^3$

Goldmenge: $0{,}4073\,\text{cm}^3\cdot 19{,}3\frac{\text{g}}{\text{cm}^3}\approx 7{,}861\,\text{g}$

Es wird ungefähr 7,9 g Gold benötigt.

17 **a)** (1) $V_{neu}=\frac{4}{3}\pi\cdot(1{,}1\,r)^3=1{,}1^3\cdot\frac{4}{3}\pi r^3=1{,}331\cdot V$
Zunahme um 33,1 %
$O_{neu}=4\pi\cdot(1{,}1\,r)^2=1{,}1^2\cdot 4\pi r^2=1{,}21\cdot O$
Zunahme um 21,0 %

(2) $V_{neu}=\frac{4}{3}\pi\cdot(0{,}9\,r)^3=0{,}9^3\cdot\frac{4}{3}\pi r^3=0{,}729\cdot V$
Abnahme um 27,1 %
$O_{neu}=4\pi\cdot(0{,}9\,r)^2=0{,}9^2\cdot 4\pi r^2=0{,}81\cdot O$
Abnahme um 19,0 %

Seite 195

17 **b)** (1) $r_{neu} = \sqrt[3]{\frac{3 \cdot 1{,}1 \cdot V}{4\pi}} = \sqrt[3]{1{,}1} \cdot \sqrt[3]{\frac{3 \cdot V}{4\pi}} = \sqrt[3]{1{,}1} \cdot r \approx 1{,}032 \cdot r$

Zunahme um etwa 3,2 %

$O_{neu} = 4\pi r_{neu}^2 = 4\pi \cdot (\sqrt[3]{1{,}1} \cdot r)^2 = (\sqrt[3]{1{,}1})^2 \cdot 4\pi r^2 = (\sqrt[3]{1{,}1})^2 \cdot O \approx 1{,}066 \cdot O$

Zunahme um etwa 6,6 %

(2) $r_{neu} = \sqrt[3]{\frac{3 \cdot 0{,}9 \cdot V}{4\pi}} = \sqrt[3]{0{,}9} \cdot \sqrt[3]{\frac{3 \cdot V}{4\pi}} = \sqrt[3]{0{,}9} \cdot r \approx 0{,}965 \cdot r$

Abnahme um etwa 3,5 %

$O_{neu} = 4\pi r_{neu}^2 = 4\pi \cdot (\sqrt[3]{0{,}9} \cdot r)^2 = (\sqrt[3]{0{,}9})^2 \cdot 4\pi r^2 = (\sqrt[3]{0{,}9})^2 \cdot O \approx 0{,}932 \cdot O$

Abnahme um etwa 6,8 %

c) $r_{neu} = \sqrt{\frac{1{,}25 \cdot O}{4\pi}} = \sqrt{1{,}25} \cdot \sqrt{\frac{O}{4\pi}} = \sqrt{1{,}25} \cdot r \approx 1{,}118 \cdot r$

Der Radius muss um etwa 11,8 % verlängert werden.

18 **a)** $V_{Männchen} = \frac{1}{2} \cdot \frac{4}{3}\pi \cdot (5\,cm)^3 + \frac{1}{3}\pi \cdot (5\,cm)^2 \cdot 6\,cm \approx 418{,}879\,cm^3$

b) $V_{Zylinder} = \pi \cdot (5\,cm)^2 \cdot 11\,cm \approx 863{,}938\,cm^3$

Abfall: $863{,}938\,cm^3 - 418{,}879\,cm^3 \approx 445{,}059\,cm^3$

Prozentualer Abfall: $\frac{445{,}059\,cm^3}{863{,}938\,cm^3} \approx 0{,}515 = 51{,}5\,\%$

c) Falls beide Teile gleich schwer sind, erhält man für r in cm und h in cm folgende Gleichung:

$\frac{1}{2} \cdot \frac{4}{3}\pi \cdot r^3 = \frac{1}{3}\pi \cdot r^2 \cdot h$

$\frac{1}{2} \cdot \frac{4}{3}\pi \cdot 5^3 = \frac{1}{3}\pi \cdot 5^2 \cdot h \quad | \cdot 3 \quad | : \pi \quad | : 5^2$

$\frac{3 \cdot 4 \cdot 5^3 \cdot \pi}{2 \cdot 3 \cdot 5^2 \cdot \pi} = h$

$h = 10$

Der Kegel darf höchstens 10 cm hoch sein.

d) Länge der Mantellinie des Kegels: $s = \sqrt{5^2 + 6^2}\,cm = \sqrt{61}\,cm \approx 7{,}8\,cm$

Oberfläche von 100 Männchen:

$O = 100 \cdot (2\pi \cdot (5\,cm)^2 + \pi \cdot 5\,cm \cdot \sqrt{61}\,cm) \approx 27\,976{,}3\,cm^2 \approx 2{,}8\,m^2$

Kosten: $2{,}8\,m^2 \cdot 1{,}45\frac{€}{m^2} = 4{,}06\,€$

19 **a)** $V_{Pyramide} = \frac{1}{3} \cdot (10\,cm)^2 \cdot 15\,cm = 500\,cm$ $\quad V_{Kugel} = \frac{4}{3}\pi \cdot (4\,cm)^3 \approx 268{,}083\,cm^3$

Volumen des Pokals: $V \approx 500\,cm^3 + 268{,}083\,cm^3 = 768{,}083\,cm^3$

Masse des Pokals: $m \approx 768{,}083\,cm^3 \cdot 7{,}5\frac{g}{cm^3} = 5\,760{,}6225\,g \approx 5{,}76\,kg$

b) $V_{Hohlkugel} = \frac{4}{3}\pi \cdot ((4\,cm)^3 - (3{,}5\,cm)^3) \approx 88{,}488\,cm^3$

Das Volumen der Hohlkugel ist $268{,}083\,cm^3 - 88{,}488\,cm^3 = 179{,}595\,cm^3$ kleiner als das Volumen der Kugel.

Der Pokal ist damit $179{,}595\,cm^3 \cdot 7{,}5\frac{g}{cm^3} = 1\,346{,}9625\,g \approx 1{,}35\,kg$ leichter.

Seite 195

20 Die sechseckige Grundfläche besteht aus gleichseitigen Dreiecken mit der Seitenlänge $a = 6\,\text{mm}$ und der zugehörigen Dreieckshöhe $h_a = \sqrt{6^2 - 3^2}\,\text{mm} = \sqrt{27}\,\text{mm} \approx 5{,}2\,\text{mm}$.

$V_{Prisma} = 6 \cdot \frac{6\,\text{mm} \cdot \sqrt{27}\,\text{mm}}{2} \cdot 6\,\text{mm} \approx 561{,}184\,\text{mm}^3$

$V_{Halbkugel} = \frac{2}{3}\pi \cdot (4{,}3\,\text{mm})^3 \approx 166{,}519\,\text{mm}^3$

$V_{Bohrung} = \pi \cdot (2{,}5\,\text{mm})^2 \cdot 7\,\text{mm} \approx 137{,}445\,\text{mm}^2$

$V_{ohne\ Bohrung} \approx 561{,}184\,\text{cm}^3 + 166{,}519\,\text{mm}^3 = 727{,}703\,\text{mm}^3$

$V_{mit\ Bohrung} \approx 727{,}703\,\text{mm}^3 - 137{,}445\,\text{mm}^3 = 590{,}258\,\text{mm}^3$

Da sich das Gewicht proportional zum Volumen verändert, kann man das Volumen vergleichen.

$\frac{V_{mit\ Bohrung}}{V_{ohne\ Bohrung}} = \frac{590{,}258\,\text{mm}^3}{727{,}703\,\text{mm}^3} \approx 0{,}811 = 81{,}1\,\%$

Das Gewicht verringert sich durch die Bohrung um 18,9 %.

Auf den Punkt gebracht: Arbeiten mit der Formelsammlung

Seite 196
Vortext

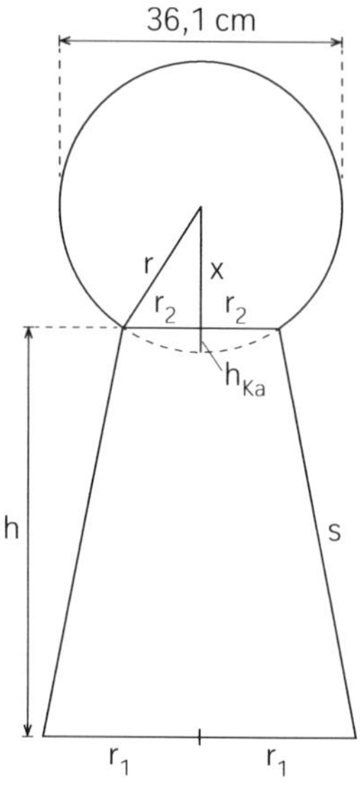

Der Körper besteht aus dem Kegelstumpf und der Kugel, wobei der untere Teil der Kugel abgeschnitten ist. Die Formeln für diesen Kugelabschnitt (Kugelsegment) findet man unten in den Formelsammlungen auf Seite 196 des Schulbuchess. Volumen des Kegelstumpfes mit den Maßen $r_1 = 20\,\text{cm}$, $r_2 = 10\,\text{cm}$ und $h = 50\,\text{cm}$:

$V_{Ke} = \frac{\pi h}{3}\left(r_1^2 + r_1 r_2 + r_2^2\right)$

$= \frac{\pi}{3} \cdot 50\,\text{cm} \cdot \left((20\,\text{cm})^2 + 20\,\text{cm} \cdot 10\,\text{cm} + (10\,\text{cm})^2\right)$

$\approx 36\,651{,}914\,\text{cm}^3$

Volumen der Kugel mit $r = \frac{d}{2} = \frac{36{,}1\,\text{cm}}{2} = 18{,}05\,\text{cm}$:

$V_{Ku} = \frac{4}{3}\pi r^3 = \frac{4}{3}\pi \cdot (18{,}05\,\text{cm})^3 \approx 24\,633{,}166\,\text{cm}^3$

Der Radius r_2 des Schnittkreises der Kugel mit dem Kegelstumpf ist genauso groß wie der obere Radius des Kegelstumpfes, also $r_2 = 10\,\text{cm}$. Zusätzlich mit dem Kugelradius $r = 18{,}05\,\text{cm}$ kann man die Höhe h_{Ka} des Kugelabschnitts berechnen.

Länge der Strecke x: $x^2 = \sqrt{r^2 - r_2^2} = \sqrt{18{,}05^2 - 10^2}\,\text{cm} = \sqrt{225{,}8025}\,\text{cm} \approx 15{,}027\,\text{cm}$

Höhe h_{Ka} des Kugelabschnitts: $h_{KA} = r - x \approx 18{,}05\,\text{cm} - \sqrt{225{,}8025}\,\text{cm} \approx 3{,}023\,\text{cm}$

Volumen V_{KA} des Kugelabschnitts:

$V = \frac{\pi}{3} h_{Ka}^2 \cdot (3r - h) = \frac{\pi}{3} \cdot (3{,}023\,\text{cm})^2 \cdot (3 \cdot 18{,}05\,\text{cm} - 3{,}023\,\text{cm}) \approx 489{,}277\,\text{cm}^3$

Volumen V_S der Spielfigur: $V_S = V_{Ke} + V_{Ku} - V_{KA} \approx 60\,795{,}803\,\text{cm}^3 \approx 60{,}8\,\text{dm}^3$

Der Oberflächeninhalt der Spielfigur besteht aus dem unteren Grundflächeninhalt und dem Mantelflächeninhalt des Kegelstumpfes sowie zusätzlich dem Oberflächeninhalt der Kugel abzüglich dem Mantelflächeninhalt des Kugelabschnitts (der Kugelkappe).

Seite 196
Vortext

Fortsetzung

Mantellinie s des Kegelstumpfes:

$s = \sqrt{h^2 + (r_1 - r_2)^2} = \sqrt{50^2 + (20 - 10)^2}\,cm = \sqrt{2600}\,cm \approx 51{,}0\,cm$

Grundflächeninhalt G_{Ke} des Kegelstumpfes: $G_{Ke} = \pi r_1^2 = \pi \cdot (20\,cm)^2 \approx 1256{,}64\,cm^2$

Mantelflächeninhalt M_{Ke} des Kegelstumpfes:

$M_{Ke} = \pi s (r_1 + r_2) = \pi \cdot \sqrt{2600}\,cm \cdot (20\,cm + 10\,cm) \approx 4805{,}71\,cm^2$

Oberflächeninhalt O_{Ku} der Kugel: $O_{Ku} = 4\pi r^2 = 4\pi \cdot (18{,}05\,cm)^2 \approx 4094{,}15\,cm^2$

Mantelflächeninhalt M_{Ka} der Kugelkappe:

$M_{Ka} = 2\pi r h \approx 2\pi \cdot 18{,}05\,cm \cdot 3{,}023\,cm \approx 342{,}84\,cm^2$

Oberflächeninhalt O_S der Spielfigur:

$O_S = G_{Ke} + M_{Ke} + O_{Ku} - M_{Ka} \approx 6123{,}66\,cm^2 \approx 61{,}24\,dm^2$

Kosten für das Belegen mit Blattgold:

$K \approx 6123{,}66\,cm^2 \cdot 7{,}5\,\frac{Cent}{cm^2} \approx 45927\,Cent = 459{,}27\,€$

Das Belegen der Spielfigur mit Blattgold kostet ungefähr 460 €.

Seite 197

1 a) Volumen des Restkörpers: $V_{Rest} = (10\,cm)^3 - 2 \cdot \frac{1}{3} \cdot (10\,cm)^2 \cdot 5\,cm \approx 666{,}67\,cm^3$

Höhe einer Seitenfläche der Pyramiden: $h_a = \sqrt{5^2 + 5^2}\,cm = \sqrt{50}\,cm \approx 7{,}1\,cm$

Oberflächeninhalt des Restkörpers: $O = 4 \cdot (10\,cm)^2 + 8 \cdot \frac{1}{2} \cdot 10\,cm \cdot \sqrt{50}\,cm \approx 682{,}84\,cm^2$

b) Da der gesamte Körper ein Würfel ist, ist auch die quaderförmige Verbindung würfelförmig mit der Kantenlänge 10 mm. Das Verbindungsstück ist 10 mm lang. Die beiden entstehenden Pyramidenstümpfe haben jeweils die Grundkantenlängen $a_1 = 10\,cm$ und $a_2 = 10\,mm = 1\,cm$. Die Höhe eines Pyramidenstumpfes ist $h_1 = 5\,cm - 0{,}5\,cm = 4{,}5\,cm$.

Höhe h_{St} einer Seitenfläche eines der Pyramidenstümpfe:

$h_{St} = \sqrt{h_1^2 + \left(\frac{a - a_1}{2}\right)^2} = \sqrt{4{,}5^2 + 4{,}5^2}\,cm = \sqrt{40{,}5}\,cm \approx 6{,}36\,cm$

Mantelflächeninhalt eines Pyramidenstumpfes:

$M_{St} = 4 \cdot \frac{a + a_1}{2} \cdot h_{St} = 2 \cdot (a + a_1) \cdot h_{St} = 2 \cdot 11\,cm \cdot \sqrt{40{,}5}\,cm \approx 140{,}01\,cm^2$

2 a) Die Bogenlänge b des Kreisausschnitts mit dem Radius $s = 6\,cm$ und dem Mittelpunktswinkel $\varphi = 270°$ ist $b = 2\pi s \cdot \frac{\varphi}{360°} = 2\pi \cdot 6\,cm \cdot \frac{270°}{60°} = 9\pi\,cm \approx 28{,}27\,cm$.

Für den Radius r der Kegels gilt mit $b = 2\pi r$ dann $r = \frac{b}{2\pi} = \frac{9\pi}{2\pi}\,cm = 4{,}5\,cm$.

Oberflächeninhalt des Kegels mit $r = 4{,}5\,cm$ und $s = 6\,cm$:

$O = \pi r^2 + \pi r s = \pi \cdot (4{,}5\,cm)^2 + \pi \cdot 4{,}5\,cm \cdot 6\,cm \approx 148{,}44\,cm^2$

b) Länge s des Kegelmantels: $s = \sqrt{r^2 + h^2} = \sqrt{4^2 + 7^2}\,cm = \sqrt{65}\,cm \approx 8{,}06\,cm$

Umfang U des Grundkreises: $U = 2\pi r = 2\pi \cdot 4\,cm = 8\pi\,cm \approx 25{,}13\,cm$

Der Umfang U ist gleich der Bogenlänge b des Kreisausschnitts des Kegelmantels mit dem Radius s.

$b = 2\pi s \cdot \frac{\alpha}{360°}$, also $\alpha = \frac{b \cdot 360°}{2\pi s} = \frac{U \cdot 360°}{2\pi s} = \frac{8\pi \cdot 360°}{2\pi \cdot \sqrt{65}} = \frac{4}{\sqrt{65}} \cdot 360° \approx 178{,}6°$

Der Mittelpunktswinkel α ist ungefähr 178,6° groß.

Seite 197

2 c) Die beiden Bogenlängen 7π und 3π sind gleich den Umfängen der beiden Grundkreise des Kegelstumpfes und man kann mit der Formel $U = 2\pi r$ die Kreisradien r_1 und r_2 berechnen.

$r_1 = \frac{U_1}{2\pi} = \frac{7\pi}{2\pi}\text{cm} = 3{,}5\,\text{cm}$ und $r_2 = \frac{U_2}{2\pi} = \frac{3\pi}{2\pi}\text{cm} = 1{,}5\,\text{cm}$

Mithilfe der Radien und der Mantellinie $s = 4\,\text{cm}$ kann man die Höhe h des Kegelstumpfes berechnen.

$h = \sqrt{s^2 - (r_1 - r_2)^2} = \sqrt{4^2 - 2^2}\,\text{cm} = \sqrt{12}\,\text{cm} \approx 3{,}46\,\text{cm}$

Volumen des Kegelstumpfes:

$V = \frac{\pi h}{3}\left(r_1^2 + r_1 r_2 + r_2^2\right) = \frac{\pi}{3} \cdot \sqrt{12}\,\text{cm} \cdot \left((3{,}5\,\text{cm})^2 + 3{,}5\,\text{cm} \cdot 1{,}5\,\text{cm} + (1{,}5\,\text{cm})^2\right) \approx 71{,}645\,\text{cm}^3$

Fokus: Dreitafelprojektion

Seite 198

1 *Schrägbild:*
Vorteil: Räumliche Vorstellung wird unterstützt.
Nachteile: Auf Details muss verzichtet werden. Wird bei komplizierten Formen unübersichtlich.
Grundriss und Ansichten:
Vorteil: Es können alle Details dargestellt werden.
Nachteil: Räumliche Vorstellung wird nicht unterstützt.

Seite 199

2 a)

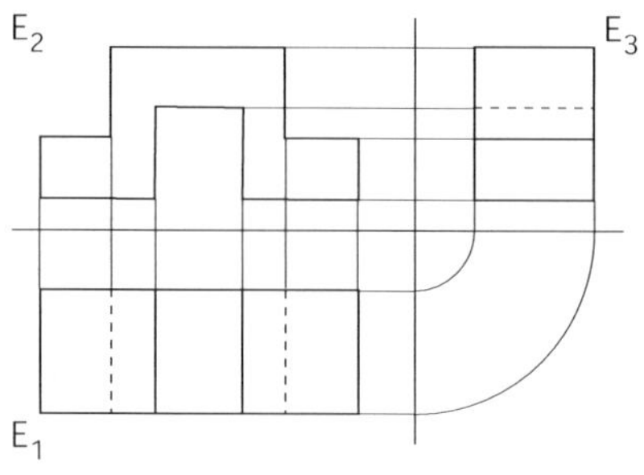

b)

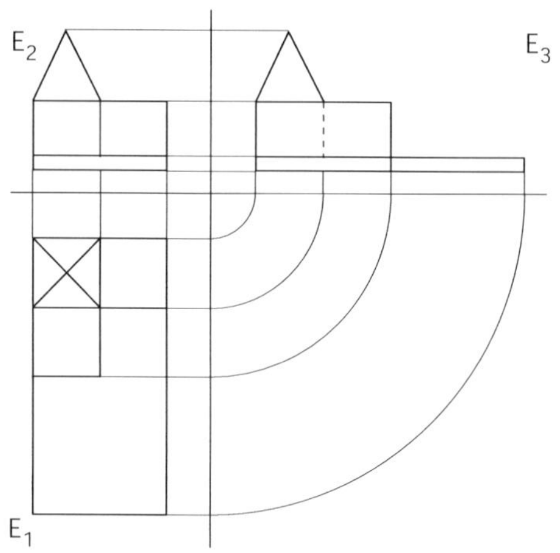

c)

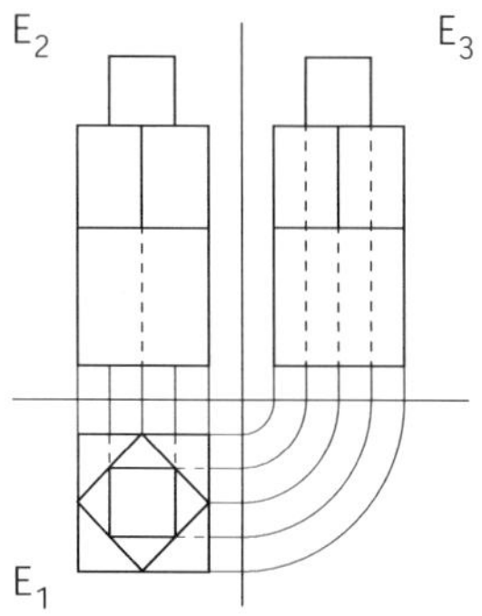

Seite 199

3 a)

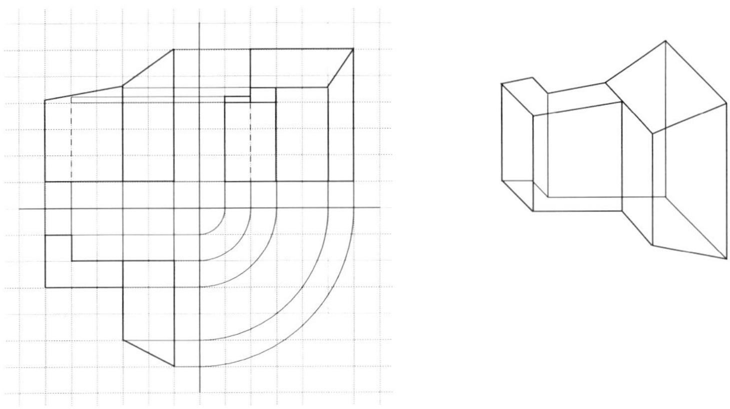

b)

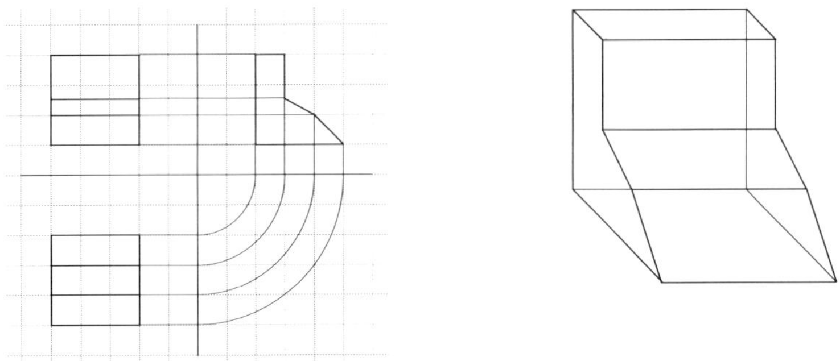

c)

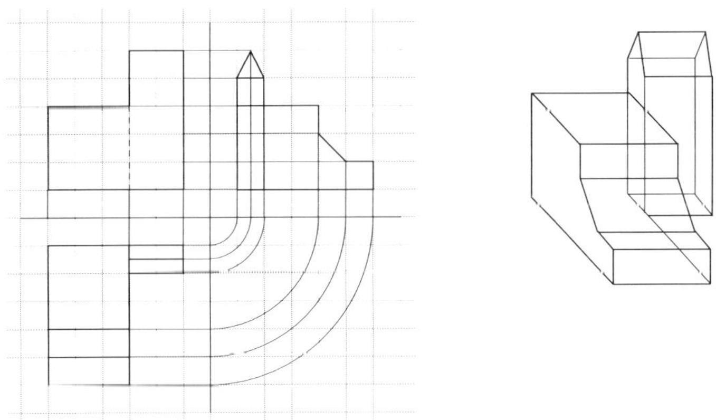

4

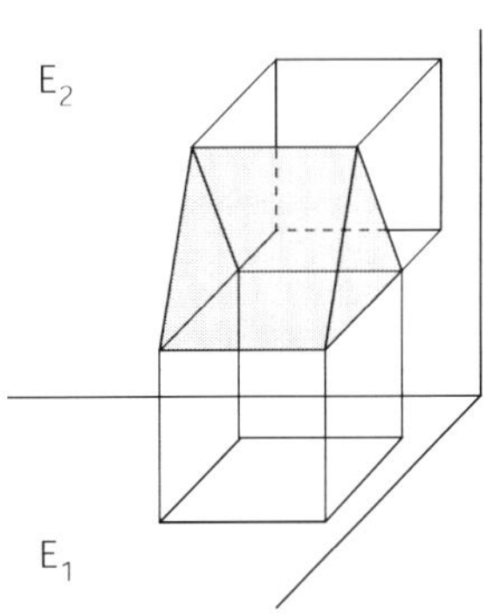

Seite 199

5

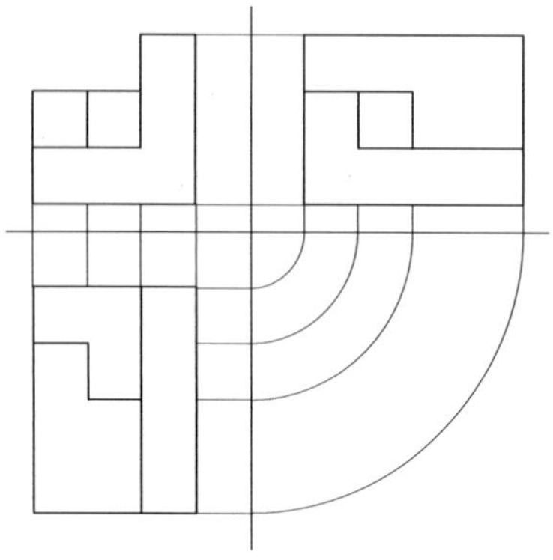

6 Damit das Logo als Dreitafelprojektion aufgefasst werden kann, muss das Dreieck um 90° gedreht werden. Man stelle sich einen Zylinder vor, mit $d = h$. Vom liegenden Zylinder wird oben links und rechts ein Teil abgeschnitten, sodass ein Keil übrig bleibt.

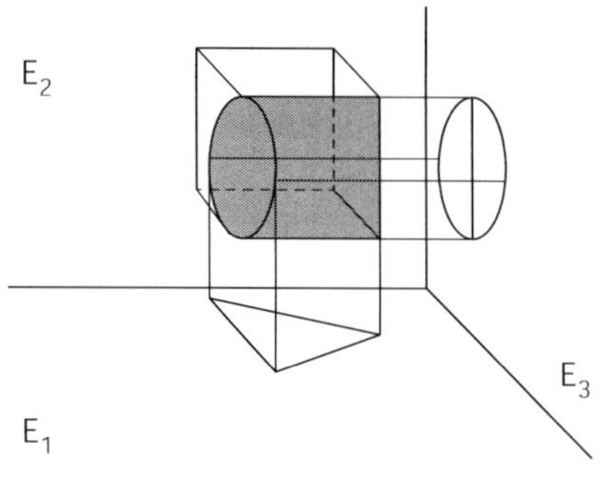